本书第 1 版被列为

普通高等教育"九五"教育部重点教材

本书第 2 版 2006 年被评为

2004 年 9 月获

第 6 届全国高校出版社优秀畅销书一等奖

内 容 简 介

本书第1版是"普通高等教育'九五'教育部重点教材",第2版2006年被评为**北京高等教育精品教材**,第3版被列入**普通高等教育"十一五"国家级规划教材**.本书自1997年11月出版以来,深受教师和学生的欢迎,至2009年7月发行量达7万册.本书是第3版,作者根据读者提出的宝贵意见,以及在教学实践中的体会,在第2版基础上,对本书内容、结构做了进一步的修订与调整,在第十二章概率论初步中增加了"随机变量及其分布"等内容,使之更适合于新世纪的教学需要.

本书是文科类高等数学教材,内容包括:数系与第一次数学危机,连分数及其在天文学上的应用,数学命题和证明方法,欧氏几何,线性代数初步,空间解析几何,函数与极限,一元微积分,概率论初步,数学模型,数学的地位和作用等.本书立意新颖,材料丰富,深入浅出,趣味盎然.书中回答了许多贴切生活的问题,如:为什么四年一闰,而百年少一闰?阴历的闰月如何安排?干支纪年与公元纪年如何换算?如何借助数学培养体育世界冠军?如何分配选票?如何鉴别名画中的赝品?本书以全新的角度构架高等数学内容,强调数学思维训练和联系实际,使传统内容以新的面貌出现.

本书可作为高等院校文史哲类及社会科学各专业的大学生、研究生高等数学教材,也可作为社会科学工作者、中学数学教师、中学生和数学爱好者的参考书和课外读物.

普通高等教育"十一五"国家级规划教材

数学的思想、方法和应用

(第 3 版)

张顺燕 编著

北京大学出版社
PEKING UNIVERSITY PRESS

图书在版编目(CIP)数据

数学的思想、方法和应用/张顺燕编著. —3版. —北京：北京大学出版社,2009.8
ISBN 978-7-301-15563-9

Ⅰ.数… Ⅱ.张… Ⅲ.高等数学-高等学校-教材 Ⅳ.O13

中国版本图书馆CIP数据核字(2009)第127581号

书　　名：	数学的思想、方法和应用(第3版)
著作责任者：	张顺燕　编著
责任编辑：	刘　勇
标准书号：	ISBN 978-7-301-15563-9/O·0782
出版发行：	北京大学出版社
地　　址：	北京市海淀区成府路205号　100871
网　　址：	http://www.pup.cn 电子邮箱：zpup@pup.pku.edu.cn
电　　话：	邮购部 62757515　发行部 62750672　理科编辑部 62752021　出版部 62754962
印　刷　者：	北京市科星印刷有限责任公司
经　销　者：	新华书店
	787×960　16开本　20印张　434千字
	1997年11月第1版　2003年5月第2版
	2009年8月第3版　2024年2月第8次印刷（总第22次印刷）
定　　价：	50.00元

未经许可，不得以任何方式复制或抄袭本书之部分或全部内容。
版权所有，侵权必究
举报电话：010-62752024　电子邮箱：fd@pup.pku.edu.cn

第 3 版序言

本书从第一次修订至今已经六年多了. 这六年间教育形势发生了许多新的可喜的变化, 数学对人类文明的重要作用日益变为人们的共识. 各高校的文科都在增设数学课. 这种形势要求我们重新审视我们的教材, 对内容作必要的调整和补充.

这次修改变动较大的一章是原第五章: 概率论初步, 现改为第十二章. 删去了原来的§3 排列与组合, 因为这部分的内容在中学已经学过, 而且掌握得比较好. 增加一节: 随机变量及其分布. 重点讲述了数学期望、方差和正态分布. 这三个基本内容在社会科学中已有广泛而深入的应用. 由于正态分布用到无穷积分, 所以这一章就移到了微积分之后.

微积分部分也作了适当调整. 连续函数部分集中到第七章: 函数与极限; 微商中值定理部分, 把费马定理提前了; 在定积分部分增加了无穷积分的内容.

为了强调思想性, 对各章作了概括性的分类, 并在每一类的前面加了一段评述, 以说明这几章的主导思想及其独特作用. 它们分别是: 数学新论(绪论、一至四章、十四章); 进入高等数学(五章、六章); 微积分初步(七章至十一章); 随机性数学(十二章); 面向实际(十三章).

为了加强应用, 在解析几何部分增加了"§6 应用一瞥". 目的在于说明线性代数与解析几何结合在一起如何应用到现代社会.

与五年前相比, 现在的学时减少了. 过去是每学期 18 周, 现在每学期只有 15 周. 在 15 周内讲完全部内容是不可能的, 老师可根据各专业不同的需要, 选择不同的内容.

本书出版以来得到许多老师和读者的关怀与鼓励. 欢迎各位老师、同学和读者对本书的进一步修改提出宝贵意见和建议.

张顺燕于七彩华园

2009 年 5 月 17 日

第 2 版前言

本书 1997 年出版后，受到广大读者和许多老师的热情关怀和支持，并提出很多宝贵意见．这期间作者本人又有几次实践机会，积累了一些经验，因而对本书作适当修改，就是必然的了．为此作如下说明．

(1) 本书的目的在于：

给你一双数学家的眼睛，丰富你观察世界的方式；

给你一颗好奇的心，点燃你胸中的求知欲望；

给你一个睿智的头脑，帮助你进行理性思维；

给你一套研究模式，使它成为你探索世界奥秘的望远镜和显微镜；

给你提供新的机会，让你在交叉学科中寻求乐土，利用你的勤奋和智慧去作出发明和创造．

(2) 本书着重于数学精神的培养．日本的米山国藏说："我搞了多年的数学教育，发现学生们在初中、高中接受的数学知识因毕业了进入社会后，几乎没有什么机会应用这些作为知识的数学，所以通常是出校门不到一、两年就很快忘掉了．然而，不管他们从事什么业务工作，惟有深深铭刻于头脑中的数学精神，数学的思维方法，研究方法和着眼点等，都随时随地发生作用，使他们受益终生."这些话也反映了作者的期望．

(3) 培养学生对数学的兴趣．目前中学数学教育存在一些弊病．例如，重技巧轻思想，重枝节轻整体，给学生一大堆模式去记．这主要是应试教育造成的，使得数学像尘土一样无趣，从而挫伤了他们的积极性．有些学生是因为害怕数学才转入文科的．老师应注意到这一点，有意识地，并逐步地消除学生的误解．要通过实例告诉学生，当今已进入信息时代，数学对人文科学的重要性已不可忽视．

(4) 修订版删去了部分内容，并对全书的内容、结构、编排作了修订和调整，删去了"不定方程"、"双曲几何的庞加莱模型"等内容，增加了"数学的地位和作用"等有关数学素质教育的内容．

2001 年，本书修订版被列为北京市高等教育精品教材立项项目，作者深感荣幸．书中还有许多缺点和可争论之处．欢迎老师和同学们提出批评．

北京大学数学学院的陈维桓教授对本教材提出许多中肯的意见，北京大学出版社刘勇同志始终关心本书的出版，并给出许多有益的建议，借此机会向他们表示衷心的感谢．

张顺燕
于北京大学燕北园
2003 年 2 月 2 日

序

北京大学数学科学学院张顺燕同志编著的"文史哲类高等数学"正式出版，我很高兴。为文史哲类的文科学生编写高等数学教材在我校还是一次尝试。这本书很有特色，是一次有意义的探索。

数学是人类文化中影响全局的一个部分。二次大战以后，应用数学获得蓬勃发展，使得社会对数学的依赖日益加深。特别是当今计算机的迅猛发展与应用相配合，已使数学深入到社会的各个领域。人们说，21世纪是信息时代，而信息时代就是数学时代。这就要求数学教育必须不断改进以适应社会发展的新要求，使数学教育对自然科学，同时也对社会科学作出新贡献。

这本教材没有走删繁就简的老路，而是另辟新路以适应文史哲类文科学生的要求。我赞成这种写法，并希望由此引出一套成熟的教材。

现在是20世纪末，为了迎接21世纪，我们要勇于革新，勇于实践，为祖国的教育事业作出新成就。

中国科学院院士

程民德

1997年2月于北京大学朗润园

前　　言

数学是科学的大门和钥匙.

Rogen Bacon

数学是我们时代有势力的科学，它不声不响地扩大它所征服的领域；那种不用数学为自己服务的人将会发现数学被别人用来反对他自己.

J. F. Herbart

作为加强大学生文化素质的一项措施,高等数学已被列入文科的教学计划之内.从 1994 年起,北京大学第一次为文科实验班,文、史、国际政治以及外语等专业开设了高等数学.本书就是在这一背景下,为这些专业编写的教材.

数学与自然科学的关系是众所周知的,最早是力学,接着是物理学、天文学,而后是化学,大量地应用于生物学已经是 20 世纪的事情了.在 20 世纪,数学与自然科学越来越紧密地互相结合,越来越深刻地互相影响着和互相渗透着,产生了许多交叉学科,形成了一个庞大的数理科学系统.

数学与社会科学的联系也日益加深;这一点恐为多数人所不了解,需要多说几句.

语言学．用数学方法研究语言现象给语言以定量化与形式化的描述,称为数理语言学.它既研究自然语言,也研究各种人工语言,例如计算机语言.数理语言学包含三个主要分支：

（1）统计语言学.它用统计方法处理语言资料；衡量各种语言的相关程度；比较作者的文体风格；确定不同时期的语言发展特征,等等.

（2）代数语言学.借助数学与逻辑方法提出精确的数学模型,并把语言改造为现代科学的演绎系统,以便适用于计算机处理.

（3）算法语言.借助图论的方法研究语言的各种层次,挖掘语言的潜在本质,解决语言学中的难题.

文学．《红楼梦》研究是一个很好的例子.1980 年 6 月,在美国威斯康星大学召开的首届国际《红楼梦》研讨会上,华裔学者陈炳藻宣读了《从词汇的统计论〈红楼梦〉的作者问题》.此后,他又发表多篇用电脑研究文学的论文.1985 年以来,东南大学与深圳大学相继开展了《红楼梦》作品研究的计算机数据库.1987 年复旦大学数学系李贤平教授在美国威斯康星大学对《红楼梦》进行了统计分析与风格分析,提出了震惊红学界的《红楼梦》成书过程的新观点.

数学物理中的谱分析概念与快速傅里叶变换密切相关.令人吃惊的是,这一方法已被成功地运用于文学研究.文学作品中的微量元素,即文学的"指纹",就是文章的句型风格,其判断的主要方法是频谱分析.日本有两位著名学者多正久和安本美典大量应用频谱分析来研究各种文学作品.最后研究到这样的程度:随便拿一段文字来,不讲明作者,也可以知道作者是谁,这就像法医根据手印抓犯罪嫌疑人一样,准确无误.

史学. 数学方法的运用为历史研究开辟了许多过去不为人重视,或不曾很好利用的历史资料的新领域,并且极大地影响着历史学家运用文献资料的方法,影响着他们对原始资料的收集和整理,以及分析这些资料的方向、内容和着眼点.另外,数学方法正在影响着历史学家观察问题的角度和思考问题的方式,从而有可能解决使用习惯的、传统的历史研究方法所无法解决的某些难题.数学方法的运用使历史学趋于严谨和精确,而且对于研究结果的检验也有重要意义.

1986年谈祥柏教授对上海陆家嘴发现的元朝玉挂进行了仔细研究.他发现过去在《考古学报》上多次登过关于这个玉挂研究的文章,但都因为作者不懂得数学而把最宝贵的信息漏掉了.原来在这个玉挂中含有一个魔方,这个魔方虽然只有四阶,却远远超过了西安的安西王府的六阶魔方.过去世界上认为只有印度才有这种"完全魔方",而现在这块玉挂证实,中国也有.据此,世界数学史应作修改.

哲学. 数学对哲学始终起着重大作用,并且经受哲学的影响.例如,数学的无限、连续概念,一出现便成了哲学研究的对象;芝诺的悖论、17世纪无限小争论等都与它们有联系.自古希腊起,唯物主义与唯心主义的斗争就贯穿数学的全部历史,并且数学对逻辑的发展起着明显的作用.从19世纪中叶起,这个作用特别有所加强,并对逻辑自身的改造产生巨大影响.20世纪的分析哲学、结构主义以及系统哲学都与数学的发展息息相关.

数学家B. Demollins说得好:"没有数学,我们无法看透哲学的深度;没有哲学,人们也无法看透数学的深度;而若没有两者,人们就什么也看不透."

社会学. 以定量研究为主要标志的实证社会学一直是西方社会学发展的主流,并奠定了社会学的学科基础.定量社会学发展到今天,已经形成了以高度数学化、高度统计化的一套逻辑严密的研究范式,而国内仅仅是起步,刚刚处在发放问卷,列出几个百分比、几个频率表格的极原始的阶段.

C. B. Allendoerfer说:"当前最令人兴奋的发展是在社会科学和生物科学中数学模型的构造."

著名数学家A. Kaplan指出:"由于最近二十年的进步,社会科学的许多重要领域已经发展到不懂数学的人望尘莫及的阶段……我们向读者提出,在社会科学中不断扩大的数学语言的应用是具有重要意义的."

A. N. Rao指出:"一个国家的科学的进步可以用它消耗的数学来度量."

这些都说明,数学与现代社会的联系正在日益加深,也正在深刻地影响着社会科学的研究与发展.

正是在这种背景下,1992年联合国教科文组织在里约热内卢宣布"2000年是世界数学年",其目的在于加强数学与社会的联系.里约热内卢宣言指出:"纯粹数学与应用数学是理解世界及其发展的一把主要钥匙."

世界需要这把钥匙,生活在现代社会的每个人都需要这把钥匙.

因而在文科,尤其是在还没有开设过数学课的文、史、哲、语言、政治等专业开设数学课已经是一种时代的要求,势在必行了.

困难在于,这些专业从来没有开设过数学课,需要做些探索性的尝试.作者以为作为文科数学的指导思想应包含以下三个方面:(1)数学理论及其应用;(2)逻辑推理的训练;(3)数学史的有关知识,其中包含一些重要数学思想的发展及其演变,和某些著名的数学成果.

文科数学的主体自然是讲授重要的数学基础理论,这就是指导思想的第一条,并以它为主线,其他两条则贯穿于课程之中,穿插进行,并安排有计划有层次的重点讲授.

在理科各系,高等数学是以微积分为主体的,这是理所当然的,因为微积分是人类二千年来智力奋斗的结晶,有着广泛而深刻的应用,又是其他课程的基础.自然地,文科数学也将以微积分为其重要组成部分.但是,由于时间有限,且训练方向不同,应当对它进行适当改造:减少细节,突出思想.我们两年来的具体实践是这样的:在极限部分,将大量的极限计算删去,也删去了用洛必达法则计算极限;不定积分与定积分部分,只讲一些简单性质,删去大量的积分技巧的训练,把讲授的重点放在讲授微分、积分的基本思想及其应用上;其实这种方案在理科未尝不可实践.

阐述数学科学对人类文明的贡献,应当是文科数学的重要任务之一,因而只限于阐述微积分的思想显然是不够的,应该有更为丰富的内容,因而课程内容增加了行列式与线性方程组的内容,又加上概率论初步.1995年的第二次实践,由于听课学生中增加了艺术教研室广告学专业的学生,他们希望通过数学课培养空间想像能力,因而又增加了空间解析几何.

其实社会科学各专业早就与数学有不解之缘.已故著名语言学家王力教授曾专门著文,指出学古代汉语不能不懂天文.历史、哲学也同样需要有天文知识.为此,我们增加一章连分数及其在天文学上的应用.通过对连分数的简单计算,立刻就可明白为何四年一闰,而百年少一闰;农历的大月、小月是怎么回事,并且由此知道,我国古代何以历法经常变动的原因.

几千年来数学思想经历了多次重大演变,数学思想的每次演变都对人类文明作出重大贡献.在课程的进行过程中,我们有选择地介绍了一些数学思想的演变史.在绪论部分,除了介绍数学的特点与用处之外,讲述了数学简史.第六章介绍了欧几里得第五公设及非欧几何的诞生.非欧几何的诞生是人类发展史上一个重大事件.对欧几里得第五公设的研究导致了非欧几何的发现,非欧几何的发现促成了爱因斯坦广义相对论的建立.请看,这对人类生活带来何等重大的影响啊!

原来计划讲到非欧几何诞生为止,但是学生们有一种热切的愿望,希望知道非欧几何的模型到底是什么样的.为此,我们又增加了一章"双曲几何的庞加莱模型"作为第七章,以尽量初等的方式简要地介绍了罗巴切夫斯基几何.

本课程的另一指导思想是,有意识地进行逻辑推理的训练.逻辑推理自然是每堂课都不可少的,但作者以为单有日常的训练还不够.教师不作系统的讲述与总结,多数学生不能提高到理性的高度,特别是文科学生没有理科学生那么多时间和机会去摸索与实践.因此,我们拿出一些时间作了相对集中的处理.在第一章结合无理数的发现,系统讲了反证法.大约在课程进行了三分之一的时候,又讲了"数学命题与证明方法".

我们知道,世界上有两种推理:一种是论证推理,一种是合情推理.数学的证明是论证推理;物理学家的归纳推理,经济学家的统计论证,律师的案情论证,史学家的史料论证都属于合情推理.这两种推理相辅相成推动了人类文明的发展.但是文科学生缺少论证推理的训练,数学提供了学习论证推理的极好机会.作者希望尽量利用这个机会给文科同学以必要的训练.

教材的内容是按一个学期,周学时为 4 安排的.在教学过程中可根据具体情况做必要的删减或增补.

本书的成书过程中受到各方面朋友们的热诚而有力的支持与帮助.首先提到的是北京大学出版社的邱淑清编审.当她一获悉作者有写这样一本书的意向时,立刻表示支持与鼓励,促使作者下决心去写这本书.作者衷心感谢北京大学出版社与邱淑清编审的有力支持.从作者酝酿初稿,一直到成书,北京大学力学系的武际可教授给以自始至终的关心与支持;讨论思想,提供语录,指出不足,作者深感受益匪浅.北京大学信息管理系的刘苏雅老师组织学生在北京市的范围内到各大学有关文科各系及各校图书馆对本书的内容及可用性作了深入广泛的调查,并写出调查报告.这对作者很有助益.

数学科学学院的潘承彪教授仔细审阅了本书,提出许多宝贵的修改意见,使本书增色不少.作者在序言中提到的数学在社会科学中的应用情况,许多都来自北京师范大学刘洁民先生的手稿,作者对他的无私帮助表示衷心的感谢.本书还得到北大教务处的坚强支持,特别是杨承运教授,从教材建设的高度给以自始至终的关怀,并慨然拨款,支持作者先胶印出来,送到国内各高校征求意见.

最后,作者衷心感谢程民德院士在百忙中为本书作序.他以 80 岁的高龄,甚至在住院期间还十分关心本书的出版,作者深为感激,并祝他健康长寿.

作 者

于北京大学燕北园

1997 年 4 月

目 录

第3版序言 ······ (1)
第2版前言 ······ (2)
序 ······ (3)
前言 ······ (5)

数学新论 ······ (1)
绪论 ······ (2)
 §1 概论 ······ (2)
 §2 数学发展简史 ······ (4)

第一章 数系与第一次数学危机 ······ (10)
 §1 数系 ······ (10)
  1.1 自然数与整数 ······ (10)
  1.2 有理数与无理数 ······ (10)
  1.3 实数 ······ (11)
 §2 毕达哥拉斯学派关于数的认识 ······ (11)
 §3 第一次数学危机 ······ (13)
 §4 第一次数学危机的消除 ······ (14)
 §5 反证法 ······ (14)
 习题 ······ (15)

第二章 连分数及其在天文学上的应用 ······ (16)
 §1 辗转相除法 ······ (16)
 §2 连分数 ······ (17)
  2.1 引言 ······ (17)
  2.2 简单连分数和它的渐近分数 ······ (18)
 §3 连分数在天文学上的应用 ······ (20)
  3.1 为什么四年一闰,而百年又少一闰? ······ (20)
  3.2 农历的月大月小、闰年闰月 ······ (22)
  3.3 二十四节气 ······ (22)
  3.4 闰月放在哪? ······ (23)
  3.5 日月食 ······ (24)
  3.6 干支纪年 ······ (25)
 习题 ······ (26)

第三章 数学命题和证明方法 ······ (27)
 §1 概念,概念的外延和内涵 ······ (27)
 §2 等价关系与分类(划分) ······ (28)
 §3 定义 ······ (29)
 §4 公理 ······ (29)
 §5 定理 ······ (30)
  5.1 定理的结构 ······ (30)
  5.2 定理的形式 ······ (31)
  5.3 定理的互逆性 ······ (31)
 习题 ······ (32)
 §6 充分条件和必要条件 ······ (32)
  6.1 充分的特征 ······ (32)
  6.2 必要的特征 ······ (33)
  6.3 必要而且充分的特征 ······ (33)
 习题 ······ (34)
 §7 演绎法 ······ (34)
 §8 分析与综合 ······ (35)
 §9 归纳法 ······ (36)
 §10 数学归纳法 ······ (37)
 习题 ······ (38)

第四章 欧氏几何与第五公设 ······ (39)
 §1 几何学的诞生 ······ (39)
 §2 几何学的研究对象和研究方法 ······ (40)

§3 欧几里得的《原本》……（41）
§4 第五公设……（42）
§5 非欧几里得几何的诞生……（45）
§6 罗巴切夫斯基的解答……（46）
§7 非欧几何的相容性……（46）
§8 黎曼的非欧几何……（47）
§9 非欧几何诞生的意义……（48）

进入高等数学……（49）

第五章 线性代数初步……（50）

§1 二元一次联立方程组与二阶行列式……（50）
§2 三元一次联立方程组与三阶行列式……（52）
习题……（56）
§3 行列式的性质……（56）
 3.1 矩阵、行列式、余子式……（56）
 3.2 按代数余子式展开行列式……（57）
 3.3 行列式的性质……（59）
 习题……（60）
§4 高斯消元法……（61）
 4.1 消元法……（61）
 4.2 线性方程组的增广矩阵……（62）
 4.3 高斯消元法……（64）
 4.4 高斯-若当消元法……（67）
 习题……（68）
§5 矩阵代数……（69）
 5.1 矩阵……（69）
 5.2 矩阵的加法与数乘矩阵……（69）
 5.3 矩阵的乘法……（71）
 5.4 逆矩阵……（73）
 5.5 线性方程组……（76）
 习题……（77）

第六章 空间解析几何……（79）

§1 空间直角坐标系……（80）
 1.1 空间直角坐标系……（80）
 1.2 点的坐标……（81）
 习题……（82）
§2 向量代数……（82）
 2.1 标量与向量……（82）
 2.2 向量的加减法……（83）
 2.3 开普勒三定律……（83）
 2.4 开普勒第二定律的牛顿证明……（84）
 2.5 向量的数乘运算……（85）
 2.6 向量在轴上的投影……（86）
 2.7 向量的坐标……（86）
 2.8 向量的模与方向余弦……（88）
 2.9 向量的数量积……（89）
 2.10 向量的叉乘……（91）
 2.11 混合积……（93）
 习题……（93）
§3 平面……（94）
 3.1 点法式方程……（94）
 3.2 一般式方程……（95）
 3.3 截距式方程……（95）
 3.4 两平面间的关系……（96）
 习题……（96）
§4 空间中的直线……（97）
 4.1 直线的参数方程……（97）
 4.2 直线的标准方程……（98）
 4.3 直线的一般方程……（98）
 4.4 三元一次联立方程组的几何解释……（99）
 习题……（100）
§5 二次曲面……（100）
 5.1 图形与方程……（100）
 5.2 球面……（101）
 5.3 椭球面……（101）
 5.4 平行截口法……（102）

5.5 椭圆抛物面 …………… (102)
5.6 单叶双曲面 …………… (103)
5.7 双叶双曲面 …………… (104)
5.8 双曲抛物面 …………… (105)
5.9 二次柱面 ……………… (106)
5.10 二次锥面 ……………… (107)
5.11 二次曲面小结 ………… (108)
习题 ……………………… (109)
§6 应用一瞥 ………………… (109)
6.1 望远镜设计 …………… (109)
6.2 空中定位 ……………… (110)
6.3 机器人与几何学 ……… (110)
6.4 青光眼的诊断 ………… (111)

微积分初步 ………………… (112)

第七章 函数与极限 ………… (113)
§1 预备知识 ………………… (113)
  1.1 区间 …………………… (113)
  1.2 绝对值 ………………… (113)
  1.3 邻域 …………………… (114)
§2 函数 ……………………… (115)
  2.1 变量与常量 …………… (115)
  2.2 函数概念 ……………… (115)
  2.3 单调函数 ……………… (116)
  2.4 函数的奇偶性 ………… (117)
  2.5 反函数 ………………… (118)
  2.6 常数函数与线性函数 … (119)
  2.7 基本初等函数的图形 … (120)
  2.8 复合函数与初等函数 … (124)
§3 极限概念 ………………… (125)
  3.1 抛物线下的面积 ……… (125)
  3.2 序列的极限 …………… (126)
  3.3 切线问题 ……………… (127)
  3.4 函数的极限 …………… (128)
  3.5 单边极限 ……………… (129)

3.6 极限的四则运算 ……… (131)
3.7 极限存在准则及两个
    重要极限 ……………… (132)
习题 ……………………… (135)
§4 函数的连续性 …………… (135)
  4.1 连续性的概念 ………… (135)
  4.2 在闭区间上连续函数的性质
    ………………………… (136)
§5 再论函数与极限 ………… (137)
  5.1 函数 …………………… (137)
  5.2 极限 …………………… (138)

第八章 导数 ………………… (139)
§1 引言 ……………………… (139)
§2 预备知识 ………………… (141)
  2.1 Δ 符号 ………………… (141)
  2.2 平均变化率 …………… (142)
习题 ……………………… (142)
§3 导数概念 ………………… (143)
  3.1 瞬时速度 ……………… (143)
  3.2 再论切线问题 ………… (144)
  3.3 导数定义 ……………… (144)
  3.4 可导与连续 …………… (146)
§4 导数公式 ………………… (146)
  4.1 常数函数的导数 ……… (146)
  4.2 函数 $f(x)=x$ 的导数 … (147)
  4.3 幂函数的导数 ………… (147)
  4.4 导数的四则运算 ……… (148)
  4.5 链锁法则 ……………… (150)
  4.6 高阶导数 ……………… (152)
习题 ……………………… (153)
§5 三角函数的导数公式 …… (153)
  5.1 正弦函数 ……………… (153)
  5.2 余弦函数 ……………… (153)
  5.3 正切函数 ……………… (154)
  5.4 余切函数 ……………… (154)

　　　　习题 …………………………… (154)

§6　指数函数与对数函数的导数公式

　　　　 …………………………… (154)

　　6.1　对数函数 ………………… (154)

　　6.2　指数函数 ………………… (155)

　　6.3　幂函数 …………………… (155)

§7　反三角函数的导数公式 ……… (156)

　　7.1　反正弦函数 ……………… (156)

　　7.2　反余弦函数 ……………… (156)

　　7.3　反正切函数 ……………… (156)

　　7.4　反余切函数 ……………… (156)

　　　　习题 …………………………… (157)

§8　基本公式表 …………………… (157)

　　8.1　基本初等函数的求导公式 … (157)

　　8.2　导数运算法则 …………… (157)

§9　相对变化率 …………………… (157)

　　　　习题 …………………………… (159)

§10　微商中值定理 ………………… (159)

　　10.1　函数的局部极值,费马定理

　　　　 …………………………… (159)

　　10.2　中值定理 ………………… (160)

§11　利用导数研究函数 …………… (162)

　　11.1　函数的单调性 …………… (162)

　　11.2　极值点的判别 …………… (163)

　　11.3　曲线的凹凸 ……………… (164)

　　11.4　曲线的渐近线 …………… (166)

　　11.5　函数的图形 ……………… (166)

　　11.6　在经济学中的应用 ……… (168)

　　11.7　极值的应用 ……………… (169)

　　　　习题 …………………………… (171)

第九章　微分 …………………… (172)

§1　微分定义 ……………………… (172)

§2　微分公式 ……………………… (173)

§3　基本初等函数微分表 ………… (174)

§4　微分的应用 …………………… (175)

　　　　习题 …………………………… (176)

§5　再论导数与微分 ……………… (177)

　　5.1　导数与微分的概念 ……… (177)

　　5.2　导数与微分小结 ………… (177)

第十章　不定积分 ……………… (179)

§1　基本概念 ……………………… (179)

§2　不定积分的简单运算法则 …… (180)

§3　基本初等函数的不定积分表 … (181)

§4　第一换元积分法 ……………… (182)

　　　　习题 …………………………… (184)

§5　第二换元积分法 ……………… (185)

　　　　习题 …………………………… (186)

§6　分部积分法 …………………… (186)

　　　　习题 …………………………… (188)

第十一章　定积分 ……………… (189)

§1　定积分的定义 ………………… (189)

　　1.1　面积问题 ………………… (189)

　　1.2　路程问题 ………………… (190)

　　1.3　定积分的定义 …………… (191)

　　1.4　定积分的几何意义 ……… (192)

§2　定积分的简单性质 …………… (193)

§3　微积分基本定理 ……………… (196)

　　　　习题 …………………………… (198)

§4　定积分的换元积分法与分部积分法

　　　　 …………………………… (198)

　　4.1　换元积分法 ……………… (198)

　　4.2　分部积分法 ……………… (200)

　　　　习题 …………………………… (200)

§5　定积分的应用 ………………… (201)

　　5.1　如何建立积分式 ………… (201)

　　5.2　平面图形的面积 ………… (202)

　　5.3　旋转体的体积 …………… (203)

　　5.4　平均值 …………………… (205)

　　　　习题 …………………………… (206)

§6　无穷限积分 …………………… (206)

§7 再论微分学与积分学 ………… (208)
    7.1 微分学 …………………… (208)
    7.2 积分学 …………………… (209)

随机性数学 ……………………… (210)

第十二章 概率论初步 ………… (211)

§1 随机现象 ……………………… (211)
    1.1 必然现象与随机现象 …… (211)
    1.2 随机实验 ………………… (213)
    1.3 随机事件 ………………… (213)

§2 事件的关系与运算 …………… (214)
    2.1 基本事件与复杂事件 …… (214)
    2.2 事件的集合表示,样本空间 … (215)
    2.3 事件的相等与包含 ……… (215)
    2.4 事件的和、积与差 ……… (216)
    2.5 对立事件 ………………… (217)
    2.6 互不相容事件完备组 …… (217)
    2.7 运算法则 ………………… (218)
    习题 ………………………… (219)

§3 概率 ………………………… (219)
    3.1 概率的概念 ……………… (219)
    3.2 概率的统计定义 ………… (219)
    3.3 概率的性质 ……………… (220)
    3.4 古典概型 ………………… (221)
    3.5 几何概率 ………………… (222)
    3.6 概率的数学定义 ………… (224)
    3.7 条件概率与乘法公式 …… (225)
    3.8 独立性 …………………… (227)
    3.9 全概率公式 ……………… (229)
    3.10 逆概率公式(贝叶斯公式) … (230)
    习题 ………………………… (231)

§4 随机变量及其分布 …………… (232)
    4.1 随机变量 ………………… (232)
    4.2 两点分布 ………………… (233)
    4.3 二项分布 ………………… (233)
    4.4 连续型随机变量 ………… (235)
    4.5 正态分布 ………………… (236)
    4.6 正态分布的分布函数 …… (237)
    4.7 从平均数到数学期望 …… (238)
    4.8 连续型随机变量的数学期望
        ………………………………… (239)
    4.9 随机变量的方差 ………… (240)
    4.10 几种随机变量的方差 …… (241)
    4.11 正态分布的应用 ………… (241)
    习题 ………………………… (243)

§5 两个实例 ……………………… (244)
    5.1 色盲的遗传问题 ………… (244)
    5.2 孟德尔遗传定律 ………… (246)

面向实际 ………………………… (248)

第十三章 数学模型 …………… (249)

§1 选票分配 ……………………… (249)
    1.1 选举悖论 ………………… (250)
    1.2 选票分配问题 …………… (251)
    1.3 亚拉巴马悖论 …………… (252)

§2 体育训练问题 ………………… (253)

§3 指数增长与衰减问题 ………… (255)
    3.1 一个简单的微分方程 …… (255)
    3.2 人口模型 ………………… (257)
    3.3 考古学中的应用 ………… (258)
    3.4 牛顿冷却定律 …………… (260)
    3.5 范·米格伦伪造名画案 … (261)
    3.6 再论人口模型 …………… (265)
    3.7 新产品销售模型 ………… (267)
    习题 ………………………… (268)

第十四章 数学的地位和作用 …… (269)

§1 数学教育 ……………………… (269)
    1.1 关于素质教育 …………… (269)
    1.2 数学素养 ………………… (269)
    1.3 数学是思维的工具 ……… (270)

1.4　数学与美 …………………… （270）
　　1.5　数学提供了有特色的思考方式
　　　　　………………………………（271）
　　1.6　培养四种本领 ……………… （271）
　　1.7　数学与就业 ………………… （273）
　　1.8　当前科学发展的主要趋势 …… （274）
§2　自然数是万物之母 ……………… （275）
　　2.1　数学的重要性 ……………… （275）
　　2.2　古希腊的数学 ……………… （275）
§3　数学与自然科学 ………………… （277）
　　3.1　宇宙的和谐 ………………… （277）
　　3.2　物理学 ……………………… （280）
　　3.3　生物学 ……………………… （280）

§4　数学与人文科学 ………………… （281）
　　4.1　数学与西方政治 …………… （281）
　　4.2　人口论 ……………………… （284）
　　4.3　统计方法 …………………… （284）
§5　数学与艺术 ……………………… （285）
　　5.1　傅里叶的功绩 ……………… （285）
　　5.2　数学与绘画 ………………… （286）
　　5.3　从艺术中诞生的科学 ……… （290）
§6　笛卡儿的方法论及其影响 …… （291）

附表　标准正态分布表 …………… （294）
附录　习题答案与提示 …………… （295）
参考书目 …………………………… （301）

数 学 新 论

文科同学要学数学,这是时代的要求.但多数人对此尚有疑虑,需要给以适当说明.而且教学内容也应有相应的改革,在数学的思想、方法和应用等三个方面都应展现出新的面貌,以使学生对数学有新的理解.

任何一个学过一些数学,并将进一步学习数学的文科同学都面临这样的问题:

(1) 什么是数学?从数学中,我们学到了什么?

(2) 为什么学数学?难道数学也与社会科学息息相关吗?

(3) 如何学数学?是没完没了地做题吗?

绪论与第一章至第四章、第十四章,这五章一起从不同侧面回答了这些问题.讲授的主导思想是:一曰综观,二曰明变;三曰方法与应用.综观者,综合考察数学文化的源流,展现数学文化的整体面貌;明变者,重理数学发展的脉络,探索数学发展的过程,突出数学史上的重大思想演变;方法与应用者,指出数学对自然科学与人文科学的广阔应用,并讲授数学方法的特点.

概而言之,绪论讲数学发展史,第十四章讲数学与人类文明.这两部分从概括的角度回答数学是什么,它有什么用.第四章讲欧氏几何学的地位与非欧几何学的诞生,这是科学史上划时代的重大事件.数学由此进入新的时期.第一章讲对数的认识,并引出反证法.第三章讲数学的证明方法,对中学学过的数学证明给以总结.第二章讲数学与天文,在初等数学的基础上,给出一个具体的重要应用——如何确定我们每天使用的日历.

绪 论

> 在未来的十年中领导世界的国家将是在科学的知识、解释和运用方面起领导作用的国家. 整个科学的基础又是一个不断增长的数学知识总体. 我们越来越多地用数学模型指导我们探索未知的工作.
>
> H. F. Fehr

数学是研究现实世界中的数量关系与空间形式的一门学科. 由于实际的需要, 数学在古代就产生了, 现在发展成为一个分支众多的庞大系统. 数学和其他科学一样, 反映了客观世界的规律, 并成为理解自然, 改造自然的有力武器.

对任何一门科学的理解, 单有这门学科的具体知识是不足的, 那怕你对这门学科的知识掌握得足够丰富, 还需要对这门学科的整体有正确的观点, 需要了解这门学科的本质. 本章的目的就是给出关于数学本质的一般概念.

§1 概 论

1.1 数学的内容

大致说来, 数学分为初等数学与高等数学两大部分.

初等数学中主要包含两部分: 几何学与代数学. 几何学是研究空间形式的学科, 而代数学则是研究数量关系的学科.

初等数学基本上是常量的数学.

高等数学含有非常丰富的内容, 以大学本科所学为限, 它主要包含:

解析几何: 用代数方法研究几何, 其中平面解析几何的部分内容已下放到中学.

线性代数: 研究如何解线性方程组及有关的问题.

高等代数: 研究方程式的求根问题.

微积分: 研究变速运动及曲边形的求积问题. 作为微积分的延伸, 物理类各系还要讲授常微分方程与偏微分方程.

概率论与数理统计: 研究随机现象, 依据数据进行推理.

所有这些学科构成高等数学的基础部分, 在此基础上建立了高等数学的宏伟大厦.

1.2 数学的特点

数学区分于其他学科的明显特点有三个:第一是它的抽象性,第二是它的精确性,第三是它的应用具有极其广泛性.

从中学数学的学习过程中读者已经体会到数学的抽象性了.数本身就是一个抽象概念,几何中的直线也是一个抽象概念,全部数学的概念都具有这一特征.整数的概念,几何图形的概念都属于最原始的数学概念.在原始概念的基础上又形成有理数、无理数、复数、函数、微分、积分、n 维空间以至无穷维空间这样一些抽象程度更高的概念.但是需要指出,所有这些抽象度更高的概念,都有非常现实的背景.

不过,抽象不是数学独有的特性,任何一门科学都具有这一特性.因此,单是数学概念的抽象性还不足以说尽数学抽象的特点.数学抽象的特点在于:第一,在数学的抽象中只保留量的关系和空间形式而舍弃了其他一切;第二,数学的抽象是一级一级逐步提高的,它们所达到的抽象程度大大超过了其他学科中的一般抽象;第三,数学本身几乎完全周旋于抽象概念和它们的相互关系的圈子之中.如果自然科学家为了证明自己的论断常常求助于实验,那么数学家证明定理只需用推理和计算.这就是说,不仅数学的概念是抽象的、思辨的,而且数学的方法也是抽象的、思辨的.

数学的精确性表现在数学推理的逻辑严格性和数学结论的确定无疑和无可争辩性.这点读者从中学数学就已很好地懂得了.当然,数学的严格性不是绝对的、一成不变的,而是相对的、发展着的,这正体现了人类认识逐渐深化的过程.

数学应用的极其广泛性也是它的特点之一.正像已故著名数学家华罗庚教授曾指出的,宇宙之大,粒子之微,火箭之速,化工之巧,地球之变,生物之谜,日用之繁,数学无处不在,凡是出现"量"的地方就少不了用数学,研究量的关系,量的变化,量的变化关系,量的关系的变化等现象都少不了数学.数学之为用贯穿到一切科学部门的深处,而成为它们的得力助手与工具,缺少了它就不能准确地刻画出客观事物的变化,更不能由已知数据推出其他数据,因而就减少了科学预见的可能性,或减弱了科学预见的精确度.

1.3 数学的结构

数学是一个演绎体系,它的特点是结构简单.演绎结构的叙述可以归结为:
1) 基本概念的列举;
2) 定义的叙述;
3) 公理的叙述;
4) 定理的叙述;
5) 定理的证明.

在建立定义的时候,我们常用一个概念去定义另一个概念.显然,这种建立定义的方法不能无止境地追究下去.我们总得从某些东西开始,所以,每个演绎体系必须以一些基本概念为基础，这些基本概念本身不给任何定义，而通过它们去定义所有其余的概念.

再说公理和定理. 它们与定义有别，定义仅仅解释所使用的概念的意义，而公理和定理则是一些断言. 一切断言的特性是，我们可以对它们提出正确与不正确的问题. 不过它们在演绎体系里占有不同的地位. 它们的区别是：一切定理都是从公理中引申出来的，公理则是不加证明的断言.

1.4 证明的作用

证明在任何一个数学理论中都占有中心的地位. 通过证明，数学才被组织成一个完美的体系，因而正确地理解和使用证明是学好数学的关键因素之一. 学习定理的证明可以使人对定理的含义有更明确的认识. 如何学好定理？著名数学家 G. 波利亚说："如果你必须证明一个定理，不要仓促行动. 首先应该完全了解定理的内容，设法看清楚它是什么意思. 然后检验定理，看它是否有错误. 检验它的结果，为了使你认识它的正确性，用尽可能多的特例加以验证". 但是过分强调证明的作用也会带来一些负面影响，它使我们忘记定理的历史起源，使我们只看到问题应该怎样回答，而不再理会问题是如何提出来的与为何而提出.

§2 数学发展简史

数学的发展史大致可以分为四个基本上质不同的阶段.

第一个时期——数学形成时期. 这是人类建立最基本的数学概念的时期. 人类从数数开始逐渐建立了自然数的概念，简单的计算法，并认识了最简单的几何形式，逐步地形成了理论与证明之间的逻辑关系的"纯粹"数学. 算术与几何还没有分开，彼此紧密地交错着.

第二个时期称为初等数学，即常数数学的时期. 这个时期的基本的、最简单的成果构成现在中学数学的主要内容. 这个时期从公元前 5 世纪开始，也许更早一些，直到 17 世纪，大约持续了两千年. 在这个时期逐渐形成了初等数学的主要分支：算术、几何、代数、三角.

按照历史条件不同，可以把初等数学史分为三个不同时期：希腊的、东方的和欧洲文艺复兴时代的时期.

希腊时期正好与希腊文化普遍繁荣的时代一致. 到公元前 3 世纪，在最伟大的古代几何学家欧几里得、阿基米德、阿波罗尼奥斯的时代达到了顶峰，而终止于公元 6 世纪，当时最光辉的著作是欧几里得的《几何原本》. 尽管这部书是两千多年以前写成的，但是它的一般内容和叙述的特征，却与我们现在通用的几何教科书非常相近.

希腊人不仅发展了初等几何，并把它导向完整的体系，还得到许多非常重要的结果. 例如，他们研究了圆锥曲线：椭圆、双曲线、抛物线；证明了某些属于射影几何的定理，以天文学的需要为指南建立了球面几何，以及三角学的原理，并计算出最初的正弦表，确定了许多复杂图形的面积和体积.

在算术与代数方面，希腊人也做了不少工作. 他们奠定了数论的基础，并研究丢番图方程,他们发现了无理数,找到了求平方根、立方根的方法,知道算术级数与几何级数的性质.

在几何方面希腊人已接近"高等数学".阿基米德在计算面积与体积时已接近积分运算,阿波罗尼奥斯关于圆锥曲线的研究接近于解析几何.

应该指出,远在这以前好几个世纪,我国的算术和代数已达到很高的水平.在公元前 2 世纪到 1 世纪已有了三元一次联立方程组的解法.同时在历史上第一次利用负数,并且叙述了对负数进行运算的规则,也找到了求平方根与立方根的方法.

随着希腊科学的终结,在欧洲出现了科学萧条,数学发展的中心移到了印度、中亚细亚和阿拉伯国家.在这些地方从 5 世纪到 15 世纪的一千年中间,数学主要由于计算的需要,特别是由于天文学的需要而得到发展.印度人发明了现代记数法,引进了负数,并把正数与负数的对立和财产与债务的对立及直线上两个方向的对立联系了起来.他们开始像运用有理数一样运用无理数,他们给出了表示各种代数运算包括求根运算的符号.由于他们没有对无理数与有理数的区别感到困惑,从而为代数打开了真正的发展道路.

"代数"这个词本身起源于 9 世纪波斯北部的花拉子模的数学家和天文学家穆罕默德·伊本·穆萨·阿里·花拉子米.花拉子米的著作基本上建立了解方程的方法.从这时起,求方程的解作为代数的基本特征被长期保持了下来.他的代数著作在数学史上起了重大作用,因为这部作品后来被翻译成拉丁语,曾长期作为欧洲主要的教科书.

中亚细亚的数学家们找到了求根和一系列方程的近似解的方法,找到了"牛顿二项式定理"的普遍公式,他们有力地推进了三角学,把它建成一个系统,并造出非常准确的正弦表.这时中国科学的成就开始传入邻国.约在公元 6 世纪我国已经会解简单的不定方程,知道几何中的近似计算以及三次方程的近似解法.

到 16 世纪,所缺少的主要是对数及虚数,还缺乏字母符号系统.正像在远古时代,为了运用整数,应该制定表示它们的符号一样,现在为了运用任意数并对它们给出一般规则,就应该制定相似的符号.这个任务从希腊时代就开始而直到 17 世纪才完成,在笛卡儿和其他人的工作中最后形成了现代符号系统.

在科学复兴时期,欧洲人向阿拉伯学习,并且根据阿拉伯文的翻译熟识了希腊科学.从阿拉伯沿袭过来的印度计数法逐渐地在欧洲确定了下来.

只是到了 16 世纪,欧洲科学终于越过了先人的成就.例如意大利人塔尔塔利亚和费拉里在一般形式上先解了三次方程,然后四次方程.在这个时期第一次开始运用虚数.现代的代数符号也制造出来了,其中不仅出现了表示未知数的字母符号,也出现了表示已知数的字母符号;这是韦达在 1591 年作出的.

最后,英国的纳皮尔发明了供天文作参考的对数,并在 1614 年发表.布里格斯算出第一批十进对数表是在 1624 年.

当时在欧洲也出现了"组合论"和"牛顿二项式定理"的普遍公式;级数知道得更早,所以初等代数的建立是完成了,以后则是向高等数学,即变量数学的过渡.

但是初等数学仍在发展,仍有很多新结果出现.

第三个时期是变量数学的时期.

到16世纪,封建制度开始消亡,资本主义开始发展并兴盛起来.在这一时期中,家庭手工业、手工业作坊逐渐地改革为工场手工业生产,并进而转化为以使用机器为主的大工业.因此,对数学提出了新的要求.这时,对运动的研究变成了自然科学的中心问题.实践的需要和各门科学本身的发展使自然科学转向对运动的研究,对各种变化过程和各种变化着的量之间的依赖关系的研究.

作为变化着的量的一般性质和它们之间依赖关系的反映,在数学中产生了变量和函数的概念.数学对象的这种根本扩展决定了数学向新的阶段,即向变量数学时期的过渡.

数学中专门研究函数的领域叫做**数学分析**,或者叫**无穷小分析**.这后一名词的来源是,因为无穷小量概念是研究函数的重要工具.

所以,从17世纪开始的数学的新时期——变量数学时期可以定义为数学分析出现与发展的时期.

变量数学建立的第一个决定性步骤出现在1637年笛卡儿的著作《几何学》.这本书奠定了解析几何的基础,它一出现,变量就进入了数学,从而运动进入了数学.恩格斯指出:"数学中的转折点是笛卡儿的变数.有了变数,运动进入了数学,有了变数,辩证法进入了数学,有了变数,微分和积分也就立刻成为必要的了……"(恩格斯《自然辩证法》,人民出版社1971年版第236页).在这转折以前,数学中占统治地位的是常量,而这之后,数学转向研究变量了.

在《几何学》里,笛卡儿给出了字母符号的代数和解析几何原理,这就是引进坐标系和利用坐标方法把具有两个未知数的任意代数方程看成平面上的一条曲线.解析几何给出了回答如下问题的可能:

(1) 通过计算来解决作图问题;

(2) 求由某种几何性质给定的曲线的方程;

(3) 利用代数方法证明新的定理;

(4) 反过来,从几何方面来看代数方程.

因此,解析几何是这样一个数学部门,即在采用坐标法的同时,用代数方法研究几何对象.

在笛卡儿之前,从古代起在数学中起优势作用的是几何学.笛卡儿把数学引向另一途径,这就是使代数获得更重大的意义.

变量数学发展的第二个决定性步骤是牛顿和莱布尼兹在17世纪后半叶建立了微积分.事实上牛顿和莱布尼兹只是把许多数学家都参加过的巨大准备工作完成了,它的原理却要溯源于古代希腊人所创造的求面积和体积的方法.

微积分的起源主要来自两方面的问题:一是力学的一些新问题,已知路程对时间的关系求速度,及已知速度对时间的关系求路程;一是几何学的一些相当老的问题,作曲线的切线和确定面积和体积等问题.这些问题在古代就研究过,在17世纪初期开普勒、卡瓦列里和许多其他数学家也研究过,但是这两类问题之间的显著关系的发现,解决这些问题的一般方法的形成,要归功于牛顿和莱布尼兹.微积分的发现在科学史上具有决定性的意义.

除了变量与函数概念以外,以后形成的极限概念也是微积分以及进一步发展的整个分析的基础.

同微积分一道,还产生了分析的另外一部分:级数理论、微分方程论、微分几何.所有这些理论都是因为力学、物理学和技术问题的需要而产生并向前发展的.

微分方程论是研究这样一种方程,方程中的未知项不是数,而是函数.微分几何是关于曲线和曲面的一般理论.在19世纪还产生了另一个重要分支,即复变函数论,它使分析的内容更加充实.复变函数是将实分析的方法推广到复数域中去了.

分析蓬勃地发展着,它不仅成为数学的中心和主要部分,而且还渗入到数学较古老的分支,如代数、几何与数论.

通过分析及其变量、函数和极限等概念,运动、变化等思想,使辩证法渗入了全部数学.同样地,基本上通过分析,数学才在自然科学和技术的发展中成为精确地表述它们的规律和解决它们问题的得力工具.

在希腊人那里,数学基本上就是几何;在牛顿以后,数学基本上就是分析了.

当然,分析不能包括数学全部;在几何、代数和数论中都保留着它们特有的问题和方法.比如,在17世纪,与解析几何同时还产生了射影几何,而纯粹几何方法在射影几何中占统治地位.

这时还产生了另一个重要的数学部门——概率论.它研究大量"随机"现象的规律问题,给出了研究出现于偶然性中的必然性的数学方法.

在希腊几何的历史上,欧几里得所做的严格和系统的叙述结束了以前发展的漫长道路.和这种情况相似,随着分析的发展必然引起更好地论证理论,使理论系统化,批判地审查理论的基础等这样一些任务,这些任务是19世纪中叶到来的.这项重要而困难的工作由于许多杰出学者的努力而胜利完成了,特别是获得了实数、变量、函数、极限、连续等基本概念的严格定义.

理论原则的建立是其发展的总结,但不是它的终结,相反地,正是新理论的起点.分析的情形也是这样,由于它的基础的准确化产生了新的数学理论,这就是19世纪70年代德国数学家康托尔所建立的集合论.在此基础上又产生了分析的一个新部门——实变函数论.同时集合论的一般思想渗入到数学的所有部门.这种"集合论观点"与数学发展的新阶段不可分割地联系在一起,进入数学发展的新阶段.

第四个时期为现代数学时期.

数学发展的第一时期与第二时期所获得的主要成果,即初等数学中的主要成果已经成为中小学教育的内容.

第三个时期的基本结果,如解析几何(已部分地放入中学)、微积分、微分方程,高等代数、概率论等已成为高等学校理科教育的主要内容.这个时期的数学的基本思想和结论已广泛地为大众所知道,几乎所有的工程师和自然科学工作者都或多或少地运用着这些结果. 近几十年来,数学应用的状况发生着深刻的变化. 这些成果逐渐渗透到社会科学研究的各个领域. 因而这些内容的一部分已进入文科各系的教学内容.

与此相反,数学发展的最近阶段,即现代阶段的思想和结果基本上还只是为在数学、力学、物理学及一些新技术领域中工作的科学工作者所使用.

现在在转向叙述数学发展最新阶段的一般特征时,我们只试图简略地给出数学的这些新分支的最一般的特征.

数学发展的现代阶段的开端,以其所有基础部门——代数、几何、分析——中的深刻变化为特征.

还在19世纪上半叶,罗巴切夫斯基和波尔约就已经建立了新的非欧几何学,它的思想是别开生面的和出乎意外的. 正是从这个时候起,开始了几何学的原则上的新发展,改变了几何学是什么的本来理解. 它的研究对象与使用范围迅速扩大. 1854年著名的德国的数学家黎曼继罗巴切夫斯基之后在这个方向上完成了最重要的步骤. 他提出了几何学家能够研究的"空间"的种类有无限多的一般思想,并指出这种空间的可能的现实意义. 如果说,以前几何学只研究物质世界的空间形式,那么现在,现实世界的某些其他形式,由于它们与空间形式类似,也成了几何学的研究对象,可采用几何学的各种方法对它们进行研究. 因此,"空间"这一术语在数学中获得了新的更广泛的,也是更专门的意义,同时几何学方法本身也大大地丰富和多样化了. 欧几里得几何本身也发生了很大的变化. 现在可研究复杂得多的图形,乃至任意点集的性质. 同样地出现了研究图形本身的崭新的方法,在这些研究的基础上,产生了各种新而又新的"空间"和它们的"几何":罗巴切夫斯基空间,射影空间,各种不同维数的欧氏空间、黎曼空间、拓扑空间等,所有这些概念都找到了自己的应用.

在19世纪,代数也出现了质的变化. 以往的代数是关于数字的算术运算的学说. 这种算术运算是脱离了给定的具体数字在一般形态上形式地加以考察的. 也就是说,在代数中,凡量都以字母来表示,按照一定的法则对这些字母进行运算.

现代代数在保持这种基础的同时,又把它大大地推广了. 现代代数中还考察比数具有更普遍得多的性质的"量",并且研究对这些量的运算,这些运算在某种程度上按其形式的性质来说与加、减、乘、除等普通算术运算是类似的. 向量是最简单的例子,我们知道,向量按照平行四边形法则相加. 在现代代数中进行的推广达到这样的程度,以致"量"这个术语本身也常常失去意义,而一般地是讨论"对象"了,对这种"对象"可以进行像普通代数运算相似的运算. 例如,两个相继进行的运动相当于某一个总的运动,一个公式的两种代数变换相当于一个总的变换等等. 与此相应就可讨论运动与变换所特有的"加法". 现代代数在一般抽象形式上研究所有这种类似的运算.

现代代数理论是19世纪前半叶从许多数学家的研究中形成的,其中尤以法国数学家伽罗瓦著称. 现代代数的概念、方法和结果在分析、几何、物理以及结晶学中都有重大应用. 群论与线性代数是现代代数中内容丰富的两个分支,并在自己的发展中得到很广的应用.

分析也发生了深刻的变化. 首先, 它的基础得到了精确化, 特别是得到了它的基本概念: 函数、极限、积分, 最后是变量概念本身的精确和普遍定义, 实数的严格定义也给出了. 这些工作是由一批杰出的数学家完成的, 其中有捷克数学家波尔查诺, 法国数学家柯西, 德国数学家外尔斯特拉斯、戴德金等. 我们还必须提到德国数学家康托尔的集合论. 它促进了数学的其他许多新分支的发展, 对数学发展的一般进程产生了深刻的影响.

　　在分析中发展出一系列新的分支, 如实变函数论, 函数逼近论, 微分方程定性理论, 积分方程论, 泛函分析等. 在分析和数学物理发展的基础上同几何与代数新思想相结合产生的泛函分析在现代数学中起着特殊重要的作用.

　　集合论还导致了数学领域的另一分支——数理逻辑的发展. 一方面, 数理逻辑溯源于数学的起源和基础, 另一方面它又和计算技术的最新课题紧密相连. 数理逻辑得到了许多深刻的结果. 这些结果从一般认识论的观点看来也是十分重要的.

第一章 数系与第一次数学危机

哪里有数,哪里就有美.

Proclus

如果不知道远溯古希腊各代所建立和发展的概念、方法和结果,我们就不可能理解近五十年来数学的目标,也不可能理解它的成就.

Hermann Weyl

本章从自然数系入手,叙述古希腊人对数的认识,介绍无理数的诞生,最后引出数学中经常使用的反证法.

§1 数 系

1.1 自然数与整数

人类历史上最先发明的数是正整数,或者叫做**自然数**. 它们是
$$1, 2, 3, 4, \cdots.$$

两个自然数之和仍是自然数,例如 5 与 7 的和是 12. 但是两个自然数的差,就不一定是自然数了,例如 5 减 7 就不再是自然数. 为了使减法永远可能,我们需要扩大自然数的集合:每个自然数与负号"−"结合在一起,产生一个负整数,再补充一个新符号"0",读作"零". 这样我们得到整数的集合:
$$\cdots, -4, -3, -2, -1, 0, 1, 2, 3, 4, \cdots.$$
在整数集合中,加与减的运算总是畅行无阻的.

两个整数相乘仍是整数,因而在整数集合中乘法也畅行无阻. 但是两个整数相除就可能不再是整数,这就引出了有理数的概念.

1.2 有理数与无理数

所有形如 m/n 的数的集合称为**有理数集**,其中 m, n 都是整数,且 $n \neq 0$. 有理数集中含有全体整数与通常的分数.

每个有理数有无穷多个表示法,例如,1 可表示为 $1/1, 2/2, 3/3, \cdots$,再如 $2/3$ 可表示为 $4/6, 6/9, 8/12, \cdots$. 分数 m/n 称为**最简表示**,若 m 与 n 没有公共素因子.

在全体有理数的集合中,加、减、乘、除都可畅行无阻(当然,0 不能作除数),因而有理数

集对四则运算是封闭的.

但是有理数的开方,可能不再是有理数,这就引出了无理数的概念,例如$\sqrt{2}$,$\sqrt[3]{2}$,π,等都是无理数.下一节我们将给出无理数存在性的证明.

有理数都可表示为一个整数加上一个有限小数,或一个整数加上一个无限循环小数.例如

$$\frac{4}{5}=0.8,\quad \frac{9}{8}=1.125;\quad \frac{7}{3}=2.\dot{3},\quad \frac{1}{7}=0.\dot{1}4285\dot{7}.$$

凡是小数部分是无限不循环小数的实数都叫无理数.例如

$$\sqrt{2}=1.414\cdots.$$

1.3 实数

有理数集与无理数集合在一起构成**实数集**.实数集是一个有序集合,即任何两个实数可以比较大小.例如$\sqrt{2}=1.4142\cdots$,于是$7/5=1.4<\sqrt{2}$,而$3/2=1.5>\sqrt{2}$,等等.

实数集合可以和一条直线上的点的集合建立一一对应.为了做到这一点,我们需要引进数轴的概念.

任取一条水平直线,在这条直线上任取一点O,称为**原点**,并让它与实数0相对应.从点O出发沿直线前进有两个方向,取从点O向右的方向为正方向,从点O向左的方向为负方向.再规定一个单位尺度进行测量.任取一实数p,若$p>0$,则从点O向右测量,找到一点P,它到点O的距离是p,我们就使这个点P对应于实数p,并称实数p是点P的**坐标**.若另有一实数$q<0$,则从点O向左进行测量,找到一点Q,它到点O的距离是$|q|$,我们就使这个点Q对应于实数q.这样一来,每个实数都有直线上的一个点与它对应.反过来也不难看出,直线上的每个点到原点O都有一个距离,因而每个点都有一个实数与它对应.点O右边的点对应正数,点O左边的点对应负数.这样,直线上的全体点与全体实数建立了一一对应,这样的一条直线就称为**数轴**(图1-1).

图 1-1

§2 毕达哥拉斯学派关于数的认识

毕达哥拉斯是古希腊哲学家、数学家、天文学家,出生在靠近爱奥尼亚沿海的萨摩斯(Samos)岛上.关于他本人有许多传说,但很难判断哪些是符合实际的,哪些是虚构的.我们连他的准确的出生与去世日期都无从知道.根据有些资料,毕达哥拉斯约生于公元前572年,死于公元前500年.

毕达哥拉斯青年时代游历了许多地方,能够很好地学习和了解埃及和远古时代祭司保

存下来的数学知识.他在埃及居住了差不多22年,大约在公元前530年从埃及回国.此后他在祖国建立了自己的学派,它是以贵族式的观念作为基础的,与当时萨摩斯岛的古希腊民主制的观念有着尖锐的对立.因此这个学派引起了萨摩斯公民的不满情绪,毕达哥拉斯不得不离开祖国.他前往希腊的移民区阿佩宁半岛,并定居在克罗托(Croton)城,在那里重新建立起他的学派.

关于数的神秘学说奠定了毕达哥拉斯学派的哲学基础.毕达哥拉斯学派认为,数是现实的基础,是严密性与次序的依据,是在宇宙体系里控制着自然的永恒关系.数,是世界的法则和关系,是主宰生死的力量,是决定一切事物的条件.事物的实质是仿效着数做出来的.

毕达哥拉斯学派对数如此崇拜,说明他们对周围的生活现象进行了认真而周密的观察,并且借用了近东一些国家的数学知识.

例如,在悦耳的音乐中毕达哥拉斯学派觉察到了和声的谐音,并注意到在用三根弦发音时,这三根弦的长度之比为3∶4∶6时,就得到和声的谐音.他们在其他场合也发现了同样的比例.例如立方体的面数、顶点数、棱数的比等于6∶8∶12.在研究同名正多边形覆盖平面的问题时,毕达哥拉斯学派找到了这种覆盖只有三种情况:环绕平面上一个点可以紧密地放6个正三角形,或者4个正方形,或者3个正六边形,见图1-2.

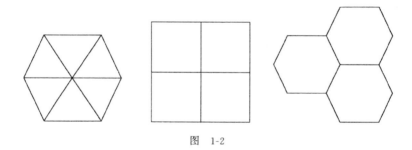

图 1-2

如果注意到这三种情况下正多边形的个数,那么我们可以看到,多边形个数的比为6∶4∶3.如果我们取这些多边形边数的比,那么它们等于3∶4∶6.

毕达哥拉斯学派根据类似的观察更加确信,整个宇宙的现象依附于某种数值的相互关系,也就是存在着"宇宙的和谐".

由于毕达哥拉斯学派赋予数这样巨大的意义,所以他的学派对数进行了广泛深入地研究,并将数与形结合起来进行研究,这种具体研究我们不再介绍了.

毕达哥拉斯学派最著名的结果是毕达哥拉斯定理,就是大家所熟悉的商高定理,我国古时称为勾股定理.这是欧几里得几何的一个关键定理.

毕达哥拉斯学派对于改进求解数学问题的科学方法发挥了很大作用.毕达哥拉斯学派确立了论证数学方法的最重要方面之一,也就是,规定在数学中必须坚持严格证明.这就为数学增添了特殊的意义.

§3 第一次数学危机

在古代的数学家看来,有理数对应的点充满了数轴,现在尚未深入了解数轴性质的人也会这样认为.因此,当发现在数轴上存在不与任何有理数对应的一些点时,在当时人们的心理上引起了极大的震惊,这个发现是早期希腊人的重大成就之一.它是在公元前5世纪或6世纪的某一时期由毕达哥拉斯学派的成员首先获得的.这是数学史上的一个里程碑.

毕达哥拉斯学派发现,没有任何有理数与数轴上的这样一点相对应(图 1-3):距离 OP 的长度,它等于边长为 1 的正方形的对角线长.后来,又发现数轴上还存在许多点也不对应于任何有理数.因此,必须发明一些新的数,使之与这样的点相对应;因为这些数不能是有理数,所以把它们称为**无理数**.根据商高定理,边长为 1 的正方形的对角线其长度为 $\sqrt{2}$,为了证明点 P 不能由一个有理数表示,只须证明 $\sqrt{2}$ 是无理数即可.

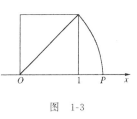

图 1-3

定理 $\sqrt{2}$ 是无理数.

在证明定理之前,我们首先指出这样一个简单事实:偶数的平方是偶数,奇数的平方是奇数.事实上,设 p 是一个偶数,则
$$p = 2m \ (m \text{ 是整数}),$$
从而
$$p^2 = 4m^2$$
仍是偶数,即能被 2 除尽.设 q 是一个奇数,则
$$q = (2m+1) \ (m \text{ 是一整数}),$$
从而
$$q^2 = (2m+1)^2 = 4m^2 + 4m + 1$$
仍是奇数,即不能被 2 除尽.这样一来,若 p^2 是偶数,则 p 一定是偶数.

定理的证明 今用反证法证明,即假定定理的结论不成立,从而引出一个矛盾.

现在假设 $\sqrt{2}$ 不是无理数,而是有理数,即 $\sqrt{2} = p/q$,其中 p 和 q 没有公因数.这样一来,p,q 不会同时是偶数,不妨设 q 是奇数,于是
$$p = q\sqrt{2},$$
平方得
$$p^2 = 2q^2.$$
因为 p^2 是一个整数的两倍,所以 p^2 必是偶数,从而 p 也是偶数.设 $p=2r$,这时上式变为
$$4r^2 = 2q^2, \quad \text{即} \quad 2r^2 = q^2.$$
这样一来,q^2 是偶数,从而 q 也是偶数,这与 q 是奇数的假定相矛盾.假设 $\sqrt{2}$ 是有理数导致了矛盾.因此必须放弃这个假设.定理证毕.

无理数的发现推翻了早期希腊人坚持的另一信念:给定任何两个线段,必定能找到第三个线段,也许很短,使得给定的线段都是这个线段的整数倍.事实上,即使现代人也会这样认为,如果他还不知道情况并非如此的话.现在我们取一个正方形,设它的边长为 s,对角线

长为 d，并知道 $d=s\sqrt{2}$. 取定这两个线段；如果存在第三个线段 t，使得 s 和 d 都包含 t 的整数倍，我们就有 $s=qt, d=pt$，这里 p,q 是整数. 由 $d=s\sqrt{2}$ 得 $pt=qt\sqrt{2}$，从而有 $p=q\sqrt{2}$，即 $\sqrt{2}=p/q$，这是一个有理数，与定理 1 相矛盾. 这说明存在不可公度的线段，即不具有共同度量的线段.

§4　第一次数学危机的消除

无理数与不可公度量的发现在毕达哥拉斯学派内部引起了极大的震动. 首先, 这是对毕达哥拉斯哲学思想的核心, 即"万物皆依赖于整数"的致命一击; 既然像 $\sqrt{2}$ 这样的无理数不能写成两个整数之比, 那么它究竟怎样依赖于整数呢? 其次, 这与通常的直觉相矛盾, 因为人们在直观上总是认为任何两个线段都是可公度的. 而毕达哥拉斯学派的比例和相似形的全部理论都是建立在这一假设之上的, 突然之间基础坍塌了, 已经确立的几何学的大部分内容必须抛弃, 因为它们的证明失效了. 数学基础的严重危机爆发了. 这个"逻辑上的丑闻"是如此可怕, 以致毕达哥拉斯学派对此严守秘密. 据说米太旁登的希帕苏斯把这个秘密泄露了出去, 结果被抛进大海. 还有一种说法是, 将他逐出学派, 并为他立了一个墓碑, 说他已经死了.

这个"逻辑上的丑闻"是数学基础的第一次危机, 既不容易, 也不能很快地被消除. 大约在公元前 370 年, 才华横溢的希腊数学家欧多克索斯以及毕达哥拉斯的学生阿尔希塔斯 (Archytas, 约公元前 400—前 350) 给出两个比相等的定义, 从而巧妙地消除了这一"丑闻". 他们给出的定义与所涉及的量是否可公度无关. 当然从理论上彻底克服这一危机还有待于现代实数理论的建立. 在实数理论中, 无理数可以定义为有理数的极限, 这样又恢复了毕达哥拉斯的"万物皆依赖于整数"的思想.

§5　反　证　法

在证明 $\sqrt{2}$ 是无理数的时候我们用了反证法. 反证法是数学中经常使用的一种方法, 需要给出进一步的说明, 以帮助读者逐渐掌握这一证明方法.

我们知道, 一个定理, 或者一个命题, 可能是正确的, 也可能是错误的. 因此, 要想知道一个命题正确与否就需要加以证明.

但是, 有些数学命题给出直接证明是很困难的, 甚至是不可能的, 而用反证法证明要简捷或容易得多. 我们先举一个使用反证法的简单实例.

例如, 有科技书、外文书、文艺书共十本. 证明: 在这三种书籍中, 至少有一种书籍至少有四本.

假如我们采用直接证法, 就要把这三种共十本书籍中每种书出现的各种可能都毫无遗漏地考虑到. 我们把各种情况列成下表:

科技书	10	9	9	8	8	8	7	7	7	...	0	...	0
外文书	0	0	1	0	1	2	0	1	2	3	...	0	...	10
文艺书	0	1	0	2	1	0	3	2	1	0	...	10	...	0

这样就需要列出一个具有 66 种可能情况的表. 从这个表中可以看出,不管出现哪种情况,这十本书中至少有一种书不少于四本,这样就证明了这个命题.

但是,这种直接证明的方法是多么费事啊! 幸亏是十本书,三大类. 如果是一百本书九大类,甚至更多的书,更多的类,岂不是更复杂吗?

所以这种命题就不适宜用直接证法. 我们用反证法来证明. 假定命题的结论错,即每种书籍至多有三本,那么这些书籍的总和将最多是九本. 这与已给条件矛盾,命题就这样被证明了.

应用反证法证明一个命题时,一般往往采用如下的步骤:

(1) 假定命题的结论不成立.

(2) 进行一系列的推理.

(3) 在推理过程中出现了下列情况中的一种:

　1) 与已知条件矛盾;

　2) 与公理矛盾;

　3) 与已知定理矛盾.

(4) 由于上述矛盾的出现,可以断言,原来的假定"结论不成立"是错误的.

(5) 肯定原来命题的结论是正确的.

总之,用反证法证明命题实际上是这样一个思维过程:我们假定"结论不成立",结论一不成立就会出现毛病,这个毛病是通过与已知条件矛盾,或者与公理、定理矛盾,或者与临时假定矛盾,或者自相矛盾的方式暴露出来的. 这个毛病是怎么造成的呢? 我们的推理没有错误,已知条件,已知公理、定理没有错误,这样,唯一有错误的地方就是一开始假定的"结论不成立"有错误. "结论不成立"与"结论成立"必然有一个正确,既然"结论不成立"有错误,就肯定结论必然成立了.

反证法也称为**归谬法**. 著名的英国数学家 G. H. 哈代(G. H. Hardy,1877—1947)对于这种证明方法作过一个令人满意的评论. 在棋类比赛中,经常采用一种策略是"弃子取势"——牺牲一些棋子以换取优势. 哈代指出,归谬法是远比任何棋术更为高超的一种策略;棋手可以牺牲的是几个棋子,而数学家可以牺牲的却是整个一盘棋. 归谬法就是作为一种可以想像的最了不起的策略而产生的.

习　　题

1. 求证 $\sqrt{3}$ 是无理数.

2. 若 p,q 是奇数,则方程
$$x^2+px+q=0$$
(1) 不可能有等根;　(2) 不可能有整数根.

3. 证明素数的个数是无限的.

第二章 连分数及其在天文学上的应用

智亦大矣！天之高也，星辰之远也，苟求其故，千岁之日至，可坐而致也.

孟子《离娄下》

三代以上，人人皆知天文."七月流火"，农夫之词也；"三星在天"，妇人之语也；"月离于毕"，戍卒之作也；"龙尾伏辰"，儿童之谣也. 后世文人学士，有问之而茫然不知者矣.

顾炎武

本章讲述连分数的初步概念，并给出它的一个重要而有趣的应用——在天文学上的应用. 计算是初等的，结果是深刻而意义重大的.

§1 辗转相除法

读者或许从小学数学中就已经熟悉了求两个正整数的最大公约数的辗转相除法了. 由于这一方法对本章内容的基本性与重要性，我们需要在这里作一回顾.

以下将两个正整数 a,b 的最大公约数记为 (a,b).

给定两个正整数 a 和 b，并设 $a \geqslant b$. 用 b 除 a 得商 a_0，余数 r，写成式子

$$a = a_0 b + r, \quad 0 \leqslant r < b, \tag{2.1}$$

这是最基本的式子. 若 $r=0$，则 b 可除尽 a，a 与 b 的最大公约数就是 b.

若 $r \neq 0$，再用 r 除 b，得商 a_1，余数 r_1，即

$$b = a_1 r + r_1, \quad 0 \leqslant r_1 < r. \tag{2.2}$$

如果 $r_1 = 0$，那么 r 除尽 b，由 (2.1) 也除尽 a. 又任何一个除尽 a 和 b 的数，由 (2.1) 也一定除尽 r. 因此 $r = (a,b)$.

如果 $r_1 \neq 0$，则用 r_1 除 r，得商 a_2，余数 r_2，即

$$r = a_2 r_1 + r_2, \quad 0 \leqslant r_2 < r_1. \tag{2.3}$$

如果 $r_2 = 0$，那么由 (2.2)，r_1 是 b 和 r 的公约数，由 (2.1) 它也是 a 和 b 的公约数. 反之，若一个数能整除 a 和 b，那么由 (2.1) 它一定能除尽 b 和 r，由 (2.2) 它一定除得尽 r,r_1，所以 r_1 是 a,b 的最大公约数.

如果 $r_2 \neq 0$，再用 r_2 除 r_1，如法进行. 由于 $b > r > r_1 > r_2 \cdots (\geqslant 0)$ 逐步小下来，因此经过有限步骤后一定可以找出 a,b 的最大公约数来. 这就是**辗转相除法**，或称**欧几里得算法**.

例 求 360 与 450 的最大公约数.

解 　　$450 = 1 \times 360 + 90,$
　　　　　$360 = 4 \times 90,$

所以 $(450, 360) = 90$.

§2 连 分 数

2.1 引言

利用辗转相除法,可以把一个数,例如 $\frac{9}{7}$ 写成如下形式:

$$\frac{9}{7} = 1 + \frac{2}{7} = 1 + \frac{1}{\frac{7}{2}} = 1 + \frac{1}{3+\frac{1}{2}} = 1 + \frac{1}{3+\frac{1}{1+\frac{1}{1}}}.$$

初看起来似乎没有什么比这更简单,更无意义的事情了,但其实不然,这种形式的分数对许多数学问题,特别是对研究数的性质问题具有很大的启发性,这种分数称为**连分数**.

17 世纪和 18 世纪的许多大数学家都研究过连分数.即使在今天它仍然是一个活跃的课题.

设想一个学代数的学生试图用下面的方法去解二次方程式

$$x^2 - 3x - 1 = 0. \tag{2.4}$$

他首先用 x 遍除各项,接着把这方程式写成形式

$$x = 3 + \frac{1}{x}.$$

未知量 x 仍出现在这个方程式的右边,因此可用与它相等的量,即 $3+1/x$ 来代替它.这就给出

$$x = 3 + \frac{1}{x} = 3 + \frac{1}{3+\frac{1}{x}},$$

反复几次用 $3+\frac{1}{x}$ 代替 x,就得到表达式

$$x = 3 + \cfrac{1}{3 + \cfrac{1}{3 + \cfrac{1}{3 + \cfrac{1}{x}}}}. \tag{2.5}$$

因为 x 连续在右端这个"多层"分数中出现,它似乎并没有更接近于求出方程式 (2.4) 的解.

但是让我们更仔细地来考察一下方程式 (2.5) 的右端.每进行一步停一次,我们看到,它

包含一系列的分数

$$3, 3+\frac{1}{3}, 3+\frac{1}{3+\frac{1}{3}}, 3+\frac{1}{3+\frac{1}{3+\frac{1}{3}}}, \cdots, \tag{2.6}$$

把它们化为简分数,并进而化为十进小数,便依次得出下面的数

$$3, \frac{10}{3}=3.33\cdots, \frac{33}{10}=3.3, \frac{109}{33}=3.30303\cdots.$$

终于令人惊喜地发现,这些数给出了给定的二次方程式(2.4)的正根的越来越好的近似值.二次方程式的求根公式指出,这个根实际上等于

$$x=\frac{3+\sqrt{13}}{2}=3.302775\cdots,$$

它约等于3.303,与上面最后一个结果的前三位小数是一致的.

这些初步的计算提出了两个有趣的问题.首先,如果我们算出越来越多的分数(2.6),是否能不断得到 $x=(3+\sqrt{13})/2$ 的越来越好的近似值呢?其次,假定我们把得出(2.5)的步骤无限继续下去,以至取代(2.5)得出一个表达式

$$x=3+\cfrac{1}{3+\cfrac{1}{3+\cdots}}, \tag{2.7}$$

其中三个黑点代表字"等等",并指出接续的分数是无穷无尽的.那么,(2.7)右边的表达式等于$(3+\sqrt{13})/2$吗?

这两个问题的答案都是肯定的.但是我们没有足够的篇幅去证明它,有兴趣的读者不难从《初等数论》(潘承洞、潘承彪著,北京大学出版社,1992)一书中找到.我们的目的在于使用这些性质去解决一些实际问题,因而我们姑且承认它们.

2.2 简单连分数和它的渐近分数

形如

$$a_1+\cfrac{b_1}{a_2+\cfrac{b_2}{a_3+\cfrac{b_3}{a_4+\cdots}}}$$

的表达式叫做**连分数**.在一般情况下,$a_1, a_2, a_3, \cdots, b_1, b_2, b_3, \cdots$ 可以是实数或复数,项可以有限,也可以无限.我们将限于讨论简单连分数.它们取如下的形式

$$a_1+\cfrac{1}{a_2+\cfrac{1}{a_3+\cdots}}, \tag{2.8}$$

其中第一项 a_1 通常是正的或负的整数,也可以是0,项 $a_2, a_3, \cdots$ 是正整数.只含有限项的简

单连分数叫**有限简单连分数**,它取形式

$$a_1 + \cfrac{1}{a_2 + \cfrac{1}{a_3 + \cfrac{\ddots}{\displaystyle + \cfrac{1}{a_{n-1} + \cfrac{1}{a_n}}}}}, \tag{2.9}$$

式中仅含有限个项 $a_1, a_2, \cdots, a_n$. 一个比(2.9)简便的记法是

$$a_1 + \frac{1}{a_2} + \frac{1}{a_3} + \cdots + \frac{1}{a_n}, \tag{2.10}$$

第一个＋号之后的＋号都写低,表示"降了一层".

例如,67/29 的连分数是

$$\frac{67}{29} = 2 + \frac{9}{29} = 2 + \frac{1}{\frac{29}{9}} = 2 + \cfrac{1}{3 + \cfrac{1}{\frac{9}{2}}} = 2 + \cfrac{1}{3 + \cfrac{1}{4 + \cfrac{1}{2}}}$$

或

$$\frac{67}{29} = 2 + \frac{1}{3} + \frac{1}{4} + \frac{1}{2}. \tag{2.11}$$

展开的过程就是不断地作带余除法,即辗转相除法. 我们用通常辗转相除法的格式把计算过程重写如下:

```
    67 |    | 29
    58 | 2  |
   ----|    |
     9 | 3  | 27
       |    |---
     8 | 4  |  2
   ----|    |  2
     1 | 2  |---
       |    |  0
```

这样根据计算结果(由中间的数目给出),就又可写出(2.11).

这个例子展示给我们,求一个有理数(或者说分数)的连分数展式的方法就是辗转相除法,并且总在有限步内完成. 另一方面,给定一个形如(2.9)的有限连分数,沿辗转相除法的逆过程回去,总得到一个有理数. 于是我们有:

定理 任何一个有理数都能展为有限简单连分数;任何一个有限简单连分数都可化为一个有理数.

定理指出,一个无理数的连分数展式将含有无限多项.

现在继续研究(2.10)式. 我们把数 $a_1, a_2, \cdots, a_n$ 叫做连分式的**部分商**. 利用它们可以构成分数

$$c_1 = \frac{a_1}{1},\ c_2 = a_1 + \frac{1}{a_2},\ c_3 = a_1 + \frac{1}{a_2} + \frac{1}{a_3}, \cdots.$$

它们分别由原连分数在第一、第二、第三层等处切断而得到,这些分数分别叫做连分数的第一个、第二个、第三个等**渐近分数**.

例 67/29 的前三个渐近分数分别是

$$2,$$
$$2 + \frac{1}{3} = \frac{7}{3} = 2.333\cdots,$$
$$2 + \frac{1}{3} + \frac{1}{4} = \frac{30}{13} = 2.307\cdots.$$

与 $67/29 = 2.3103448$ 比较可看出,它们都是 67/29 的近似值,并且一个比一个更精确.

事实上,渐近分数对原分数构成下述意义下的最佳逼近:若 p_k/q_k 是实数 α 的第 k 个渐近分数,那么在分母 $q \leqslant q_k$ 的一切分数中,p_k/q_k 是 α 的最好的近似值. 我们把它写成一个命题.

命题 设 p_k/q_k 是实数 α 的第 k 个渐近分数, p/q 是一个满足 $0 < q \leqslant q_k$ 的分数,那么

$$\left| \alpha - \frac{p_k}{q_k} \right| \leqslant \left| \alpha - \frac{p}{q} \right|.$$

正是这一结果使得连分数在天文学中获得极为重要的应用. 命题的证明可在编者的《数学的源与流》(高等教育出版社,2000 年 9 月)一书的第 3 章查到.

§3 连分数在天文学上的应用

3.1 为什么四年一闰,而百年又少一闰?

天文学和年代学中的许多问题可以用数论的概念来计算和陈述. 下面我们将讨论几个有趣的天文学问题. 先讨论闰年问题.

如果地球绕太阳一周是 365 天整,那么我们就不需要分平年与闰年了;也就是没有必要每隔四年把 2 月份的 28 天改为 29 天了.

如果地球绕太阳一周恰是 $365\frac{1}{4}$ 天,那我们每四年加一天的算法就很精确,没有必要每隔一百年又少加一天了.

如果地球绕太阳一周恰恰是 365.24 天,那一百年就有 24 个闰年,即四年一闰而百年少一闰,这就是我们用的历法的来源. 由 $\frac{1}{4}$ 可知,每四年加一天;由 $\frac{24}{100}$ 可知,每百年加 24 天.

但是,事实并不这样简单. 地球绕太阳一周的时间,即天文年是 365.2422 天. 这一小误差逐渐引起了季节和日历关系之间的难以预料的大变动. 例如,在 16 世纪,春分是三月十一日,而不是原来的三月二十一日. 中国历史上曾经有过多次重大的历法改革,其根本原因就在于此.

§3 连分数在天文学上的应用

现在让我们用求连分数的渐近分数来求得更精密的结果.

我们知道地球绕太阳一周需时 365 天 5 小时 48 分 46 秒,也就是

$$365 + \frac{5}{24} + \frac{48}{24 \times 60} + \frac{46}{24 \times 60 \times 60} = 365\frac{10463}{43200}(\text{天}).$$

将它展为连分数:

$$365\frac{10463}{43200} = 365 + \frac{1}{4} + \frac{1}{7} + \frac{1}{1} + \frac{1}{3} + \frac{1}{5} + \frac{1}{64},$$

算法是

		43200
10463	4	41852
9436	7	1348
1027	1	1027
963	3	321
64	5	320
64	64	1
0		

分数的部分渐近分数是

$$\frac{1}{4}, \quad \frac{1}{4} + \frac{1}{7} = \frac{7}{29}, \quad \frac{1}{4} + \frac{1}{7} + \frac{1}{1} = \frac{8}{33},$$

$$\frac{1}{4} + \frac{1}{7} + \frac{1}{1} + \frac{1}{3} = \frac{31}{128},$$

$$\frac{1}{4} + \frac{1}{7} + \frac{1}{1} + \frac{1}{3} + \frac{1}{5} = \frac{163}{673},$$

$$\frac{1}{4} + \frac{1}{7} + \frac{1}{1} + \frac{1}{3} + \frac{1}{5} + \frac{1}{64} = \frac{10463}{43200}.$$

这些渐近分数一个比一个精密. 这说明,四年加一天是初步的最好的近似值,但 29 年加 7 天更精密些,33 年加 8 天又更精密些,而 99 年加 24 天正是我们百年少一闰的由来. 由数据也可晓得,128 年加 31 天更精密.

积少成多,如果过了 43200 年,照百年 24 闰的算法,一共加了 $432 \times 24 = 10368$(天). 但是照精密的计算,却应当加 10463 天,这样一来,少加了 95 天,这就是说,按照百年 24 闰的算法,过 43200 年后,人们将提前 95 天过年,也就是秋初就要过年了!

不过我们的历法除订定四年一闰,百年少一闰外,还订定每四百年又加一闰,这就差不多补偿了按百年 24 闰计算少算的差数. 因此照我们的历法,即使过 43200 年后,也不会秋初就过年. 我们的历法是相当精确的.

3.2 农历的月大月小、闰年闰月

农历的大月 30 天、小月 29 天是怎样安排的?

我们先说明什么叫朔望月. 出现相同月面所间隔的时间称为**朔望月**. 也就是从满月(望)到下一个满月,从新月(朔)到下一个新月,从蛾眉月(弦)到下一个同样的蛾眉月所间隔的时间. 我们把朔望月取做农历月.

已经知道朔望月是 29.5306 天,把小数部分展为连分数.

$$0.5306 = \frac{1}{1} + \frac{1}{1} + \frac{1}{7} + \frac{1}{1} + \frac{1}{2} + \frac{1}{33} + \frac{1}{1} + \frac{1}{2},$$

它的渐近分数是

$$\frac{1}{1}, \frac{1}{2}, \frac{8}{15}, \frac{9}{17}, \frac{26}{49}, \frac{867}{1634}, \frac{893}{1683}.$$

也就是说,就一个月来说,最近似的是 30 天,两个月就应当一大一小,而 15 个月中应当 8 大 7 小,17 个月中 9 大 8 小等等. 就 49 个月来说前两个 17 个月里,都有 9 大 8 小,最后 15 个月里,有 8 大 7 小,这样在 49 个月中,就有 26 个大月.

再谈农历的闰月的算法. 地球绕太阳一周需 365.2422 天,朔望月是 29.5306 天,而它正是我们通用的农历月,因此一年中应该有

$$\frac{365.2422}{29.5306} = 12.36\cdots = 12\frac{108750}{295306}$$

个农历的月份,也就是多于 12 个月. 因此农历有些年是 12 个月;而有些年有 13 个月,称为闰年. 把 $\frac{108750}{295306}$ 展成连分数

$$\frac{108750}{295306} = \frac{1}{2} + \frac{1}{1} + \frac{1}{2} + \frac{1}{1} + \frac{1}{1} + \frac{1}{16} + \frac{1}{1} + \frac{1}{5} + \frac{1}{2} + \frac{1}{6} + \frac{1}{2} + \frac{1}{2}.$$

它的渐近分数是

$$\frac{1}{2}, \frac{1}{3}, \frac{3}{8}, \frac{4}{11}, \frac{7}{19}, \frac{116}{315}, \frac{123}{334}, \frac{731}{1935}, \cdots.$$

因此,两年一闰太多,三年一闰太少,八年三闰太多,十一年四闰太少,十九年七闰太多,……. 一个比一个更精确.

这里需要指出,至迟在春秋时代我们的祖先就已经创造了"十九年七闰法",相当完满地把我们的历法建筑在科学的基础之上,远远走在世界各国的前列. 此外,中国的历法是阴阳合历,具有更大的优越性.

3.3 二十四节气

二十四节气是很多人都熟悉的,尤其在农村,是家喻户晓. 现在我们使用的日历上,在节气那一天都写着"今日立春"、"今日夏至"等字样. 二十四节气的名称是:立春、雨水、惊蛰、春分、清明、谷雨、立夏、小满、芒种、夏至、小暑、大暑、立秋、处暑、白露、秋分、寒露、霜降、立

冬、小雪、大雪、冬至、小寒、大寒. 为了便于记忆,劳动人民创立了一首歌诀:

    春雨惊春清谷天,
    夏满芒夏暑相连,
    秋处露秋寒霜降,
    冬雪雪冬小大寒.

  二十四节气在我国是逐步形成的. 至迟在殷商时代已经有了夏至、冬至等概念,以后逐渐丰富,到了西汉初期已经有了完整的二十四节气.

  在我国古代,二十四节气的日期是由测定太阳影子的长度来决定的.《周髀算经》和《后汉书律历志》等许多古书都记载着二十四节气的日影长度数值. 这说明二十四节气实际上是太阳视运动的一种反映,与月亮运动毫无关系. 因此二十四节气在公历中的日期基本上变化不大,有几句口诀很好记:

    公历节气真好算,
    一月两节不改变.
    上半年来六,廿一,
    下半年来八,廿三.

这就是说,节气在上半年的公历日期都在六日和廿一日,而下半年都在八日和廿三日. 由于太阳运动的不均匀性,这些日子可能有一、二日的出入,但不会差更多.

  节气在古代本称为"气". 每个月含有二个气,一般在前的叫"节气",在后的叫"中气",后人把节气和中气统称为节气. 按照古人的规定,每个月由所含的中气来表征,如含冬至的月就是十一月,含雨水的月就是正月. 各月的节气和中气分配如下:

月份 节气	正月	二月	三月	四月	五月	六月	七月	八月	九月	十月	十一月	十二月
节气	立春	惊蛰	清明	立夏	芒种	小暑	立秋	白露	寒露	立冬	大雪	小寒
中气	雨水	春分	谷雨	小满	夏至	大暑	处暑	秋分	霜降	小雪	冬至	大寒

这个表同农历闰月的安排有密切关系.

3.4 闰月放在哪?

  农历的闰月究竟怎样安置,历史上曾有过不同的处理. 大致上,西汉初期以前,都把闰月放在一年的末尾. 例如,汉初把九月作为一年的最后一个月,那时的闰月就放在九月之后,称为"后九月". 到了后来,随着历法的逐步精密,安置闰月的方法也有了新规定,这就是把不含有中气的月份作为闰月,这个置闰规则直到今天仍在使用.

  为什么农历有的月份会没有中气呢? 原来,两个节气或两个中气之间平均天数为 $365.2422 \div 12 = 30.4368$ 天,而一个朔望月是 29.5306 天,两者有将近一天的差数,因此,中气在农历月份中的日期会逐月有将近一天的推迟. 这样继续下去,必然有的月份的中气正好落在这个月的最后一天,那么下个月就没有中气了,而是出现在再下一个月的月初了.按前节的规定,每个月都有自己固定的中气,那么把没有中气的月份叫做闰月就是很自然的了.

例如,1968年,农历为戊申年,这年八月以前各月中气所在的日期如下:

雨水　　正月廿一
春分　　二月廿二
谷雨　　三月廿三
小满　　四月廿五
夏至　　五月廿六
大暑　　六月廿八
处暑　　七月三十
白露　　闰七月十五
秋分　　八月初二

这里的闰七月中只有一个节气白露,而没有中气.

下面列出从1949年到2020年农历闰月的情况:

1949	闰七月	1974	闰四月	1998	闰五月
1952	闰五月	1976	闰八月	2001	闰四月
1955	闰三月	1979	闰六月	2004	闰二月
1957	闰八月	1982	闰四月	2006	闰七月
1960	闰六月	1984	闰十月	2009	闰五月
1963	闰四月	1987	闰六月	2012	闰四月
1966	闰三月	1990	闰五月	2014	闰九月
1968	闰七月	1993	闰三月	2017	闰六月
1971	闰五月	1995	闰八月	2020	闰四月

3.5　日月食

前面已经介绍过朔望月,现在再介绍交点月.大家知道地球绕太阳转,月球绕地球转.地球的轨道在一个平面上,称为**黄道面**.而月球的轨道并不在这个平面上,因此月球轨道和这黄道面有交点.具体地说,月球从地球轨道平面的这一侧穿到另一侧时有一个交点,再从另一侧又穿回这一侧时又有一个交点,其中一个在地球轨道圈内,另一个在圈外,从圈内交点又回到圈内交点所需时间称为交点月.交点月约为27.2123天.

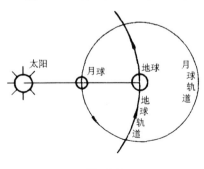

图 2-1

当太阳、月球和地球的中心在一直线上,这时就发生日食(如图2-1)或月食(如果月球在地球的另一侧).

如图 2-1,由于三点在一直线上,因此月球一定在地球轨道平面上,也就是月球在它与黄道面的交点上;同时也是月球全黑的时候,也就是朔. 从这样的位置再回到同样的位置必需要有两个条件:从一交点到同一交点(这和交点月有关);从朔到朔(这和朔望月有关). 现在我们来求朔望月和交点月的比.

我们有

$$\frac{29.5306}{27.2123} = 1 + \frac{1}{11} + \frac{1}{1} + \frac{1}{2} + \frac{1}{1} + \frac{1}{4} + \frac{1}{2} + \frac{1}{9} + \frac{1}{1} + \frac{1}{25} + \frac{1}{2},$$

考虑渐近分数

$$1 + \frac{1}{11} + \frac{1}{1} + \frac{1}{2} + \frac{1}{1} + \frac{1}{4} = \frac{242}{223},$$

而 223×29.5306 天 $= 6585$ 天 $= 18$ 年 11 天.

这就是说,经过 242 个交点月或 223 个朔望月以后,太阳、月球和地球又差不多回到了原来的相对位置. 应当注意的是不一定这三个天体的中心准在一直线上时才出现日食或月食,稍偏一些也会发生,因此在这 18 年 11 天中会发生好多次日食和月食(约有 41 次日食和 29 次月食),虽然相邻两次日食(或月食)时间隔时间并不是一个固定的数,但是经过了 18 年 11 天以后,由于这三个天体又回到了原来的相对位置,因此在这 18 年 11 天中日食、月食发生的规律又重复实现了. 这个交食(日食、月食的总称)的周期称为**沙罗周期**. "沙罗"就是重复的意思. 求出了沙罗周期,就大大便于日食、月食的测定.

3.6 干支纪年

在我国的日历牌上通常有两部分:一是用阿拉伯数字表示的公历日期,另一是用汉文数字表示的农历日期. 这两者之间常常用"农历壬子年三月小","农历丙午年二月大"等字样隔开,这里的"壬子"、"丙午"就叫做"干支". 查一查过去的历书就知道,"壬子"年对应的是 1972 年,"丙午"年对应的是 1966 年.

干支实际上是"天干"和"地支"的合称. 甲、乙、丙、丁、戊、己、庚、辛、壬、癸十个字叫做"天干";子、丑、寅、卯、辰、巳、午、未、申、酉、戌、亥,十二个字叫做"地支". 把天干中的一个字摆在前面,后面配上地支中的一个字,就构成一对干支. 如果天干以"甲"字开始,地支以"子"字开始组合,我们就可以得到六十对干支,这常叫做"六十干支"或"六十花甲子". 我们把六十干支表排列如下.

六十干支表

1	2	3	4	5	6	7	8	9	10
甲子	乙丑	丙寅	丁卯	戊辰	己巳	庚午	辛未	壬申	癸酉
11	12	13	14	15	16	17	18	19	20
甲戌	乙亥	丙子	丁丑	戊寅	己卯	庚辰	辛巳	壬午	癸未
21	22	23	24	25	26	27	28	29	30
甲申	乙酉	丙戌	丁亥	戊子	己丑	庚寅	辛卯	壬辰	癸巳

31 甲午	32 乙未	33 丙申	34 丁酉	35 戊戌	36 己亥	37 庚子	38 辛丑	39 壬寅	40 癸卯
41 甲辰	42 乙巳	43 丙午	44 丁未	45 戊申	46 己酉	47 庚戌	48 辛亥	49 壬子	50 癸丑
51 甲寅	52 乙卯	53 丙辰	54 丁巳	55 戊午	56 己未	57 庚申	58 辛酉	59 壬戌	60 癸亥

按照表的次序,每年用一对干支表示,这种纪年法叫"干支纪年法."从古代文献来看,干支纪年至迟在东汉初期已经普遍使用,直到今天没有间断过.

干支纪年在我国历史学中广泛使用,特别是近代史中很多重要的历史事件的年代常用干支纪年表示. 例如,甲午战争、庚子义和团起义、戊戌变法、辛亥革命等等. 然而,在现代史中由于采取了公历纪年,干支纪年就不必要了.

把公历纪年换算成干支纪年,通常要查阅专门编制的年代对照表,这类书一般比较少,而查起来也很麻烦. 下面介绍一个简单的计算公式,可以用来很容易地算出公历某年所对应的干支来. 这个公式是

$$N = x - 3 - 60m, \qquad (2.12)$$

这里 N 是干支表中的序数,x 是所求年的公历纪年数,$m = 0, 1, 2, \cdots$,取整数值. 适当选择 m 的值,使 $0 < N \leq 60$,从得到的 N 就可立即从表中查出干支来.

例 1 求 1894 年的干支.

解 $x = 1894$,选取 $m = 31$,则 $N = 1894 - 3 - 60 \times 31 = 31$. 由干支表中查出,对应的干支是甲午.

1894 年正是甲午战争发生的年代.

这里有一点值得注意. 从公式的要求看,x 只能取公元 4 年以后的值,那么公元 4 年以前的干支怎么办?天文纪年法规定,公元元年记为 +1 年,公元前一年记为 0 年,公元前 2 年记为 -1 年,公元前 3 年记为 -2 年……. 把公元 4 年以前的 x 值按这个方法取值,而且 m 也可以取负整数,那么公式 (2.12) 仍旧成立.

例 2 求公元前 221 年的干支.

解 这时,依规定 $x = -220$,取 $m = -4$,则 $N = (-220) - 3 - 60 \times (-4) = 17$. 由干支表查出,干支为庚辰. 这是秦国完成统一,秦始皇称帝的那年.

习 题

1. 将 $\dfrac{94}{24}, \dfrac{106}{75}, \dfrac{29}{24}$ 展为连分数.

2. 求出 $\dfrac{29}{24}$ 的连分数展式的前三个渐近分数,并与精确值比较.

3. 假想行星 B 绕恒星 A 沿椭圆轨道运行,运行一周需 432 天 2 小时 15 分 15 秒. 再假定行星 B 的自转周期是 24 小时. 试为行星 B 制定闰年规则(只算前三个渐近分数).

第三章 数学命题和证明方法

数学为其证明所具有的逻辑性而骄傲,也有资格为之骄傲.

N. A. Court

数学为逻辑推理提供了一个理想的模型,它的表达是清晰的和准确的,它的结论是确定的,它有着新颖的和多种多样的领域,它具有增进力量的抽象性,它具有预言事件的能力,它能间接地度量数量,它有着无限的创造机会……

D. A. Johnson and W. H. Glenn

研究数学的方法是逻辑的,既是形式逻辑的也是辩证逻辑的.特别在表达已有的数学结果时,离不开形式逻辑.但是通常的教科书中几乎很少系统讲授这方面的知识.理科学生大多是通过学习定义、定理,以及各种形式的数学证明来掌握这些知识,而文科学生却没有那么多的机会去自己体会和摸索.这就有必要把这方面的知识集中起来,给以系统的讲授,以便使学生自觉地,深刻地掌握今后的课程的内容.部分文科学生学过逻辑课程,但逻辑教科书中缺少这样重要的数学必需的内容,如公理、定理、充分和必要条件,完全归纳法等.作者相信,即使对于理工科的学生,这部分内容也是需要的,会有助于他们学好数学的.

§1 概念,概念的外延和内涵

人们用语言来表达自己的思想,了解别人的思想.为了交流感情,一个词必须词意丰富,从而就不太准确.但为了表达思想,用词就要准确,从而词意就要受到约束.我们用来表达思想的语言,必须使我们能够准确地说出我们要表达的意思,数学的语言就是为此而深思熟虑地建立起来的.我们使用"概念"这一术语来表示日常使用的"词".在数学中,每个概念(或词)都有非常明确和单纯的含义,它必须恰好具有我们选用它们来表达的那个意思,既不能多,也不能少.为此,在概念中我们区分外延和内涵.

概念的外延是适合概念的一切对象的全体.例如,在概念"四方"的外延中包含有东、西、南、北.在概念"三角形"的外延中包含有一切类型的三角形:直角三角形、钝角三角形、等边三角形,等等.

概念的内涵是指表达该概念特征的一切属性的总和.例如,概念"平行四边形"的内涵是两个属性的总和:

(a) 四边形;

(b) 两组对边的互相平行性.

在概念的外延和内涵之间存在着密切的关系：如果概念的内涵扩大,那么它的外延就缩小,反之亦然.

例如,如果在表达平行四边形特征的两个属性上再添加一个属性——四边相等,那么这三个属性的总和将表达一个新概念——"菱形",它的外延小于概念"平行四边形"的外延.

如果概念 P 的外延包含在概念 Q 的外延内作为它的一部分,那么概念 Q 称为**种**,而概念 P 称为**属**.

种和属是相对的.同一概念由与它比较的概念的外延来决定,可以是种,也可以是属.例如,平行四边形对于菱形来说是种,对于四边形来说是属.

概念彼此也可能是不可比较的,例如："数"和"菱形".在这种情形下要指出种和属是不可能的.

§2 等价关系与分类(划分)

等价的概念不仅在数学中是重要的,就是在日常生活中也是重要的.实际上所有的抽象都是以这个概念为基础的.例如,北京大学某系 1991 年的取分标准是 570 分.从而 570 分就把报考该系的考生分成两个等价类：录取的与不录取的.在逻辑上,我们也遇到同样的想法,说两个命题是等价的,如果它们同真或同假.

在数学中,集合 A 上的一个**等价关系**$\sim$ 定义为集合 A 中的元素之间的一种关系,如果对一切 $a,b,c \in A$,下列条件成立：

(1) $a \sim a$(反射性)；

(2) $a \sim b \Longrightarrow b \sim a$(对称性)；

(3) $a \sim b$,且 $b \sim c \Longrightarrow a \sim c$(传递性).

例如：

(1) 在全人类所组成的集合 A 上,一种等价关系是 $a \sim b$,如果 a,b 是中国人.

(2) 在全体三角形中,一种等价关系是 $a \sim b$,如果 a,b 都是钝角三角形.

符号 $a \nsim b$ 表示两个元素 $a,b \in A$ 是不等价的.

定义 如果集合 A 是彼此不相交的子集合 A_i 的并集,则称 $\{A_i\}$ 是集合 A 的一个分类或划分.

揭示概念外延的过程就是划分种成为属.

我们用下面的表来展示概念"三角形"的外延

$$三角形 \begin{cases} 锐角三角形, \\ 直角三角形, \\ 钝角三角形. \end{cases}$$

在这种情况下,我们称"三角形"为被划分的概念(种)；划分的项(属)是锐角三角形,直角三角形和钝角三角形；据以划分的属性是三角形最大内角的量.

正确的划分应当满足两个基本要求.

(1) 划分应当是详尽无遗的,这就是说,所得到的各个属的总和应当等于被划分的种；

(2) 划分应当按照同一个根据来进行(当然,术语"总和"以及"等于"是有条件的).

错误的分类的例子：

(1) 三角形有锐角三角形和直角三角形(违反第一个要求)；

(2) 三角形有锐角三角形,直角三角形,等腰三角形(违反第二个要求).

§3 定 义

揭露概念的内涵的过程就是列举概念的属性.列举概念的属性就是给这一概念以定义.

正确的定义应当满足两个基本要求(一般它们还要多一些)：

(1) 在定义内指出的不是一切属性,而仅仅是基本的属性；

(2) 定义不能是"恶性循环的".

现在我们分别地来考虑每一个要求.

(1) 在定义内只指出基本属性.

一般说来,一个概念会有许多属性.这些属性中有些是基本的,有些是非基本的,非基本的属性可以从基本的属性中推导出来.在定义中只包含这些基本属性.

例如,概念"平行四边形"有如下的属性：四边形,两组对边互相平行,对边相等,对角相等,以及其他属性.在这些属性中基本属性是：四边形和对边互相平行.其他属性都可由这两个属性导出,因而我们将平行四边形定义为对边互相平行的四边形.

(2) 定义不能是恶性循环的.

这一要求指的是,不能用这样的概念来定义一个新概念,即它依从于被定义的概念.

在定义中产生"恶性循环"的例子：

(a) 加法是求几个数的和的方法,而所谓和就是施行加法所得的结果；

(b) 所谓直角就是含有 90 度的角,而 1 度的角就是一直角的 $\frac{1}{90}$.

因为在定义每一个新概念时,只可以利用以前已知的概念,显然,这些概念应当依据更以前已知的概念,那么应当存在着某些原始的概念,在它们的前面不再有任何已知的概念.这些最先的概念不能给予定义(不陷入所谓"恶性循环"的错误中),所以我们采用它们而不加定义,并称之为无定义的概念,或原始概念.下面这些概念就是这样的概念,如：1)"点", 2)"直线",3)"平面",4)"数"等等.我们描述这些概念,并列举它们的特性以代替定义.

§4 公 理

一般地说,定理的证明根据以前已证明过的定理.而后者是更前面的已证明的定理的推论.因为这样归复到前面已证过的定理的过程不可能无限地继续下去,那么在每一数学理论内必定存在着某些原始的命题,在它们的前面不再有已证明的真理.这些原始的命题不能用通常的方法(即引证以前已证的断言)证明;就这种意义来说,我们接受这样的原始命题不加证明.

在数学理论内,不加证明而接受的命题称为**公理**或**公设**.

例如,众所周知的欧几里得几何的五个公设是:

(1) 连接任何两点可以作一直线段;

(2) 一直线段可以沿两个方向无限延长而成为直线;

(3) 以任意一点为中心,通过给定的另一点可以作一圆;

(4) 凡直角都相等;

(5) 过已知直线外的已知点只能作一条直线平行于已知直线.

在数学中,每门学科都有自己的公理体系.本书的第十二章是概率论,概率论也有它的公理体系(由于文科的学时所限,我们不可能采用这种讲法).再如,数学中有一门学科叫做度量空间,在这种空间中只有距离的概念,而没有角度的概念.任意两点 x,y 间的距离记为 $d(x,y)$.距离满足下述的三条公理:

(1) $d(x,y) \geqslant 0$,等号成立仅当 $x=y$;

(2) $d(x,y)=d(y,x)$;

(3) $d(x,y) \leqslant d(x,z)+d(z,y)$,其中 z 是空间中的第三点.

(2)特别地被称为对称公理.而(3)被叫做三角不等式公理.三角不等式公理起源于欧氏几何中的这一事实:三角形两边长度之和大于第三条边的长度.

根据唯物论的观点,在公理中描述了数学理论内所研究的现实世界的数量关系和空间形式的最基本的、最一般的性质.只是因为这样,用公理和逻辑规律才可以证明表达数以及几何图形等的其余性质的定理.例如,已知在一平面上,过直线外的一点只可以引一条直线平行于该直线,并且根据欧几里得几何学的其余的公理,以及前面已证明的定理,在这一几何学内可以证明一个三角形的三内角之和等于两直角.

虽然公理没有证明,但是它们的真实性要在实践中受到考验.利用公理以及它们的推论(定理),如果我们在实际活动中总得到正确的结果,那么就是说,公理真实地描述了现实世界的数量关系和空间形式的基本性质.

§5 定　　理

5.1　定理的结构

定理由两部分组成:(1) 条件(已知什么);(2) 结论(需要证明什么).

条件通常由"若"这个字开始,结论由"则"这个字开始,不过常可遇到这样的定理,其中

"若"和"则"两字均被省略.例如,对顶角相等;这只是为了叙述简单的缘故,写得详细些应该是,若两角是对顶角,则它们相等.

5.2 定理的形式

定理分成四种形式：(1)正定理,(2)逆定理,(3)否定理,(4)逆否定理或否逆定理.

正定理(定理1)："若有A,则有B".

逆定理(定理2)："若有B,则有A".

否定理(定理3)："若没有A,则没有B".

逆否定理或否逆定理(定理4)："若没有B,则没有A".

第四个定理有两个名称,这是因为它可以用两种方法得到：(1)作为第三个定理的逆定理；(2)作为第二个定理的否定理.

例1 (1)若二角是对顶角,则它们相等；

(2)若二角相等,则它们是对顶角；

(3)若二角不是对顶角,则它们不相等；

(4)若二角不相等,则它们不是对顶角.

我们知道第一个定理是正确的；让我们来证明第四个定理也是正确的.实际上,让我们否定它的结论,即假定二角是对顶角,则它们应当相等(根据第一个定理).其实它们是不相等的.就是说,不能否定定理四的结论,这就证明了它成立.同时我们可以发现,定理二和定理三不正确；定理二不正确是由于相等的角可能不是对顶角,定理三不正确是由于非对顶角也能相等.

例2 在一个三角形内：

(1)若二边相等,则其对角也相等； (2)若二角相等,则其对边也相等；

(3)若二边不相等,则其对角也不相等； (4)若二角不相等,则其对边也不相等.

此处四个定理均正确.

5.3 定理的互逆性

为了要解决在什么条件下四个定理都成立的问题,我们来证明下面的命题：

定理1和定理4互逆,定理2和定理3互逆.

两个定理的互逆性就是由一个定理成立可推出另一个定理成立,反之亦然.

我们来证明定理1和定理4的互逆性.因此,需要证明两个命题：

(1)由定理1的成立得出定理4成立；

(2)由定理4的成立得出定理1成立.

第一个命题的证明：

已知：定理1正确.需要证明：定理4正确.

我们用反证法.因而从否定定理4的结论开始,假定"有A".那么根据定理1应当有B,

而这是与所要证明的定理(定理 4)的条件("没有 B")是矛盾的.所要的矛盾已被找到,就是说,定理的正确性已被证明.

第二个命题的证明:

已知:定理 4 正确.需要证明:定理 1 正确.

我们假定没有 B,则根据定理 4,不应当有 A,但是按照条件(定理 1)就有 A.矛盾已被发现,因此,定理已被证明.

同样方法可证明定理 2 与定理 3 的互逆性(证明留给读者).

现在可以断言,为了要确定所有的四个定理的正确性,只要证明两个不互逆的定理,即:(1) 或定理 1 和定理 2;(2) 或定理 1 和定理 3;(3) 或定理 2 和定理 4;(4) 或定理 3 和定理 4.

习 题

1. 由定理"若一数的各位数字的和能被 3 除尽,则该数也能被 3 被尽"是否可以得出下面的定理:

(1) "若一数的各位数字的和不能被 3 除尽,则该数也不能被 3 除尽";

(2) "若一数不能被 3 除尽,则其各位数字的和也不能被 3 除尽".

2. 由定理"若一四边形是平行四边形,则它的两条对角线互相平分"是否可以推出下面的定理:

(1) "若一四边形的对角线互相平分,则该四边形是一平行四边形";

(2) "若一四边形的对角线相交,但不互相平分,则该四边形不是平行四边形",

(3) "若一四边形不是平行四边形,则它的对角线相交,但不互相平分".

3. 把所给的定理当作正定理,对于每一定理,叙述其余的三个定理,并指出哪些是正确的,哪些是不正确的:

(1) 若同位角相等,则直线平行;

(2) 若两个数均能被 5 除尽,则它们的和能被 5 除尽.

§6 充分条件和必要条件

6.1 充分的特征

"性质 A 对于性质 B 的存在是充分的特征,如果由 A 的成立可得出 B 的成立".

例如,若二数均能被 5 除尽,则其和也能被 5 除尽.每一个数均可被 5 除尽是它们的和可被 5 除尽的充分条件.

这一定理可以叙述如下:

为了使二数的和能被 5 除尽,充分的条件是每一数均能被 5 除尽.

另一个例子是,"若二角是对顶角,则它们相等".换一种说法:"为了使二角相等,充分的条件是该二角为对顶角".

所以,每一个正定理可以看做为充分的特征.

"性质 A 对于性质 B 的存在仅为充分的特征,如果 A 的成立保证了 B 的成立,但 A 不存在时也可以有 B 的存在".

为了要确定充分特征 A 是否仅仅是充分的,需要在与 A 不同的条件下,确定 B 的成立的可能性.

在前面的两个例子中,每一个特征都仅仅是充分的.实际上:

(1) 当每一个数均不能被 5 除尽时,两个数的和仍可能被 5 除尽,例如:$7+8=15$;

(2) 不是对顶角的两角仍可能相等.

断言"仅仅是充分的"常代之以断言"充分的,但非必要的".例如:"为了使两个数的和能被 5 除尽,充分但非必要的条件是每一个数均能被 5 除尽".

因此,当否定理或逆定理不成立时,特征只是充分的.

6.2 必要的特征

"性质 A 对于性质 B 的成立是必要的特征,如果 A 不成立时不可能有 B".

"性质 A 仅仅是必要的特征,如果 A 不成立时不可能有 B,但 A 的成立仍不能保证 B 的成立".

例如,四边形的一组对边平行是四边形为平行四边形的必要条件,同时这一条件只是必要的,因为当这一条件具备时四边形也可能不是平行四边形;梯形的对边也平行.

仅仅是必要的条件也称为"必要的,但非充分的条件".

必要条件常常叙述为否定理或逆定理.例如:

(1) "如果一个数的各位数字的和不能被 3 除尽,则该数也不能被 3 除尽";

(2) "如果一个数能被 3 除尽,则它的各位数字的和也能被 3 除尽".

这两个定理可以用同一个想法来表示:"为了使一个数能被 3 除尽,必要的条件是它的各位数字的和能被 3 除尽".

6.3 必要而且充分的特征

"性质 A 对于性质 B 的成立是必要而且充分的特征,如果由 A 的成立得出 B 的成立,并且 A 不成立时不可能有 B 成立";或者"如果由 A 的成立得出 B 的成立,而由 B 的成立得出 A 的成立".

由此得出,如果 A 对于 B 的成立是充分而且必要的特征,则 B 对于 A 的成立也是充分且必要的特征.

充分且必要的特征,是两个定理的总和:正定理和逆定理,或正定理和否定理.

定理的叙述形式是:

"A 成立的充分且必要的条件是 B"

或

"A 成立当且仅当 B 成立".

我们常用符号"$\Longleftrightarrow$"表示充分且必要的条件,而用"$\Longrightarrow$"表示必要条件,用"$\Longleftarrow$"表示充分条件.

例如,一个数能被 3 除尽 $\Longleftrightarrow$ 它的各位数字的和能被 3 除尽.

证明这一定理时,分成两步,第一步证明条件的必要性,用符号写,即

"$\Longrightarrow$"(由"一个数能被 3 除尽"证"它的各位数字的和能被 3 除尽")

第二步证明条件的充分性,即

"$\Longleftarrow$"(由"一个数的各位数字的和能被 3 除尽"证"这个数能被 3 除尽")

在叙述中我们默认了 B 是条件.

此外,这两步当然是可交换的.

习 题

1. 三角形的三边分别是 3,4 和 5,根据什么定理可以确定这个三角形是直角三角形?

2. 用三种方法,即利用术语:1)"必要而且充分的",2)"在……时,而且仅在……时",以及 3)"那些……,而且仅仅那些……",以充分而且必要的特征的形式,把下列两个定理叙述为一个定理:

(1) 平行四边形的对角线互相平分;

(2) 如果一个四边形的对角线互相平分,则该四边形是一平行四边形.

3. 把下列两个定理叙述成一个定理:

(1) 如果一数的个位数字是偶数或零,则它能被 2 除尽;

(2) 如果一数的个位数字既不是偶数,又不是零,则它不能被 2 除尽.

§7 演 绎 法

推理分成两种形式:演绎法和归纳法. 演绎法是由一般到特殊的推理. 它有三段论法的形式. 三段论法由三个部分组成:

1) 一般的判断(大前提); 2) 特殊的判断(小前提); 3) 结论.

例如:

(1) 一切同边数的正多角形相似;

(2) 这两个正多角形同边数;

(3) 这两个正多角形相似.

在这个例题中:

第一个判断是一般的;第二个判断是特殊的;第三个判断是结论.

演绎推理的正确性依存于两个前提的正确性. 如果两个前提都正确,那么结论是无可置

疑的.

数学的推理多半是演绎的. 为了叙述简略起见,一个前提(通常是大前提)常常省略(它是被暗示出来的).

例如:"该二正多角形边数相同,所以它们相似"(省略了大前提).

如果省略的三段论式(省略的推理法)是不明显的或者没有说服力的,那么首先需要把它恢复成完全的三段论式.

例如:省略的形式:"一圆周角所对应的弦是直径,则它是一直角".

完全的三段论式:

(1) "一切直径所对应的圆周角都是直角";

(2) "这一圆周角所对应的弦为直径";

(3) "这一圆周角是直角".

§8 分析与综合

综合意味着比较、结合. 综合是这样的一种推理的方法,它由已知的命题开始,并通过一连串的过渡的结论,导出前所未知的命题或解决了所给的问题.

分析意味着分解、剖分. 分析是这样的一种推理的方法,它是由未知的到已知的,即假定所要证明的命题是正确的,由它导出推论,而这一推论是已给的条件或以前已知的命题.

例 证明两个不相等的正数的算术平均数大于它们的几何平均数. 即,

已给:$a > b, b > 0, a \neq b$,证明:$\frac{a+b}{2} > \sqrt{ab}$.

证 我们分别使用综合法与分析法来证明它.

(1) 综合法. 已知 $(a-b)^2 > 0$,即 $a^2 - 2ab + b^2 > 0$. 两边加 $4ab$,得
$$a^2 + 2ab + b^2 > 4ab, \quad 即 \quad (a+b)^2 > 4ab$$
或 $\left(\frac{a+b}{2}\right)^2 > ab$,开方得 $\frac{a+b}{2} > \sqrt{ab}$.

(2) 分析法. 为使 $\frac{a+b}{2} > \sqrt{ab}$ 必有 $\left(\frac{a+b}{2}\right)^2 > ab$,即 $\frac{a^2 + 2ab + b^2}{4} > ab$. 两边乘 4,并移项,得
$$a^2 - 2ab + b^2 > 0, \quad 即 \quad (a-b)^2 > 0.$$
但最后的推论是正确的,倒推上去就知原结论正确.

为了保证上面所作的证明确实可靠,必须检查"逆推"的可能性,也就是按照相反的顺序,证明由一个环节到另一个环节的正确性. 这样检验的必要性是由于在某些情形中,从不正确的等式开始能够得到正确的推论.

例如:

(1) 假设:$+2 = -2$,则:$(+2)^2 = (-2)^2$,$4 = 4$(正确);

(2) 假设 $150°=30°$，则：$\sin 150°=\sin 30°$，$\frac{1}{2}=\frac{1}{2}$（正确！）.

在这两种情形中,我们都从不正确的等式得到了正确的等式.如果按照相反的顺序来进行推理,那就能发现错误的地方.也就是说,由两个数的平方相等不能推出它们的一次幂相等,由两角的正弦相等不能推出这两个角相等.

用综合法进行的论断是无条件的,而分析法是有条件的.

综合法用来叙述已经获得的证明,分析法用来独立地探求证明的途径.

§9 归 纳 法

所谓归纳法就是从特殊到一般的推理方法.归纳法分为两种形式：完全的和不完全的.

完全归纳法. 所谓完全归纳法就是根据一切特殊情况的考虑而作出的推理.由于应用完全归纳法时,必须考虑所有对象的情况,所以得出的结论自然是可靠的.不过在一般情况下,所要考察的对象总是相当多的,甚至是无穷多的；特别在数学里,我们常常需要了解无穷多个对象的情况.

不完全归纳法. 所谓不完全归纳法就是根据一个或几个（但不是全部）特别情况作出的推理.

例如：

(1)"铜在加热时膨胀"；(2)"玻璃在加热时膨胀"；(3)"一切物体在加热时膨胀".

根据不完全归纳法作出的结论可能是错误的,所以它不能用来作为严格的、科学的证明方法.不完全归纳法的意义就在于：对特殊情况的考虑,会提示我们这一个或那一个规律性的存在,帮助定出这一规律性,至于它的证明就应当用另外的方法（通常是用演绎法）来实现.

读者不要以为结论的正确与否,决定于实验次数的多少,只要多实验几次,多考察一些个别的对象,那么所得的结论就是正确的了.事实上,无论观察的个别现象怎么多,它总是一个有限数,从对有限个对象的考察中所得的结果,就不能肯定地对没有被考察过的对象作出结论说：一定是正确的.我们看几个例子.

例 1 费马素数.

一种有趣且有很长历史的素数叫费马素数.这些数最初是由一位法国的法官费马（Fermat,1601—1665）所引进的.他业余爱好数学,是杰出的数学家.最初的五个费马素数是

$$F_0 = 2^{2^0}+1=3, \quad F_1=2^{2^1}+1=5, \quad F_2=2^{2^2}+1=17,$$
$$F_3=2^{2^3}+1=257, \quad F_4=2^{2^4}+1=65537.$$

由这些数可看出,费马素数的一般公式是 $F_n=(2^{2^n}+1)$.

尽管除了上面的五个数外,费马没有做进一步的计算,但他坚信所有这种数都是素数.然而当瑞士数学家欧拉再往前走了一步,这个猜想就被推翻了.他证明了下一个费马数不是

素数：$F_5 = 4294967297 = 641 \times 6700417$.

例2 设 $f(x) = x^2 + x + 11$，让 x 取自然数，并算出其值：
$$f(1) = 13, \quad f(2) = 17, \quad f(3) = 23,$$
$$f(4) = 31, \quad f(5) = 41, \quad f(6) = 53,$$
$$f(7) = 67, \quad f(8) = 83, \quad f(9) = 101.$$
可以看出，这些函数值全是素数．

从这些特殊情况可以归纳出这样一个结论：当 x 是不超过 9 的自然数时，$f(x) = x^2 + x + 11$ 的值都是素数．

但是，我们可不可以由此作出结论：当 x 是任意自然数时，$f(x) = x^2 + x + 11$ 都是素数呢？事实上，当 $x = 10$ 时，$f(10) = 10^2 + 10 + 11 = 121$，这是一个合数．

自不待言，考察的次数多一些，所得结论的可靠性就大一些．但是不能说所作的结论一定是正确的．这样一来，对无限多的对象，似乎永远不能做完全的考察，而在数学里，常常要对无穷多的对象下结论，并且希望我们的结论是正确的，这个问题怎么解决呢？

数学归纳法是解决这个问题的一种方法，应用这个方法可以通过"有限"来解决"无限"的问题．

§10 数学归纳法

归纳法原理 假定对一切自然数 n，我们有一个命题 $M(n)$. 假定我们知道：

1° $M(1)$ 是真的；

2° 对任意的 k，$M(k)$ 真蕴含 $M(k+1)$ 真，则 $M(n)$ 对一切自然数真．

证 用 **N** 表示全体自然数的集合，用 S 表示 **N** 的一个子集合：$S \subset \mathbf{N}$. 我们有一个很直观的断言：每个非空集合 $S \subset \mathbf{N}$ 有一个最小元素，也就是存在一个自然数 $s \in S$，它比 S 中的一切其他自然数都小，我们称这一断言为"最小元素原理". 现在用最小元素原理来证归纳法原理．设
$$S = \{s \in \mathbf{N} \mid M(s) \text{ 不真}\} \subset \mathbf{N}.$$
如果 S 是空集，那么我们不必再证明，因为定理已经成立．

设 $S \neq \emptyset$，则 S 中有一个最小元素 s. 根据归纳法原理的 1°，$s \neq 1$，即 $s > 1$，从而 $s - 1 \in \mathbf{N}$，并且 $M(s-1)$ 真．但根据归纳法原理 2°，$M(s)$ 也真，与 S 非空相矛盾．因此 S 一定是空集，这就证明了归纳法原理．

应用归纳法原理证明的是一些可以递推的有关自然数的论断．证明的步骤是：

(1) 证明 $n = 1$ 时，某论断是正确的；

(2) 假定当 $n = k$ 时，论断是正确的，证明当 $n = k+1$ 时，这论断也是正确的．

根据 (1)，(2) 就可断定，对于一切 n，论断都是正确的．

例 求证

$$1^2 + 2^2 + 3^2 + \cdots + n^2 = \frac{1}{6}n(n+1)(2n+1). \tag{3.1}$$

证 当 $n=1$ 时，$1^2 = \frac{1}{6} \cdot 1 \cdot 2 \cdot 3 = 1$. 这时等式是成立的.

假设当 $n=k$ 时，公式是成立的，即假定

$$1^2 + 2^2 + 3^2 + \cdots + k^2 = \frac{1}{6}k(k+1)(2k+1),$$

我们来证明当 $n=k+1$ 时，公式也成立. 事实上，在上式两边各加 $(k+1)^2$，得

$$1^2 + 2^2 + \cdots + k^2 + (k+1)^2 = \frac{1}{6}k(k+1)(2k+1) + (k+1)^2$$

$$= \frac{1}{6}(k+1)[k(2k+1) + 6(k+1)] = \frac{1}{6}(k+1)[2k^2 + 7k + 6]$$

$$= \frac{1}{6}(k+1)(k+2)(2k+3)$$

$$= \frac{1}{6}(k+1)[(k+1)+1][2(k+1)+1].$$

这就证明了公式 (3.1).

数学归纳法的第一个步骤，通常证明起来很简单，但决不能略去这一步骤，这一步叫做归纳法基础. 去掉这一步骤就会导出荒谬的结论. 例如可以证出所有的自然数全相等的结论. 事实上，假定

$$k = k+1$$

成立，两边各加 1 就会得出

$$k+1 = k+2$$

由此可得出全体自然数都相等！

使用第一步骤时，并不一定每次都从 $n=1$ 开始，也可以从某一个别的自然数开始. 但这个自然数必须是要证公式的第一项.

数学归纳法的第二个步骤是证明的难点，要经过大量的反复实践才能熟练灵活地掌握归纳法的证明方法.

习 题

对任何自然数 n，证明下列等式成立：

1. $1 + 3 + 5 + \cdots + (2n-1) = n^2$.
2. $\dfrac{1^2}{1\cdot 3} + \dfrac{2^2}{3\cdot 5} + \cdots + \dfrac{n^2}{(2n-1)(2n+1)} = \dfrac{n(n+1)}{2(2n+1)}$.
3. $1 - \dfrac{1}{2} + \dfrac{1}{3} - \dfrac{1}{4} + \cdots + \dfrac{1}{2n-1} - \dfrac{1}{2n} = \dfrac{1}{n+1} + \dfrac{1}{n+2} + \cdots + \dfrac{1}{2n}$.

第四章　欧氏几何与第五公设

在几何学中没有王者之路.

欧几里得

欧几里得的第五公设"也许是科学史上最重要的一句话."

C. J. Keyser

数学思想来源于经验,……虽则经验与数学思想之间的宗谱有时是悠久而朦胧的.但是,数学思想一旦被构思出来,这门学科就开始经历它本身所特有的生命.把它比作创造性的,受几乎一切审美因素支配的学科,比把它比作别的事物特别是经验科学要更好一些.

Von Neumann

本章简要地介绍几何学的诞生、研究对象与方法,关于欧几里得第五公设的研究史,一直到非欧几何的诞生.这段过程是漫长而艰难的,其思想成果是极其深刻而影响深远的.想一下子弄懂它的全部思想及其细节,对一个学生而言是困难的,并且也是不必要的.我们只希望读者对此有个概貌,从中找到对自己富有启发性的东西就足够了.

§1　几何学的诞生

最初的一些几何概念和知识要追溯到史前时期,它们是在实践活动的过程中产生的.人们为了自己的实际目的去测量长度,确定距离,估计面积和体积.最初的一些几何关系,例如长方形的面积等于它的两边的乘积等逐渐地被人们发现了.

古希腊的学者罗德的欧第姆在公元前4世纪写道:"几何学是埃及人发现的,从测量土地中产生的.因为尼罗河水泛滥,经常冲去界限,所以这种测量对埃及人是必需的.这门学科和其他学科一样,是从人类的需要产生的,对于这一点没有什么惊异的.任何新产生的知识都是从不完善的状况过渡到完善的状况.知识通过感性的感觉而产生,逐渐成为我们的考察对象,而最后变成理性的财产."

当然,土地测量不是激起古人建立几何学的唯一课题.从流传至今的断简残篇中可以判断这些课题的性质和古代埃及人和巴比伦人是怎样解决这些课题的.流传至今的一本最古的埃及人的著作是公元前一千七百多年写出来的——这是一本由某个姓阿赫美斯的人写成的"文牍员"(皇官)手册.在书中汇集了计算容器和仓库的容量、土地面积、土工作业的多少等等一系列课题.

埃及人和巴比伦人会测定最简单的面积和体积,知道圆周率 π 的很精确的值,并且甚至能够计算球的表面积.总之,他们已经有了不少几何知识.但是,可以肯定,他们还没有作为一门有自己的定理和证明的理论科学的几何学.

公元前 7 世纪时几何从埃及传到希腊.在希腊,伟大的唯物主义哲学家泰勒斯、德莫克利特和其他人又将它发展了.毕达哥拉斯和他的门生们也对几何作出了卓越的贡献.

几何学是朝着积累新的事实和阐明它们间相互关系的方向发展的.这些关系逐渐地转变为从一些几何原理得到另一些几何原理的逻辑推论.用这种方法首先形成了关于几何定理及其证明概念本身,其次阐明了那些可以从中推导出其他原理的基本原理,这就是说阐明了几何的公理.

几何就这样逐渐地转变成为数学理论.

实际上,公元前 5 世纪时几何的系统的叙述就在希腊出现了,但是它们没有流传到我们手中,显然是因为它们都被欧几里得的《几何原本》一书所排除了.在这部作品中几何已被表述为如此严密的系统,以致直到非欧几何出现以前,即两千多年以来原则上已不能对它的原理添加什么新东西.像欧几里得的《几何原本》——一位希腊天才的完美创造物——这样长命的书在世界上是很难找到几本的.自不待言,数学向前发展了,我们对几何基础的认识也更加深刻了,可是欧几里得的《几何原本》在许多方面仍不失为纯粹数学著作的典范.在这部著作中,欧几里得对过去的发展作了总结,把他那个时候的数学表述为一门独立的理论科学,也就是说归根到底表述为我们现在所理解的那样.

§2 几何学的研究对象和研究方法

几何从事于"几何物体"和图形的研究,研究它们的量的关系和相互位置.但是几何物体不是什么别的东西,正是舍弃了其他性质,比如密度、颜色、重量等等,而仅仅从它的空间形式的观点来加以考虑的现实的物体.几何图形是更一般的概念,其中甚至舍弃了空间的延伸.例如,曲面只有二维,线只有一维,而点根本没有维.点是关于线的顶端,关于精确到极限位置的抽象概念,所以点已不能再划分为几部分.顺便提一下,欧几里得已定义了所有这些概念.

这样,几何以舍弃了所有其他性质,换句话说,即采取"纯粹形式"的现实物体的空间形式和关系作为自己的对象.正是这种抽象程度把几何同其他也是研究物体的空间形式和关系的科学区别开来.例如,在天文学中,研究物体的相互位置,但只是天体的相互位置;在测地学中研究地球的形式;在结晶学中研究晶体的形式等等.在所有这些情况中,研究具体物体的形式和位置是与它们的其他性质关联着或者相互依赖着的.

抽象引起了几何的思辨方法,对于没有任何厚度的直线,对于"纯粹形式"是不能做实验的,只有用推理的方法从一些结论导出另一些新结论.所以几何定理应该由推理来证明,否则这定理就不属于几何,就与"纯粹形式"无关.

§3　欧几里得的《原本》

欧几里得(Euclid,约公元前 330—前 275)的《原本》(Elements)的出现是数学史上一个伟大的里程碑.

欧几里得《原本》从它刚问世起就受到人们的高度重视. 在西方世界,除了《圣经》以外没有其他著作的作用、研究、印行之广泛能与《原本》相比. 自 1482 年第一个印刷本出版以后,至今已有一千多种版本.

在我国,明朝时期意大利传教士利玛窦与我国的徐光启合译前六卷,于 1607 年出版. 中译本书名为《几何原本》.

《原本》的传入对我国的数学界有一定影响. 译者徐光启在"几何原本杂议"中对这部著作曾给以高度的评价. 他说:"此书有四不必:不必疑,不必揣,不必试,不必改. 有四不可得:欲脱之不可得,欲驳之不可得,欲减之不可得,欲前后更置之不可得. 有三至三能:似至晦,实至明,故能以其明明他物之至晦;似至繁,实至简,故能以其简简他物之至繁;似至难,实至易,故能以其易易他物之至难. 易生于简,简生于明,综其妙在明而已."

《原本》的内容与形式对于几何学本身以及数理逻辑的发展都产生了巨大影响,几何学从此成为一门演绎的科学.

欧几里得在《原本》中列出五个公设和五个公理. 它们的区别是,公理是适用于一切科学的真理,而公设则只应用于几何学. 在非欧几何出现以前,公设和公理都被人们当作不成问题的真理加以接受.

下面列出欧几里得的公设与公理.

公设

(1) 连接任何两点可以作一直线段.

(2) 一直线段可以沿两个方向无限延长而成为直线.

(3) 以任意一点为中心,通过任意给定的另一点可以作一圆.

(4) 凡直角都相等.

(5) 如果同一平面内任一条直线与另两直线相交,同一侧的两内角之和小于两直角,则这两直线无限延长必在这一侧相交.

公理

(1) 等于同量的量,彼此相等.

(2) 等量加等量,其和仍相等.

(3) 等量减等量,其差仍相等.

(4) 彼此能重合的东西是相等的.

(5) 整体大于部分.

§4 第五公设

欧几里得公设中的(1)～(4)都容易地为人们所接受了.惟独公设(5),从一开始就受到人们的怀疑.许多希腊人反对这一公设,因为它不那么一望而知.想用其他公理和公设来证明它的种种尝试,据说在欧几里得时代已经开始,结果都归于失败.

第五公设引起怀疑,主要的理由很明显地是由于在这里,而且只有在这里,才涉及到整个无限平面的非经验的特征.

欧几里得的第五公设在19世纪导致了对于数学发展极其重要的一些结果.19世纪上半叶,数学史上有两个很重要的转折,一是1829年左右发现了与人们所熟知的欧几里得几何学有显著区别的另一种自相容的几何学;二是1843年发现了与通常的实数系代数有本质区别的另一种代数.

这两项发展中的第一项,即非欧几何的发现,是人类思想史上的一个重大事件.而非欧几何的发现正是在研究欧几里得第五公设的基础上诞生的.因而著名数学家 C.J.凯塞(Keyser)说,欧几里得的第五公设"也许是科学史上最重要的一句话."

非欧几里得几何(以下简称非欧几何)的历史,开始于努力消除对第五公设的怀疑.从希腊时代到1800年间有两种途径:一种是用更为自明的命题来代替第五公设,另一种是试图从欧几里得的其他几个公设推导出来.

多年来曾提出或隐含地假定作为第五公设的替代公设的有:

(1) 存在一对同平面直线彼此处处等距离;
(2) 过已知直线外的已知点只能作一条直线平行于已知直线;
(3) 存在一对相似但不全等的三角形;
(4) 如果有一个四边形有一对对边相等,并且它们与第三边构成的角均为直角,则余下的两个角也是直角;
(5) 如果四边形有三个角是直角,则第四个角也是直角;
(6) 至少存在一个三角形,其三角和等于二直角;
(7) 过小于60°的角内一点,总能作一条直线与该角的二边相交;
(8) 过任何三个不在同一直线上的点可作一圆;
(9) 三角形的面积无上限.

今天中学几何课本中最喜欢用的是上述的(2).人们把它归功于苏格兰物理学家和数学家普雷菲尔(J. Playfair,1748—1819).

多少个世纪以来,从欧几里得的其他假定推出第五公设的尝试人是如此之多,差不多够一个军团,所有这些尝试均告失败,其中绝大多数或迟或早依靠了与该公设本身等价的隐含的假定.这些工作的绝大多数对数学思想的发展没有什么现实意义.直到1733年意大利人萨谢利(G. Saccheri)才做了关于第五公设(现在也叫平行公设)值得注意的研究成果.

萨谢利 1667 年出生于意大利的圣拉蒙. 少年早熟, 23 岁就完成了其耶稣会神职的见习期, 然后一直在大学担任教学职务. 在米兰的耶稣会学院中讲授修辞学、哲学和神学时, 他读了欧几里得的《原本》, 并且醉心于强有力的归谬法. 稍迟, 在都灵教哲学时, 他发表了《逻辑证明》(Logica demonstrativa) 一书, 其中的主要改进是应用归谬法来处理形式逻辑. 几年以后, 在帕维亚大学任数学教授时, 他把他喜爱的归谬法用于对欧几里得平行公设的研究. 他为这项工作做了很好的准备: 在其较早的关于逻辑的著作中已经灵活地处理了定义和公设这类事物. 他还熟悉其他人讨论平行公设的著作, 并且成功地指出了在纳瑟·埃得和沃利斯的尝试中的谬误.

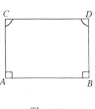

图 4-1

在曾经研究过否定欧几里得平行公设会得到什么样的结果的人当中, 萨谢利显然是第一个试图应用归谬法来证明这一著名公设的. 他的研究结果写在题为《排除任何谬误的欧几里得》的一本小书中, 这本书是于 1733 年作者去世前几个月在米兰出版的. 在这一著作中, 萨谢利承认《原本》的前二十八命题; 证明这些命题不需要第五公设. 借助于这些定理, 他研究等腰双直角四边形, 即四边形 $ABCD$ (见图 4-1), 在其中, $AC=BD$, 且 $\angle A$ 和 $\angle B$ 均为直角. 作对角线 AD 和 BC, 再利用全等定理 (包含在欧几里得的前二十八个命题中), 萨谢利容易地证明了: $\angle C = \angle D$. 但无法确定这两个角的大小. 当然, 作为第五公设的推论, 可推出这两个角均为直角, 但是他不想采用此公设的假定. 因而这两角可能均为直角, 或均为钝角, 或均为锐角. 萨谢利在这里坚持了开放的思想, 并且把这三种可能性命名为直角假定、钝角假定和锐角假定. 他的计划是, 以证明后两个假定导致矛盾来排除这两种可能, 然后根据归谬法就只剩下第一个假定了. 但是这个假定等价于欧几里得第五公设. 这么一来, 平行公设就被证明了, 欧几里得假定的缺陷就被排除了.

萨谢利以其娴熟的几何技巧和卓越的逻辑洞察力证明了许多定理. 现将其中较重要者列举如下:

(1) 直角假定 $\Longleftrightarrow$ 三角形内角和等于两直角.
   　　　　　$\Longrightarrow$ 给定一条直线和线外一点, 过该点有一条直线与该直线不相交.
   　　　　　$\Longrightarrow$ 立于固定直线上的定长垂线的顶点轨迹是一条直线.

(2) 钝角假定 $\Longleftrightarrow$ 三角形内角和大于两直角.
   　　　　　$\Longrightarrow$ 没有平行线.
   　　　　　$\Longrightarrow$ 立于固定直线上的定长垂线的顶点轨迹是凸曲线.

(3) 锐角假定 $\Longleftrightarrow$ 三角形内角和小于两直角.
   　　　　　$\Longrightarrow$ 给定一条直线和线外一点, 过该点有无穷多条直线与该直线不相交.
   　　　　　$\Longrightarrow$ 立于固定直线上的定长垂线的顶点轨迹是凹曲线.

可惜的是, 萨谢利的著作没有带来多大影响, 并且没过多久就被人们遗忘了. 直到 1889 年才被他的同胞贝尔特拉米 (E. Beltrami, 1835—1900) 戏剧般地给与了新的生命.

1766 年, 萨谢利发表其著作之后 33 年, 瑞士的 J. H. 兰伯特 (Lambert, 1728—1777) 写

了一本标题为《平行线理论》的著作,作了类似的研究;不过,这部著作在兰伯特死后11年才发表的. 兰伯特选作基础图形的是三直角四边形,它可以看做是：一连接萨谢利等腰双直角四边形两底中点而形成的"半个萨谢利四边形". 和萨谢利一样,兰伯特按照三直角四边形的第四个角是直角、钝角或锐角作了三个不同的假定.

兰伯特和萨谢利都在钝角和锐角的假定下推演出了不少命题,然而,兰伯特走得更远. 例如,和萨谢利一样,他证明了：在这三个假定下分别可推出三角形内角和等于、大于或小于两个直角;然而,他进一步证明了：在钝角假定下大于两个直角的超出量和在锐角假定下小于两个直角的亏量均与三角形的面积成正比. 他看到由钝角假定推出的几何与球面几何的类似之点：在球面几何中,三角形的面积与其球面角盈成正比. 他还猜测：由锐角假定推出的几何也许能在虚半径的球上被证实;这也猜对了.

兰伯特和萨谢利一样,以默认直线为无限长这个假定来取消钝角假定.

兰伯特的几何观点是十分先进的. 他认识到任何一组假设如果不导致矛盾的话,一定提供一种可能的几何.

用归谬法证明欧几里得平行公设的第三个卓越的贡献是由法国著名数学家勒让德(A. M. Legendre, 1752—1833)作出的. 他对一特殊的三角形的内角和做出三个不同的假定：等于、大于或小于两直角. 他隐含地承认直线的无限性,因而取消第二假定;但是,尽管他作了种种尝试,还是没法排除第三个假定.

勒让德的另一个重要贡献是他的备受欢迎的著作《几何学基本原理》(Elements de geometrie),于1794年出第一版. 他对欧几里得《原本》作了教学法上的改进,重新安排和简化了许多命题,成为现在流行的形式.

施韦卡特(F. K. Schweikart, 1780—1859),一位法学教授,业余研究数学,他更迈进了一步,研究非欧几里得几何. 1816年,他写了一份备忘录,于1818年送交高斯征求意见. 他区分了两种几何：欧几里得与假设三角形内角之和不是两直角的几何. 他称后一种几何为星空几何,因它可能在星空内成立. 它的定理都是萨谢利和兰伯特根据锐角假设建立的定理.

陶里努斯(F. A. Taurinus, 1794—1874),施韦卡特的外甥,接受舅父的建议继续研究星空几何. 虽然他证实了一些新结果,但他仍做出结论：只有欧几里得几何对物质空间是正确的,而星空几何只是逻辑上相容.

兰伯特、施韦卡特、陶里努斯这三人,还有当时一些其他人都承认欧几里得平行公设不能证明. 这三人也都注意到实球面上的几何具有以钝角假设为基础的性质,而虚球面上的几何则具有以锐角假设为基础的性质. 这样,所有三个人都认识到非欧几里得几何的存在性,但他们都失去一个基本点,即欧几里得几何不是唯一的在经验能够证实的范围内来描述物质空间的性质的几何.

§5 非欧几里得几何的诞生

从前面我们看到,尽管经过长时间的艰苦努力,萨谢利、兰伯特和勒让德还是没有能以锐角假定为前提推出矛盾. 在此假定下找不到矛盾,没有什么可惊讶的,因为现在我们已经知道,由某一组基本假定加上锐角假定推出的那套几何,和由同样的一组假定加上直角假定推出的欧几里得几何一样,是自相容的. 换言之,平行公理不能作为定理从欧几里得的其他假定推出,它独立于其他那些假定. 对于两千年来受传统偏见的约束,坚信欧几里得几何无疑是唯一可靠的几何,而任何与之矛盾的几何系统绝对是不可能相容的人来说,承认这样一种可能是要有不寻常的想像力的.

高斯是真正预见到非欧几何的第一人. 不幸的是,毕其一生高斯没有关于此命题发表什么意见. 他的先进思想是他通过与好友的通信、对别人著作的几份评论,以及在他死后从稿纸中发现的几份札记表达出来的. 虽然他克制住自己,没有发表自己的发现,但是他竭力鼓励别人坚持这方面的研究. 把这种几何称为非欧几何的正是他.

预见到非欧几何的第二人是 J·波尔约(J. Bolyai),匈牙利人. 他是数学家 F·波尔约的儿子. F·波尔约与高斯有长期的亲密的友谊. 小波尔约的这项研究受到他父亲的很大启发,因为老波尔约早就对平行公设问题感兴趣. 早在 1823 年 J·波尔约就开始理解摆在他面前的问题的实质. 那年他给父亲写了一封信,说明他热衷于这项工作,并强调说:"我要白手起家创造一个奇怪的新世界."J·波尔约称他的非欧几何为绝对几何,他写了一篇 26 页的论文《绝对空间的几何》一书中,该书出版时作为附录附于他父亲的《为好学青年的数学原理论著》一书中,该书出版于 1823～1833 年间. J·波尔约似乎在 1825 年已建立起非欧几何的思想.

虽然人们承认高斯和 J·波尔约是最先料想到非欧几何的人,但是俄国数学家罗巴切夫斯基(N. I. Lobatchevsky,1792—1856)实际上是发表此课题的有系统的著作的第一人. 罗巴切夫斯基一生中的大部分时间是在喀山度过的,先是学生,后来任数学教授,最后是当校长. 他关于非欧几何的最早论文就是于 1829～1830 年在《喀山通讯》上发表的,比波尔约著作的发表早二到三年. 这篇论文在俄国没有引起多大注意,因为是用俄文写的,实际上在别处也没有引起多大注意.

他发展的非欧几何现今被称为罗巴切夫斯基几何. 他赢得了"几何学上的哥白尼"的称号.

在罗巴切夫斯基和波尔约的著作发表若干年后,整个数学界才对非欧几何这个课题给与更多的注意. 几十年后这项发现的真正内涵才被理解. 下一个重要任务是证明新几何的内在相容性.

§6 罗巴切夫斯基的解答

罗巴切夫斯基在他的著作《新几何原本》里用以下这段话描述了他所给出的第五公设的解答要点：

"大家知道，直至今天为止，几何学中的平行线理论还是不完全的。从欧几里得时代以来，两千年来的徒劳无益的努力，促使我怀疑在概念本身之中并未包括那样的真实情况，它是大家想要证明的，也是可以像别的物理规律一样单用实验（譬如天文观测）来检验的。最后，我肯定了我的推测的真实性，而且认为困难的问题完全解决了。我在1826年写出了关于这个问题的论证。"

这段话集中了罗巴切夫斯基的新观点，不仅给出了关于第五公设的问题的解答，而且使几何学的全部注意力转移到新的方面，甚至还不单是几何学如此。他的解答实质上包含这样三个方面：

(1) 公设是不能证明的；

(2) 几何学的其他基础命题添上否定公理以后，可以展开一种与欧几里得几何不同的、逻辑上完整而富有内容的几何学；

(3) 这种或那种逻辑上可能的几何学的结论，在应用到现实空间时的正确性只有用实验来作检验。逻辑上可能的几何学不应该当做任意的逻辑体系来研究，而应该作为促成发展物理理论的可能途径和方法的理论来研究。

这后一观点在后来的爱因斯坦的相对论中得到证实。

§7 非欧几何的相容性

虽然罗巴切夫斯基和波尔约在他们对于以锐角假定为基础的非欧几何的广泛研究中没有遇到矛盾；虽然他们甚至相信，不会产生矛盾；但是仍然有这种可能，如果这类研究充分地继续下去，会出现矛盾，或不相容。平行公设对于欧几里得几何其他公设的独立性，无疑，要在锐角假定相容性做出之后才能成立。这些没有多久就做到了。那是贝尔特拉米，凯莱，F.克莱因，庞加莱等人的工作。办法是在欧几里得几何内建立一个新几何的模型，使得锐角假定的抽象发展在欧几里得空间的一部分上得到表示。于是，非欧几何中的任何不相容性会反映此表示的欧几里几何中的对应的不相容性。这种证明是相对相容性的一种；如果欧几里得几何是相容的，则可证明罗巴切夫斯基几何是相容的。当然，每个人都相信欧几里得几何是相容的。

罗巴切夫斯基的非欧几何的相容性的成果之一是，古老的平行公设问题的最终解决。相容性确定了下述事实：平行公设独立于欧几里得几何的其他假定，把此公设当定理，由其他假定推出它的可能性是不存在的。因为如果平行公设可被推出，则这个与罗巴切夫斯基平行公设矛盾的结果会在非欧几何体系中构成不相容.

非欧几何的相容性还有一些后果,其影响远远超过了平行公设问题的解决.其中的一个重要后果是,几何学从传统的模型中解放了出来.几何学的公设,对数学家来说,仅仅是假定,其物理上的真与假用不着考虑;数学家可以随心所欲地选取公设,只要它们彼此相容.当数学家采用公设这个词时,并不包含"自明"或"真理"的意思.有了发明"人造的几何"的可能.

事实上,罗巴切夫斯基几何的相容性不仅解放了几何学,对于整个数学也有类似的影响,数学显现为人类思想的自由创造物.

§8 黎曼的非欧几何

我们已经看到,钝角假定被所有在此课题上探索过的人所抛弃,因为它与直线无限长的假定相矛盾.认出以钝角假定为基础的第二种非欧几何的是德国数学家 G. F. B. 黎曼 (Riemann,1826—1866).这是他在 1854 年讨论无界和无限概念时得到的成果.虽然欧几里得的公设(2)断言:直线可被无限延长,但是,并不必定蕴涵直线就长短而言是无限的,只不过是说:它是无端的或无界的.例如,连接球上两点的大圆的弧可被沿着该大圆无限延长,使得延长了的弧无端,但确实就长短而言它不是无限的.现在我们可以设想:一条直线可以类似地运转,并且,在有限的延长之后,它又回到它本身.由于黎曼把无界和无限的概念分辨清了,可以证明,人们能实现满足钝角假定的一种内相容的几何,如果欧几里得的公设(1),(2)和(5)作如下修正的话:

1)两个不同的点至少确定一条直线;

2)直线是无界的;

3)平面上任何两条直线都相交.

这第二种非欧几何通常被称作黎曼非欧几何.

仔细地阅读欧几里得的公设(1)和公设(2),就会知道,它们实际上说的正是公设(1)和(2)所说的意思.

由于罗巴切夫斯基的和黎曼的非欧几何的发现,几何学从其传统的束缚中解放出来了,从而为大批新的、有趣的几何的发现开辟了广阔的道路.这些新几何有:非阿基米德几何,非笛沙格几何,黎曼几何,非黎曼几何,有限几何(它只包含有限多的点、线和面),等等.这些新几何并不是毫无用处的.例如爱因斯坦发现的广义相对论的研究中,必须用一种非欧几何来描述这样的物理空间,这种非欧几何是黎曼几何的一种.再如,由 1947 年对视空间(从正常的有双目视觉的人心理上观察到的空间)所做的研究得出结论:这样的空间最好用罗巴切夫斯基非欧几何来描述.

这些事实说明,数学对人类文明的发展起着何种重大的作用.

§9 非欧几何诞生的意义

非欧几何诞生的重要性与哥白尼的日心说,牛顿的引力定律,达尔文的进化论一样,对科学、哲学、宗教都产生了革命性的影响.遗憾的是,在一般思想史中没有受到应有的重视.它的重要影响是什么呢?

(1) 非欧几何的创立使人们开始认识到,数学空间与物理空间之间有着本质的区别.但最初人认为这两者是相同的.这种区别对理解 1880 年以来的数学和科学的发展至关重要.

(2) 非欧几何的创立扫荡了整个真理王国.在古代社会,像宗教一样,数学在西方思想中居于神圣不可侵犯的地位.数学殿堂中汇集了所有真理,欧几里得是殿堂中最高的神父.但是通过波尔约、罗巴切夫斯基、黎曼等人的工作,这种信仰彻底被摧毁了.非欧几何诞生之前,每个时代都坚信存在着绝对真理,数学就是一个典范.现在希望破灭了!欧氏几何统治的终结就是所有绝对真理的终结.

(3) 真理性的丧失,解决了关于数学自身本质这一古老问题.数学是像高山、大海一样独立于人而存在,还是完全是人的创造物呢?答案是,数学确实是人的思想产物,而不是独立于人的永恒世界的东西.

(4) 非欧几何的创立使数学丧失了真理性,但却使数学获得了自由.数学家能够而且应该探索任何可能的问题,探索任何可能的公理体系,只要这种研究具有一定的意义.

非欧几何在思想史上具有无可比拟的重要性.它使逻辑思维发展到了顶峰.为数学提供了一个不受实用性左右,只受抽象思想和逻辑思维支配的范例,提供了一个理性的智慧摒弃感觉经验的范例.

进入高等数学

高等数学部分从线性代数和解析几何开始.数与形既是数学之根,又展现了数学的广阔用场.解析几何学的诞生标志着高等数学的开始.这是数学史上的一次伟大的转折.高等数学的研究对象、研究方法都与初等数学表现出重大差异.那么,进入高等数学之前应当做哪些准备呢?

(1) 培养抽象思维的能力,加强符号意识,实现从具体数学到概念化数学的转变.

(2) 培养逻辑思维能力,实现从直观描述到严格证明的转变.

(3) 发展变化意识,实现从常量数学到变量数学的转变.

(4) 深刻理解数学与实践的关系,能用所学的数学知识解决实际问题.

第五章 线性代数初步

代数是搞清楚世界上数量关系的智力工具.

怀特海

这就是结构好的语言的好处,它的简化的记法常常是深奥理论的源泉.

拉普拉斯

线性代数的中心课题是解多元一次的联立方程组. 这是在 1678 年以前由莱布尼茨开创的. 在莱布尼茨的工作中出现了行列式的概念. 系统的用行列式的方法去解含两个、三个和四个未知量的联立线性方程组大约出现在 1729 年,为麦克劳林所首创. 范德蒙德对行列式的理论作了系统的逻辑处理,并把行列式的理论从线性方程的求解中分离了出来.

这里特别指出,线性代数与解析几何有着天然的密切联系.

本章叙述线性代数的最初步的知识,其中包括行列式的性质,高斯消元法与矩阵代数.

矩阵论和行列式论是数学所有分支中最为有用的分支之一. 当今时代,谈论数学的"代数化"不是没有理由的,即代数的思想和方法已渗透到数学各个分支的理论和应用中.

§1 二元一次联立方程组与二阶行列式

由于在平面上含有两个未知量的一次方程表示直线,所以由未知量的一次方程所组成的联立方程组叫做线性方程组,我们的讨论从二元一次联立方程组开始.

考察二元一次联立方程组

$$\begin{cases} a_{11}x + a_{12}y = b_1, \\ a_{21}x + a_{22}y = b_2. \end{cases} \tag{5.1}$$

(5.1)中第二个方程乘以 a_{11} 减去第一个方程乘以 a_{21},消去 x,得

$$y = \frac{a_{11}b_2 - a_{21}b_1}{a_{11}a_{22} - a_{12}a_{21}}.$$

同理可求得

$$x = \frac{a_{22}b_1 - a_{12}b_2}{a_{11}a_{22} - a_{12}a_{21}}.$$

这样,方程组的解用它的系数表示了出来. 不难看出,方程组的解具有规则的形式. 首先,x,y 的分母都一样,是由方程组未知数 x,y 的系数交叉相乘再相减得到的. 为了把这个规律明确地体现出来,我们引进一个符号来表示数 $a_{11}a_{22} - a_{21}a_{12}$:

$$\begin{vmatrix} a_{11} & a_{12} \\ a_{21} & a_{22} \end{vmatrix} = a_{11}a_{22} - a_{12}a_{21}, \tag{5.2}$$

并把它称为一个**二阶行列式**. $a_{11}, a_{12}, a_{21}, a_{22}$ 四个数称为它的**元素**,横的排称为**行**,竖的排称为**列**. 元素 a_{11}, a_{22} 所在的位置称为**主对角线**,元素 a_{12}, a_{21} 所在的位置称为**次对角线**.

定义告诉我们,二阶行列式的值是主对角线上元素的乘积减去次对角线上元素的乘积.

有了二阶行列式的概念,x 和 y 的解的分子可立即写成如下形式:

$$a_{22}b_1 - a_{12}b_2 = \begin{vmatrix} b_1 & a_{12} \\ b_2 & a_{22} \end{vmatrix}, \quad a_{11}b_2 - a_{21}b_1 = \begin{vmatrix} a_{11} & b_1 \\ a_{21} & b_2 \end{vmatrix}.$$

若采用如下的记号

$$D = \begin{vmatrix} a_{11} & a_{12} \\ a_{21} & a_{22} \end{vmatrix}, \quad D_x = \begin{vmatrix} b_1 & a_{12} \\ b_2 & a_{22} \end{vmatrix}, \quad D_y = \begin{vmatrix} a_{11} & b_1 \\ a_{21} & b_2 \end{vmatrix},$$

则方程组(5.1)的解可写成(设 $D \neq 0$)

$$x = \frac{D_x}{D}, \quad y = \frac{D_y}{D}, \tag{5.3}$$

其中 D 是由未知数 x, y 的系数组成的二阶行列式,称为方程组的**系数行列式**. D_x 是把系数行列式的第一列(相当于方程组中 x 的系数)换成常数项. D_y 是把系数行列式的第二列(相当于方程组中 y 的系数)换成常数项. 这样,二元一次方程组的解的规律性已揭示出来了.

例 用行列式求解方程组:

$$\begin{cases} y = 3x + 1, \\ 4x + 2y - 7 = 0. \end{cases}$$

解 将方程组化成(5.1)的形式:

$$\begin{cases} 3x - y = -1, \\ 4x + 2y = 7. \end{cases}$$

为了求出方程的解,只需求出三个行列式的值:

$$D = \begin{vmatrix} 3 & -1 \\ 4 & 2 \end{vmatrix} = 3 \cdot 2 - 4 \cdot (-1) = 10;$$

$$D_x = \begin{vmatrix} -1 & -1 \\ 7 & 2 \end{vmatrix} = (-1) \cdot 2 - 7 \cdot (-1) = 5;$$

$$D_y = \begin{vmatrix} 3 & -1 \\ 4 & 7 \end{vmatrix} = 3 \cdot 7 - (-1) \cdot 4 = 25.$$

利用公式(5.3)得:$x = \frac{D_x}{D} = \frac{1}{2}$,$y = \frac{D_y}{D} = \frac{5}{2}$.

下面我们讨论(5.1)的几何意义.

我们知道,两条不同的直线 L_1 与 L_2 平行的充要条件是,或者它们都垂直于 x 轴,或者它们的斜率 m_1 和 m_2 相等:$m_1 = m_2$.

设直线 L_1 与 L_2 的一般方程为
$$L_1: A_1x+B_1y=C_1,$$
$$L_2: A_2x+B_2y=C_2.$$
设 $B_1\neq 0, B_2\neq 0$,则 $m_1=-A_1/B_1, m_2=-A_2/B_2$. 因此 $m_1=m_2$ 等价于 $A_1/B_1=A_2/B_2$,或
$$A_1B_2 - A_2B_1 = 0 \Longleftrightarrow \begin{vmatrix} A_1 & B_1 \\ A_2 & B_2 \end{vmatrix} = 0. \tag{5.4}$$

若 L_1, L_2 皆垂直于 x 轴,则 $B_1=0, B_2=0$,这时(5.4)仍然成立. 因此,(5.4)是两条直线平行的代数条件.

当两条直线 L_1 与 L_2 重合时,
$$\frac{A_1}{A_2} = \frac{B_1}{B_2} = \frac{C_1}{C_2}.$$

我们有
$$D = D_x = D_y = 0.$$

当(5.4)不成立时,直线 L_1 与 L_2 既不平行,也不重合,它们必有唯一的交点. 于是我们得到

定理 方程组(5.1)有唯一解的条件是,它的系数行列式(5.2)不为 0,其解由(5.3)表示.

综合以上讨论,可得如下结论:

(1) 若 $D\neq 0$,则方程组(5.1)有唯一解(5.3).

(2) 若 $D=0$,但 D_x, D_y 中有一个不为零,则方程组(5.1)没有解.

(3) 若 $D=D_x=D_y=0$,则方程组(5.1)有无穷多解.

§2 三元一次联立方程组与三阶行列式

上面得出的用二阶行列式解二元一次联立方程组的方法可以推广. 一般地,我们可以利用 n 阶行列式解 n 元一次联立方程组. 但是对于一般情形,我们不拟讨论,而只限于讨论如何利用三阶行列式解三元一次联立方程组.

例1 用消元法解方程组
$$\begin{cases} 3x - 2y + z = 7, \\ 2x + 5y - 4z = -3, \\ 4x + y - z = 6. \end{cases}$$

解 由第一个方程可得
$$z = -3x + 2y + 7,$$
把它代入后两个方程:
$$2x + 5y - 4(-3x + 2y + 7) = -3,$$

$$4x + y - (-3x + 2y + 7) = 6,$$

化简得

$$14x - 3y = 25, \quad 7x - y = 13.$$

它的解是 $x=2, y=1$. 因此 $z = -3 \cdot 2 + 2 \cdot 1 + 7 = 3$. 这样一来,所求解为 $x=2, y=1, z=3$.

一个一般的三元一次联立方程组具有形式:

$$\begin{cases} a_{11}x + a_{12}y + a_{13}z = b_1, \\ a_{21}x + a_{22}y + a_{23}z = b_2, \\ a_{31}x + a_{32}y + a_{33}z = b_3. \end{cases} \tag{5.5}$$

如果 $a_{13} \neq 0$,则第一个方程给出

$$z = -\frac{a_{11}}{a_{13}}x - \frac{a_{12}}{a_{13}}y + \frac{b_1}{a_{13}}, \tag{5.6}$$

把它代入(5.5)的后两个方程,化简后得到

$$\begin{aligned}(a_{21}a_{13} - a_{11}a_{23})x + (a_{22}a_{13} - a_{12}a_{23})y &= a_{13}b_2 - a_{23}b_1, \\ (a_{31}a_{13} - a_{11}a_{33})x + (a_{32}a_{13} - a_{12}a_{33})y &= a_{13}b_3 - a_{33}b_1.\end{aligned} \tag{5.7}$$

由(5.7)解出 x, y,代入(5.6)再解出 z,得到

$$x = \frac{b_1(a_{22}a_{33} - a_{23}a_{32}) - b_2(a_{12}a_{33} - a_{13}a_{32}) + b_3(a_{12}a_{23} - a_{13}a_{22})}{a_{11}(a_{22}a_{33} - a_{23}a_{32}) - a_{21}(a_{12}a_{33} - a_{13}a_{32}) + a_{31}(a_{12}a_{23} - a_{13}a_{22})},$$

$$y = \frac{a_{11}(b_2 a_{33} - b_3 a_{23}) - b_2(a_{21}a_{33} - a_{23}a_{31}) + a_{13}(a_{21}b_3 - a_{31}b_2)}{a_{11}(a_{22}a_{33} - a_{23}a_{32}) - a_{21}(a_{12}a_{33} - a_{13}a_{32}) + a_{31}(a_{12}a_{23} - a_{13}a_{22})},$$

$$z = \frac{a_{11}(a_{22}b_3 - a_{32}b_2) - a_{12}(a_{21}b_3 - a_{31}b_2) + b_1(a_{21}a_{32} - a_{22}a_{31})}{a_{11}(a_{22}a_{33} - a_{23}a_{32}) - a_{21}(a_{12}a_{33} - a_{13}a_{32}) + a_{31}(a_{12}a_{23} - a_{13}a_{22})}.$$

$$\tag{5.8}$$

公式看来很复杂,不过我们可用下述办法来简化. 先看分母. x, y, z 的分母相同,今用 D 表示它:

$$D = a_{11}(a_{22}a_{33} - a_{23}a_{32}) - a_{21}(a_{12}a_{33} - a_{13}a_{32}) + a_{31}(a_{12}a_{23} - a_{13}a_{22}).$$

应用二阶行列式的概念,可以将 D 写成

$$D = a_{11} \begin{vmatrix} a_{22} & a_{23} \\ a_{32} & a_{33} \end{vmatrix} - a_{21} \begin{vmatrix} a_{12} & a_{13} \\ a_{32} & a_{33} \end{vmatrix} + a_{31} \begin{vmatrix} a_{12} & a_{13} \\ a_{22} & a_{23} \end{vmatrix}.$$

为了进一步揭示上式的内在规律性,仿照前面的办法,把方程组系数排列成一个正方阵列:

$$\begin{matrix} a_{11} & a_{12} & a_{13} \\ a_{21} & a_{22} & a_{23} \\ a_{31} & a_{32} & a_{33} \end{matrix}$$

我们发现 D 可按下列法则求得:把第一列每个数(即 a_{11}, a_{21}, a_{31})乘以划去该数所在的行和列以后剩下的数组成的二阶行列式. 这样共有三项,其中第一项取正号,第二项取负号,第三项取正号,最后把这些项加起来. 为了把这个规律明确地表现出来,我们采用如下记号来表

示它：

$$D = a_{11}\begin{vmatrix} a_{22} & a_{23} \\ a_{32} & a_{33} \end{vmatrix} - a_{21}\begin{vmatrix} a_{12} & a_{13} \\ a_{32} & a_{33} \end{vmatrix} + a_{31}\begin{vmatrix} a_{12} & a_{13} \\ a_{22} & a_{23} \end{vmatrix} = \begin{vmatrix} a_{11} & a_{12} & a_{13} \\ a_{21} & a_{22} & a_{23} \\ a_{31} & a_{32} & a_{33} \end{vmatrix}. \tag{5.9}$$

我们把上式中最后一项称为**三阶行列式**。构成三阶行列式的九个数称为它的**元素**，横排称为它的**行**，竖排称为它的**列**。上面的公式称为按第一列元素的展开式。

解 x 的分子用 D_x 来表示。按照前面的办法，此时 D_x 可写成

$$D_x = b_1\begin{vmatrix} a_{22} & a_{23} \\ a_{32} & a_{33} \end{vmatrix} - b_2\begin{vmatrix} a_{12} & a_{13} \\ a_{32} & a_{33} \end{vmatrix} + b_3\begin{vmatrix} a_{12} & a_{13} \\ a_{22} & a_{23} \end{vmatrix} = \begin{vmatrix} b_1 & a_{12} & a_{13} \\ b_2 & a_{22} & a_{23} \\ b_3 & a_{32} & a_{33} \end{vmatrix}.$$

它是把 D 的第一列，即方程组中 x 的系数换成常数项而得到的。

再用 D_y 表示解 y 的分子，用 D_z 表示解 z 的分子，我们有

$$D_y = \begin{vmatrix} a_{11} & b_1 & a_{13} \\ a_{21} & b_2 & a_{23} \\ a_{31} & b_3 & a_{33} \end{vmatrix}, \quad D_z = \begin{vmatrix} a_{11} & a_{12} & b_1 \\ a_{21} & a_{22} & b_2 \\ a_{31} & a_{32} & b_3 \end{vmatrix},$$

即将 D 的第二列，相当于方程组中 y 的系数，换成常数项得到 D_y。将 D 的第三列，相当于方程组中 z 的系数，换成常数项得到 D_z。

综上，我们得出方程组的解为

$$x = \frac{D_x}{D}, \quad y = \frac{D_y}{D}, \quad z = \frac{D_z}{D}. \tag{5.10}$$

把(5.9)完全展开，得到

$$\begin{vmatrix} a_{11} & a_{12} & a_{13} \\ a_{21} & a_{22} & a_{23} \\ a_{31} & a_{32} & a_{33} \end{vmatrix} = a_{11}a_{22}a_{33} + a_{12}a_{23}a_{31} + a_{21}a_{32}a_{13} - a_{13}a_{22}a_{31} - a_{12}a_{21}a_{33} - a_{23}a_{32}a_{11},$$

(5.11)

共有六项，每一项都是由不同行、不同列的三个元素相乘，再适当选取正负号而获得的。仔细分析一下可看出，这六项可按下述图形所示的方法组成：

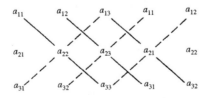

其中自左上方到右下方的实线所串起来的三个数连乘后取正号；自右上方到左下方的虚线所串起来的三个数连乘后取负号。

这样三阶行列式有了两种算法：一是按它的第一列的展开公式来计算；二是按公式 (5.11) 来计算. 读者可以证明,三阶行列式也可以按第一行的展开公式来计算. 因此三阶行列式既可以按第一列展开,也可以按第一行展开.

例 2 计算三阶行列式：

$$\begin{vmatrix} 1 & 2 & 3 \\ 6 & 5 & 4 \\ 8 & 9 & 7 \end{vmatrix} = 1\begin{vmatrix} 5 & 4 \\ 9 & 7 \end{vmatrix} - 2\begin{vmatrix} 6 & 4 \\ 8 & 7 \end{vmatrix} + 3\begin{vmatrix} 6 & 5 \\ 8 & 9 \end{vmatrix}$$

$$= 1(35-36) - 2(42-32) + 3(54-40) = 21$$

或

$$\begin{vmatrix} 1 & 2 & 3 \\ 6 & 5 & 4 \\ 8 & 9 & 7 \end{vmatrix} = 1 \cdot 5 \cdot 7 + 2 \cdot 4 \cdot 8 + 6 \cdot 9 \cdot 3 - 3 \cdot 5 \cdot 8 - 4 \cdot 9 \cdot 1 - 2 \cdot 6 \cdot 7$$

$$= 35 + 64 + 162 - 120 - 36 - 84 = 21.$$

行列式 (5.9) 叫做方程组 (5.5) 的**系数行列式**. 如果它不是零,则 (5.10) 给出了方程组 (5.5) 的唯一解,这一结果叫做**克莱姆法则**. 因为这一方法是瑞士数学家克莱姆 (Gabriel Cramer, 1704—1750) 发现的,发表于 1750 年. 在克莱姆法则的推导过程中,我们假定了 $a_{13} \neq 0$,但是只要系数行列式不为零这一条件总是成立的.

第 1 节中所讲的二元一次联立方程组的解法也叫克莱姆法则. 事实上,对含有 n 个方程式的 n 元一次联立方程组,也可定义它的系数行列式,并有相应的克莱姆法则成立.

下面我们用克莱姆法则去解例 1.

解 系数行列式

$$D = \begin{vmatrix} 3 & -2 & 1 \\ 2 & 5 & -4 \\ 4 & 1 & -1 \end{vmatrix} = 3\begin{vmatrix} 5 & -4 \\ 1 & -1 \end{vmatrix} - (-2)\begin{vmatrix} 2 & -4 \\ 4 & -1 \end{vmatrix} + 1\begin{vmatrix} 2 & 5 \\ 4 & 1 \end{vmatrix} = 7,$$

而

$$D_x = \begin{vmatrix} 7 & -2 & 1 \\ -3 & 5 & -4 \\ 6 & 1 & -1 \end{vmatrix} = 7\begin{vmatrix} 5 & -4 \\ 1 & -1 \end{vmatrix} - (-2)\begin{vmatrix} -3 & -4 \\ 6 & -1 \end{vmatrix} + 1\begin{vmatrix} -3 & 5 \\ 6 & 1 \end{vmatrix} = 14,$$

$$D_y = \begin{vmatrix} 3 & 7 & 1 \\ 2 & -3 & -4 \\ 4 & 6 & -1 \end{vmatrix} = 3\begin{vmatrix} -3 & -4 \\ 6 & -1 \end{vmatrix} - 7\begin{vmatrix} 2 & -4 \\ 4 & -1 \end{vmatrix} + 1\begin{vmatrix} 2 & -3 \\ 4 & 6 \end{vmatrix} = 7,$$

$$D_z = \begin{vmatrix} 3 & -2 & 7 \\ 2 & 5 & -3 \\ 4 & 1 & 6 \end{vmatrix} = 3\begin{vmatrix} 5 & -3 \\ 1 & 6 \end{vmatrix} - (-2)\begin{vmatrix} 2 & -3 \\ 4 & 6 \end{vmatrix} + 7\begin{vmatrix} 2 & 5 \\ 4 & 1 \end{vmatrix} = 21.$$

因此方程组的解为

$$x = \frac{D_x}{D} = \frac{14}{7} = 2, \quad y = \frac{D_y}{D} = \frac{7}{7} = 1, \quad z = \frac{D_z}{D} = \frac{21}{7} = 3.$$

习 题

解下列线性方程组：

1. $\begin{cases} x+y+z=6, \\ 2x+3y-2z=2, \\ 3x-2y+3z=8. \end{cases}$
2. $\begin{cases} x-2y+z=-2, \\ 2x+y+5z=3, \\ 4x-5y-4z=6. \end{cases}$
3. $\begin{cases} x+y-z=4, \\ x-3y+z=-2, \\ 3x-y-2z=6. \end{cases}$
4. $\begin{cases} x-2y+3z=5, \\ 2x+5y-2z=-5, \\ 4x+y+z=-4. \end{cases}$

§3 行列式的性质

3.1 矩阵、行列式、余子式

三元一次联立方程组

$$\begin{cases} a_{11}x + a_{12}y + a_{13}z = b_1, \\ a_{21}x + a_{22}y + a_{23}z = b_2, \\ a_{31}x + a_{32}y + a_{33}z = b_3 \end{cases}$$

的系数组成一个三行三列的方阵

$$A = \begin{bmatrix} a_{11} & a_{12} & a_{13} \\ a_{21} & a_{22} & a_{23} \\ a_{31} & a_{32} & a_{33} \end{bmatrix}, \tag{5.12}$$

我们称它是一个 3×3 **矩阵**. 横排称**行**, 竖排称**列**. 数 $a_{ij}(i=1,2,3;j=1,2,3)$ 称为矩阵 A 的**元素**或**项**. a_{ij} 的第一个下标 i 表示元素所在的行, 第二个下标 j 表示元素所在的列. 例如, 元素 a_{23} 位于矩阵的第 2 行, 第 3 列.

类似地, 方程组

$$\begin{cases} a_{11}x + a_{12}y = b_1, \\ a_{21}x + a_{22}y = b_2 \end{cases}$$

的系数可以表示为一个 2×2 的矩阵

$$\begin{bmatrix} a_{11} & a_{12} \\ a_{21} & a_{22} \end{bmatrix}. \tag{5.13}$$

下面两节我们将引进长方形的矩阵, 在一般情况下矩阵都是长方形的, 即它的列数与行数不相等, 而且矩阵也不必与线性方程组相联系. 但是, 唯有正方矩阵有一个数与它相关联, 这个

数就是它的行列式. 例如, 矩阵(5.12)与行列式
$$\begin{vmatrix} a_{11} & a_{12} & a_{13} \\ a_{21} & a_{22} & a_{23} \\ a_{31} & a_{32} & a_{33} \end{vmatrix}$$
相关联.

注意, 我们用方括号[ ]表示矩阵, 用竖线| |表示行列式.

对于(5.12)给出的 3×3 矩阵 A, 它的行列式用 $|A|$ 表示, 前面已指出, 它的定义是

$$|A| = a_{11}\begin{vmatrix} a_{22} & a_{23} \\ a_{32} & a_{33} \end{vmatrix} - a_{12}\begin{vmatrix} a_{21} & a_{23} \\ a_{31} & a_{33} \end{vmatrix} + a_{13}\begin{vmatrix} a_{21} & a_{22} \\ a_{31} & a_{32} \end{vmatrix}. \tag{5.14}$$

在(5.14)中的二阶行列式分别叫做元素 a_{11}, a_{12} 和 a_{13} 的余子式, 并用 M_{11}, M_{12}, M_{13} 表示. 因此, 我们可以把(5.14)写成更紧凑的形式:

$$|A| = a_{11}M_{11} - a_{12}M_{12} + a_{13}M_{13}. \tag{5.15}$$

类似地, 矩阵 A 的任一元素 a_{ij} 的余子式定义为划去元素 a_{ij} 所在的行与列的元素后, 所剩下的元素构成的矩阵的行列式, 记为 M_{ij}.

例 1 设

$$A = \begin{bmatrix} 2 & -1 & 5 \\ 1 & 2 & -3 \\ 4 & -2 & 6 \end{bmatrix},$$

求 M_{11}, M_{12}, M_{13}, 并用定义(5.15)计算 $|A|$.

解 $a_{11}=2$, 划去 A 的第1行第1列, 我们得到

$$M_{11} = \begin{vmatrix} 2 & -3 \\ -2 & 6 \end{vmatrix} = 6.$$

类似地, $a_{12}=-1$, 划去 A 的第1行第2列, 我们得到

$$M_{12} = \begin{vmatrix} 1 & -3 \\ 4 & 6 \end{vmatrix} = 18.$$

最后, $a_{13}=5$, 划去 A 的第1行第3列, 我们得到

$$M_{13} = \begin{vmatrix} 1 & 2 \\ 4 & -2 \end{vmatrix} = -10.$$

根据(5.15),

$$|A| = a_{11}M_{11} - a_{12}M_{12} + a_{13}M_{13}$$
$$= 2\cdot 6 - (-1)\cdot 18 + 5\cdot(-10) = -20.$$

3.2 按代数余子式展开行列式

定义 方阵的任一元素 a_{ij} 的代数余子式定义为

$$A_{ij} = (-1)^{i+j} M_{ij}, \tag{5.16}$$

其中 M_{ij} 是 a_{ij} 的余子式.

例如,在(5.12)给出的 3×3 阶矩阵中,我们有
$$A_{11} = (-1)^{1+1} M_{11} = M_{11},$$
$$A_{12} = (-1)^{1+2} M_{12} = -M_{12},$$
$$A_{13} = (-1)^{1+3} M_{13} = M_{13}.$$

这样一来,行列式(5.15)的定义可重写为
$$|A| = a_{11}A_{11} + a_{12}A_{12} + a_{13}A_{13}. \tag{5.17}$$

可以证明,行列式 $|A|$ 的值可用任一行或任一列的元素的代数余子式去计算. 我们用例子做出说明.

例 2 用第二行元素的代数余子式计算例 1 给出的 $|A|$.

解 我们有
$$|A| = \begin{vmatrix} 2 & -1 & 5 \\ 1 & 2 & -3 \\ 4 & -2 & 6 \end{vmatrix} = a_{21}A_{21} + a_{22}A_{22} + a_{23}A_{23}$$
$$= 1 \cdot (-1)^{2+1} \begin{vmatrix} -1 & 5 \\ -2 & 6 \end{vmatrix} + 2 \cdot (-1)^{2+2} \begin{vmatrix} 2 & 5 \\ 4 & 6 \end{vmatrix}$$
$$+ (-3) \cdot (-1)^{2+3} \begin{vmatrix} 2 & -1 \\ 4 & -2 \end{vmatrix}$$
$$= 1 \cdot (-1) \cdot 4 + 2 \cdot 1 \cdot (-8) + (-3) \cdot (-1) \cdot 0$$
$$= -20.$$

我们的结果可以推广到任意的 $n\times n$ 阶矩阵;这样的矩阵我们称为 n **阶矩阵**,或 n **阶方阵**. 设 A 是一个 n 阶矩阵,它的行列式 $|A|$ 的值等于 n 项之和,而每一项是在某一固定行(或列)中的一个元素与它的代数余子式的乘积. 我们用 4 阶行列式作一说明.

例 3 计算矩阵
$$A = \begin{bmatrix} 1 & 3 & -2 & 4 \\ 2 & 0 & 0 & -3 \\ -1 & 2 & 1 & 0 \\ 5 & 0 & -1 & 2 \end{bmatrix}$$

的行列式.

解 我们用第二行的代数余子式展开,因为第二行里有两个 0,可以使计算简化.
$$|A| = \begin{vmatrix} 1 & 3 & -2 & 4 \\ 2 & 0 & 0 & -3 \\ -1 & 2 & 1 & 0 \\ 5 & 0 & -1 & 2 \end{vmatrix} = 2(-1)^{2+1} \begin{vmatrix} 3 & -2 & 4 \\ 2 & 1 & 0 \\ 0 & -1 & 2 \end{vmatrix} + 0 + 0$$

$$+ (-3)(-1)^{2+4} \begin{vmatrix} 1 & 3 & -2 \\ -1 & 2 & 1 \\ 5 & 0 & -1 \end{vmatrix}.$$

第一个行列式按第 1 列展开，第二个行列式按第 3 行展开. 从而

$$|A| = -2 \left(3 \begin{vmatrix} 1 & 0 \\ -1 & 2 \end{vmatrix} - 2 \begin{vmatrix} -2 & 4 \\ -1 & 2 \end{vmatrix} \right) - 3 \left(5 \begin{vmatrix} 3 & -2 \\ 2 & 1 \end{vmatrix} + (-1) \begin{vmatrix} 1 & 3 \\ -1 & 2 \end{vmatrix} \right)$$

$$= -2(3 \cdot 2 - 2 \cdot 0) - 3(5 \cdot 7 - 1 \cdot 5)$$

$$= -102.$$

3.3 行列式的性质

当行列式的阶 $n > 3$ 时，行列式的计算就复杂多了. 我们可以通过行列式的行与列的运算，使某一行或某一列出现零元素，从而达到简化行列式运算的目的. 行列式有下述性质：

(1) 两行(或列)互换，符号改变，例如

$$\begin{vmatrix} a_{11} & a_{12} & a_{13} \\ a_{21} & a_{22} & a_{23} \\ a_{31} & a_{32} & a_{33} \end{vmatrix} = - \begin{vmatrix} a_{11} & a_{12} & a_{13} \\ a_{31} & a_{32} & a_{33} \\ a_{21} & a_{22} & a_{23} \end{vmatrix}.$$

(2) 一行(或列)有公因数 k，可以提到行列式外边，例如

$$\begin{vmatrix} ka_{11} & a_{12} & a_{13} \\ ka_{21} & a_{22} & a_{23} \\ ka_{31} & a_{32} & a_{33} \end{vmatrix} = k \begin{vmatrix} a_{11} & a_{12} & a_{13} \\ a_{21} & a_{22} & a_{23} \\ a_{31} & a_{32} & a_{33} \end{vmatrix}.$$

(3) 两行(或列)元素相等，其值为零，例如

$$\begin{vmatrix} a_{11} & a_{12} & a_{13} \\ a_{21} & a_{22} & a_{23} \\ a_{21} & a_{22} & a_{23} \end{vmatrix} = 0.$$

(4) 一行(或列)加上另一行(或列)的常数倍，行列式值不变，例如

$$\begin{vmatrix} a_{11} & a_{12} & a_{13} \\ a_{21} & a_{22} & a_{23} \\ a_{31} & a_{32} & a_{33} \end{vmatrix} = \begin{vmatrix} a_{11} & a_{12} + pa_{13} & a_{13} \\ a_{21} & a_{22} + pa_{23} & a_{23} \\ a_{31} & a_{32} + pa_{33} & a_{33} \end{vmatrix}.$$

对于三阶行列式，这些性质都可利用(5.11)来证明：将行列式展开，比较等式两边即可. 下面举一些例子说明如何使用这些性质.

例 4 利用行列式的性质计算例 2 中的行列式 $|A|$.

解 利用性质(2)，

$$|A| = \begin{vmatrix} 2 & -1 & 5 \\ 1 & 2 & -3 \\ 4 & -2 & 6 \end{vmatrix} = 2\begin{vmatrix} 2 & -1 & 5 \\ 1 & 2 & -3 \\ 2 & -1 & 3 \end{vmatrix}.$$

再利用性质(4),第 3 行减去第 1 行,得到

$$|A| = \begin{vmatrix} 2 & -1 & 5 \\ 1 & 2 & -3 \\ 2 & -1 & 3 \end{vmatrix} = 2\begin{vmatrix} 2 & -1 & 5 \\ 1 & 2 & -3 \\ 0 & 0 & -2 \end{vmatrix} \text{(按第 3 行展开)}$$

$$= 2(-2)(-1)^{3+3}\begin{vmatrix} 2 & -1 \\ 1 & 2 \end{vmatrix} = -20.$$

例 5 利用行列式的性质(1)证明性质(3).

解 不妨设行列式中第 1 列与第 3 列元素相同:

$$|A| = \begin{vmatrix} a_{11} & a_{12} & a_{11} \\ a_{21} & a_{22} & a_{21} \\ a_{31} & a_{32} & a_{31} \end{vmatrix}.$$

交换第 1 列与第 3 列,行列式变号:$|A|$ 变为 $-|A|$.但交换后仍是原来行列式,所以

$$|A| = -|A|,$$

由此得到 $|A| = 0$.

习　题

1. 利用(5.17)式计算下面行列式的值:

$$(1) \begin{vmatrix} 0 & 3 & 0 \\ -1 & 4 & 7 \\ 2 & -2 & 1 \end{vmatrix}; \quad (2) \begin{vmatrix} 2 & 0 & 4 \\ 1 & -\frac{2}{3} & 3 \\ -\frac{5}{6} & 0 & 6 \end{vmatrix}; \quad (3) \begin{vmatrix} 3 & 4 & -1 & 2 \\ 0 & -1 & 0 & 0 \\ 5 & 0 & -3 & 1 \\ -2 & 1 & 2 & 1 \end{vmatrix}.$$

2. 证明

$$\begin{vmatrix} a_{11} & a_{12} & a_{13} & a_{14} \\ 0 & a_{22} & a_{23} & a_{24} \\ 0 & 0 & a_{33} & a_{34} \\ 0 & 0 & 0 & a_{44} \end{vmatrix} = a_{11}a_{22}a_{33}a_{44}.$$

3. 证明

$$\begin{vmatrix} a_{11} & a_{12} & 0 & 0 \\ a_{21} & a_{22} & 0 & 0 \\ 0 & 0 & a_{33} & a_{34} \\ 0 & 0 & a_{43} & a_{44} \end{vmatrix} = \begin{vmatrix} a_{11} & a_{12} \\ a_{21} & a_{22} \end{vmatrix} \begin{vmatrix} a_{33} & a_{34} \\ a_{43} & a_{44} \end{vmatrix}.$$

4. 整数 1798, 2139, 3255, 4867 皆可被 31 整除. 证明行列式

$$\begin{vmatrix} 1 & 7 & 9 & 8 \\ 2 & 1 & 3 & 9 \\ 3 & 2 & 5 & 5 \\ 4 & 8 & 6 & 7 \end{vmatrix}$$

可被 31 整除.

§4 高斯消元法

现在我们用高斯消元法来解线性方程组. 尽管我们从三个变量的线性方程组着手进行讨论, 但我们的方法可适用于任何多个变量的线性方程组, 不管是用手算, 还是用计算机算.

4.1 消元法

含三个变量的线性方程组可以消去一个变量化为含两个变量的方程组.

例1 用消元法解

$$\begin{cases} 2x + 5y + 4z = 4, & (1) \\ x + 4y + 3z = 1, & (2) \\ x - 3y - 2z = 5. & (3) \end{cases}$$

解 (1)−2(2), (2)−(3), 得

$$\begin{cases} -3y - 2z = 2, & (4) \\ 7y + 5z = -4. & (5) \end{cases}$$

(4)与(5)的解为 $y=-2, z=2$, 将它们代入(2), 得 $x=3$, 因此, 此方程组的解为

$$x = 3, \quad y = -2, \quad z = 2.$$

如果方程组有唯一解, 则例1的办法是奏效的. 但是, 我们希望有一个一般的方法去对付含有任意多个变量和任意多个方程式的线性方程组. 我们的目的是将一个给定方程组化为**三角形**. 我们用重解例1的办法来说明这个一般方法.

解 第一步: 使第一个方程中 x 的系数为 1.

只需将例1中的前两个方程交换位置就可得到:

$$\begin{cases} x+4y+3z=1, & (1)\\ 2x+5y+4z=4, & (2)\\ x-3y-2z=5. & (3) \end{cases}$$

第二步:把第一个方程下面的各方程中的 x 消去. $(2)-2(1),(3)-(1)$ 可得

$$\begin{cases} x+4y+3z=1, & (1')\\ -3y-2z=2, & (2')\\ -7y-5z=4. & (3') \end{cases}$$

第三步:使第二个方程中 y 的系数为 1. $(2')\times(-\frac{1}{3})$ 可得

$$\begin{cases} x+4y+3z=1, & (4)\\ y+\frac{2}{3}z=-\frac{2}{3}, & (5)\\ -7y-5z=4. & (6) \end{cases}$$

第四步:把第二个方程下面的方程中的 y 都消去. $7\times(5)+(6)$ 可得,

$$\begin{cases} x+4y+3z=1, \\ y+\frac{2}{3}z=-\frac{2}{3}, \\ -\frac{1}{3}z=-\frac{2}{3}. \end{cases}$$

第五步:使第三个方程中 z 的系数为 1.

$$\begin{cases} x+4y+3z=1, & (1'')\\ y+\frac{2}{3}z=-\frac{2}{3}, & (2'')\\ z=2. & (3'') \end{cases}$$

因为这里没有第四个方程,所以我们的步骤到此为止.

第六步:求解(回代).把 $z=2$ 代入 $(2'')$ 得 $y=-2$,再把 $z=2,y=-2$ 代入 $(1'')$ 可得 $x=3$,这样一来,方程组的解为

$$x=3,\quad y=-2,\quad z=2.$$

注意,上面的消元过程主要用到以下三种运算:

(1) 交换两个方程的顺序;

(2) 一个方程乘一个常数 $k\neq 0$;

(3) 把一个方程的常数倍加到另一方程上去.

为了执行这三种运算,我们引进一种更为有效的办法.

4.2 线性方程组的增广矩阵

从上面解线性方程组的一般步骤中看出,在求解过程中,重要的是变量 x,y,z 所处的

位置,而不是表示它们的符号,明确了这一点,可以简化上述的求解过程.这就是说,如果在每一个方程中我们都保持各变量的固定顺序,那么一个给定方程组就完全由系数和常数项决定了.例如,例 1 所给的方程组

$$\begin{cases} 2x + 5y + 4z = 4, \\ x + 4y + 3z = 1, \\ x - 3y - 2z = 5 \end{cases}$$

可以用下面的数的矩阵来表示:

$$\begin{bmatrix} 2 & 5 & 4 & 4 \\ 1 & 4 & 3 & 1 \\ 1 & -3 & -2 & 5 \end{bmatrix}.$$

我们称这个矩阵为线性方程组的**增广矩阵**.用"增广"两字是为了与线性方程组的系数矩阵相区别.增广矩阵中的虚线是可有可无的,加上它可以更明确地将常数项区别出来.

增广矩阵的每一行表示一个方程.为了解线性方程组我们只需对增广矩阵的行进行运算,这些运算恰恰对应于在做消元法时对方程进行的运算.我们把上面提到的三种运算叫做**行的初等运算**,即

(1) 两行互换;
(2) 任一行的每个元素乘以常数 $k \neq 0$;
(3) 把一行的每一元素的常数倍加到另一行的相应元素.

下面我们重新解例 1.左边列出线性方程组,右边列出增广矩阵;将左边的线性方程组化为三角形,而右边的增广矩阵作相应的行运算.

解

线性方程组　　　　　　增广矩阵

$$\begin{cases} 2x + 5y + 4z = 4, \\ x + 4y + 3z = 1, \\ x - 3y - 2z = 5. \end{cases} \quad \begin{bmatrix} 2 & 5 & 4 & 4 \\ 1 & 4 & 3 & 1 \\ 1 & -3 & -2 & 5 \end{bmatrix}$$

第一步:使第一个方程中第一个变量的系数为 1,相应地,使增广矩阵中第一排的第一项为 1;这只需交换第一行与第二行的位置,

$$\begin{cases} x + 4y + 3z = 1, \\ 2x + 5y + 4z = 4, \\ x - 3y - 2z = 5. \end{cases} \quad \begin{bmatrix} 1 & 4 & 3 & 1 \\ 2 & 5 & 4 & 4 \\ 1 & -3 & -2 & 5 \end{bmatrix}$$

第二步:使第一个方程后面的各方程中的第一个变量的系数为 0,相应地,使增广矩阵中第一排后的各排的第一项为 0,

$$\begin{cases} x + 4y + 3z = 4, \\ -3y - 2z = 2, \\ -7y - 5z = 4. \end{cases} \quad \begin{bmatrix} 1 & 4 & 3 & 1 \\ 0 & -3 & -2 & 2 \\ 0 & -7 & -5 & 4 \end{bmatrix}$$

第三步：使第二个方程中的第二个变量的系数为1,相应地,使增广矩阵第二排的第二项为1,

$$\begin{cases} x + 4y + 3z = 1, \\ y + \frac{2}{3}z = -\frac{2}{3}, \\ -7y - 5z = 4. \end{cases} \qquad \begin{bmatrix} 1 & 4 & 3 & \vdots & 1 \\ 0 & 1 & \frac{2}{3} & \vdots & -\frac{2}{3} \\ 0 & -7 & -5 & \vdots & 4 \end{bmatrix}$$

第四步：使第二个方程后的各方程中的第二个系数为0,相应地,使增广矩阵中第二排后的第二个系数为0,

$$\begin{cases} x + 4y + 3z = 4, \\ y + \frac{2}{3}z = -\frac{2}{3}, \\ -\frac{1}{3}z = -\frac{2}{3}. \end{cases} \qquad \begin{bmatrix} 1 & 4 & 3 & \vdots & 1 \\ 0 & 1 & \frac{2}{3} & \vdots & -\frac{2}{3} \\ 0 & 0 & -\frac{1}{3} & \vdots & -\frac{2}{3} \end{bmatrix}$$

第五步：使第三个方程中的第三个变量的系数为1,相应地,使增广矩阵的第三排的第三项为1,

$$\begin{cases} x + 4y + 3z = 1, \\ y + \frac{2}{3}z = -\frac{2}{3}, \\ z = 2. \end{cases} \qquad \begin{bmatrix} 1 & 4 & 3 & \vdots & 1 \\ 0 & 1 & \frac{2}{3} & \vdots & -\frac{2}{3} \\ 0 & 0 & 1 & \vdots & 2 \end{bmatrix}$$

第六步：把 $z=2$ 代入第二个方程(排)得到 $y=-2$,然后用 $z=2, y=-2$ 代入第一个方程(排)得到 $x=3$.

4.3 高斯消元法

在上面的第五步中,增广矩阵化成了按行的阶梯形式.上面实行的消元法称为**高斯消元法**.高斯消元法是解线性方程组的最一般,最有效的方法.现在我们将这一方法应用于线性方程组的增广矩阵,并指出,不管方程组有唯一解,无解,或无穷多解,这一方法都是有效的,而且与变量的个数、方程式的个数无关.

例2 用高斯消元法解方程组

$$\begin{cases} x + y + z = 4, \\ 2x + y + z = 3, \\ 3x + 2y - z = 1. \end{cases}$$

解 这个方程组的增广矩阵是

$$\begin{bmatrix} 1 & 1 & 1 & \vdots & 4 \\ 2 & 1 & 1 & \vdots & 3 \\ 3 & 2 & -1 & \vdots & 1 \end{bmatrix}.$$

我们将它化为按行的阶梯形矩阵.

我们首先注意到,位于第 1 行第 1 列的项是 1. 今将第 1 列的其余项都化为 0,为此,第 1 行乘 (-2) 加到第 2 行. 接着,第 1 行乘 (-3) 加到第 3 行,得出下面的结果:

$$\begin{bmatrix} 1 & 1 & 1 & 4 \\ 0 & -1 & -1 & -5 \\ 0 & -1 & -4 & -11 \end{bmatrix}.$$

其次,用 (-1) 乘第 2 行可使位于第 2 行第 2 列的元素变为 1:

$$\begin{bmatrix} 1 & 1 & 1 & 4 \\ 0 & 1 & 1 & 5 \\ 0 & -1 & -4 & -11 \end{bmatrix}.$$

将第 2 行加到第 3 行,就可使位于第 3 行第 2 列的元素变为 0:

$$\begin{bmatrix} 1 & 1 & 1 & 4 \\ 0 & 1 & 1 & 5 \\ 0 & 0 & -3 & -6 \end{bmatrix}.$$

最后,第 3 行乘以 $(-\frac{1}{3})$,就可使第 3 行的第一个非零项化为 1:

$$\begin{bmatrix} 1 & 1 & 1 & 4 \\ 0 & 1 & 1 & 5 \\ 0 & 0 & 1 & 2 \end{bmatrix}.$$

这个矩阵所表示的线性方程组为

$$\begin{cases} x + y + z = 4, \\ y + z = 5, \\ z = 2. \end{cases}$$

依次反代回去,得 $y=3$ 和 $x=-1$. 因此方程组的解为

$$x = -1, \quad y = 3, \quad z = 2.$$

在下面的例子中,我们用 R_1 表示第 1 行,用 R_2 表示第 2 行,等等,这样可以使解释简化.

例 3 用高斯消元法解方程组

$$\begin{cases} x - 2y - 3z = 2, \\ x - 4y - 13z = 14, \\ -3x + 5y + 4z = 2. \end{cases}$$

解 首先引进增广矩阵,然后作指定的行运算. 注意下面的 $(-1)R_1 + R_2$ 表示 (-1) 乘第一行加到第二行去,其他也同样理解.

$$\begin{bmatrix} 1 & -2 & -3 & 2 \\ 1 & -4 & -13 & 14 \\ -3 & 5 & 4 & 2 \end{bmatrix} \xrightarrow[3R_1 + R_3]{(-1)R_1 + R_2} \begin{bmatrix} 1 & -2 & -3 & 2 \\ 0 & -2 & -10 & 12 \\ 0 & -1 & -5 & 8 \end{bmatrix}$$

$$\xrightarrow{(-1/2)R_2} \begin{bmatrix} 1 & -2 & -3 & \vdots & 2 \\ 0 & 1 & 5 & \vdots & -6 \\ 0 & -1 & -5 & \vdots & 8 \end{bmatrix} \xrightarrow{(R_1+R_2)} \begin{bmatrix} 1 & -2 & -3 & \vdots & 2 \\ 0 & 1 & 5 & \vdots & -6 \\ 0 & 0 & 0 & \vdots & 2 \end{bmatrix}.$$

这个矩阵的最后一行表示方程式
$$0x + 0y + 0z = 2,$$
这个方程式无解. 因此, 所给方程组无解.

当一个方程组无解的时候, 如像例 3 的情况, 我们就说, 这个方程组是**不相容的**.

例 4 用把增广矩阵化为按行的阶梯形的办法, 解方程组
$$\begin{cases} x + y + 2z + 3t = 13, \\ 3x + y + z - t = 1, \\ x - 2y + z + t = 8. \end{cases}$$

解 首先引进增广矩阵, 然后作指定的行运算.

$$\begin{bmatrix} 1 & 1 & 2 & 3 & \vdots & 13 \\ 3 & 1 & 1 & -1 & \vdots & 1 \\ 1 & -2 & 1 & 1 & \vdots & 8 \end{bmatrix} \xrightarrow[\substack{(-3)R_1+R_2 \\ -R_1+R_3}]{} \begin{bmatrix} 1 & 1 & 2 & 3 & \vdots & 13 \\ 0 & -2 & -5 & -10 & \vdots & -38 \\ 0 & -3 & -1 & -2 & \vdots & -5 \end{bmatrix}$$

$$\xrightarrow{(-1/2)R_2} \begin{bmatrix} 1 & 1 & 2 & 3 & \vdots & 13 \\ 0 & 1 & 5/2 & 5 & \vdots & 19 \\ 0 & -3 & -1 & -2 & \vdots & -5 \end{bmatrix}$$

$$\xrightarrow{3R_2+R_3} \begin{bmatrix} 1 & 1 & 2 & 3 & \vdots & 13 \\ 0 & 1 & 5/2 & 5 & \vdots & 19 \\ 0 & 0 & 13/2 & 13 & \vdots & 52 \end{bmatrix} \xrightarrow{\frac{2}{13}R_3} \begin{bmatrix} 1 & 1 & 2 & 3 & \vdots & 13 \\ 0 & 1 & 5/2 & 5 & \vdots & 19 \\ 0 & 0 & 1 & 2 & \vdots & 8 \end{bmatrix}.$$

最后的矩阵已是按行的阶梯矩阵, 相应的方程组是
$$\begin{cases} x + y + 2z + 3t = 13, \\ y + \dfrac{5}{2}z + 5t = 19, \\ z + 2t = 8. \end{cases}$$

解出最后一个方程, 我们首先得到
$$z = 8 - 2t,$$
这里 t 可取任意实数. 把 $z = 8 - 2t$ 代入第二个方程, 得到
$$y = -1.$$
再把 $y = -1, z = 8 - 2t$ 代入第一个方程, 得到
$$x = -2 + t.$$
因此, 方程组的解可写为

$$\begin{cases} x = -2 + t, \\ y = -1, \\ z = 8 - 2t. \end{cases}$$

这里 t 是任意实数.换句话说,方程组有无穷多解.

在对增广矩阵作行的运算过程中,有时会出现一行元素全为 0 的情况.出现这种情况时,就将这一行移向最下行,并继续对其他行进行运算.

例 5 解方程组

$$\begin{cases} y + z = 2, \\ x + y + z = 5, \\ x + 2y + 2z = 7, \\ 2x + y - z = 4. \end{cases}$$

解 首先引进增广矩阵,然后作指定的运算.

$$\begin{bmatrix} 0 & 1 & 1 & \vdots & 2 \\ 1 & 1 & 1 & \vdots & 5 \\ 1 & 2 & 2 & \vdots & 7 \\ 2 & 1 & -1 & \vdots & 4 \end{bmatrix} \xrightarrow[\text{交换第一行与第二行}]{R_1 \leftrightarrow R_2} \begin{bmatrix} 1 & 1 & 1 & \vdots & 5 \\ 0 & 1 & 1 & \vdots & 2 \\ 1 & 2 & 2 & \vdots & 7 \\ 2 & 1 & -1 & \vdots & 4 \end{bmatrix}$$

$$\xrightarrow[-2R_1 + R_4]{-R_1 + R_3} \begin{bmatrix} 1 & 1 & 1 & \vdots & 5 \\ 0 & 1 & 1 & \vdots & 2 \\ 0 & 1 & 1 & \vdots & 2 \\ 0 & -1 & -3 & \vdots & -6 \end{bmatrix} \xrightarrow[R_2 + R_4]{-R_2 + R_3} \begin{bmatrix} 1 & 1 & 1 & \vdots & 5 \\ 0 & 1 & 1 & \vdots & 2 \\ 0 & 0 & 0 & \vdots & 0 \\ 0 & 0 & -2 & \vdots & -4 \end{bmatrix}$$

$$\xrightarrow{R_3 \leftrightarrow R_4} \begin{bmatrix} 1 & 1 & 1 & \vdots & 5 \\ 0 & 1 & 1 & \vdots & 2 \\ 0 & 0 & -2 & \vdots & -4 \\ 0 & 0 & 0 & \vdots & 0 \end{bmatrix} \xrightarrow{(-1/2)R_3} \begin{bmatrix} 1 & 1 & 1 & \vdots & 5 \\ 0 & 1 & 1 & \vdots & 2 \\ 0 & 0 & 1 & \vdots & 2 \\ 0 & 0 & 0 & \vdots & 0 \end{bmatrix}.$$

这个矩阵是按行阶梯形的,表示方程组

$$\begin{cases} x + y + z = 5, \\ y + z = 2, \\ z = 2. \end{cases}$$

它的解是 $x=3, y=0$ 和 $z=2$.

4.4 高斯-若当消元法

我们可以继续对增广矩阵作行运算,使每一行的第一个"1"的上面的诸项变为 0.例如,在例 2 中,增广矩阵已化为

$$\begin{bmatrix} 1 & 1 & 1 & | & 4 \\ 0 & 1 & 1 & | & 5 \\ 0 & 0 & 1 & | & 2 \end{bmatrix}.$$

现在我们从最下一行开始,使每行的第一个 1 的上面的项化为 0:

$$\begin{bmatrix} 1 & 1 & 1 & | & 4 \\ 0 & 1 & 1 & | & 5 \\ 0 & 0 & 1 & | & 2 \end{bmatrix} \xrightarrow[-R_3+R_1]{-R_3+R_2} \begin{bmatrix} 1 & 1 & 0 & | & 2 \\ 0 & 1 & 0 & | & 3 \\ 0 & 0 & 1 & | & 2 \end{bmatrix} \xrightarrow{-R_2+R_1} \begin{bmatrix} 1 & 0 & 0 & | & -1 \\ 0 & 1 & 0 & | & 3 \\ 0 & 0 & 1 & | & 2 \end{bmatrix}.$$

这个矩阵把解表示了出来:

$$\begin{cases} x = -1, \\ y = 3, \\ z = 2. \end{cases}$$

这一消元过程称为**高斯-若当消元法**. 现在我们将前面两种方法作一总结.

为了用高斯消元法解线性方程组,我们首先需要对增广矩阵作如下的行初等运算:

(1) 使第一行第一列的元素为 1,这一步可能需要作两行互换的运算;
(2) 使第一步得到的 1 下的元素为 0;
(3) 把元素皆为 0 的行置于最下面;
(4) 去掉第一行第一列后,对剩下的小矩阵继续作步骤(1),(2),(3).
(5) 重复第(4)步直到过程完成,最后得到按行的阶梯形矩阵.

将按行的阶梯形矩阵化为方程组,反代回去就可求出原方程组的解.

想用高斯-若当消元法求解线性方程组,除了上面的五个步骤外,还需要增加下面的步骤:

(6) 使每行的第一个 1 的上面的元素为 0.

习 题

1. 用高斯消元法解线性方程组:

(1) $\begin{cases} x-y+z=6, \\ 2x+y+z=3, \\ x+y+z=2; \end{cases}$ (2) $\begin{cases} x-2y-3z=2, \\ x-4y-13z=14, \\ -3x+5y+4z=2; \end{cases}$ (3) $\begin{cases} 2x+y-5z+t=-7, \\ x-3y-6t=9, \\ 2y-z+2t=-5, \\ x+4y-7z+6t=-17. \end{cases}$

2. 用高斯-若当消元法解线性方程组:

(1) $\begin{cases} x-3y=5, \\ 4x-12y=20; \end{cases}$ (2) $\begin{cases} x+y+z=0, \\ 2x-y+4z=1, \\ x+2y-z=-3, \\ -x-y+2z=6; \end{cases}$ (3) $\begin{cases} x+y+2z+3t=1, \\ 3x-y-z-2t=-4, \\ 2x+3y-z-t=15, \\ x+2y+3z+t=-40. \end{cases}$

§5 矩 阵 代 数

前一节,我们曾用矩阵去求方程组的解.矩阵还有其他用途,值得花一节的篇幅对它进行专门的研究.在适当的限制之下,矩阵可以进行加、减和乘,而不引进除的运算,但是对某一类矩阵,乘的逆运算是可能的,这是除的等价物.本节研究矩阵代数初步.

5.1 矩阵

前面我们已将矩形描述为实数的矩形方阵,它的行数和列数都可是任意的.矩阵的行数与列数确定了**矩阵的大小**.例如,在下面的矩阵

$$\begin{bmatrix}1\\2\\3\end{bmatrix}, \quad \begin{bmatrix}1 & -2\\4 & 1\\0 & 3\end{bmatrix}, \quad \begin{bmatrix}1 & 4 & 0\\-2 & 1 & 3\end{bmatrix}$$

中,第一个是 3 行 1 列的矩阵,简记为 3×1 的矩阵,第二个是 3 行 2 列的矩阵,记为 3×2 的矩阵,第三个是 2 行 3 列的矩阵,记为 2×3 的矩阵.一个 1×1 的矩阵是一个实数,习惯上略去矩阵符号.通常用大写字母表示矩阵,用小写字母表示矩阵的元素.实数称为标量,或数量.矩阵 A 的元素用 a_{ij} 表示,简记为 $A=[a_{ij}]$,其中 i 表示元素所在的行数,j 表示元素所在的列数.

具有 n 行 n 列的矩阵叫做 n **阶方阵**.在方阵 A 中的元素 $a_{ii}(i=1,2,\cdots,n)$ 形成 A 的**主对角线**.

两个矩阵相等,当且仅当它们是恒同的,即它们有相同的行数与相同的列数,即它们大小相同,且对应元素相等.用符号表示,设 A,B 是两个 $m\times n$ 矩阵,

$$A=B \Longleftrightarrow a_{ij}=b_{ij}, \quad i=1,2,\cdots m;\ j=1,2,\cdots,n.$$

例如

$$\begin{bmatrix}1 & 2\\3 & 4\end{bmatrix}=\begin{bmatrix}1 & 2\\3 & 4\end{bmatrix}, \quad \begin{bmatrix}1 & 2\\3 & 4\end{bmatrix}\neq\begin{bmatrix}1 & 3\\2 & 4\end{bmatrix}, \quad \begin{bmatrix}1 & 2\\3 & 4\end{bmatrix}\neq\begin{bmatrix}1 & 2 & 0\\3 & 4 & 0\end{bmatrix}.$$

5.2 矩阵的加法与数乘矩阵

如果两个矩阵有相同的大小,则它们的和是将两个矩阵的对应元素相加而得的矩阵.如果 A 和 B 都是 $m\times n$ 矩阵,则

$$A+B=[a_{ij}]+[b_{ij}]=[a_{ij}+b_{ij}],$$
$$i=1,2,\cdots,m;\quad j=1,2,\cdots,n.$$

类似地,

$$A-B=[a_{ij}]-[b_{ij}]=[a_{ij}-b_{ij}],$$
$$i=1,2,\cdots,m;\quad j=1,2,\cdots,n.$$

注意,若 A 与 B 的大小不同,则 $A \pm B$ 无意义.

例 1 假定百货大楼 1 月份卖了 500 个收音机,450 台电视机,225 台录像机,在 2 月卖了 575 个收音机,380 台电视机与 500 台录像机.用矩阵表示每个月的售货情况,与两个月总共的售货情况.

解 令

$$A = \begin{bmatrix} 500 \\ 450 \\ 225 \end{bmatrix} \quad 和 \quad B = \begin{bmatrix} 575 \\ 380 \\ 500 \end{bmatrix},$$

则 A 和 B 分别表示了 1 月、2 月的售货情况,两个月总共的售货情况可用矩阵的和表示:

$$A + B = \begin{bmatrix} 500 + 575 \\ 450 + 380 \\ 225 + 500 \end{bmatrix} = \begin{bmatrix} 1075 \\ 830 \\ 725 \end{bmatrix},$$

这样一来,百货大楼两个月共卖收音机 1075 个,电视机 830 台,录像机 725 台.

用实数 c 乘矩阵定义为 c 乘矩阵的每一项,即

$$A = [a_{ij}], \quad cA = [ca_{ij}].$$

例 2 如例 1 所述,若 2 月份卖出的三项电器都是 1 月份的两倍,那么,如何用矩阵表示这一结果?

解 1 月份的售货情况由矩阵

$$A = \begin{bmatrix} 500 \\ 450 \\ 225 \end{bmatrix}$$

表示,2 月份售货各项均是 1 月份的 2 倍,因而可用矩阵

$$2A = \begin{bmatrix} 2 \cdot 500 \\ 2 \cdot 450 \\ 2 \cdot 225 \end{bmatrix} = \begin{bmatrix} 1000 \\ 900 \\ 450 \end{bmatrix}$$

表示.

由于矩阵加法与数乘矩阵只涉及通常的实数的加法与乘法,所以不难想到,这些运算遵循实数系的许多运算法则,我们将它们罗列如下,作为练习,请读者自己验证.

矩阵的加法

加法交换律　　　$A+B=B+A$;

加法结合律　　　$(A+B)=C=A+(B+C)$.

若以 O 表示元素都是 0 的矩阵,则

$$A+O=O+A=A;$$

若 $-A$ 表示 $(-1)A$,则

$$A+(-A)=(-A)+A=O.$$

数乘矩阵：设 c,k 为实数，A,B，为矩阵.

结合律 $c(kA)=(ck)A$；

分配律 $(c+k)A=cA+kA$, $c(A+B)=cA+cB$.

5.3 矩阵的乘法

我们或许会想，矩阵的乘法是不是对应元素相乘？不是. 这样定义的乘法没有用途. 我们要求两个相乘的矩阵具有这样的性质：**第一个矩阵的列数等于第二个矩阵的行数**. 分两步给出矩阵乘法的定义. 然后用例子说明矩阵乘法的用途.

先考虑这种情况：A 是 $1\times n$ 的矩阵，而 B 是 $n\times 1$ 的矩阵，这时 A 是一个行矩阵，B 是一个列矩阵，我们将 AB 定义为

$$[a_{11},a_{12},\cdots,a_{1n}]\begin{bmatrix}b_{11}\\b_{21}\\\vdots\\b_{n1}\end{bmatrix}=[a_{11}b_{11}+a_{12}b_{21}+\cdots+a_{1n}b_{n1}].$$

这就是说，若 A 是 $1\times n$ 矩阵，B 是 $n\times 1$ 矩阵，则 AB 是 1×1 矩阵.

例3 假定在例1中，收音机、电视机与录像机每台的利润分别是 50 元，300 元和 500 元，用矩阵乘法表示卖这批货的总赢利.

解 三项商品的利润用矩阵

$$P=[50,300,500]$$

表示. 很明显，总利润应当这样求：每项商品的利润乘上售出量，然后把这三项乘积加起来，就得到总利润. 因此总利润是矩阵乘积

$$PA=[50,300,500]\begin{bmatrix}500\\450\\225\end{bmatrix}$$

$$=[50\cdot 500+300\cdot 450+500\cdot 225]$$

$$=[272500].$$

现在我们来定义矩阵 A 和 B 的乘积 AB，其中 A 的列数等于 B 的行数，AB 的第 i 行和第 j 列的元素是 A 的 i 行与 B 的 j 列按照上面定义的乘积得出的数. 这就是，若 A 是 $m\times n$ 矩阵，B 是 $n\times p$ 矩阵，则根据定义，

$$\begin{bmatrix}a_{11}&a_{12}&\cdots&a_{1n}\\\vdots&\vdots&&\vdots\\a_{i1}&a_{i2}&\cdots&a_{in}\\\vdots&\vdots&&\vdots\\a_{m1}&a_{m2}&\cdots&a_{mn}\end{bmatrix}\begin{bmatrix}b_{11}&\cdots&b_{1j}&\cdots&b_{1p}\\b_{21}&\cdots&b_{2j}&\cdots&b_{2p}\\\vdots&&\vdots&&\vdots\\b_{n1}&\cdots&b_{nj}&\cdots&b_{np}\end{bmatrix}=\begin{bmatrix}c_{11}&\cdots&c_{1j}&\cdots&c_{1p}\\\vdots&&\vdots&&\vdots\\c_{i1}&\cdots&c_{ij}&\cdots&c_{ip}\\\vdots&&\vdots&&\vdots\\c_{m1}&\cdots&c_{mj}&\cdots&c_{mp}\end{bmatrix},$$

这里，$c_{ij}=a_{i1}b_{1j}+a_{i2}b_{2j}+\cdots+a_{in}b_{nj}$, $i=1,2,\cdots,m;j=1,2,\cdots,p$.

因此一个 $m \times n$ 的矩阵 A 与一个 $n \times p$ 的矩阵 B 的乘积 AB 是一个 $m \times p$ 矩阵. 若矩阵 A 的列数与矩阵 B 的行数不相等, 则 AB 无定义.

例 4 若 $A = \begin{bmatrix} 1 & 2 & 3 \\ 4 & 5 & 6 \end{bmatrix}, B = \begin{bmatrix} 2 & -1 & 3 \\ 1 & 2 & -1 \\ 4 & 0 & -4 \end{bmatrix}$. 求 AB.

解 因为 A 是 2×3 矩阵, B 是 3×3 矩阵, 所以 AB 是 2×3 矩阵. 按照定义, 逐项算出来得到

$$AB = \begin{bmatrix} 1 & 2 & 3 \\ 4 & 5 & 6 \end{bmatrix} \begin{bmatrix} 2 & -1 & 3 \\ 1 & 2 & -1 \\ 4 & 0 & -4 \end{bmatrix} = \begin{bmatrix} 16 & 3 & -11 \\ 37 & 6 & -17 \end{bmatrix}.$$

例 5 设百货大楼的电器的供货渠道有两条: 甲厂与乙厂. 在 1 月份从每个厂家购得收音机 550 个, 电视机 500 台, 录像机 300 台; 在 2 月份从每个厂家购得收音机 600 个, 电视机 450 个, 录像机 500 个, 每个电器要加收包装费与运费. 甲厂每个收音机收 25 元, 每台电视收 200 元, 每台录像机收 395 元, 而乙厂每个收音机收 20 元, 每台电视机收 185 元, 每台录像机收 425 元, 用矩阵乘法表示两个月内付两个厂家的总费用.

解 矩阵乘积

$$\begin{bmatrix} 550 & 500 & 300 \\ 600 & 450 & 500 \end{bmatrix} \begin{bmatrix} 25 & 20 \\ 200 & 185 \\ 395 & 425 \end{bmatrix} = \begin{bmatrix} 232250 & 231000 \\ 302500 & 307750 \end{bmatrix} \begin{matrix} 1 月 \\ 2 月 \end{matrix}$$

（甲　乙）

指出, 1 月份付甲厂费用是 232250 元, 付乙厂费用是 231000 元, 而 2 月份付甲厂费用是 302500 元, 付乙厂费用是 307750 元.

现在我们用矩阵表示含 m 个方程式, n 个未知量的线性方程组. 根据矩阵乘法和矩阵相等的定义, 方程组

$$\begin{cases} a_{11}x_1 + a_{12}x_2 + \cdots + a_{1n}x_n = b_1, \\ a_{21}x_1 + a_{22}x_2 + \cdots + a_{2n}x_n = b_2, \\ \cdots\cdots\cdots\cdots\cdots\cdots\cdots\cdots\cdots\cdots \\ a_{m1}x_1 + a_{m2}x_2 + \cdots + a_{mn}x_n = b_m \end{cases}$$

可以写成

$$\begin{bmatrix} a_{11} & a_{12} & \cdots & a_{1n} \\ a_{21} & a_{22} & \cdots & a_{2n} \\ \vdots & \vdots & & \vdots \\ a_{m1} & a_{m2} & \cdots & a_{mn} \end{bmatrix} \begin{bmatrix} x_1 \\ x_2 \\ \vdots \\ x_n \end{bmatrix} = \begin{bmatrix} b_1 \\ b_2 \\ \vdots \\ b_m \end{bmatrix},$$

或者更简单地,

$$AX = B,$$

这里 A 是系数矩阵，X 和 B 是只有一列的矩阵：

$$A = \begin{bmatrix} a_{11} & a_{12} & \cdots & a_{1n} \\ a_{21} & a_{22} & \cdots & a_{2n} \\ \vdots & \vdots & & \vdots \\ a_{m1} & a_{m2} & \cdots & a_{mn} \end{bmatrix}, \quad X = \begin{bmatrix} x_1 \\ x_2 \\ \vdots \\ x_n \end{bmatrix}, \quad B = \begin{bmatrix} b_1 \\ b_2 \\ \vdots \\ b_n \end{bmatrix}.$$

矩阵的加法与乘法具有类似于实数的性质，即

乘法结合律　　$(AB)C = A(BC)$；

分配律　　　　$A(B+C) = AB + AC$；$(A+B)C = AC + BC.$

注意，实数与矩阵一个主要差别是，矩阵乘法不满足交换律，即使 AB 和 BA 都有定义.

例如，若 $A = \begin{bmatrix} 1 & -2 \\ 4 & 3 \end{bmatrix}$，$B = \begin{bmatrix} 2 & 5 \\ -1 & 3 \end{bmatrix}$，则

$$AB = \begin{bmatrix} 4 & -1 \\ 5 & 29 \end{bmatrix}, \quad BA = \begin{bmatrix} 22 & 11 \\ 11 & 11 \end{bmatrix}.$$

显然 $AB \neq BA$.

对于矩阵，我们还可能有 $AB = 0$，而 $A \neq 0$，$B \neq 0$ 及

$$AB = AC，A \neq 0，B \neq C (见本节习题第 7 题).$$

5.4　逆矩阵

对 n 阶方阵，关于乘法有一个**单位矩阵** I，I 的主对角线上的元素都是 1，其他元素都是 0，例如，当 $n = 3$ 时，

$$I = \begin{bmatrix} 1 & 0 & 0 \\ 0 & 1 & 0 \\ 0 & 0 & 1 \end{bmatrix}.$$

利用矩阵乘法容易验证：

$$\begin{bmatrix} a_{11} & a_{12} & a_{13} \\ a_{21} & a_{22} & a_{23} \\ a_{31} & a_{32} & a_{33} \end{bmatrix} \begin{bmatrix} 1 & 0 & 0 \\ 0 & 1 & 0 \\ 0 & 0 & 1 \end{bmatrix} = \begin{bmatrix} a_{11} & a_{12} & a_{13} \\ a_{21} & a_{22} & a_{23} \\ a_{31} & a_{32} & a_{33} \end{bmatrix},$$

即 $AI = A$，类似地，$IA = A$.

定义　$n \times n$ 矩阵 B 叫做 $n \times n$ 矩阵 A 的**逆矩阵**，如果

$$AB = BA = I.$$

当 A 的逆矩阵 B 存在时，记为 A^{-1}. 这时称 A 是**可逆的**.

可以证明，若存在一个矩阵 B，使 $BA = I$，则也有 $AB = I$，且 B 是唯一的，因此为确定一个矩阵 A 是否可逆，只要看方程 $AB = I$ 是否有解 B，如果有解，则 $B = A^{-1}$.

例 6 如果可能,求 A^{-1},其中 $A = \begin{bmatrix} 2 & 3 \\ 4 & 5 \end{bmatrix}$。

解 设 $B = \begin{bmatrix} x & u \\ y & v \end{bmatrix}$。矩阵方程 $AB = I$,或 $\begin{bmatrix} 2 & 3 \\ 4 & 5 \end{bmatrix} \begin{bmatrix} x & u \\ y & v \end{bmatrix} = \begin{bmatrix} 1 & 0 \\ 0 & 1 \end{bmatrix}$ 等价于

$$\begin{cases} 2x + 3y = 1, \\ 4x + 5y = 0 \end{cases} \quad \text{和} \quad \begin{cases} 2u + 3v = 0, \\ 4u + 5v = 1. \end{cases}$$

其解分别是

$$\begin{cases} x = -5/2, \\ y = 2, \end{cases} \quad \begin{cases} u = 3/2, \\ v = -1. \end{cases} \quad \text{即} \quad A^{-1} = \begin{bmatrix} -5/2 & 3/2 \\ 2 & -1 \end{bmatrix}.$$

利用矩阵乘法可立刻证实 $AA^{-1} = I$ 和 $A^{-1}A = I$。

例 7 如果可能,求 A^{-1},其中 $A = \begin{bmatrix} 1 & 0 \\ 0 & 0 \end{bmatrix}$。

解 考虑矩阵方程 $AB = I$,或

$$\begin{bmatrix} 1 & 0 \\ 0 & 0 \end{bmatrix} \begin{bmatrix} x & u \\ y & v \end{bmatrix} = \begin{bmatrix} 1 & 0 \\ 0 & 1 \end{bmatrix}, \quad \begin{bmatrix} x & u \\ 0 & 0 \end{bmatrix} = \begin{bmatrix} 1 & 0 \\ 0 & 1 \end{bmatrix}.$$

由此可得

$$\begin{cases} x = 1, \\ 0 = 0, \end{cases} \quad \begin{cases} u = 0, \\ 0 = 1. \end{cases}$$

因为 $0 \neq 1$,所以方程无解。因此 A 是不可逆的,即 A^{-1} 不存在。

对于二阶矩阵,解方程 $AB = I$ 是很容易的事情,但对于 3 阶,4 阶,…,以至 n 阶,就要解 9 个,16 个,…,乃至 n^2 个方程,那就复杂多了。因此,我们需要一个更有效的求逆方法,现在假定 A 是 2 阶矩阵,我们给出一个求 A^{-1} 的方法,这个方法可推广到高阶矩阵。

给定矩阵 $A = \begin{bmatrix} a & b \\ c & d \end{bmatrix}$,我们要求一个矩阵 $B = \begin{bmatrix} x & u \\ y & v \end{bmatrix}$ 使 $AB = I$,即

$$\begin{bmatrix} a & b \\ c & d \end{bmatrix} \begin{bmatrix} x & u \\ y & v \end{bmatrix} = \begin{bmatrix} 1 & 0 \\ 0 & 1 \end{bmatrix}.$$

因此,我们必须解方程组

$$\begin{cases} ax + by = 1, \\ cx + dy = 0 \end{cases} \quad \text{和} \quad \begin{cases} au + bv = 0, \\ cu + dv = 1. \end{cases} \tag{5.18}$$

对应的增广矩阵是

$$\begin{bmatrix} a & b & \vdots & 1 \\ c & d & \vdots & 0 \end{bmatrix} \quad \text{和} \quad \begin{bmatrix} a & b & \vdots & 0 \\ c & d & \vdots & 1 \end{bmatrix}.$$

如果存在唯一解,则根据高斯-若当消元法,这两个矩阵可分别化为

$$\begin{bmatrix} 1 & 0 & \vdots & x \\ 0 & 1 & \vdots & y \end{bmatrix} = \begin{bmatrix} I & \vdots & x \\ & \vdots & y \end{bmatrix} \quad \text{和} \quad \begin{bmatrix} 1 & 0 & \vdots & u \\ 0 & 1 & \vdots & v \end{bmatrix} = \begin{bmatrix} I & \vdots & u \\ & \vdots & v \end{bmatrix}.$$

这意味着，A 化为单位矩阵 I；如果这是可能的，则另外两列 $\begin{bmatrix} 1 \\ 0 \end{bmatrix}$ 和 $\begin{bmatrix} 0 \\ 1 \end{bmatrix}$ 则分别由 $\begin{bmatrix} x \\ y \end{bmatrix}$ 和 $\begin{bmatrix} u \\ v \end{bmatrix}$ 所替代，它们正是 A^{-1} 的两列．为了分析方便起见，把方程组(5.18)写成更加紧凑的形式

$$\begin{bmatrix} a & b & \vdots & 1 & 0 \\ c & d & \vdots & 0 & 1 \end{bmatrix} = [A \vdots I]. \tag{5.19}$$

如果可能，我们做行初等运算来化上面的矩阵，使 A 化为 I，则 I 将由 $\begin{bmatrix} x & u \\ y & v \end{bmatrix} = A^{-1}$ 所代替，这就是说，矩阵(5.19)由 $\begin{bmatrix} 1 & 0 & \vdots & x & u \\ 0 & 1 & \vdots & y & v \end{bmatrix} = [I \vdots A^{-1}]$ 所代替．

如果我们发现 A 化不成 I，则 A^{-1} 不存在，从而 A 是不可逆的．

例 8 用矩阵的行初等变换重解例 6．

解 因为 $A = \begin{bmatrix} 2 & 3 \\ 4 & 5 \end{bmatrix}$，我们对矩阵 $\begin{bmatrix} 2 & 3 & \vdots & 1 & 0 \\ 4 & 5 & \vdots & 0 & 1 \end{bmatrix}$ 做如下指定的变换：

$$\begin{bmatrix} 2 & 3 & \vdots & 1 & 0 \\ 4 & 5 & \vdots & 0 & 1 \end{bmatrix} \xrightarrow{(1/2)R_1} \begin{bmatrix} 1 & 3/2 & \vdots & 1/2 & 0 \\ 4 & 5 & \vdots & 0 & 1 \end{bmatrix} \xrightarrow{-4R_1 + R_2} \begin{bmatrix} 1 & 3/2 & \vdots & 1/2 & 0 \\ 0 & -1 & \vdots & -2 & 1 \end{bmatrix}$$

$$\xrightarrow{-R_2} \begin{bmatrix} 1 & 3/2 & \vdots & 1/2 & 0 \\ 0 & 1 & \vdots & 2 & -1 \end{bmatrix} \xrightarrow{(-3/2)R_2 + R_1} \begin{bmatrix} 1 & 0 & \vdots & -5/2 & 3/2 \\ 0 & 1 & \vdots & 2 & -1 \end{bmatrix}.$$

由此，A 是可逆的，并且 $A^{-1} = \begin{bmatrix} -5/2 & 3/2 \\ 2 & -1 \end{bmatrix}$．这与例 6 所求的结果是一致的．

上面求 A^{-1} 的方法同样适用于 $n > 2$ 的情况．下面举一个 3 阶矩阵的例子

例 9 如果可能，求 A^{-1}，其中

$$A = \begin{bmatrix} 1 & 2 & 3 \\ 3 & 2 & 1 \\ 1 & 2 & 1 \end{bmatrix}.$$

解 对 $[A \vdots I]$ 作指定的行初等运算：

$$\begin{bmatrix} 1 & 2 & 3 & \vdots & 1 & 0 & 0 \\ 3 & 2 & 1 & \vdots & 0 & 1 & 0 \\ 1 & 2 & 1 & \vdots & 0 & 0 & 1 \end{bmatrix} \xrightarrow[-R_1 + R_3]{-3R_1 + R_2} \begin{bmatrix} 1 & 2 & 3 & \vdots & 1 & 0 & 0 \\ 0 & -4 & -8 & \vdots & -3 & 1 & 0 \\ 0 & 0 & -2 & \vdots & -1 & 0 & 1 \end{bmatrix}$$

$$\xrightarrow{(-1/4)R_2} \begin{bmatrix} 1 & 2 & 3 & \vdots & 1 & 0 & 0 \\ 0 & 1 & 2 & \vdots & 3/4 & -1/4 & 0 \\ 0 & 0 & -2 & \vdots & -1 & 0 & 1 \end{bmatrix}$$

$$\xrightarrow{(-1/2)R_3} \begin{bmatrix} 1 & 2 & 3 & \vdots & 1 & 0 & 0 \\ 0 & 1 & 2 & \vdots & 3/4 & -1/4 & 0 \\ 0 & 0 & 1 & \vdots & 1/2 & 0 & -1/2 \end{bmatrix}$$

$$\xrightarrow[-3R_3+R_1]{-2R_3+R_2} \begin{bmatrix} 1 & 2 & 0 & -1/2 & 0 & 3/2 \\ 0 & 1 & 0 & -1/4 & -1/4 & 1 \\ 0 & 0 & 1 & 1/2 & 0 & -1/2 \end{bmatrix}$$

$$\xrightarrow{-2R_2+R_1} \begin{bmatrix} 1 & 0 & 0 & 0 & 1/2 & -1/2 \\ 0 & 1 & 0 & -1/4 & -1/4 & 1 \\ 0 & 0 & 1 & 1/2 & 0 & -1/2 \end{bmatrix}.$$

因此
$$A^{-1} = \begin{bmatrix} 0 & 1/2 & -1/2 \\ -1/4 & -1/4 & 1 \\ 1/2 & 0 & -1/2 \end{bmatrix}.$$

读者可自行验证 $AA^{-1}=I$.

例 10 证明例 9 中 A 的行列式不为零.

解 作行运算 R_2-3R_1, R_3-R_1，得

$$\begin{vmatrix} 1 & 2 & 3 \\ 3 & 2 & 1 \\ 1 & 2 & 1 \end{vmatrix} = \begin{vmatrix} 1 & 2 & 3 \\ 0 & -4 & -8 \\ 0 & 0 & -2 \end{vmatrix} = 8.$$

这个例子指出若矩阵 A 是可逆的，则 A 的行列式不为零. 这一结果具有普遍意义. 可以证明：**$n \times n$ 矩阵 A 可逆的充要条件是它的行列式不为零**.

5.5 线性方程组

现在我们来研究 n 个方程式，n 个未知量的线性方程组的解. 设方程组为

$$\begin{cases} a_{11}x_1 + \cdots + a_{1n}x_n = b_1, \\ a_{21}x_1 + \cdots + a_{2n}x_n = b_2, \\ \cdots\cdots\cdots\cdots\cdots\cdots\cdots\cdots\cdots \\ a_{n1}x_1 + \cdots + a_{nn}x_n = b_n. \end{cases} \tag{5.20}$$

这个方程组可写为如下形式：

$$AX = B, \tag{5.21}$$

这里 A 是 $n \times n$ 矩阵，X 和 B 是 $n \times 1$ 矩阵：

$$A = \begin{bmatrix} a_{11} & a_{12} & \cdots & a_{1n} \\ a_{21} & a_{22} & \cdots & a_{2n} \\ \vdots & \vdots & & \vdots \\ a_{n1} & a_{n2} & \cdots & a_{nn} \end{bmatrix}, \quad X = \begin{bmatrix} x_1 \\ x_2 \\ \vdots \\ x_n \end{bmatrix}, \quad B = \begin{bmatrix} b_1 \\ b_2 \\ \vdots \\ b_n \end{bmatrix}.$$

如是 A 是可逆的，则

$$A^{-1}AX = A^{-1}B,$$
$$IX = A^{-1}B,$$

$$X = A^{-1}B.$$

因此，当 A 是可逆时，线性方程组(5.21)有解.

例 11 用求逆矩阵的方法解线性方程组
$$\begin{cases} 2x + 3y = 1, \\ 4x + 5y = 6. \end{cases}$$

解 给定方程组可表示为矩阵形式：
$$\begin{bmatrix} 2 & 3 \\ 4 & 5 \end{bmatrix} \begin{bmatrix} x \\ y \end{bmatrix} = \begin{bmatrix} 1 \\ 6 \end{bmatrix},$$

系数矩阵是 $A = \begin{bmatrix} 2 & 3 \\ 4 & 5 \end{bmatrix}$. 由例 8, $A^{-1} = \begin{bmatrix} -5/2 & 3/2 \\ 2 & -1 \end{bmatrix}$，因此，方程组的解是
$$X = A^{-1}B$$

或
$$\begin{bmatrix} x \\ y \end{bmatrix} = \begin{bmatrix} -5/2 & 3/2 \\ 2 & -1 \end{bmatrix} \begin{bmatrix} 1 \\ 6 \end{bmatrix} = \begin{bmatrix} 13/2 \\ -4 \end{bmatrix}.$$

由此得出 $x = \dfrac{13}{2}$, $y = -4$. 这就是方程组的解.

习 题

1. 设 $A = \begin{bmatrix} 1 & 0 \\ 3 & -4 \end{bmatrix}$, $B = \begin{bmatrix} 2 & 1 \\ 2 & 1 \end{bmatrix}$，求 $A + B$.

2. 设 $A = \begin{bmatrix} 1 & 0 \\ 3 & -4 \end{bmatrix}$, $B = \begin{bmatrix} 2 & 1 & 3 \\ 2 & 1 & 4 \end{bmatrix}$, A 可以和 B 相加吗？

3. 求 $\dfrac{1}{2} \begin{bmatrix} 2 & -4 & 6 \\ 3 & 5 & 7 \end{bmatrix} = ?$

4. 设 $A = \begin{bmatrix} a_{11} & a_{12} \\ a_{21} & a_{22} \end{bmatrix}$, $B = \begin{bmatrix} b_{11} & b_{12} \\ b_{21} & b_{22} \end{bmatrix}$, $C = \begin{bmatrix} c_{11} & c_{12} \\ c_{21} & c_{22} \end{bmatrix}$. 验证下列等式：
(1) $A + B = B + A$;　　(2) $(A + B) + C = A + (B + C)$;
(3) $c(kA) = (ck)A$;　　(4) $k(B + C) = kB + kC$.

5. 求 AB，其中
(1) $A = [3, 4]$, $B = \begin{bmatrix} 1 \\ 2 \end{bmatrix}$;　　(2) $A = \begin{bmatrix} 3 & -4 \\ 1 & 2 \end{bmatrix}$, $B = \begin{bmatrix} 5 & -1 \\ 7 & 3 \end{bmatrix}$;

(3) $A = \begin{bmatrix} 2 & -3 & 5 \\ 1 & -1 & 0 \\ 0 & 4 & 6 \end{bmatrix}$, $B = \begin{bmatrix} 1 & -2 & 4 \\ 1 & 3 & -5 \\ 1 & 2 & 4 \end{bmatrix}$;

(4) $A = \begin{bmatrix} 1 & 2 \\ 2 & 0 \\ 3 & 5 \\ -4 & 6 \end{bmatrix}$, $B = \begin{bmatrix} 2 & 1 & 0 \\ -1 & 1 & 3 \end{bmatrix}$.

6. 设

$$A = \begin{bmatrix} 1 & -1 \\ 2 & 0 \\ 3 & 1 \end{bmatrix}, B = \begin{bmatrix} 3 & 1 \\ 2 & -4 \end{bmatrix}, C = \begin{bmatrix} -5 & -2 \\ 1 & 6 \end{bmatrix}.$$

验证下列等式：

(1) $(AB)C = A(BC)$；　　(2) $A(B+C) = AB + AC$.

7. 设

$$A = \begin{bmatrix} 2 & -1 \\ 6 & -3 \end{bmatrix}, B = \begin{bmatrix} 1 & 4 \\ 2 & 8 \end{bmatrix}, C = \begin{bmatrix} 2 & 3 \\ 4 & 6 \end{bmatrix}.$$

(1) 证明 $AB = 0$.　　(2) 证明 $AB = AC$.

8. 求逆矩阵：

(1) $A = \begin{bmatrix} 1 & 2 \\ -1 & 3 \end{bmatrix}$；　　(2) $B = \begin{bmatrix} 2 & 1 & 0 \\ -1 & 1 & 3 \\ 3 & -1 & 5 \end{bmatrix}$.

9. 用求逆矩阵的方法解线性方程组

(1) $\begin{cases} 2x - y = 4, \\ 8x + y = 1; \end{cases}$　　(2) $\begin{cases} 3x + 6y + z = 0, \\ 3x - 3y + 2z = 2, \\ 6x + 9y + 2z = 1. \end{cases}$

第六章 空间解析几何

没有任何东西比几何图形更容易印入脑际了,因此用这种方式来表达事物是非常有益的.

笛卡儿

算术符号是文字化的图形,而几何图形则是图像化的公式;没有一个数学家能缺少这些图像化的公式.

希尔伯特

(解析几何)远远超出了笛卡儿的任何形而上学的推测,它使笛卡儿的名字不朽,它构成了人类在精确科学的进步史上所曾迈出的最伟大的一步.

约翰·斯图尔特·米尔

古希腊的科学结束于阿基米德之死. 罗马士兵一刀杀死了这位科学巨人,宣布了一个时代的结束. 之后,科学沉寂了近千年,随后出现了文艺复兴. 文艺复兴实际上是数学复兴. 17世纪前半叶,在数学中产生了一个全新的分支,叫做解析几何. 它的创始人是费马和笛卡儿. 费马是法国土鲁兹城的市议会的顾问,他只是业余研究数学,但毫无疑问,他是世界上最卓越的数学家之一. 笛卡儿是第一个近代杰出的哲学家,是第一流的物理学家,更是第一流的数学家. 解析几何的主要创立者应首推笛卡儿. 他的《几何学》发表在 1637 年,包含着我们现在叫做解析几何的数学理论的十分完全的叙述.

笛卡儿和费马都对欧氏几何的局限性表示不满:古代的几何过于抽象,过多地依赖于图形. 他们对代数也提出了批评,因为代数过于受法则和公式的约束,成为一种阻碍思想的技艺,而不是有益于发展思想的艺术. 同时,他们都认识到几何学提供了有关真实世界的知识和真理,而代数学能用来对抽象的未知量进行推理,代数学是一门潜在的方法科学. 因此,把代数学和几何学中一切精华的东西结合起来,可以取长补短. 这样一来,一门新的科学诞生了. 笛卡儿的理论以两个概念为基础:坐标概念和利用坐标方法把两个未知数的任意代数方程看成平面上的一条曲线的概念. 因此,解析几何是这样一个数学学科,它在采用坐标法的同时,运用代数方法来研究几何对象.

解析几何的伟大意义表现在什么地方呢?

(1) 数学的研究方向发生了一次重大转折:古代以几何为主导的数学转变为以代数和分析为主导的数学.

(2) 以常量为主导的数学转变为以变量为主导的数学,为微积分的诞生奠定了基础.

(3) 使代数和几何融合为一体,实现了几何图形的数字化,是数字化时代的先声.

(4) 代数的几何化和几何的代数化,使人们摆脱了现实的束缚. 它带来了认识新空间的需要. 帮助人们从现实空间进入虚拟空间;从三维空间进入更高维的空间.

解析几何中的代数语言具有意想不到的作用,因为它不需要从几何考虑也行. 考虑方程
$$x^2 + y^2 = 25,$$
我们知道,它是一个圆. 圆的完美形状,对称性,无终点等都存在在哪里呢? 在方程之中! 例如,(x, y)与$(x, -y)$对称,等等. 代数取代了几何,思想取代了眼睛! 在这个代数方程的性质中,我们能够找出几何中圆的所有性质. 这个事实使得数学家们通过几何图形的代数表示,能够探索出更深层次的概念. 那就是四维几何. 我们为什么不能考虑下述方程呢?
$$x^2 + y^2 + z^2 + w^2 = 25,$$
以及形如
$$x_1^2 + x_2^2 + \cdots + x_n^2 = 25$$
的方程呢? 这是一个伟大的进步. 仅仅靠类比,就从三维空间进入高维空间,从有形进入无形,从现实世界走向虚拟世界. 这是何等奇妙的事情啊! 用宋代著名哲学家程颢的诗句可以准确地描述这一过程:

道通天地有形外,思入风云变态中.

平面解析几何是通过建立平面坐标系,使平面上的曲线与有两个未知数的代数方程之间建立了联系,然后利用代数方法研究平面曲线的性质. 空间解析几何在方法上与平面解析几何一样,通过引进空间坐标系,建立空间曲面与三个未知数的代数方程之间的联系,并由此利用代数方法研究空间曲面的性质.

解析几何有两个主要工具:坐标系与向量.

§1 空间直角坐标系

1.1 空间直角坐标系

为了确定平面上一点的位置,我们使用了平面直角坐标系,现在为了确定空间一点的位置,我们来引进空间直角坐标系.

首先选取一定点 O,过 O 点引三条互相垂直的数轴 Ox, Oy, Oz,这样就构成了**空间直角坐标系** $Oxyz$,O 称为**坐标原点**,Ox, Oy, Oz 称为**坐标轴**,每两个坐标轴决定的平面称为**坐标平面**,分别简称为 xy, yz, zx 平面.

空间直角坐标系的决定,与坐标轴 Ox, Oy, Oz 的方向的选取有关. 我们作如下规定:将右手沿 Ox 轴到 Oy 轴方向握住 Oz 轴,如果拇指伸开正对 Oz 轴正向,则称这个坐标系为**右手直角坐标系**(图 6-1). 反之称为**左手直角坐标系**. 今后我们通常都使用右手坐标系.

空间直角坐标系的一个直观模型是:取房子的一个墙角为坐标原点 O,从它出发的三条

棱分别取为 Ox, Oy, Oz 轴. 这时地板和两片墙面就是坐标平面(想像它们无限地伸展出去).

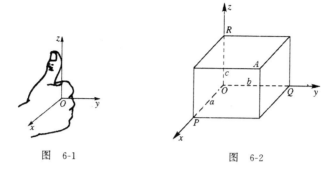

图 6-1　　　　　图 6-2

1.2　点的坐标

建立了空间直角坐标系,空间的一点就可以用它的三个坐标表示出来. 设 A 为空间任一点,过 A 作垂直于三个坐标轴的平面,与三个坐标轴分别交于 P, Q, R 三点(见图 6-2). 若这三点在三个坐标轴上的坐标分别是 a, b, c,则称这三个数 a, b, c 为 A 点的 x, y, z 坐标,记为 $A(a, b, c)$. 反过来,任意给定三个有序的数 (a, b, c),在三个坐标轴上分别找出坐标为 a, b, c 的点,这三点不妨仍用 P, Q, R 来表示(图 6-2),然后过 P, Q, R 分别作垂直于坐标轴的平面,这三个平面是互相垂直的,在空间中就可以唯一地确定一个点 A,这个点以 (a, b, c) 为坐标. 这样,空间的点和有序数组 (a, b, c) 之间就建立了一一对应的关系.

显然,原点的坐标为 $(0,0,0)$;在 x 轴、y 轴、z 轴上点的坐标分别是 $(x,0,0), (0,y,0), (0,0,z)$;在 xy, yz, zx 坐标平面上点的坐标分别是 $(x,y,0), (0,y,z), (x,0,z)$.

在建立空间直角坐标系后,整个空间就被 xy, yz, zx 三个坐标平面划分为八块,每一块称为一个**卦限**,共有八个卦限(图 6-3),其顺序是这样确定的:先标记上半空间 $(z>0)$,x, y, z 都为正的卦限称为第一卦限,然后依反时针方向,依次得出第二、第三、第四卦限;下半空间 $(z<0)$ 中,与第一卦限关于 xy 平面对称的是第五卦限,然后依反时针方向依次得出第六、第七、第八卦限,在每个卦限中,点的各坐标的符号如表 6-1 所示.

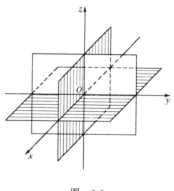

图 6-3

表 6-1　每个卦限中,点的各坐标的符号

卦限 坐标	Ⅰ	Ⅱ	Ⅲ	Ⅳ	Ⅴ	Ⅵ	Ⅶ	Ⅷ
x	+	−	−	+	+	−	−	+
y	+	+	−	−	+	+	−	−
z	+	+	+	+	−	−	−	−

习 题

1. 指出下列各点位置的特殊性质：
(1) $(4,0,0)$；　　(2) $(0,-7,0)$；　　(3) $(0,-7,2)$；　　(4) $(-5,0,3)$.

2. 设空间任意一点 P 的坐标为 (x,y,z)，求由 P 点引至各坐标平面的垂足的坐标，和由 P 点引至各坐标轴的垂足的坐标.

§2 向 量 代 数

向量代数是解析几何的一个基本工具. 平面方程与直线方程都是借助向量运算而得到的.

向量代数也是物理学的基本工具. 向量概念产生于物理学中对位移和速度等的研究. 在整个科学史中，物理学与数学是密切相关的，一个领域内的发现会导致另一个领域的进步. 向量分析的内容到 19 世纪下半叶才完成. 它主要由耶鲁大学的物理学家 J.W. 吉布斯和自学成才的科学家 O. 赫维赛分别建立.

2.1 标量与向量

像时间、温度、距离、高度等等这样一类量，在取定单位之后，可以用一个实数来表示. 这种只有大小的量叫做**标量**，或**数量**.

另外还有一些量，比这些量复杂，它们不但有大小，还有方向，如力、速度、加速度、力矩等.

我们来考察一个质点的位移. 设质点在移动前的位置为 A，移动后的位置为 B，代表这一位置变化的有两个主要因素：一是移动的距离，即线段 AB 的长度；二是移动的方向，因而我们用由 A 出发指向 B 的一条有向线段来表示这个位移（图 6-4），用 $\overrightarrow{AB}$ 表示. 我们把这种既有大小又有方向的量叫做**向量**. 抓住大小和方向这两个特征，我们可以用有向线段来表示一个向量，叫做**向量的图形表示**，如图 6-4 所示. 线段 AB 的长度表示向量的大小. 线段的方向表示向量的方向. A 点叫做**起点**，B 点叫做**终点**. 这个向量通常用记号 $\overrightarrow{AB}$ 来表示，有时也简单地记为 a.

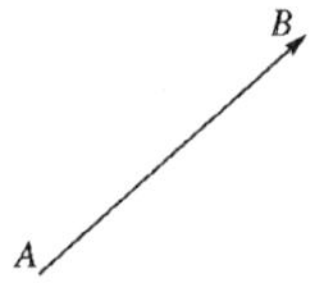

图 6-4

考察一个刚体的平行移动. 当刚体从一个位置平行移动到另一个位置时，刚体上各质点在同一时间内有相同的位移，各点所画出的位移向量有相同的大小和方向，它们每一个都反映了刚体位移的情况，因此刚体的平移运动可用这些位移向量中的任一个来表示. 基于这样的原因，凡是两个向量大小相等、方向相同，我们就说这两个向量是相等的. 因此，一个向量在保持长度和方向不变的条件下可以自由平移. 今后如有必要，可以将几个向量平移到同一个出发点. 这种既保持长度和方向不变又可以自由平移的向量叫做**自由向量**.

向量 a 的长度也叫做它的**模**,记为 $|a|$. 与向量 a 有相等长度而方向相反的那个向量,叫做 a 的**反向量**,记作 $-a$. 模为 0 的向量叫做**零向量**,记作 **0**. 零向量就是起点与终点重合的向量,它所表示的位移就是原地不动. 零向量没有确定的方向,也可以说它的方向是任意的.

2.2 向量的加减法

向量的原型之一是力,力的合成可按平行四边形法则,或三角形法则运算,从而向量的加法也遵循同样的法则.

将向量 b 平移,使其起点与向量 a 的终点重合,以 a 的起点为起点,以 b 的终点为终点的向量称为向量 a 与 b 的和(图 6-5),记做

$$c = a + b.$$

空间中多个向量的加法,可按下列办法来进行:将第一个向量放好,然后依次把下面一个向量的起点放在前一个向量的终点上. 最后,

图 6-5

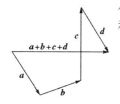

图 6-6

从第一个向量的起点到最末一个向量终点的有向线段即为这些向量的和(参见图 6-6). 这个办法称为向量的**多边形加法法则**.

向量的加法有下列性质:

(1) $a+b=b+a$(交换律);

(2) $(a+b)+c=a+(b+c)$(结合律);

(3) $a+0=a$;

(4) $a+(-a)=0$.

这些就是向量加法的基本规律.

在作向量运算时,经常要用到加法的逆运算,这就是向量的减法,定义如下:

从向量 a 减去向量 b 得到的向量规定为 a 与 b 的反向量 $(-b)$ 之和:

$$a - b = a + (-b)$$

简单说,减法就是变号相加. 向量减法的几何表示可以从图 6-5 得到: $b=c-a$,从 a 的端点到 c 的端点构成的向量就是 $c-a$.

2.3 开普勒三定律

开普勒(Johann Kepler, 1571—1630)是一位杰出的天文学家. 他一生遭到许多不幸的折磨. 他的第一个妻子和几个孩子都死了. 作为一个新教徒,他受到天主教的种种迫害,并经常在经济上处于绝望之中,他的母亲被指控为巫婆,而开普勒不得不为她辩护. 虽然他始终遭受不幸,但他仍以非凡的恒心与努力从事他的科学研究工作. 他的最有名、最重要的成果今天以开普勒三定律而著称. 这三条关于行星运动的定律是天文史和数学史上的里程碑. 牛顿就是在证明这三条定律的过程中创造了现代天体力学. 这三条定律是:

I. 行星在以太阳为一个焦点的椭圆型轨道上运动;

II. 连接行星与太阳的向径,在相等的时间内扫过相等的面积;

Ⅲ. 一个行星在其轨道上运动的周期的平方与该轨道的半长轴的立方成正比.

我们永远不知道一段纯数学什么时候会得到意想不到的应用. 怀外尔(William Whewell)说过:"如果希腊人没有创造出圆锥曲线,开普勒就不能取代托勒密."令人十分感兴趣的是,在希腊人导出圆锥曲线的性质之后 1800 年,才出现了这一光辉的实际应用. 开普勒在其 1619 年出版的《世界的和谐》(Harmony of the Worlds)的序言中,作了如下议论:

"这本书是我给我的同时代人,或者(那也没关系)给我的后代人写的,也许我的书要等一百多年才能等到一位读者. 上帝不是等了 6000 年才等到一位观察者吗?"

开普勒还是微积分的先驱者之一. 为了计算第二定律中涉及的面积,他不得不采用粗糙形式的积分学. 他的著作《测量酒桶体积的科学》是微积分的前导之一.

2.4 开普勒第二定律的牛顿证明

牛顿关于开普勒定律的研究是从第二定律开始的,他得到如下的结果.

定理 1(牛顿的命题 1) 设 S 是一个固定点,P 是一个运动的质点,质点在任何时刻所受的力总是从 P 指向 S. 那么,P 所走过的路径位于同一平面上,并且从 P 到 S 的连线在相等的时间里扫过相等的面积.

注 值得注意的是,这个定理所给出的东西大大超过了开普勒第二定律给出的东西. 任何类型的力,不管它的变动有多大,只要它是径向的,那么从 P 到 S 的向径在相同的时间里都扫过相同的面积.

证 我们先看一种最简单情况:质点 P 不受力. 这时定理是成立的.

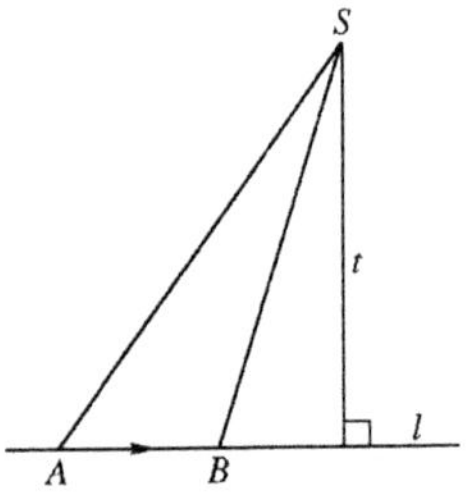

根据牛顿第一定律,质点 P 沿直线 l 运动,且保持速度不变. 我们假定 S 不在直线 l 上,否则扫过的面积总是零. 质点 P 总是在由点 S 与直线 l 所决定的平面上. 我们指定一段时间间隔,并在直线 l 上任取两点 A 和 B,使得质点 P 在这段时间间隔内正好从 A 运动到 B(见图 6-7).

当质点 P 从 A 运动到 B 时,向径 $\overrightarrow{AS}$ 所扫过的面积是 $\triangle SAB$ 的面积. 设 S 到 l 的垂线的长度为 t,则 $\triangle SAB$ 的面积为 $\frac{1}{2}t|AB|$. 这个结果说明,扫过的面积与起点 A 的选取无关.

图 6-7

现在我们假定,当质点到达点 B 时受到一个沿直线 SB 方向的瞬时力的作用. 根据牛顿第二定律,在这个力的作用下质点得到一个新速度,其方向平行于直线 SB,我们用 $\overrightarrow{BV}$ 来表示(见图 6-8). 注意点 V 不一定落在 B 与 S 间,也可能落在 l 的下方. 但无论哪种情况,证明都是一样的.

现在给 l 上标出点 C,使 $|AB|=|BC|$,向量 $\overrightarrow{BC}$ 表示瞬时力出现之前 B 点处质点原有的速度. 根据平行四边形法则,合成速度用

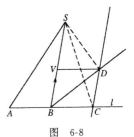

图 6-8

$\overrightarrow{BD}$ 来表示. 因为点 D 位于 S 与 l 所确定的平面上, 所以质点仍停留在同一平面上.

在第二次指定的时间间隔内向径扫过的面积是 $\triangle SBD$ 的面积, 因为过 C,D 的直线平行于 SB, 所以 $\triangle SBD$ 的面积等于 $\triangle SBC$ 的面积, 进而等于 $\triangle SAB$ 的面积. 这样一来, 我们又证明了等时间扫出了等面积. 定理证毕.

现在假定向径所扫过的 $\triangle SBD$ 的面积等于 $\triangle SAB$ 的面积, 自然也等于 $\triangle SBC$ 的面积, 则通过 C 与 D 的直线平行于 BS, 因此作用在点 B 的瞬时力一定是 BS 方向的, 即径向的, 这样我们就证明了定理 2.

定理 2(牛顿的命题 2) 设 S 是一个固定点, P 是一个运动的质点, 位于包含 S 的一个固定平面上, 并且向径 $\overrightarrow{PS}$ 在相等的时间扫过相等的面积, 则作用在 P 上的力是径向的.

2.5 向量的数乘运算

在应用中常常会遇到向量与数相乘的情况, 例如原来的力为 F, 如果它的方向保持不变, 而大小增大到原来的三倍, 则力变为原来的三倍, 我们可以记为 $3F$, 由此可以引出向量与数相乘(简称数乘)的定义:

定义 实数 λ 与向量 a 的乘积是一个向量, 记作 λa. 当 $\lambda > 0$ 时, 它与 a 同向; 当 $\lambda < 0$ 时, 它与 a 反向. 它的模是 $|a|$ 的 $|\lambda|$ 倍, 即 $|\lambda a| = |\lambda| \cdot |a|$; 当 $\lambda = 0$ 时, λa 是一个模为零的向量, 即零向量.

从数乘向量的定义容易推出下面的结论: 若两个向量 a 和 b 互相平行, 把它们移到同一个起点, 则它们是共线的, 于是 $a = \lambda b$, 其中 λ 为一数量. 反之, 若 $a = \lambda b$, λ 为一个数量, 则 a 与 b 共线, 也叫平行, 记作 $a /\!/ b$. 零向量与任一向量共线.

关于数乘向量运算有下列三个性质:

(1) $(\lambda + \mu)a = \lambda a + \mu a$; (2) $\lambda(\mu a) = \mu(\lambda a) = (\lambda \mu)a$; (3) $\lambda(a + b) = \lambda a + \lambda b$.

这里 λ 和 μ 是任意实数, a,b 是任意向量. 前两个性质从数乘的定义可直接推出. 至于性质(3), 可用相似图形来说明. 事实上, 若 a,b 有一个共同起点, 则 $a+b$ 就是以 a,b 为边的平行四边形的对角线向量. 当 a,b 和 $(a+b)$ 各乘以 λ 时, 便得到一个与原来平行四边形相似的平行四边形(图 6-9), 并且 $\lambda(a+b)$ 就是以 λa 和 λb 为两边的这个平行四边形的对角线向量, 所以

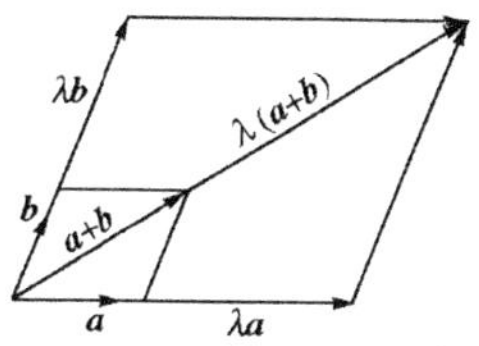

图 6-9

$$\lambda(a+b) = \lambda a + \lambda b.$$

若一向量 a_0 的模为 1, 且方向与 a 相同, 则称 a_0 为 a 的**单位向量**. 从向量数乘的定义有

$$a = |a| \cdot a_0.$$

所以把一个非零向量 a 用它的长度除一下, 就得到一个单位向量 $\dfrac{a}{|a|}$, 它表示 a 的方向. 方向与单位向量是一一对应的, 因此我们常用单位向量来表示方向.

2.6 向量在轴上的投影

从本节开始,我们将向量数量化.

空间中一条有向直线称为轴,取定原点和单位后,它就是一条数轴了.

我们先来定义空间一点 A 在一条轴 u 上的投影.通过点 A 作一垂直于轴 u 的平面 α,则平面 α 与轴 u 有一交点 A', A' 就叫做点 A 在轴 u 上的投影(图 6-10),并有一个实数与之对应.

由此我们又可以给出一向量在轴 u 上的投影.

若已知向量 $\overrightarrow{AB}$ 的起点 A 和终点 B 在轴 u 上的投影分别为 A' 和 B' (图 6-11),则轴 u 上有向线段的值 $A'B'$ 叫做向量 $\overrightarrow{AB}$ 在轴 u 上的投影,记为 $\mathrm{Prj}_u \overrightarrow{AB} = A'B'$.

如果向量 c 为向量 a 和 b 的和:

$$c = a + b,$$

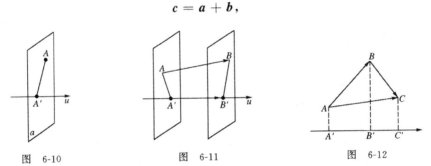

图 6-10   图 6-11   图 6-12

那么三个向量可以这样配置,使它们形成一个三角形(图 6-12):

$$a = \overrightarrow{AB}, \quad b = \overrightarrow{BC}, \quad c = \overrightarrow{AC}.$$

将 A,B,C 三点投影到轴 u 上,分别得点 A',B',C'. 因为对于点 A',B',C' 在轴上的任何位置都有 $A'C' = A'B' + B'C'$,所以

$$\mathrm{Prj}_u c = \mathrm{Prj}_u a + \mathrm{Prj}_u b \quad \text{或} \quad \mathrm{Prj}_u (a + b) = \mathrm{Prj}_u a + \mathrm{Prj}_u b,$$

即**两向量的和在某轴上的投影等于两个向量分别在同一轴上投影的和**.

对于三个向量 a,b,c,我们有

$$\mathrm{Prj}_u (a + b + c) = \mathrm{Prj}_u (a + b) + \mathrm{Prj}_u c = \mathrm{Prj}_u a + \mathrm{Prj}_u b + \mathrm{Prj}_u b.$$

用这个方法可以得出关于多个向量和的投影的结论,于是我们有下面的定理:

定理 3 任意有限个向量的和在某一轴上的投影等于各个向量在同一轴上的投影的和,即

$$\mathrm{Prj}_u (a_1 + a_2 + \cdots + a_n) = \mathrm{Prj}_u a_1 + \mathrm{Prj}_u a_1 + \cdots + \mathrm{Prj}_u a_n.$$

2.7 向量的坐标

现在我们来引进向量的坐标,把向量用数表示出来,把向量的运算用数的运算表示出来.这样就可以用坐标去讨论向量.

任取一个坐标系 $Oxyz$. 它是由经过一个原点 O 的三个排定次序并且互相垂直的轴 Ox, Oy, Oz 组成的. 在三条坐标轴上以 O 为起点依次取三个单位向量 i, j, k, 并叫做**坐标向量**.

设空间直角坐标系中有一向量 a, 由于向量可以平移, 我们把它的起点移到坐标原点, 假定它的终点是 A, 则 $a = \overrightarrow{OA}$ (图 6-13). 这时向量就被它的终点所决定. 反过来, 给定一个点 A 也确定一个向量 $\overrightarrow{OA}$. 这样就建立了点 A 与向量 a 之间的一一对应. **点 A 的坐标就叫做向量 a 的坐标**, 设点 A 的坐标为 (a_1, a_2, a_3). 则向量 a 记作 $a = \{a_1, a_2, a_3\}$. 由图易见

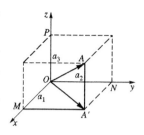

$$OM = a_1, \quad ON = a_2, \quad OP = a_3.$$

图 6-13

点 A 的坐标可以用折线 $OMA'A$ 来确定, 三个坐标依次表示折线三个边的长度和方向. 由向量加法知,

$$\overrightarrow{OA} = \overrightarrow{OM} + \overrightarrow{MA'} + \overrightarrow{A'A},$$

因 $\overrightarrow{MA'} = \overrightarrow{ON}, \overrightarrow{A'A} = \overrightarrow{OP}$, 所以

$$\overrightarrow{OA} = \overrightarrow{OM} + \overrightarrow{ON} + \overrightarrow{OP} = a_1 \boldsymbol{i} + a_2 \boldsymbol{j} + a_3 \boldsymbol{k}.$$

这就是向量用它的坐标表示的公式.

上式说明: 空间中任一向量 a 都可以分解为三个坐标向量 i, j, k 与实数 a_1, a_2, a_3 的乘积之和, 其中 i, j, k 前面的系数 a_1, a_2, a_3 恰为 a 的三个坐标. 这样一来, 空间中一个向量 a 有了两种表示方法:

$$\boldsymbol{a} = \{a_1, a_2, a_3\} = a_1 \boldsymbol{i} + a_2 \boldsymbol{j} + a_3 \boldsymbol{k}.$$

从位移的角度看, 后一种分解法意味着, 空间中任一位移运动都可以看成是平行于三个坐标轴的三个位移运动的合成.

有了坐标, 就可把向量间的运算转化为数的运算了. 设

$$\boldsymbol{a} = \{a_1, a_2, a_3\}, \quad \boldsymbol{b} = \{b_1, b_2, b_3\}.$$

利用向量加法的交换律和结合律, 有

$$\boldsymbol{a} + \boldsymbol{b} = (a_1 \boldsymbol{i} + a_2 \boldsymbol{j} + a_3 \boldsymbol{k}) + (b_1 \boldsymbol{i} + b_2 \boldsymbol{j} + b_3 \boldsymbol{k})$$
$$= (a_1 + b_1) \boldsymbol{i} + (a_2 + b_2) \boldsymbol{j} + (a_3 + b_3) \boldsymbol{k},$$

即

$$(\boldsymbol{a} + \boldsymbol{b}) = \{a_1 + b_1, a_2 + b_2, a_3 + b_3\}.$$

这就是说, **两个向量之和的坐标等于它们对应的坐标之和**.

对于数乘向量的运算则有

$$\lambda \boldsymbol{a} = \lambda(a_1 \boldsymbol{i} + a_2 \boldsymbol{j} + a_3 \boldsymbol{k}) = \lambda(a_1 \boldsymbol{i}) + \lambda(a_2 \boldsymbol{j}) + \lambda(a_3 \boldsymbol{k})$$
$$= \lambda a_1 \boldsymbol{i} + \lambda a_2 \boldsymbol{j} + \lambda a_3 \boldsymbol{k} = \{\lambda a_1, \lambda a_2, \lambda a_3\}.$$

自然地, 对减法则有

$$\boldsymbol{a} - \boldsymbol{b} = \{a_1 - b_1, a_2 - b_2, a_3 - b_3\}.$$

这样, 向量的加减运算与数乘运算就化为了它们的相应的坐标的运算, 也就是化为了数的运算, 实现了从几何对象到代数对象的转换.

2.8 向量的模与方向余弦

向量已由它的坐标——三个有序数表示出来了. 向量的主要特征是长度和方向, 那么怎样用向量的坐标来表示它的长度和方向呢? 任给一个向量 $\boldsymbol{a}=\{a_1,a_2,a_3\}$, 从图 6-13 可以看出它的长度是

$$|\boldsymbol{a}| = |\overrightarrow{OA}| = \sqrt{(OM)^2+(ON)^2+(OP)^2} = \sqrt{a_1^2+a_2^2+a_3^2}. \tag{6.1}$$

易见, 零向量 $\boldsymbol{0}$ 的模是 0.

向量的方向怎样表示呢?

为了确定向量的方向, 我们首先需要确定什么是两个非零向量间的夹角.

定义 设 $\boldsymbol{a},\boldsymbol{b}$ 是两个从同一点出发的非零向量. 它们所夹的角中不超过 π 的那个角称为 $\boldsymbol{a}$ 与 $\boldsymbol{b}$ 的夹角, 记为 $\langle \boldsymbol{a},\boldsymbol{b}\rangle$.

易见,

$$\langle \boldsymbol{a},\boldsymbol{b}\rangle = \langle \boldsymbol{b},\boldsymbol{a}\rangle.$$

因为 $0\leqslant \langle \boldsymbol{a},\boldsymbol{b}\rangle \leqslant \pi$, 所以夹角 $\langle \boldsymbol{a},\boldsymbol{b}\rangle$ 由它的余弦唯一确定. 这样一来, 我们可有下面的定义.

定义 非零向量 $\boldsymbol{a}$ 与坐标向量 $\boldsymbol{i},\boldsymbol{j},\boldsymbol{k}$ 的夹角称为向量 $\boldsymbol{a}$ 的方向角, 分别记作 α,β,γ; $\cos\alpha,\cos\beta,\cos\gamma$ 称为向量 $\boldsymbol{a}$ 的**方向余弦**.

显然, 向量 $\boldsymbol{a}$ 的方向角 α,β,γ 确定后, 它的方向就确定了. 但是用坐标表示方向角相当麻烦, 故改用方向余弦来表示方向.

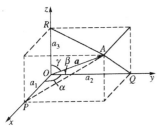

图 6-14

定理 4 若非零向量 $\boldsymbol{a}=\{a_1,a_2,a_3\}$ 的方向角分别为 α,β,γ, 则诸方向余弦可表示为

$$\cos\alpha = \frac{a_1}{|\boldsymbol{a}|},\quad \cos\beta = \frac{a_2}{|\boldsymbol{a}|},\quad \cos\gamma = \frac{a_3}{|\boldsymbol{a}|}. \tag{6.2}$$

证 如图 6-14 所示, $\boldsymbol{a}=\overrightarrow{OA}$, 点 A 在三个坐标轴上的投影分别是 P,Q,R. α,β,γ 为 $\boldsymbol{a}$ 的方向角. 因为 $AP\perp OP$; $AQ\perp OQ$, $AR\perp OR$, 所以

$$\cos\alpha = \frac{a_1}{|\boldsymbol{a}|},\quad \cos\beta = \frac{a_2}{|\boldsymbol{a}|},\quad \cos\gamma = \frac{a_3}{|\boldsymbol{a}|}.$$

由此立刻得到

$$\cos^2\alpha + \cos^2\beta + \cos^2\gamma = \frac{1}{|\boldsymbol{a}|^2}(a_1^2+a_2^2+a_3^2) = 1.$$

向量 $\{\cos\alpha,\cos\beta,\cos\gamma\}$ 的模为 1, 所以由方向余弦所组成的向量是单位向量. 为了熟悉方向余弦的概念, 下面举两个例子.

例 1 已知 $\boldsymbol{a}=\{2,3,-1\}$, 求其方向余弦.

解 由定理 4 知

$$\cos\alpha = \frac{2}{\sqrt{4+9+1}} = \frac{2}{\sqrt{14}},\quad \cos\beta = \frac{3}{\sqrt{4+9+1}} = \frac{3}{\sqrt{14}},\quad \cos\gamma = \frac{-1}{\sqrt{14}}.$$

例 2 向量 a 与三个坐标轴的夹角相等,即 $\alpha=\beta=\gamma$,求它的方向余弦.

解 由 $\cos^2\alpha+\cos^2\beta+\cos^2\gamma=1$,且 $\alpha=\beta=\gamma$,有
$$3\cos^2\alpha = 3\cos^2\beta = 3\cos^2\gamma = 1,$$
因此 a 的方向余弦为
$$\cos\alpha = \cos\beta = \cos\gamma = \frac{1}{\sqrt{3}} \quad \text{或} \quad \cos\alpha = \cos\beta = \cos\gamma = -\frac{1}{\sqrt{3}}.$$

2.9 向量的数量积

在力学中,我们已经知道,若力 F 作用在某物体上,使之产生位移 S,则该力所作的功为
$$W = |F||S|\cos\langle F,S \rangle,$$
其中 $\langle F,S \rangle$ 表示力的作用方向与位移方向的夹角.以上面的考虑为背景,我们得到如下的定义.

定义 对任意两个向量 a,b,令
$$a \cdot b = |a||b|\cos\langle a,b \rangle, \tag{6.3}$$
称为向量的**数量积**或**点乘**,即两向量的数量积等于两向量的模和它们夹角余弦的乘积.

两向量的数量积是一个实数,不再是一个向量了.

数量积有着明显的几何意义.我们将向量 a,b 的起点放在一起(图 6-15),从向量 a 的终点 A 作向量 b 的垂线 AA',便有 $OA' = |a|\cos\langle a,b \rangle$,这就是向量 a 在向量 b 上的投影:$\mathrm{Prj}_b a$.于是
$$a \cdot b = |b|\mathrm{Prj}_b a.$$
所以两向量的数量积的几何意义就是一向量的模乘以另一向量在这一向量上的投影.

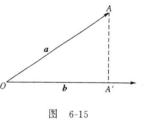

图 6-15

从向量点乘的定义可以得出下面的性质:

(1) 当且仅当两向量 a,b 之一为零向量或互相垂直时,a,b 的数量积才为零.

因为当 $a=0$ 或 $b=0$,或 $\cos\langle a,b \rangle=0$ 时,
$$a \cdot b = |a||b|\cos\langle a,b \rangle = 0.$$
反之,如果 $a \cdot b=0$,但 a,b 皆不是零向量时,必有 $\cos\langle a,b \rangle=0$,即 a 与 b 垂直.

由于零向量的方向是不定的,可看做与任意向量垂直,所以上面的结论也可以这样说,两向量 a,b 相互垂直的充分必要条件是 $a \cdot b=0$.

(2) 交换律:$a \cdot b = b \cdot a$.

读者不难自证.

(3) 分配律:$(a+b) \cdot c = a \cdot c + b \cdot c$.

由数量积的几何意义有
$$(a+b) \cdot c = |c|\mathrm{Prj}_c(a+b),$$
所以 $(a+b) \cdot c = |c|(\mathrm{Prj}_c a + \mathrm{Prj}_c b) = |c|\mathrm{Prj}_c a + |c|\mathrm{Prj}_c b = a \cdot c + b \cdot c.$

(4) 与数乘的结合律：$\lambda(\boldsymbol{a}\cdot\boldsymbol{b})=\lambda\boldsymbol{a}\cdot\boldsymbol{b}$.

请读者自证.

(5) 对坐标向量 $\boldsymbol{i},\boldsymbol{j},\boldsymbol{k}$, 有
$$\boldsymbol{i}\cdot\boldsymbol{i}=\boldsymbol{j}\cdot\boldsymbol{j}=\boldsymbol{k}\cdot\boldsymbol{k}=1,\quad \boldsymbol{i}\cdot\boldsymbol{j}=\boldsymbol{j}\cdot\boldsymbol{k}=\boldsymbol{k}\cdot\boldsymbol{i}=0.$$

利用上面几条性质，我们立刻可以推导出利用坐标计算两向量点乘的公式. 设在直角坐标系 $Oxyz$ 下, 已知
$$\boldsymbol{a}=\{a_1,a_2,a_3\},\quad \boldsymbol{b}=\{b_1,b_2,b_3\},$$

则
$$\begin{aligned}\boldsymbol{a}\cdot\boldsymbol{b}&=(a_1\boldsymbol{i}+a_2\boldsymbol{j}+a_3\boldsymbol{k})\cdot(b_1\boldsymbol{i}+b_2\boldsymbol{j}+b_3\boldsymbol{k})\\ &=a_1b_1\boldsymbol{i}\cdot\boldsymbol{i}+a_1b_2\boldsymbol{i}\cdot\boldsymbol{j}+a_1b_3\boldsymbol{i}\cdot\boldsymbol{k}\\ &\quad+a_2b_1\boldsymbol{j}\cdot\boldsymbol{i}+a_2b_2\boldsymbol{j}\cdot\boldsymbol{j}+a_2b_3\boldsymbol{j}\cdot\boldsymbol{k}\\ &\quad+a_3b_1\boldsymbol{k}\cdot\boldsymbol{i}+a_3b_2\boldsymbol{k}\cdot\boldsymbol{j}+a_3b_3\boldsymbol{k}\cdot\boldsymbol{k}\\ &=a_1b_1+a_2b_2+a_3b_3,\end{aligned} \tag{6.4}$$

即**两个向量的点乘等于它们对应坐标的乘积之和**.

利用向量点乘的坐标表示式能得到两个向量夹角的余弦的坐标表示式. 由于
$$\boldsymbol{a}\cdot\boldsymbol{b}=|\boldsymbol{a}||\boldsymbol{b}|\cos\langle\boldsymbol{a},\boldsymbol{b}\rangle,$$

所以
$$\cos\langle\boldsymbol{a},\boldsymbol{b}\rangle=\frac{\boldsymbol{a}\cdot\boldsymbol{b}}{|\boldsymbol{a}||\boldsymbol{b}|}=\frac{a_1b_1+a_2b_2+a_3b_3}{\sqrt{a_1^2+a_2^2+a_3^2}\sqrt{b_1^2+b_2^2+b_3^2}}. \tag{6.5}$$

由此易见，向量 $\boldsymbol{a},\boldsymbol{b}$ 相互垂直的充要条件为
$$a_1b_1+a_2b_2+a_3b_3=0.$$

例3 已知三点 $A(1,1,1),B(2,2,1),C(2,1,2)$, 求 $\overrightarrow{AB}$ 和 $\overrightarrow{AC}$ 的夹角 θ.

解 由两点的向量表示式, 得到
$$\overrightarrow{AB}=\{2-1,2-1,1-1\}=\{1,1,0\},$$
$$\overrightarrow{AC}=\{2-1,1-1,2-1\}=\{1,0,1\},$$
$$\cos\theta=\frac{1\times1+1\times0+0\times1}{\sqrt{1^2+1^2+0^2}\cdot\sqrt{1^2+0^2+1^2}}=\frac{1}{2},\quad \theta=\frac{\pi}{3}.$$

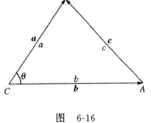

图 6-16

例4 在三角形 ABC 中(图 6-16), $CB=a,CA=b,AB=c$, 求证余弦定理:
$$c^2=a^2+b^2-2ab\cos\theta.$$

证 设 $\overrightarrow{CB}=\boldsymbol{a},\overrightarrow{CA}=\boldsymbol{b},\overrightarrow{AB}=\boldsymbol{c}$, 则
$$\boldsymbol{c}=\overrightarrow{AB}=\overrightarrow{CB}-\overrightarrow{CA}=\boldsymbol{a}-\boldsymbol{b},$$
$$\boldsymbol{c}\cdot\boldsymbol{c}=(\boldsymbol{a}-\boldsymbol{b})\cdot(\boldsymbol{a}-\boldsymbol{b})$$
$$=\boldsymbol{a}\cdot\boldsymbol{a}+\boldsymbol{b}\cdot\boldsymbol{b}-2\boldsymbol{a}\cdot\boldsymbol{b},$$

即
$$c^2=a^2+b^2-2ab\cos\theta.$$

当 $\theta=\pi/2$ 时, $\cos\theta=0$. 这时 $c^2=a^2+b^2$. 这就是**商高定理**.

例5 在 xy 平面求一单位向量 A 与已知向量 $p=\{-4,3,7\}$ 垂直.

解 设所求向量 $A=\{a,b,c\}$. 因为它在 xy 平面上,所以 $c=0$.
又 $A=\{a,b,0\}$ 与 $p=\{-4,3,7\}$ 垂直,并且是单位向量,所以
$$-4a+3b=0, \quad a^2+b^2=1.$$
解此方程组得 $a=\pm\dfrac{3}{5}$, $b=\pm\dfrac{4}{5}$. 所以 $A=\left\{\pm\dfrac{3}{5},\pm\dfrac{4}{5},0\right\}$.

例6 求向量 $a=\{4,-1,2\}$ 在 $b=\{-3,1,0\}$ 上的投影.

解 因为 $\mathrm{Prj}_b a=|a|\cos\langle a,b\rangle$, 而 $\cos\langle a,b\rangle=\dfrac{a\cdot b}{|a||b|}$, 所以
$$\mathrm{Prj}_b a=\dfrac{a\cdot b}{|b|}=\dfrac{4\times(-3)+(-1)\times 1+2\times 0}{\sqrt{(-3)^2+1^2-0^2}}=\dfrac{-13}{\sqrt{10}}=\dfrac{-13}{10}\sqrt{10}.$$

2.10 向量的叉乘

两个向量的第二种乘积叫做**叉乘**,或叫做**向量积**. 乘积的结果不是标量,而是向量. 向量积有明显的物理意义.

从力学上知道,力 F 对于定点 O 的力矩(图 6-17)可用一个向量 M 来表示. 向量 M 的大小是:
$$|M|=|F|\cdot p,$$
其中 p 是力臂,也就是自点 O 到力 F 的作用线的垂直距离. 设 A 是力 F 的作用点. 令
$$r=\overrightarrow{OA}, \quad \theta=\langle r,F\rangle,$$
则 $p=|r|\sin\theta$. 因而力矩 M 的大小就等于
$$|F|p=|F||r|\sin\theta.$$
这个数值恰好是以 r,F 为边的平行四边形的面积. M 的方向由右手法则确定,即向量 r,F,M 构成右手系,如图 6-17 所示.

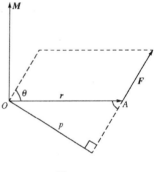

图 6-17

这样一来,表示力矩的向量 M,它的大小与方向完全由力 F 与力的作用点 A 对于点 O 的向径所决定.

舍去物理意义,我们给出两个向量叉乘的定义.

定义 设 a,b 是两个向量.

(1) 若 a,b 共线,则规定 $a\times b=0$.

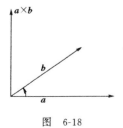

图 6-18

(2) 若 a,b 不共线,则规定 a 与 b 的叉乘 $a\times b$ 是一个向量,它垂直于 a,b 所在的平面,其方向按右手法则确定(见图 6-18),其大小由下式决定:
$$|a\times b|=|a||b|\sin\langle a,b\rangle. \tag{6.6}$$

易见,不论 a,b 共线与否,(6.6)均成立. 事实上,当 a,b 共线时, $\langle a,b\rangle$ 或者是 0,或者是 π,均导致 $\sin\langle a,b\rangle=0$.

我们用向量 c 表示 a 与 b 的向量积：$c=a\times b$.

对前面提到的力矩 M 来说，我们有 $M=r\times F$.

向量积的基本性质如下：

(1) a 与 b 共线的充要条件是 $a\times b=0$.

只需证明，$a\times b=0$ 蕴含 a 与 b 共线. 由(6.6)，这是明显的：或者 a,b 中有一个是零向量，或者 $\sin\langle a,b\rangle=0$，都有 a 与 b 共线的结论.

(2) 反交换律：$a\times b=-b\times a$.

当 a 与 b 共线时，$a\times b=0=-b\times a$；

当 a 与 b 不共线时，由定义，$|a\times b|=|b\times a|$，再由右手法则，$a\times b$ 与 $b\times a$ 方向相反.

(3) 与数乘的结合律：

$$(\lambda a)\times b = \lambda(a\times b), \quad a\times(\lambda b) = \lambda(a\times b).$$

若 $\lambda=0$，或 a,b 共线时，两边皆为 0，等式自然成立.

设 $\lambda>0, a, b$ 不共线. 这时，

$$|(\lambda a)\times b| = \lambda|a\times b| = |\lambda(a\times b)|,$$

并且 $(\lambda a)\times b$ 与 $\lambda(a\times b)$ 有相同的方向. 因此，

$$(\lambda a)\times b = \lambda(a\times b).$$

若 $\lambda<0, a$ 与 b 不共线的情况留给读者. 第二个等式的证明也留给读者.

(4) 分配律：$(a+b)\times c=a\times c+b\times c$.

证明较繁琐，从略.

(5) 对坐标向量，有

$$i\times i = 0, \quad j\times j = 0, \quad k\times k = 0,$$
$$i\times j = k, \quad j\times k = i, \quad k\times i = j.$$

利用上述性质，我们立刻可以推导出利用坐标计算两向量叉乘的公式. 设

$$a = \{a_1, a_2, a_3\}, \quad b = \{b_1, b_2, b_3\},$$

则

$$a\times b = (a_1 i + a_2 j + a_3 k)\times(b_1 i + b_2 j + b_3 k)$$
$$= (a_2 b_3 - a_3 b_2)i + (a_3 b_1 - a_1 b_3)j + (a_1 b_2 - a_2 b_1)k.$$

利用三阶行列式可以将它写为更加便于记忆的形式：

$$a\times b = \begin{vmatrix} i & j & k \\ a_1 & a_2 & a_3 \\ b_1 & b_2 & b_3 \end{vmatrix}. \tag{6.7}$$

例7 已知 $a=\{2,5,1\}, b=\{1,2,3\}$. 求向量 $a\times b$ 的坐标.

解 根据(6.7)，

$$a\times b = \begin{vmatrix} i & j & k \\ 2 & 5 & 1 \\ 1 & 2 & 3 \end{vmatrix} = 13i - 5j - k,$$

所以 $\boldsymbol{a}\times\boldsymbol{b}=\{13,-5,-1\}$.

2.11 混合积

给定向量 $\boldsymbol{a}=\{a_1,a_2,a_3\}$, $\boldsymbol{b}=\{b_1,b_2,b_3\}$, $\boldsymbol{c}=\{c_1,c_2,c_3\}$, $(\boldsymbol{a}\times\boldsymbol{b})\cdot\boldsymbol{c}$ 叫做向量 $\boldsymbol{a},\boldsymbol{b},\boldsymbol{c}$ 的**混合积**.

注意到 $\boldsymbol{a}\times\boldsymbol{b}$ 是个向量,它再与向量 $\boldsymbol{c}$ 点乘,其结果是一个数.下面给出三个向量混合积的计算.

$$\boldsymbol{a}\times\boldsymbol{b} = (a_2b_3-a_3b_2)\boldsymbol{i} + (a_3b_1-a_1b_3)\boldsymbol{j} + (a_1b_2-a_2b_1)\boldsymbol{k},$$

$$(\boldsymbol{a}\times\boldsymbol{b})\cdot\boldsymbol{c} = (a_2b_3-a_3b_2)c_1 + (a_3b_1-a_1b_3)c_2 + (a_1b_2-a_2b_1)c_3,$$

写成行列式的形式,就是

$$(\boldsymbol{a}\times\boldsymbol{b})\cdot\boldsymbol{c} = \begin{vmatrix} a_1 & a_2 & a_3 \\ b_1 & b_2 & b_3 \\ c_1 & c_2 & c_3 \end{vmatrix}. \tag{6.8}$$

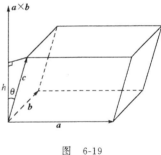

图 6-19

混合积 $(\boldsymbol{a}\times\boldsymbol{b})\cdot\boldsymbol{c}$ 具有明显而重要的几何意义.它的绝对值 $|(\boldsymbol{a}\times\boldsymbol{b})\cdot\boldsymbol{c}|$ 表示以向量 $\boldsymbol{a},\boldsymbol{b},\boldsymbol{c}$ 为棱的平行六面体的体积(图 6-19).平行六面体的底面积为 $|\boldsymbol{a}\times\boldsymbol{b}|$,高 $h=||\boldsymbol{c}|\cos\theta|$,其中 θ 是 $\boldsymbol{a}\times\boldsymbol{b}$ 与 $\boldsymbol{c}$ 的夹角.由体积公式

$$V = 底面积 \times 高$$

得 $V = |\boldsymbol{a}\times\boldsymbol{b}|\cdot||\boldsymbol{c}|\cos\theta| = |(\boldsymbol{a}\times\boldsymbol{b})\cdot\boldsymbol{c}|.$

当三个向量 $\boldsymbol{a},\boldsymbol{b},\boldsymbol{c}$ 位于同一个平面上时,即当它们共面时,平行六面体的体积为零,即它们的混合积为零:

$$(\boldsymbol{a}\times\boldsymbol{b})\cdot\boldsymbol{c} = 0.$$

习 题

1. 空间中三个点 A,B,C 坐标如下: $A(2,-1,1)$, $B(3,2,1)$, $C(-2,2,1)$,求向量 $\overrightarrow{AB},\overrightarrow{BA},\overrightarrow{BC},\overrightarrow{CB},\overrightarrow{AC},\overrightarrow{CA}$ 的坐标.说明 $\overrightarrow{AB}$ 与 $\overrightarrow{BA}$ 的模与方向之间有何关系?作出向量 $\overrightarrow{AB},\overrightarrow{BA},\overrightarrow{BC},\overrightarrow{AC}$ 的图形来.

2. 求上题中 A,B,C 三点中任意两点之间的距离.

3. 给了四个向量: $\boldsymbol{a}=\{2,-1,1\}$, $\boldsymbol{b}=\{4,-2,2\}$, $\boldsymbol{c}=\{6,-3,3\}$, $\boldsymbol{d}=\{-2,1,-1\}$. 求各向量的模和方向余弦,并利用方向余弦写出这些向量的单位向量.

4. 设向量的方向余弦满足下列条件:

(1) $\cos\alpha=0$; (2) $\cos\beta=1$; (3) $\cos\alpha=\cos\beta=0$.

指出这些向量与坐标轴或坐标平面的关系.

5. 设一向量与 x 轴和 y 轴的夹角相等,而与 z 轴的夹角是前者的两倍,求这向量的方向余弦.

6. 判别下列结论是否成立：

(1) 若 $a \cdot b = 0$，则 $a = 0$ 或 $b = 0$；　(2) $(a \cdot b)c = a(b \cdot c)$；　(3) $(a \cdot b)^2 = a^2 \cdot b^2$.

7. 给了两个向量：$a = \{-2, 1, 3\}, b = \{7, 1, -1\}$，计算

(1) $a \cdot b$；(2) $2a \cdot 3b$；(3) $a \cdot i$；(4) $b \cdot j$；(5) $\cos\langle a \cdot b\rangle$；(6) $\text{Prj}_b a$；(7) $\text{Prj}_a b$.

8. 若已知三向量 a, b 和 c 两两垂直，且 $|a| = 1, |b| = 2, |c| = 3$，求向量 $A = a + b + c$ 的长度和它与三已知向量夹角的余弦.

9. 若 $|a| = 5, |b| = 2$，a 与 b 的交角为 $\dfrac{\pi}{3}$，求 $u = 2a - 3b$ 的模.

10. 判断下列向量中，哪些是互相平行的，哪些是互相垂直的：

$$i + j + k, \quad i + j - 2k, \quad 2i + 2j - 4k, \quad i - j.$$

11. 设 $\overrightarrow{OA} = \{3, 0, 4\}, \overrightarrow{OB} = \{-4, 3, 0\}$，以 $\overrightarrow{OA}, \overrightarrow{OB}$ 为边作平行四边形 $OACB$.

(1) 求证这平行四边形的对角线互相垂直；　(2) 求这平行四边形的面积.

12. 求由向量 $\overrightarrow{OA} = \{1, 1, 1\}, \overrightarrow{OB} = \{0, 1, 1\}$ 和 $\overrightarrow{OC} = \{-1, 0, 1\}$ 所确定的平行六面体的体积.

13. 证明向量 $\{3, 4, 5\}, \{1, 2, 2\}$ 和 $\{9, 14, 16\}$ 是共面的.

14. 设 $a = \{2, -3, 1\}, b = \{1, -1, 3\}, c = \{1, -2, 0\}$，求：

(1) $(a \cdot b)c$；　(2) $a \times b \cdot c$；　(3) $(a \times b) \times c$.

§3　平　面

我们以向量代数为工具来讨论空间中平面的方程. 确定平面方程的方法有好几种；当给定的条件不同时，就得出平面的不同方程，这里介绍其中的三种.

3.1　点法式方程

怎样才能确定空间中一张平面呢？一般地说，一张平面的方向可由与它垂直的一个向量所确定，例如水平面是与铅垂方向（即重力方向）垂直的平面. 当然，单是这个与平面垂直的向量，还不足以完全确定平面的位置，因为它还可以上下平行移动，但是只要再知道平面上任意一点，那么平面便完全地被确定了.

所以，一张平面可由它上面任意一个点和垂直于此平面的任意一个向量完全决定. 这个垂直于平面的向量称为它的**法向量**. 很明显，法向量垂直于平面上每一个向量.

现在我们来确定平面的方程. 设平面为 M, P 为 M 上的一点，如果已知 P 点坐标为 $(x_0, y_0, z_0), M$ 的法向量 $n = \{A, B, C\}$，则我们立即可以把 M 上任一点 Q 的坐标 (x, y, z) 所应满足的关系式找出来（参阅图 6-20）. 实际上，此时 $\overrightarrow{PQ}$ 垂直于 n，故

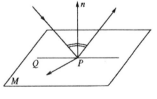

图　6-20

$\overrightarrow{PQ} \cdot \boldsymbol{n} = 0$. 但 $\overrightarrow{PQ} = \{x-x_0, y-y_0, z-z_0\}$,故

$$\overrightarrow{PQ} \cdot \boldsymbol{n} = A(x-x_0) + B(y-y_0) + C(z-z_0) = 0, \qquad (6.9)$$

或者写成

$$Ax + By + Cz - (Ax_0 + By_0 + Cz_0) = 0.$$

反过来,任一点 Q 的坐标 (x,y,z) 满足上述方程时,必有 $\overrightarrow{PQ} \cdot \boldsymbol{n} = 0$,故 Q 点应在 M 平面上,这说明上面的方程式完全确定了平面 M.

根据平面上一点和平面的法向量所写出的方程(6.9)叫平面的**点法式方程**.

例 试求过点 $(1,1,1)$ 且平行于 yz 平面的平面方程.

解 一平面若平行于 yz 平面,则它与 x 轴垂直. 由此知,此平面的法向量为 $\boldsymbol{n} = \boldsymbol{i} = \{1,0,0\}$. 由 (6.9) 得到平面方程

$$1 \cdot (x-1) + 0 \cdot (y-1) + 0(z-1) = 0, \quad \text{即} \quad x = 1.$$

3.2 一般式方程

平面的点法式方程(6.6)可化为

$$Ax + By + Cz + D = 0 \qquad (6.10)$$

的形式,其中 $D = -(Ax_0 + By_0 + Cz_0)$,方程(6.10)叫做平面的**一般式方程**.

因为 $\boldsymbol{n} \neq \boldsymbol{0}$,即 A, B, C 不全为零,所以 (6.10) 是 x, y, z 的一次方程. 这表明,任一平面的方程都是 x, y, z 的一次方程.

反过来,凡是坐标 (x, y, z) 满足一个一次方程

$$Ax + By + Cz + D = 0$$

(A, B, C 不全为零)的点,其全体组成空间中一张平面.

因为,设有一个点 P,其坐标 (x_0, y_0, z_0) 满足上述方程,则

$$Ax_0 + By_0 + Cz_0 + D = 0, \quad \text{即} \quad D = -(Ax_0 + By_0 + Cz_0).$$

代入原方程得

$$A(x-x_0) + B(y-y_0) + C(z-z_0) = 0.$$

因此上式表示:对于任意一点 Q,当其坐标 (x,y,z) 满足方程时,必有 $\overrightarrow{PQ} \cdot \{A,B,C\} = 0$,即 $\overrightarrow{PQ}$ 垂直于向量 $\boldsymbol{n} = \{A,B,C\}$,故 Q 点必定在过 P 点而以 $\boldsymbol{n}$ 为法向量的平面内.

从上面的论证中可看出,在平面的一般方程中,x, y, z 的系数 (A, B, C) 给出了平面的法向量.

思考题 1. 试讨论两平面 $A_1 x + B_1 y + C_1 z + D_1 = 0$ 和 $A_2 x + B_2 y + C_2 z + D_2 = 0$ 互相平行与垂直的条件.

2. 平面方程 $Ax + By + Cz + D = 0$ 中 $D = 0$ 的几何意义是什么?

3.3 截距式方程

若平面在三个坐标轴的截距分别为 a, b, c,即平面过三点 $(a,0,0), (0,b,0), (0,0,c)$,则

平面的方程为

$$\frac{x}{a}+\frac{y}{b}+\frac{z}{c}=1 \quad (a,b,c \text{ 均不为 } 0).\tag{6.11}$$

推导是容易的. 设平面方程为 $Ax+By+Cz+D=0$. 把 $(a,0,0)$ 代入方程, 得

$$Aa+D=0, \quad \text{即} \quad A=-D/a.$$

同理得

$$B=-\frac{D}{b}, \quad C=-\frac{D}{c}.$$

于是

$$-\frac{D}{a}x-\frac{D}{b}y-\frac{D}{c}z+D=0, \quad \text{即} \quad \frac{x}{a}+\frac{y}{b}+\frac{z}{c}=1.$$

3.4 两平面间的关系

考虑两张平面

$$\pi_1: A_1 x+B_1 y+C_1 z+D_1=0,$$
$$\pi_2: A_2 x+B_2 y+C_2 z+D_2=0,$$

并假定它们的法向量 $\boldsymbol{n}_1=\{A_1,B_1,C_1\}\neq 0, \boldsymbol{n}_2=\{A_2,B_2,C_2\}\neq 0$. 两平面间的关系有下面三种情况:

(1) 两平面平行的充要条件是 $\boldsymbol{n}_1 /\!/ \boldsymbol{n}_2$, 或 $\dfrac{A_1}{A_2}=\dfrac{B_1}{B_2}=\dfrac{C_1}{C_2}$.

(2) 两平面重合的充要条件是 $\dfrac{A_1}{A_2}=\dfrac{B_1}{B_2}=\dfrac{C_1}{C_2}=\dfrac{D_1}{D_2}$.

(3) 两平面相交的充要条件是 $\boldsymbol{n}_1, \boldsymbol{n}_2$ 不共线. 两平面相交, 交成角度 θ, 并将它定义为两法向量 $\boldsymbol{n}_1, \boldsymbol{n}_2$ 间的夹角 $\langle \boldsymbol{n}_1, \boldsymbol{n}_2\rangle$.

特别地, 两平面垂直, 当且仅当 $\boldsymbol{n}_1 \cdot \boldsymbol{n}_2=0$, 即 $A_1 A_2+B_1 B_2+C_1 C_2=0$.

习 题

1. 指出下列各平面的特殊性质:
(1) $2x-3y+20=0$; (2) $3x-2=0$; (3) $4y-7z=0$; (4) $x+y+z=0$.

2. 作下列平面的图形:
(1) $2x+3y+z-6=0$; (2) $3y+2=0$; (3) $3x-2y=0$.

3. 求过点 $(2,-1,3)$, 分别以 $\{-2,1,1\},\{1,-1,1\}$ 为法向量的两张平面方程.

4. 求过点 $(2,0,-3)$ 且与两平面 $x-2y+4z-7=0, 2x+y-2z+5=0$ 垂直的平面方程.

5. 求通过 x 轴且垂直于平面 $5x-4y-2z+3=0$ 的平面方程.

6. 求过点 $(1,1,1),(0,1,-1)$ 且垂直于平面 $x+y+z=0$ 的平面方程.

7. 求通过下列三点的平面方程:

$$(3,-1,-3), \quad (-1,3,-2), \quad (0,3,4).$$

8. 已知平面的方程为 $x+2y-3z-6=0$, 试写出它的截距式方程.

9. 设平面 M 过 $(1,1,1)$ 点,且在三个坐标轴正方向上截得长度相等的线段,求平面 M 的方程.

§4 空间中的直线

4.1 直线的参数方程

空间中任意一条直线都可以认为是一个质点作匀速运动的轨迹,这个轨迹由质点运动的方向和某一时刻质点所在的位置完全确定,因此给定了直线的方向和直线上一个点的位置,此直线在空间的位置也就完全确定了.

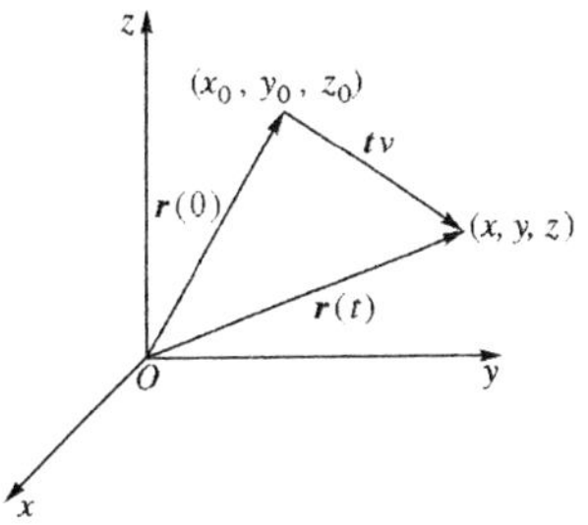

例如在 $t=0$ 的时刻,质点的位置在 (x_0, y_0, z_0),我们也可以用向量 $\boldsymbol{r}(0) = \{x_0, y_0, z_0\}$ 来表示(见图 6-21),而质点运动的方向可由质点运动的速度 $\boldsymbol{v}$ 来决定. 设 $\boldsymbol{v} = \{a, b, c\}$,则 t 时刻质点所在的位置 (x, y, z) 也即 $\boldsymbol{r}(t) = \{x, y, z\}$ 可以表示为

$$\boldsymbol{r}(t) = \boldsymbol{r}(0) + t\boldsymbol{v},$$

图 6-21

用坐标写出来

$$\{x, y, z\} = \{x_0, y_0, z_0\} + t\{a, b, c\} = \{x_0 + ta, y_0 + tb, z_0 + tc\},$$

于是就有

$$\begin{cases} x = x_0 + ta, \\ y = y_0 + tb, \\ z = z_0 + tc. \end{cases}$$

这就是质点作匀速运动的轨迹方程,也就是直线方程. 这种形式的直线方程称为**直线的参数方程**. 方程中 (x_0, y_0, z_0) 正好是直线上一个固定点的坐标;向量 $\boldsymbol{v} = \{a, b, c\}$ 的方向正好代表直线的方向,称为直线的**方向向量**;t 称为**参变量**,因为向量 $\{x - x_0, y - y_0, z - z_0\}$ 是向量 $\{a, b, c\}$ 的 t 倍,因此对于 t 的每一个值对应于直线上的一个点,反之,对直线上任一个点都对应于一个 t 值. 因为 $\lambda\boldsymbol{v}$ 与 $\boldsymbol{v}$ 平行,故方向向量乘一非零常数,仍旧是该直线的方向向量,特别地,可取单位向量 $\boldsymbol{v}_0$ 作为方向向量.

例 1 已知两点 $A_1(a_1, b_1, c_1)$,$A_2(a_2, b_2, c_2)$,求通过此两点的直线参数方程.

解 $\overrightarrow{A_1A_2}$ 可作为该直线的方向向量. A_1 可作为直线上的一个已知点. 已知

$$\overrightarrow{A_1A_2} = \{a_2 - a_1, b_2 - b_1, c_2 - c_1\},$$

故直线的参数方程为

$$\begin{cases} x = a_1 + t(a_2 - a_1), \\ y = b_1 + t(b_2 - b_1), \\ z = c_1 + t(c_2 - c_1). \end{cases}$$

4.2 直线的标准方程

在参数方程

$$\begin{cases} x = x_0 + ta, \\ y = y_0 + tb, \\ z = z_0 + tc \end{cases}$$

中消去参数 t，即得 x,y,z 之间的如下关系式：

$$\frac{x-x_0}{a} = \frac{y-y_0}{b} = \frac{z-z_0}{c}.$$

上式称为**直线的标准方程**. 在直线的标准方程里反映的基本事实是 $\{x-x_0, y-y_0, z-z_0\} = t\{a,b,c\}$，即向量 $\{x-x_0, y-y_0, z-z_0\}$ 与向量 $\{a,b,c\}$ 平行.

直线标准方程的分母中出现的三个数 a,b,c 正好是直线的方向向量的三个坐标. 因为直线的方向向量是决定直线的方向的，当然方向向量不能是零向量，即 a,b,c 三个数不能同时为零，但是其中某些数可以为 0. 因此，只要 a,b,c 不全为零，我们就认为以上的表达式是有意义的，如

$$\frac{x-1}{0} = \frac{y+2}{0} = \frac{z}{1}$$

所代表的是通过点 $(1,-2,0)$，以 $\{0,0,1\}$ 为方向向量的一条直线，即通过点 $(1,-2,0)$ 而与 z 轴平行的一条直线.

因为 $\{x-1, y+2, z\} = t\{0,0,1\}$，因此当标准方程中分母为 0 时，分子也应该理解为 0，上面的标准方程就理解为方程组

$$\begin{cases} x - 1 = 0, \\ y + 2 = 0. \end{cases}$$

在本节的例 1 中，已求得通过两点的直线的参数方程，如消去参数 t，即可得通过两点 $A_1(a_1, b_1, c_1), A_2(a_2, b_2, c_2)$ 的直线的标准方程：

$$\frac{x-a_1}{a_2-a_1} = \frac{y-b_1}{b_2-b_1} = \frac{z-c_1}{c_2-c_1}.$$

思考题 试讨论两直线

$$\frac{x-x_1}{a_1} = \frac{y-y_1}{b_1} = \frac{z-z_1}{c_1}, \quad \frac{x-x_2}{a_2} = \frac{y-y_2}{b_2} = \frac{z-z_2}{c_2}$$

互相平行和垂直的条件.

4.3 直线的一般方程

任何一条空间直线可以看做是两个相交平面的交线，所以直线的方程也可用两个平面的方程联立起来表示：

$$\begin{cases} A_1x + B_1y + C_1z + D_1 = 0, \\ A_2x + B_2y + C_2z + D_2 = 0. \end{cases}$$

上式称为**直线的一般方程**.

有了直线的一般方程, x 轴就可以看成是 zx 平面与 xy 平面的交线,所以 x 轴的方程为 $\begin{cases} y=0, \\ z=0; \end{cases}$ 类似地, y 轴的方程为 $\begin{cases} x=0, \\ z=0; \end{cases}$ z 轴的方程为 $\begin{cases} x=0, \\ y=0. \end{cases}$ 而在上面直线的标准方程里提到过的方程组

$$\begin{cases} x - 1 = 0, \\ y + 2 = 0 \end{cases}$$

正好是表示平面 $x-1=0$ 和平面 $y+2=0$ 的交线,也即表示通过点 $(1,-2,0)$ 而与 z 轴平行的直线.

例 2 求过点 $(3,-2,1)$ 且垂直于直线 $\dfrac{x-1}{4} = \dfrac{y}{-1} = \dfrac{z+1}{3}$ 的平面方程.

解 因为直线垂直于平面,所以直线的方向向量就是平面的法向量,故所求平面方程为

$$4(x-3) - (y+2) + 3(z-1) = 0, \quad 即 \quad 4x - y + 3z - 17 = 0.$$

思考题 讨论一直线

$$\frac{x-x_0}{a} = \frac{y-y_0}{b} = \frac{z-z_0}{c} \quad 与一平面 \quad Ax + By + Cz + D = 0$$

互相平行、垂直与重合的条件.

4.4 三元一次联立方程组的几何解释

在第五章里我们已研究过三元一次联立方程组

$$\begin{cases} a_{11}x + a_{12}y + a_{13}z = b_1, & (1) \\ a_{21}x + a_{22}y + a_{23}z = b_2, & (2) \\ a_{31}x + a_{32}y + a_{33}z = b_3 & (3) \end{cases}$$

的解的存在性问题. 现在我们不难从几何上给以解释了. 注意到(1),(2),(3)分别表示三张平面,我们不难得出下面的结论:

1) 若平面(1)与平面(2)平行,则它们不会有交点,因而整个方程组无解.

2) 平面(1)与平面(2)重合,这时只需研究平面(1)与平面(3)的关系,此时有三种可能: 平面(1)与(3)重合; 平面(1)与(3)平行; 平面(1)与(3)相交. 在第一种可能下,方程组有无穷多组解; 在第二种可能下,方程组无解; 在第三种可能下,方程组有无穷多组解. 事实上(1)与(3)联立表示一条直线,直线上的点都满足方程组.

3) 平面(1)与平面(2)交成一条直线. 若这条直线与平面(3)平行,则方程组无解; 若这条直线不与平面(3)平行,则它与平面(3)必交于一点,这时方程组有唯一解.

习 题

1. 空间中某个四面体，其顶点坐标如下：
$$A(0,0,2), B(4,0,5), C(5,3,0), D(-1,4,-2).$$
求各顶点连线的参数方程和标准方程.

2. 试证下列三点 $(3,0,1), (0,2,4), (1,4/3,3)$ 在同一条直线上.

3. 求通过点 $(2,-1,3)$ 而分别垂直于 xy, yz, zx 平面的三条直线的参数方程.

4. 求一直线的标准方程，使它既通过点 $(2,-5,3)$，又平行于下列直线
$$\frac{x-1}{4}=\frac{y-2}{-6}=\frac{z+3}{9}.$$

5. 求过点 $(2,4,-1)$ 与三个坐标轴成等角的直线的标准方程.

6. 证明：直线
$$\frac{x-x_0}{l}=\frac{y-y_0}{m}=\frac{z-z_0}{n}$$
落在平面 $Ax+By+Cz+D=0$ 上的充分必要条件是：
$$Al+Bm+Cn=0, \qquad Ax_0+By_0+Cz_0+D=0.$$

7. 试决定下列各题中直线和平面的关系：

(1) $\dfrac{x+3}{-2}=\dfrac{y+4}{-7}=\dfrac{z}{3}$ 和 $4x-2y-2z-3=0$；

(2) $\dfrac{x}{3}=\dfrac{y}{-2}=\dfrac{z}{7}$ 和 $3x-2y+7z-8=0$；

(3) $\dfrac{x-2}{3}=y+2=\dfrac{z-3}{-4}$ 和 $x+y+z-3=0$.

§5 二次曲面

在实际工作中，仅仅研究平面当然是很不够的，我们常常还需要处理一些有关曲面的问题.例如光学镜头，其表面一般是球面的一部分；大型建筑中的圆柱，其表面是圆柱面；地球的表面，近似地是一个椭球面；探照灯的反射镜面，许多雷达的天线，是一个旋转抛物面等等.这一节，我们仅限于介绍最常用到的二次曲面.

5.1 图形与方程

从平面解析几何中我们已经知道，在取定一个平面坐标系后，一个含有两个变量的方程 $f(x,y)=0$，它的图形一般说来是一条平面曲线.例如方程 $x^2+y^2=1$，表示以原点为心的圆.这就是说，一条平面曲线可用一个二元方程来表示；一个二元方程的图形一般是一条平面曲线.

从第 4 节中我们知道了，在空间中一个平面用一个三元一次方程来表示；反过来，一个

三元一次方程的图形是一个平面.在一般情况下,坐标满足一个三元方程 $F(x,y,z)=0$ 的那些点形成一个曲面,这就是方程 $F(x,y,z)=0$ 的图形.反过来,假定给了一个曲面,我们取定一个坐标系.当一个点在曲面上的时候,它的坐标 (x,y,z) 不能是任意的,而要满足一定的条件,这个条件一般地可以写成一个方程 $F(x,y,z)=0$,叫做**曲面的一般方程**.这就是说,曲面上点的坐标一定满足这个方程,满足这个方程的点一定在曲面上.

在建立了方程和图形的关系之后,我们可以利用几何直观去讨论方程的一些问题,反过来,也可以利用代数方法去得到几何图形的性质.

最简单的曲面当然是平面,它可以用一个三元一次方程来表示,所以平面也叫做**一次曲面**.一个三元二次方程所表示的曲面叫做**二次曲面**.本节仅限于介绍二次曲面.用几何特征来刻画这些曲面是比较复杂的.但是适当地选取坐标系,它们的方程可以化成很简单的形式,叫做它们的**标准方程**.我们就从它们的标准方程来讨论它们的图形.

5.2 球面

跟空间中一个固定点 O 的距离等于一个常数 R 的点,其全体构成空间中一个球面(图 6-22). O 称为球心, R 称为球半径.以 O 为坐标原点建立一个直角坐标系,在此坐标系下,球面上坐标为 (x,y,z) 的点到坐标原点的距离为 $\sqrt{x^2+y^2+z^2}=R$,两边平方得

$$x^2 + y^2 + z^2 = R^2.$$

这就是**球面的方程**.

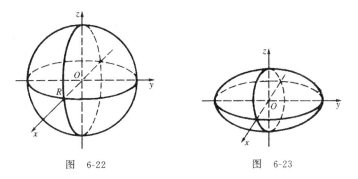

图 6-22   图 6-23

5.3 椭球面

把球面

$$x'^2 + y'^2 + z'^2 = a^2$$

沿着两个垂直的方向,例如 y 轴和 z 轴压缩一下,使坐标 y 和 z 分别按比例 $\dfrac{b}{a}$ 和 $\dfrac{c}{a}$ 来改变,即 (x',y',z') 变成 (x,y,z),其中 $x=x'$, $y=\dfrac{b}{a}y'$, $z=\dfrac{c}{a}z'$,或 $x'=x$, $y'=\dfrac{a}{b}y$, $z'=\dfrac{a}{c}z$,代入球面方程就得到

$$x^2 + \frac{a^2}{b^2}y^2 + \frac{a^2}{c^2}z^2 = a^2 \quad \text{或} \quad \frac{x^2}{a^2} + \frac{y^2}{b^2} + \frac{z^2}{c^2} = 1.$$

这个方程所表示的曲面叫**椭球面**(图 6-23).这个方程叫做**椭球面的标准方程**,其中 a,b,c 都是正数.

5.4　平行截口法

给了空间曲面的一个方程,常常很难立即想像出它的形状.为了能看出曲面的大体形状,我们用一组或几组与坐标平面平行的平面去截曲面,所得的交线称为**截痕**,或**平行截痕**.如果各平行截痕的形状清楚了,便可看出曲面的大致形状.这种通过分析平行截痕去了解曲面形状的方法称为**平行截口法**.以椭球为例.用平行于 xz 平面的平面去截椭球(图 6-24).这个平面的方程是 $y=h(-b<h<b)$.截痕上的点,其坐标满足方程

$$\begin{cases} \dfrac{x^2}{a^2} + \dfrac{y^2}{b^2} + \dfrac{z^2}{c^2} = 1, \\ y = h \end{cases} \quad \text{或} \quad \begin{cases} \dfrac{x^2}{a^2} + \dfrac{z^2}{c^2} = 1 - \left(\dfrac{h}{b}\right)^2, \\ y = h. \end{cases}$$

当 $-b<h<b$ 时,它表示平面 $y=h$ 内的一个椭圆.当 $y=\pm b$ 时,截痕是一点 $((0,b,0)$,或 $(0,-b,0))$.当 $y>|b|$ 时截痕是空集.

由此可看出,用平行于坐标平面的平面去截,相当于在方程中分别令 x,y,z 中之一为常数,从而得出截痕方程.

5.5　椭圆抛物面

由方程

$$z = \frac{x^2}{a^2} + \frac{y^2}{b^2}$$

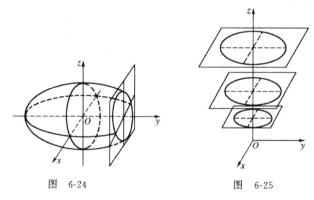

图 6-24　　　　图 6-25

确定的曲面称为**椭圆抛物面**.可以采用平行截口法来帮助我们认识它的形状.

用平行于 xy 平面的平面 $z=h$ 去截曲面,截线方程为

$$\begin{cases} \dfrac{x^2}{a^2} + \dfrac{y^2}{b^2} = h, \\ z = h. \end{cases}$$

当 $h=0$ 时它是一个点;$h<0$ 时截痕是空集.$h>0$ 时它是一个个随 h 增大而逐渐增大的椭圆(图 6-25).

令 $x=0$ 和 $y=0$,得到 yz 平面和 xz 平面上的两条截线方程:

$$\begin{cases} z = \dfrac{y^2}{b^2}, \\ x = 0 \end{cases} \quad \text{和} \quad \begin{cases} z = \dfrac{x^2}{a^2}, \\ y = 0. \end{cases}$$

这是两条抛物线(图 6-26).

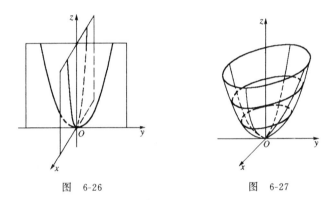

图 6-26　　　　　图 6-27

把上述两方面综合起来,就可以大致想像出椭圆抛物面的形状了(参阅图 6-27).椭圆抛物面可以看做是由一个椭圆的变动产生的,这个椭圆的两对顶点分别在那两条抛物线上运动,椭圆所在的平面垂直于 z 轴.

椭圆抛物面对称于 xz 和 yz 平面,因而也对称于 z 轴,但它没有对称中心.

在椭圆抛物面的方程中,如果 $a=b$,方程化作 $z=\dfrac{1}{a^2}(x^2+y^2)$.用平面 $z=h$ 截它,得到截口图形是一个圆:$\begin{cases} x^2+y^2=ha^2, \\ z=h, \end{cases}$ 即截线上各点与 z 轴距离都相等.这时曲面可以看做是 yz 平面上的图形绕 z 轴旋转一周而得.yz 平面上的图形(即令 $x=0$)为抛物线 $z=\dfrac{1}{a^2}y^2$,所以曲面是由 yz 平面上一条抛物线绕 z 轴旋转而成.由于这个原因,称它为**旋转抛物面**.探照灯的反射镜面,就是一个旋转抛物面;许多雷达的天线,也做成旋转抛物面的形状.

5.6　单叶双曲面

由方程

$$\dfrac{x^2}{a^2} + \dfrac{y^2}{b^2} - \dfrac{z^2}{c^2} = 1$$

所确定的曲面叫**单叶双曲面**. 为了弄清单叶双曲面的形状，我们用平行截口法来研究它被坐标平面及其平行平面所截得的截线.

用平行于 xy 平面的平面 $z=h$ 去截它，截线总是一个椭圆：

$$\begin{cases} \dfrac{x^2}{a^2} + \dfrac{y^2}{b^2} = 1 + \dfrac{h^2}{c^2}, \\ z = h. \end{cases}$$

它的顶点分别在 xz 和 yz 平面上. 但是，曲面分别在这两个坐标平面上的截线却是双曲线（见图 6-28）：

$$\begin{cases} \dfrac{x^2}{a^2} - \dfrac{z^2}{c^2} = 1, \\ y = 0. \end{cases} \quad 和 \quad \begin{cases} \dfrac{y^2}{b^2} - \dfrac{z^2}{c^2} = 1, \\ x = 0. \end{cases}$$

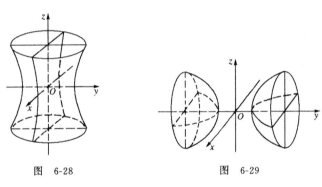

图 6-28　　　　　　　图 6-29

于是，单叶双曲面可以看做是由一个椭圆的变动产生的，这个椭圆的两对顶点分别在上述两条双曲线上运动，椭圆所在的平面总垂直于 z 轴.

单叶双曲面对称于每个坐标平面以及每个坐标轴和原点. 这从图上或从方程中不难看出.

5.7　双叶双曲面

由方程

$$\dfrac{x^2}{a^2} - \dfrac{y^2}{b^2} + \dfrac{z^2}{c^2} = -1$$

所确定的曲面叫**双叶双曲面**.

这个曲面和 xz 平面不相交，因为若 $y=0$，则得

$$\dfrac{x^2}{a^2} + \dfrac{z^2}{c^2} = -1,$$

x 和 z 取任何实数都不能满足此方程.

用 xz 的平行平面 $y=h$ 去截，当 $|h|>b$ 时，截线总是一个椭圆：

$$\begin{cases} \dfrac{x^2}{a^2} + \dfrac{z^2}{c^2} = \dfrac{h^2}{b^2} - 1, \\ y = h. \end{cases}$$

它的两对顶点分别在 xy 和 yz 平面上. 但是, 曲面分别在这两个坐标平面上的截线却是双曲线:

$$\begin{cases} -\dfrac{x^2}{a^2} + \dfrac{y^2}{b^2} = 1, \\ z = 0. \end{cases} \quad \text{和} \quad \begin{cases} \dfrac{y^2}{b^2} - \dfrac{z^2}{c^2} = 1, \\ x = 0. \end{cases}$$

于是, 双叶双曲面也可看做是由一个椭圆的变动产生的, 这个椭圆的顶点分别在上述两条双曲线上运动, 椭圆所在的平面总是垂直于 y 轴(图 6-29).

双叶双曲面对称于各坐标平面以及各坐标轴及原点.

5.8 双曲抛物面

由方程

$$z = \dfrac{x^2}{a^2} - \dfrac{y^2}{b^2}$$

所确定的曲面叫做**双曲抛物面**.

用平行于 xy 平面的平面 $z=h$ 去截它, 截线方程是:

$$\begin{cases} \dfrac{x^2}{a^2} - \dfrac{y^2}{b^2} = h, \\ z = h. \end{cases}$$

只要 $h \neq 0$, 它总是双曲线, 并且, 当 $h>0$ 时, 双曲线的实轴平行于 x 轴; 当 $h<0$ 时, 双曲线的实轴平行于 y 轴; 当 $h=0$ 时, 截线变成

$$\begin{cases} \dfrac{x^2}{a^2} - \dfrac{y^2}{b^2} = 0, \\ z = 0, \end{cases} \quad \text{或写成} \quad \begin{cases} \left(\dfrac{x}{a} - \dfrac{y}{b}\right)\left(\dfrac{x}{a} + \dfrac{y}{b}\right) = 0, \\ z = 0. \end{cases}$$

这在 xy 平面上是一对相交的直线 $\dfrac{x}{a} - \dfrac{y}{b} = 0$ 和 $\dfrac{x}{a} + \dfrac{y}{b} = 0$. 曲面被 xy 平面分割为上下两部分, 上部沿着 x 轴的两个方向上升, 下部沿着 y 轴的两个方向下降. 这个曲面的形状比较复杂, 它的大体形状是马鞍形, 所以也叫**马鞍面**(图 6-30).

要进一步明确它的结构, 我们来观察它在与 yz 平面平行的平面 $x=k$ 上的截线

$$\begin{cases} z = \dfrac{k^2}{a^2} - \dfrac{y^2}{b^2}, \\ x = k. \end{cases}$$

这是一条抛物线, 顶点在 xz 平面上, 开口向着 z 轴的负方向. 当 $k=0$ 时, 这条抛物线就变成

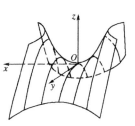

图 6-30

$$\begin{cases} z = -y^2/b^2, \\ x = 0. \end{cases}$$

这是曲面在 yz 平面上的截线. 曲面在 xz 平面上的截线也是一条抛物线：

$$\begin{cases} x^2 = a^2 z, \\ y = 0. \end{cases}$$

它开口的方向是 z 轴的正方向. 所以双曲抛物面可以看做是由一条抛物线的平行移动产生的,这条抛物线的顶点在另一条抛物线上,但开口方向相反.

这个曲面对称于 xz 平面和 yz 平面,因而也对称于 z 轴(图 6-30).

5.9 二次柱面

设一方程中不包含 z,如

$$F(x,y) = 0.$$

在 xy 平面上,这方程表示一条曲线 L,L 上点的坐标满足这方程. 不过我们还要看到,这方程也为空间的其他一些点的坐标所满足,只要这些点的坐标 x 和 y 分别与曲线 L 上的坐标相等即可,而坐标 z 却可以任意变化. 也就是,空间这些点在 xy 平面上的投影正好落在曲线 L 上. 这些空间点的全体是一曲面,它是由平行于 z 轴的直线沿曲线 L 移动作成的,这个曲面叫做**柱面**. 曲线 L 叫做**准线**. 平行于 z 轴而沿 L 移动的直线叫做**母线**. 因此,$F(x,y)=0$ 在空间表示柱面,它的母线平行于 z 轴(图 6-31).

同理,$F(y,z)=0$ 及 $F(x,z)=0$ 在空间都表示柱面,它们的母线分别平行于 x 轴及 y 轴.

以二次曲线为准线的柱面叫做**二次柱面**. 在 xy 平面上,每一条二次曲线都在空间确定一个柱面. 例如：

圆柱面方程(图 6-32)： $x^2 + y^2 - a^2 = 0.$

椭圆柱面方程(图 6-33)： $\dfrac{x^2}{a^2} + \dfrac{y^2}{b^2} - 1 = 0.$

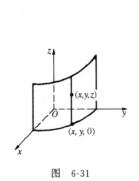
图 6-31

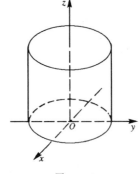
图 6-32

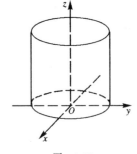
图 6-33

双曲柱面方程(图 6-34)：$\dfrac{x^2}{a^2}-\dfrac{y^2}{b^2}+1=0.$

抛物柱面方程(图 6-35)：$x^2-2py=0.$

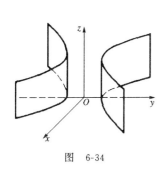

图 6-34

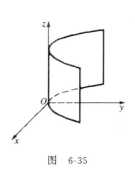

图 6-35

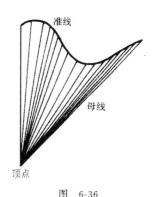

图 6-36

5.10 二次锥面

由一族经过一定点的直线形成的曲面叫做**锥面**. 这些直线叫做它的**母线**, 那个定点叫做它的**顶点**. 如果已经知道了顶点, 要确定锥面, 只须在每条母线上再知道一个点就行了. 我们把在锥面上与各母线都相交但不经过顶点的一条曲线叫做它的一条**准线**. 因此, 把准线的各点与顶点用直线连接起来就得到锥面. 一般地, 常取锥面在一个平面上的截线作准线(图 6-36).

从锥面的定义可看出, 顶点与曲面上任意点的连线全在曲面上. 如果顶点在原点, 那么顶点 $(0,0,0)$ 与一点 (x,y,z) 的连线上的点就是 (tx,ty,tz), 其中 t 是任意实数. 因此, 对于顶点在原点的锥面, 其方程的特征是: 如果 (x,y,z) 满足方程, 那么对于任意实数 t, (tx,ty,tz) 也满足方程.

方程

$$\dfrac{x^2}{a^2}+\dfrac{y^2}{b^2}-\dfrac{z^2}{c^2}=0$$

所确定的曲面是**二次锥面**.

显然, 原点在曲面上. 若 (x,y,z) 在曲面上, 则 (tx,ty,tz) 也在曲面上, 这是因为

$$\dfrac{(tx)^2}{a^2}+\dfrac{(ty)^2}{b^2}-\dfrac{(tz)^2}{c^2}=t^2\left(\dfrac{x^2}{a^2}+\dfrac{y^2}{b^2}-\dfrac{z^2}{c^2}\right)=0.$$

要确定这个锥面只要给出一条准线就行了. 用平面 $z=c$ 去截它, 就得到一条准线:

$$\begin{cases}\dfrac{x^2}{a^2}+\dfrac{y^2}{b^2}-1=0,\\ z=c.\end{cases}$$

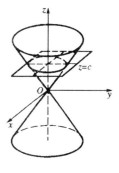

图 6-37

这显然是 $z=c$ 平面上的一个椭圆. 当 $a=b$ 时,它是 $z=c$ 平面上的一个圆,这时曲面叫做圆锥面(图 6-37).

5.11 二次曲面小结

带有三个变数的二次方程具有形式
$$A_1x^2 + A_2y^2 + A_3z^2 + 2B_1yz + 2B_2xz + 2B_3xy$$
$$+ 2C_1x + 2C_2y + 2C_3z + D = 0,$$
共包含 10 项.

可以证明,经过适当的变换,上面的方程可化为下列 17 种标准形式之一:

(1) $\frac{x^2}{a^2} + \frac{y^2}{b^2} + \frac{z^2}{c^2} - 1 = 0$;　　椭球面　　(2) $\frac{x^2}{a^2} + \frac{y^2}{b^2} + \frac{z^2}{c^2} + 1 = 0$;　　虚椭球面

(3) $\frac{x^2}{a^2} + \frac{y^2}{b^2} - \frac{z^2}{c^2} - 1 = 0$;　　单叶双曲面　　(4) $\frac{x^2}{a^2} + \frac{y^2}{b^2} - \frac{z^2}{c^2} + 1 = 0$;　　双叶双曲面

(5) $\frac{x^2}{a^2} + \frac{y^2}{b^2} - \frac{z^2}{c^2} = 0$;　　二次锥面　　(6) $\frac{x^2}{a^2} + \frac{y^2}{b^2} + \frac{z^2}{c^2} = 0$;　　虚二次锥面

(7) $\frac{x^2}{a^2} + \frac{y^2}{b^2} - 2cz = 0$;　　椭圆抛物面　　(8) $\frac{x^2}{a^2} - \frac{y^2}{b^2} - 2cz = 0$;　　双曲抛物面

(9) $\frac{x^2}{a^2} + \frac{y^2}{b^2} - 1 = 0$;　　椭圆柱面　　(10) $\frac{x^2}{a^2} + \frac{y^2}{b^2} + 1 = 0$;　　虚椭圆柱面

(11) $\frac{x^2}{a^2} + \frac{y^2}{b^2} = 0$;　　一对虚相交平面　　(12) $\frac{x^2}{a^2} - \frac{y^2}{b^2} - 1 = 0$;　　双曲柱面

(13) $\frac{x^2}{a^2} - \frac{y^2}{b^2} = 0$;　　一对相交平面　　(14) $y^2 - 2px = 0$;　　抛物柱面

(15) $x^2 - a^2 = 0$;　　一对平行平面　　(16) $x^2 + a^2 = 0$;　　一对虚平行平面

(17) $x^2 = 0$.　　一对重合平面

最后 9 个标准方程(9)~(17)不包含带 z 的项正是平面 Oxy 上二次曲线的标准方程. 在空间中这些方程都表示柱面.

在方程(1)~(8)中,方程(2)不被任何有实数坐标 (x,y,z) 的点所满足,而方程(6)只有坐标原点 $(0,0,0)$ 满足它.

这里指出,"虚"曲面并不存在. 虚曲面是人们设计的一种理论模式,合于完备性的要求,呈现一种对称美.

评注　线性代数与解析几何是彼此联系非常密切的两个数学分支,是数与形之联系在更高层次上的反映. 在学习时注意到这一点将大有裨益. 例如代数中的三元一次联立方程组反映在几何上是三张平面. 方程组有唯一解的条件是它的系数行列式不为 0,而三张平面有唯一交点的充要条件是三张平面的法向量不共面,或者这三个法向量组成的平行六面体的体积不是零. 这个结果也可以推广到 n 维空间. 实际上,线性代数的每一个结果都有一个相应的几何解释. 反过来也是一样,每一种几何关系都是一种代数关系. 正如希尔伯特所指出的:"算术符号是文字化的图形,而几何图形则是图像化的公式;没有一个数学家能缺少这些图像化的公式."

我国唐代大诗人白居易有一首诗非常形象化地描述了这种关系. 今抄录如下, 供读者参考：

寄韬光禅师　　白居易

一山门作二山门，　两寺原从一寺分.
东涧水流西涧水，　南山云起北山云.
前台花发后台见，　上界钟声下界闻.
遥想吾师行道处，　天香桂子落纷纷.

习　题

1. 求下列球面的中心和半径：
   (1) $x^2+y^2+z^2-12x+4y-6z=0$；　(2) $x^2+y^2+z^2-2x+4y-6z-22=0$；
   (3) $x^2+y^2+z^2+8x=0$.
2. 求下列球面的方程：
   (1) 过点 $(1,-1,1),(1,2,-1),(2,5,0)$ 和坐标原点；
   (2) 过点 $(1,2,5)$ 和三个坐标平面相切.
3. 指出下列方程表示怎样的曲面，并作出其草图：
   (1) $4x^2+4y^2+z^2=16$；　(2) $y^2-9z^2=81$；　(3) $\dfrac{x^2}{4}+\dfrac{y^2}{9}=z$；
   (4) $x^2+y^2-\dfrac{z}{9}=0$；　(5) $\dfrac{x^2}{9}+\dfrac{y^2}{4}-z^2-1=0$；　(6) $x^2+y^2-\dfrac{z^2}{4}=0$；
   (7) $\dfrac{x^2}{9}+\dfrac{y^2}{25}-1=0$；　(8) $x^2=y$.

§6　应用一瞥

现实中任何问题都是以数形结合的形式出现的. 线性代数与解析几何的结合在现代技术中起着重要的作用. 下面给出几个实例，从中我们可以看到几何与代数的广泛应用.

6.1 望远镜设计

二次曲面的一个重要应用是设计透镜，以用于望远镜、显微镜等光学仪器的制作. 1609 年夏天听说荷兰人发明了望远镜之后，伽里略立刻自己动手造了一台，并不断改进，使之达到了 33 倍的放大倍数. 当他把望远镜对准天空的时候，他看到了天堂的面貌，并立即宣布，他证明了哥白尼体系的真理性. 可惜，他的望远镜没有保留下来. 可幸的是，牛顿也造了一台望远镜，并保留了下来，现保存在英国皇家协会的收藏室. 牛顿不但是著名的数学家和物理学家，也是一位出色的实验家和能工巧匠，望远镜的镜片是他亲手打磨的. 在牛顿制造望远镜不久，法国科学院接到一个报告，一位名叫卡塞哥闰(Cassegrain)造了一台反射望远镜

(图 6-38). 卡塞哥闰的望远镜与牛顿的望远镜的不同的地方仅在于中间的反射镜,牛顿用的是平面,而卡塞哥闰用的是双曲面.

6.2 空中定位

上个世纪卫星定位系统得到很大发展. 这个系统由 24 颗高轨道卫星组成. 例如,我们要确定一辆卡车的位置. 卡车从其中 3 个卫星接受信号. 接受器里的软件利用线性代数的方法来确定卡车的位置. 具体方法如下:

设卡车位于 (x,y,z) 处. 3 个卫星的位置分别是 $(a_1, b_1, c_1), (a_2, b_2, c_2), (a_3, b_3, c_3)$,卡车到卫星的距离分别为 r_1, r_2, r_3. 由距离公式可得,

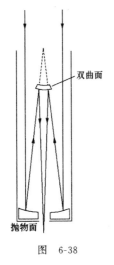

图 6-38

$$(x-a_1)^2 + (y-b_1)^2 + (z-c_1)^2 = r_1^2,$$
$$(x-a_2)^2 + (y-b_2)^2 + (z-c_2)^2 = r_2^2,$$
$$(x-a_3)^2 + (y-b_3)^2 + (z-c_3)^2 = r_3^2,$$

这些方程关于 x,y,z 不是线性的. 然而从第一式减去第二式,从第一式减去第三式,可得

$$(2a_2 - 2a_1)x + (2b_2 - 2b_1)y + (2c_2 - 2c_1)z = A,$$
$$(2a_3 - 2a_1)x + (2b_3 - 2b_1)y + (2c_3 - 2c_1)z = B,$$

其中

$$A = r_1^2 - r_2^2 + a_2^2 - a_1^2 + b_2^2 - b_1^2 + c_2^2 - c_1^2,$$
$$B = r_1^2 - r_3^2 + a_3^2 - a_1^2 + b_3^2 - b_1^2 + c_3^2 - c_1^2.$$

我们可以将这两个方程改写为

$$(2a_2 - 2a_1)x + (2b_2 - 2b_1)y = A - (2c_2 - 2c_1)z,$$
$$(2a_3 - 2a_1)x + (2b_3 - 2b_1)y = B - (2c_3 - 2c_1)z,$$

由此我们就可以得出用 z 表示 x,y. 把这些表达式代入原来的任一距离方程中,就可以得到一个 z 的二次方程. 求出 z 的根,进而求出 x,y. 我们会得到两个点: 一个是卡车的位置,另一个远离地球. 这些工作可借助软件完成.

6.3 机器人与几何学

现在不少国家都在开展机器人的研究和制造. 机器人的用场很多. 用机器人可以使我们探索人类难以达到的危险地区,例如火山和深海等地. 机器人如何设计? 当然以人和动物为样本. 例如机器手的设计在很大程度上是基于人类手的原理而设计的. 因为关节是可以转动的,而手的关节不只一个,所以线性代数与解析几何在设计和操作中都是非常重要的. 再如腿的设计,机器人的腿不必限于两条,可以是四条或六条. 这样就便于机器人在山地工作. 机

器人可以像昆虫一样,三条腿抬起,移动,另外三条腿保持平衡.这就需要向量与解析几何的知识.同时线性代数的知识也是不可或缺的.

图 6-39 是机器人的手臂.这个机器人有 4 个关节,控制它的操作需要用 4 阶矩阵.线性代数在机器人的设计与操作中是必不可少的.

6.4 青光眼的诊断

解析几何与线性代数在现代医学中也有广泛的应用.计算机成像技术在青光眼、白内障和其他眼病的诊断中起到了很好的作用.

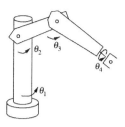

图 6-39

几何学是怎样应用到青光眼的诊断呢？医生通过眼球后部视网膜上的视觉神经末梢外观的变化可判断眼球内部压力是否过高.通过不断追踪这一区域形状上的变化做出诊断.这个过程是非常精细的,需要用到高阶矩阵.

电子技术加上计算机科学和几何学会提高我们处理各种疾病的能力.

微积分初步

微积分是人类智慧最伟大的成就之一,起始于将"运动"和"变化"数量化.它的出现引起了现代科学的诞生.

恩格斯说:"在一切理论成就中,未必再有什么像17世纪下半叶微积分的发明那样被看做人类精神的最高胜利了.如果在某个地方我们看到人类精神的纯粹的和唯一的功绩,那就正是在这里".

微积分分为两大部分:微分学与积分学.这两个分支都使用无穷小分析.

微分学是研究导数的,它以两个主要问题为中心:计算导数的数学方法是什么?如何用导数来解决实际问题?

积分学最初是研究面积的,但这个领域的研究内容很快就丰富起来了.它也以两个主要问题为中心:计算积分的数学方法是什么?如何用积分来解决实际问题?

微积分使局部与整体、微观与宏观、过程与状态、瞬间与阶段等概念变得更加明确,为科学家提供了描述连续运动的一种数学上的精确方法,从而彻底改变了科学.

微积分将教给你在运动和变化中把握世界,它具有将复杂问题归结为简单规律和算法的能力,是现代文明人的基本素养之一.

第七章 函数与极限

> 数学中的转折点是笛卡儿的变数.有了变数,运动进入了数学,有了变数,辩证法进入了数学,有了变数,微分和积分也就立刻成为必要的了……
>
> 恩格斯
>
> 初等数学,即常数的数学,至少就总的说来,是在形式逻辑的范围内活动的,而变数的数学——其中最重要的部分是微积分——按其本质来说也不是别的,而是辩证法在数学方面的运用.
>
> 恩格斯
>
> 一尺之棰,日取其半,万世不竭.
>
> 庄子

本章作为微积分学的基础讲授函数概念与极限概念.在函数部分叙述函数的定义、性质并给出全部基本初等函数及其图形.在极限部分,以求抛物线下面积的古老问题引出极限概念,并简要地叙述极限概念的定义,性质及运算法则,最后给出两个重要极限.

这里着重指出,极限概念是整个高等数学的基石.

§1 预 备 知 识

1.1 区间

设 a,b 是两个实数,且 $a<b$. 满足不等式 $a<x<b$ 的一切实数 x 的全体叫做**开区间**,记为 (a,b). 满足不等式 $a \leqslant x \leqslant b$ 的一切实数 x 的全体叫做**闭区间**,记为 $[a,b]$. 满足不等式 $a<x \leqslant b$ 或 $a \leqslant x<b$ 的一切实数 x 的全体叫做**半开区间**,记为 $(a,b]$ 或 $[a,b)$.

除了上述那些有限区间外,还有无限区间:$(-\infty,+\infty)$ 表示全体实数,或写为 $-\infty<x<+\infty$;$(a,+\infty)$ 表示大于 a 的全体实数,或写为 $a<x<+\infty$;$(-\infty,a)$ 表示小于 a 的全体实数,或写为 $-\infty<x<a$.

1.2 绝对值

设 a 是一个实数,a 的绝对值用记号 $|a|$ 表示,它是这样定义的:
$$|a| = \begin{cases} a, & \text{当 } a \geqslant 0 \text{ 时}, \\ -a, & \text{当 } a < 0 \text{ 时}. \end{cases}$$

由此可见，$|a|$ 总表示正数或零，且有
$$|a| = \sqrt{a^2}.$$
其几何意义是，$|a|$ 在数轴上表示点 a 与原点 O 之间的距离。由绝对值的定义可知
$$-|a| \leqslant a \leqslant |a|. \tag{7.1}$$
事实上，若 $a \geqslant 0$，则 $-|a| \leqslant a = |a|$，若 $a < 0$，则 $-|a| = a < |a|$，因此，不论 a 是怎样的实数，(7.1) 总成立。

下面两式经常用到：
$$|x| \leqslant a \Leftrightarrow -a \leqslant x \leqslant a; \quad |x| < a \Leftrightarrow -a < x < a;$$
这里我们假定 $a > 0$。从 $|x|$ 的几何意义看，这是很清楚的，因为 $|x| \leqslant a$ 表示点 x 与原点之间的距离不超过 a，而 $|x| < a$ 表示点 x 与原点之间的距离小于 a。

关于绝对值的运算有下述四条性质：

1° 和的绝对值不大于各项绝对值的和，即
$$|a + b + \cdots + k| \leqslant |a| + |b| + \cdots + |k|.$$

只就两项的情形来证明，一般情况要用数学归纳法。由 (7.1)，
$$-|a| \leqslant a \leqslant |a|, \quad -|b| \leqslant b \leqslant |b|,$$
两式相加，得
$$-(|a| + |b|) \leqslant a + b \leqslant (|a| + |b|), \quad 即 \quad |a + b| \leqslant |a| + |b|.$$

2° 差的绝对值不小于各项绝对值的差，即
$$|a| - |b| \leqslant |a - b|.$$

由 $|a| = |(a-b) + b|$，利用 1° 可得
$$|(a - b) + b| \leqslant |a - b| + |b|, \quad |a| - |b| \leqslant |a - b|.$$

3° 乘积的绝对值等于各项绝对值的乘积，即
$$|abc \cdots k| = |a| \cdot |b| \cdots |k|.$$

4° 商的绝对值等于被除数与除数的绝对值的商，即 $\left|\dfrac{a}{b}\right| = \dfrac{|a|}{|b|}.$

利用绝对值的定义，这两个性质很容易证明。

1.3 邻域

设 a 和 δ 是两个实数，且 $\delta > 0$，满足不等式
$$|x - a| < \delta \tag{7.2}$$
的一切实数 x 的全体称为点 a 的 δ **邻域**，点 a 称为这邻域的中心，δ 称为这邻域的半径。(7.2) 与不等式
$$-\delta < x - a < \delta \quad 或 \quad a - \delta < x < a + \delta \tag{7.3}$$
等价，满足不等式 (7.3) 的一切实数 x 的全体就是开区间 $(a-\delta, a+\delta)$。

§2 函 数

当我们开始学习微积分的时候,应当首先弄清楚它的研究对象,这就是变量以及反映变数之间相互依赖关系的函数.

函数概念最早是莱布尼茨引进的.有了函数概念,人们就可以从数学上确切地描述运动了.函数概念的诞生是数学史上的一大进步.

2.1 变量与常量

在任何一个生产过程中,或科学实验过程中,总要涉及到这样或那样的量,像体积、质量、温度、距离、速度、电流等,其中有些量在过程中是变化的,而另一些量在过程中保持不变.例如,在火车运行过程中,火车离开车站的距离不断在变,而所载货物的质量保持不变.我们把在某一过程中变化的量称为**变量**,把在过程中始终保持不变的量称为**常量**.

一个量是常量还是变量,不是绝对的,要根据过程作具体分析.例如重力加速度 g,严格说来,在离地心距离不同的地点,它的值是不同的,因而 g 是变量,但当精确度要求不高时,在地面附近取 $g=9.8\,\mathrm{m/s^2}$,这就是常量了.

在高等数学中,通常用字母 x,y,z 等表示变量,用字母 a,b,c 等表示常量.

初等数学,就其总体来说是"常量的数学",从现在开始,我们进入变量的数学——微积分.

2.2 函数概念

在同一个自然现象或技术过程中,往往同时有几个变量一起变化.但这几个变量不是彼此孤立地变化,而是相互有联系,遵从一定的规律变化着.

现在我们考虑两个变量的简单情形.

例1 自由落体问题.设物体下落的时间为 t,下落的距离为 s.假定开始下落的时刻为 $t=0$,那么 s 与 t 之间的依赖关系由 $s=\frac{1}{2}gt^2$ 给出,其中 g 是重力加速度.在这个关系中,距离 s 随着时间 t 的变化而变化.例如,当 $t=1$ 秒时,$s=\frac{1}{2}g$,当 $t=2$ 秒时,$s=2g$,等等.其特点是,当下落时间 t 取定一个值时,对应的距离 s 的值也就确定了.

例2 圆面积问题.考虑圆的面积 A 与它的半径 r 间的依赖关系:
$$A=\pi r^2.$$
当半径 r 取定某一正的数值时,圆的面积 A 的值也就随着确定;当半径 r 变化时,面积 A 也变化.

还可以举出更多的例子.

在上面举的两个例子中,抽去所考虑量的具体意义,我们看到,它们都表达了两个变量间的依赖关系:当其中一个变量在某一范围内每取一个数值时,另一变量就有唯一确定的一个值与之对应.两个变量间的这种对应关系就是函数概念的实质.

我们还需注意到,在上面的例子中,两个变量的取值都有一定的范围.例如在自由落体问题中 t 不能取负值,s 也不能取负值.自然地,不同的问题中,变量的取值范围也会不同,现在我们来给出函数的定义.

定义 设 x,y 是两个变量,当变量 x 在集合 X 中取定一个数值时,如果变量 y 依照某种法则在集合 Y 中有一个唯一的数值与之对应时,就称 y 是 x 的函数,记为

$$y = f(x).$$

集合 X 称为函数的**定义域**,集合 Y 称为函数的**值域**.变量 x 叫做**自变量**,而变量 y 叫做**函数**,或**因变量**.

研究函数,借助于图形的直观形象是很有益的.为此必须弄清什么是函数的图形,函数与它的图形的关系是什么.

给定函数 $y=f(x)$,动点 $(x,y)=(x,f(x))$ 在平面上的轨迹,一般说来是一条平面曲线,叫做函数 $y=f(x)$ 的图形(图 7-1).

函数与它的图形的关系是:图形上任一点 (x,y) 的纵坐标 y 正是横坐标 x 的对应的函数值:

$$y = f(x).$$

函数的图形作为一个桥梁建立了分析对象与几何对象之间的密切联系.这样可以使我们利用分析工具研究几何图形的性质;反过来又可以利用几何性质研究分析性质.

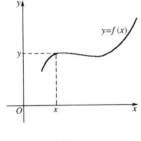

图 7-1

2.3 单调函数

定义在区间 $[a,b]$ 上的函数 $f(x)$ 称为**递增的**,若 $x_1 < x_2$,则 $f(x_1) < f(x_2)$ (图 7-2).

说函数 $f(x)$ 在区间 $[a,b]$ 上是**递减的**,若 $x_1 < x_2$,则 $f(x_1) > f(x_2)$ (图 7-3).

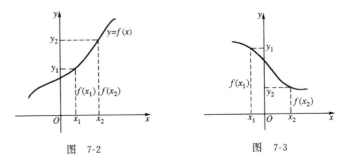

图 7-2 图 7-3

递减函数、递增函数合在一起统称为**单调函数**.

例 3 工业企业的经营需要计算成本.今用 $C(q)$ 表示成本函数,其中 q 是产品的数量,

用整数表示. 但由于产品数量很大, 经济学家把 $C(q)$ 的图像想像为连续曲线如图 7-4 所示. 成本函数 $C(q)$ 在区间 $(0, +\infty)$ 上是单调增加的函数.

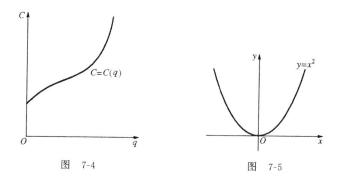

图 7-4　　　　　　　　　图 7-5

例 4　函数 $y = x^2$ 在区间 $(-\infty, +\infty)$ 上不是单调函数(图 7-5). 但是在区间 $[0, +\infty)$ 上是单调增加的函数, 而在区间 $(-\infty, 0]$ 上是单调减少的函数.

由此可见, 函数的单调性与考虑的区间密切相关.

2.4　函数的奇偶性

若函数 $f(x)$ 满足性质

$$f(-x) = f(x),$$

则称函数 $f(x)$ 是**偶函数**. 例如 $y = x^2$ 就是一个偶函数, 偶函数的图形关于 y 轴对称(见图 7-6).

若函数 $f(x)$ 满足性质

$$f(-x) = -f(x),$$

则称函数 $f(x)$ 是**奇函数**. 例如 $y = x^3$ 就是一个奇函数. 奇函数的图形关于原点 O 对称(见图 7-7).

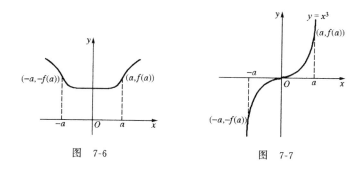

图 7-6　　　　　　　　　图 7-7

函数的奇、偶性可用来作图. 我们只需作出函数在 $x \geqslant 0$ 部分图形, $x \leqslant 0$ 的部分可用对称性作出.

值得注意的是,许多函数既不是奇函数,也不是偶函数,如 $y=x+x^2$ 就是一例.

2.5 反函数

设函数 $y=f(x)$ 是定义在区间 $[a,b]$ 上的一个单调函数,并设它的值域是区间 $[c,d]$. 由单调性知,
$$x_1 \neq x_2 \implies f(x_1) \neq f(x_2),$$
因此,对于区间 $[c,d]$ 上的每一个 y,恰有一个数 $x \in [a,b]$,使得 $f(x)=y$. 我们把这个 x 记为 $f^{-1}(y)$. 这样一来,我们定义了一个函数 f^{-1},它以 $[c,d]$ 为定义域,以 $[a,b]$ 为值域:

(1) $f^{-1}(y)=x,\ y \in [c,d]$ 等价于

(2) $f(x)=y,\ x \in [a,b]$,见图 7-8.

f 和 f^{-1} 的关系可用下述方式描述:在(1)中令 $y=f(x)$,可得

(3) $f^{-1}(f(x))=x,\ x \in [a,b]$;

在(2)中令 $x=f^{-1}(y)$,可得

(4) $f(f^{-1}(y))=y,\ y \in [c,d]$.

函数 f 和 f^{-1} 被称做互为**反函数**.

函数 $y=f(x)$ 的反函数常采用另外符号来表示:$x=\psi(y)$,用以替代 $x=f^{-1}(y)$.

又,在习惯上常用字母 x 表示自变量,而用字母 y 表示因变量,这样 $y=f(x)$ 的反函数就写为
$$y=\psi(x).$$

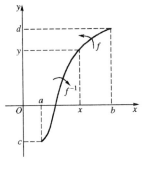

图 7-8

例 5 设函数为
$$y=ax+b,\quad y=x^2,\quad y=x^3,$$
则反函数分别为
$$x=\frac{y-b}{a},\quad x=\sqrt{y}(\text{或}-\sqrt{y}),\quad x=\sqrt[3]{y}.$$
改变自变量与因变量的记号,则反函数分别是
$$y=\frac{x-b}{a},\quad y=\sqrt{x}(\text{或}-\sqrt{x}),\quad y=\sqrt[3]{x}.$$

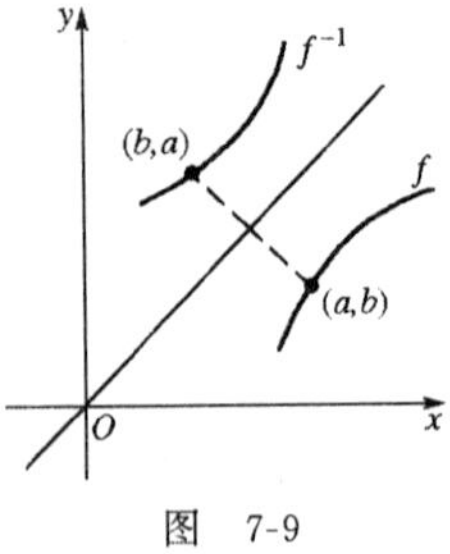

函数与反函数之间有密切的联系,知道了函数的性质就可引出反函数的性质,反之亦然.

今来研究反函数的图形. 设函数 $y=f(x)$ 有反函数,易见,若 (a,b) 是 f 的图形上的一点,则 (b,a) 就是 f^{-1} 的图形上的一点. 而点 (a,b) 与 (b,a) 关于直线 $y=x$ 对称. 由此我们得出:

反函数 $y=\psi(x)$ 的图形与函数 $y=f(x)$ 的图形关于直线 $y=x$ 对称(见图 7-9).

图 7-9

例6 $y=\frac{1}{2}x+1$ 与 $y=2x-2$ 互为反函数。它们的图像如图 7-10, 7-11 所示.

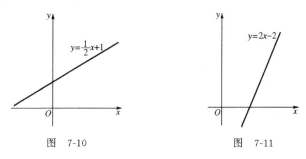

图 7-10　　　　　图 7-11

例7 求 $y=x^2+1 (x\geqslant 0)$ 的反函数.

解 在区间 $[0,\infty)$ 内 y 是增函数，由 $y=x^2+1$ 解得 $x=\sqrt{y-1}$，因而反函数为
$$y=\sqrt{x-1}.$$
图 7-12 和图 7-13 分别表示 $y=x^2+1$ 与 $y=\sqrt{x-1}$ 的图形.

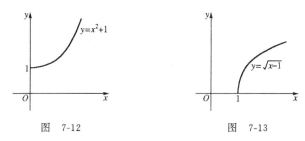

图 7-12　　　　　图 7-13

评注 反函数的概念为我们提供了构造新函数的第一个方法. 下面要讲的反三角函数就是借助反函数的概念从三角函数中构造出来的，而对数函数是指数函数的反函数.

2.6　常数函数与线性函数

最简单的函数是常数函数 $y=f(x)=C$，见图 7-14.

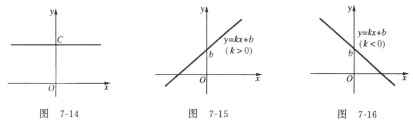

图 7-14　　　　图 7-15　　　　图 7-16

其次是线性函数
$$y=f(x)=kx+b,$$
它的图像是平面上的一条直线，它的定义域是整个实轴. 当 $k>0$ 时，它是递增函数(图 7-15)；当 $k<0$ 时，它是递减函数(图 7-16). k 称为直线的**斜率**.

从中学数学我们已经知道,要确定一条直线,只需知道直线上两个点,或者直线上一个点及直线的斜率就够了,实际上,直线方程中含有两个待定常数 k 及 b.给了直线上两个点,或一点及斜率,通过解方程就可将 k 与 b 定出来.

2.7 基本初等函数的图形

幂函数、指数函数、对数函数、三角函数和反三角函数这五类函数叫做**基本初等函数**.在函数的研究中,基本初等函数起着基础的作用.下面一节所说的初等函数,就是由基本初等函数所构成的一类比较广泛的函数.所以要研究初等函数,首先就要熟悉基本初等函数的性质.

(1) **幂函数** 函数
$$y = x^\mu \quad (\mu \text{ 是实数})$$
叫做**幂函数**.它的定义域随不同的 μ 而异,但无论 μ 为何值,在区间 $(0,+\infty)$ 内幂函数总是有定义的.幂函数 $y=x^\mu$ 的性质在 $\mu>0$ 时与在 $\mu<0$ 时有根本不同,前者的图形叫做 μ 次抛物线,后者的图形叫做 m 次双曲线 $(m=-\mu)$.

图 7-17 所示是 $y=x^{\frac{3}{2}}$ 的图形,它是半立方抛物线 $y^2=x^3$ 在 x 轴上方的一个单值分支.它通过点 $(0,0)$ 及点 $(1,1)$,在区间 $[0,+\infty)$ 内它是单调增加的.图 7-18 所示是 $y=x^{-\frac{3}{2}}$ 的图形,它通过点 $(1,1)$,在区间 $(0,+\infty)$ 内它是单调减少的.

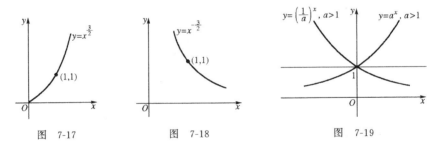

图 7-17　　　　图 7-18　　　　图 7-19

(2) **指数函数** 函数
$$y = a^x \quad (a \text{ 是不等于 1 的正常数})$$
叫做**指数函数**.它的定义域是全体实数.因为无论 x 如何,总有 $a^x>0$,又 $a^0=1$,所以指数函数的图形,总在 x 轴上方,且通过点 $(0,1)$.

若 $a>1$,函数是单调增加的;

若 $0<a<1$,则情形相反,函数是单调减少的.

由于 $y=\left(\dfrac{1}{a}\right)^x=a^{-x}$,所以 $y=a^x$ 的图形与 $y=\left(\dfrac{1}{a}\right)^x$ 的图形是对称于 y 轴的(图 7-19).

(3) **对数函数** 指数函数 $y=a^x$ 的反函数叫做以 a 为底的对数函数:$y=\log_a x$,这里 a 是不等于 1 的正常数.对数函数的图形,可以从它所对应的指数函数 $y=a^x$ 的图形按反函数作图法一般规则求出.这就是关于第一和第三象限的平分线作对称于 $y=a^x$ 的曲线,就得 y

$=\log_a x$ 的曲线(图 7-20). 函数的定义域是区间 $(0,+\infty)$,且 1 的对数是 0,所以它的图形在 y 轴右方且通过点 $(1,0)$. 当 $a>1$ 时,在区间 $(0,+\infty)$ 内函数单调增加,在开区间 $(0,1)$ 内函数值为负,而在区间 $(1,+\infty)$ 内函数值为正,当 $a<1$ 时,在区间 $(0,+\infty)$ 内函数单调减少,在开区间 $(0,1)$ 内函数值为正,而在区间 $(1,+\infty)$ 内函数值为负.

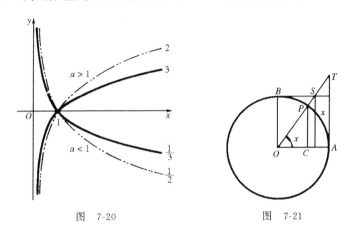

图 7-20　　　　　图 7-21

(4) 三角函数　我们现在只讲四个基本的三角函数
$$y=\sin x,\quad y=\cos x,\quad y=\tan x,\quad y=\cot x,$$
其中自变量要用弧度作单位来表达.

一个弧度就是圆周上长度等于半径的弧所对的圆心角的角度,约等于 $57°17'44.8''$. 在初等数学里,我们已知用几何方法所给出的三角函数的定义.

在图 7-21 中,设圆 O 是单位圆(半径 $OA=1$), $\angle AOP=x$(弧度)=弧 AP,则依定义:
$$\sin x=CP,\quad \cos x=OC,\quad \tan x=AT,\quad \cot x=BS,$$
$$\left(\csc x=\frac{1}{\sin x}=OS,\quad \sec x=\frac{1}{\cos x}=OT\right).$$

函数 $y=\sin x$ 的定义域是区间 $(-\infty,+\infty)$,它是奇函数,图形对称于原点;又因为 $\sin x=\sin(x+2\pi)$,所以称它是周期函数,周期是 2π. 因此只要先将它在区间 $[0,\pi]$ 上的图形做出,其次根据它是对称于原点的这一性质再将它在区间 $[-\pi,0]$ 上的图形做出,最后根据它的周期性,整个图形就不难绘出(图 7-22).

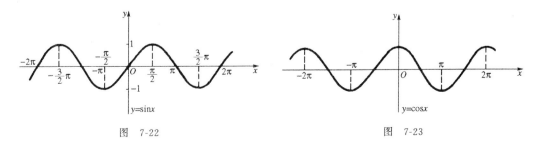

图 7-22　　　　　图 7-23

函数 $y=\cos x$ 的定义域是区间 $(-\infty,+\infty)$，图形对称于 y 轴，它也是周期函数，周期是 2π. 利用公式 $\cos x=\sin(x+\pi/2)$，不难看出把正弦曲线 $y=\sin x$ 沿着 x 轴向左移动一段距离 $\pi/2$，就获得余弦曲线 $y=\cos x$（图 7-23）.

由图形不难看出这两个函数的增减性。特别注意函数 $y=\sin x$ 在闭区间 $[-\pi/2,\pi/2]$ 上是单调增加，而函数 $y=\cos x$ 在闭区间 $[0,\pi]$ 上是单调减少的.

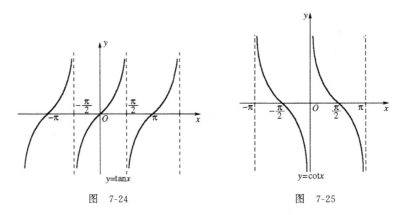

图 7-24　　　　　　　　　图 7-25

函数 $y=\tan x$ 在点 $x=(2k+1)\dfrac{\pi}{2}$（k 是整数）处无定义。它是奇函数，又是周期函数，周期是 π. 图 7-24 表示函数 $y=\tan x$ 的图形，它对称于原点，且由无穷多支所组成，每支都是单调增加的。仿此，可以讨论函数 $y=\cot x$ 并绘出其图形（图 7-25）.

(5) **反三角函数**　三角函数

$$\sin x,\ \cos x,\ \tan x,\ \cot x$$

的反函数，分别记做

$$\text{Arcsin}\,x,\ \text{Arccos}\,x,\ \text{Arctan}\,x,\ \text{Arccot}\,x,$$

叫做**反三角函数**。这些函数都表示角度（以弧度为单位），而这些角度的正弦、余弦、正切、余切就等于 x. 按反函数作图法的一般规则，不难求出它们的图形。但是这些函数都是多值函数。在微积分中我们只研究单值函数，因而需要从多值函数中取出它的单值分支。先看反正弦函数。

函数 $y=\text{Arcsin}\,x$ 的图形（图 7-26）介于两条直线 $x=-1$ 与 $x=1$ 之间，它的定义域是闭区间 $[-1,1]$. $y=\text{Arcsin}\,x$ 等价于 $\sin y=x$. 对于给定的 x 值有无穷多 y 值与之对应。从图形上看，在闭区间 $[-1,1]$ 内作垂直于 x 轴的直线，这直线与图形交于无穷多个点，这些点的纵坐标是 y.

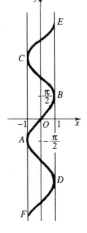

为了取到这个函数的单值分支，通常我们选择位于函数值的闭区间 $[-\pi/2,\pi/2]$ 上的一段曲线（在图上用粗线所画出的弧 AB）. 这样所限定的函数值，叫做 $\text{Arcsin}\,x$ 的主值，记做 $\arcsin x$，从而

$$-\pi/2\leqslant\arcsin x\leqslant\pi/2.$$

图 7-26

于是，$y=\arcsin x$ 是定义在闭区间$[-1,1]$上的单值、单调增加函数.

简而言之，我们这样选取单值分支：$y=\sin x$ 在$[-\pi/2,\pi/2]$上是单调递增的，其值域是$[-1,1]$，图形如图 7-27 所示.

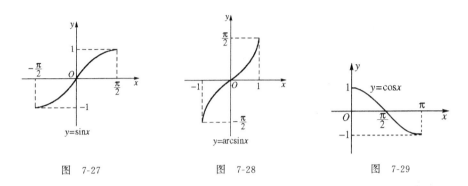

图 7-27　　　　　图 7-28　　　　　图 7-29

$y=\sin x$ 的反函数是 $y=\arcsin x$，在区间$[-1,1]$上递增，其值域是$[-\pi/2,\pi/2]$. 图形如图 7-28 所示.

类似地，$y=\cos x$ 在区间$[0,\pi]$上是单调递降的，其值域是$[-1,1]$. 图 7-29 是它的图形.

$y=\cos x$ 的反函数是 $y=\arccos x$，它在区间$[-1,1]$上是递降的，值域是区间$[0,\pi]$. 图 7-30 是它的图形，称为 $\text{Arccos}\,x$ 的主值.

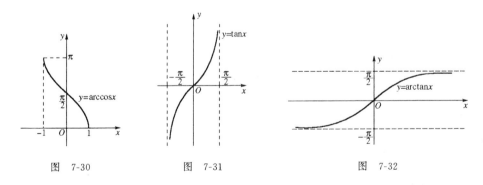

图 7-30　　　　　图 7-31　　　　　图 7-32

$y=\tan x$ 在区间$(-\pi/2,\pi/2)$内是单调递增的，其值域是$(-\infty,+\infty)$. 图 7-31 是它的图形.

$y=\tan x$ 的反函数是 $y=\arctan x$，它在区间$(-\infty,+\infty)$上是单调递增的，它的值域是$(-\pi/2,\pi/2)$. 图 7-32 是它的图形，并称为 $\text{Arctan}\,x$ 的主值.

$y=\cot x$ 在区间$(0,\pi)$内是单调递降的，其值域是$(-\infty,+\infty)$. 图 7-33 是它的图形.

$y=\cot x$ 的反函数是 $y=\text{arccot}\,x$，它在区间$(-\infty,+\infty)$上是递减的，它的值域是

$(0,\pi)$. 图 7-34 是它的图形,并称为 $\text{Arccot} x$ 的主值.

上面,借助反函数的概念,我们引出了主值反三角函数的概念.

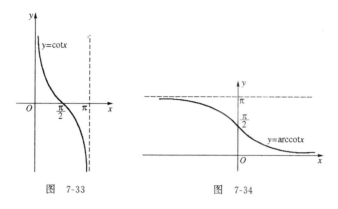

图 7-33　　　　　　　图 7-34

2.8 复合函数与初等函数

在有些问题中,两个变量的联系不是直接的,而是通过另一个变量联系起来的,这就引出了复合函数的概念.

定义　设 y 是 z 的函数:$y=f(z)$,而 z 又是 x 的函数:$z=\psi(x)$. 以 X 表示 $\psi(x)$ 的定义域或其一部分. 如果对于 x 在 X 上取值时所对应的 z 值,函数 $y=f(z)$ 是有定义的,则 y 成为 x 的函数,记为

$$y = f(\psi(x)).$$

这个函数叫做由函数 $y=f(z)$ 及 $z=\psi(x)$ 复合而成的**复合函数**,它的定义域为 X,z 叫做中间变量.

例如 $y=\sin^2 x$ 是由 $y=z^2$ 及 $z=\sin x$ 复合而成的复合函数,其定义域为 $(-\infty,+\infty)$,就是 $z=\sin x$ 的定义域. 又如 $y=\sqrt{1-x^2}$ 是由函数 $y=\sqrt{z}$ 及 $z=1-x^2$ 复合而成的复合函数,它的定义域是 $[-1,1]$,只是 $z=1-x^2$ 的定义域 $(-\infty,+\infty)$ 的一部分.

这里必须注意,不是任何两个函数都可以复合成一个复合函数的. 例如 $y=\arcsin z$,及 $z=2+x^2$ 就不能复合成一个复合函数,因为对于 $z=2+x^2$ 的定义域 $(-\infty,\infty)$ 中任何 x 值所对应的 z 值(都大于或等于2),$y=\arcsin z$ 都没有定义.

复合函数不仅可以由两个函数,也可以由更多个函数构成. 例如 $y=\ln(1+\sqrt{1+x^2})$ 就是由四个函数 $y=\ln u, u=1+v, v=\sqrt{z}, z=1+x^2$ 复合成而成的复合函数,它的定义域与 $z=1+x^2$ 同为 $(-\infty,+\infty)$.

复合函数是产生新函数的第二种办法. 比借助反函数产生的函数还要丰富多采. 下面我们给出初等函数的定义.

定义　由常数和基本初等函数经过有限次四则运算、乘方与开方以及有限次的函数复合运算所形成的函数叫做**初等函数**.

上面所列举的函数
$$y = \sin^2 x, \quad y = \sqrt{1-x^2}, \quad y = \ln(1+\sqrt{1-x^2})$$
都是初等函数. 又如
$$y = \frac{2+\sqrt[3]{x}}{2-\sqrt{x}}, \quad y = \arctan\sqrt{\frac{1+\sin x}{1-\sin x}}$$
也都是初等函数.

本门课程所讨论的函数主要就是这类初等函数.

§3 极 限 概 念

极限概念是微积分最基本的概念,微积分的其他基本概念都用极限概念来表达. 极限方法是微积分的最基本的方法,微分法与积分法都借助于极限方法来描述,所以掌握极限概念与极限运算便是非常重要的了.

极限概念最初产生于求曲边形的面积与求曲线在某一点处的切线斜率这两个基本问题. 我国古代数学家刘徽(公元 3 世纪)利用圆的内接正多边形来推算圆面积的方法——割圆术,就是用极限思想研究几何问题. 刘徽说:"割之弥细,所失弥少. 割之又割,以至于不可割,则与圆周合体而无所失矣."他的这段话是对极限思想的生动描述.

极限方法是一种独特的方法,这一方法经历了许多世纪才结晶为现在的形式. 这一方法实质上是对无穷小量进行分析,所以也称为无穷小分析.

3.1 抛物线下的面积

我们要计算由抛物线 $y=x^2$, x 轴以及直线 $x=1$ 所围成的区域的面积 S(图7-35). 初等数学没有给我们提供解决这一问题的方法. 但这正是我们要在这里做到的.

用分点
$$0, \frac{1}{n}, \frac{2}{n}, \cdots, \frac{n-1}{n}, 1$$
把线段$[0,1]$分成 n 个相等的小段. 在每个小段上作一个小矩形,使矩形的左端点碰到抛物线. 这些左端点的高分别为
$$0, \left(\frac{1}{n}\right)^2, \left(\frac{2}{n}\right)^2, \cdots, \left(\frac{n-1}{n}\right)^2.$$
矩形的底边长都是 $\frac{1}{n}$. 所有这些矩形面积的总和(如图 7-35 中阴影部分所示)S_n 等于:
$$S_n = 0 \cdot \frac{1}{n} + \left(\frac{1}{n}\right)^2 \cdot \frac{1}{n} + \cdots + \left(\frac{n-1}{n}\right)^2 \cdot \frac{1}{n}$$

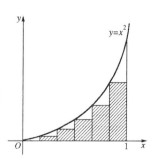

图 7-35

$$= \frac{1^2 + 2^2 + \cdots + (n-1)^2}{n^3} = \frac{(n-1)n(2n-1)}{6n^3}$$
$$= \frac{1}{3} + \left(\frac{1}{6n^2} - \frac{1}{2n}\right) = \frac{1}{3} + \alpha_n, \quad 其中 \alpha_n = \frac{1}{6n^2} - \frac{1}{2n}.$$

取 $n = 10, 100$,分别得出
$$|\alpha_{10}| \approx 0.048, \quad |\alpha_{100}| \approx 0.005.$$

我们还可做更多的计算,这些计算指出:随着 n 的增大,量 $|\alpha_n|$ 越变越小,最后趋于 0. 这样一来,S_n 就越来越趋近于 1/3.

从几何直观上,我们也可以看出来,分割的份数 n 越大,S 与 S_n 的差就越小;随着 n 趋向于 ∞,S 与 S_n 的差别就消失了. 这样我们就求出了面积 S 的值是 1/3.

这种求面积的方法对我们来说是全新的,这就是极限方法. 下面我们就来着手研究极限概念.

3.2 序列的极限

定义 以自然数 n 为自变量的函数 $a_n = f(n)$,把它依次写出来,就叫做一个**序列**:
$$a_1, a_2, \cdots, a_n, \cdots,$$
它的每个值叫做序列的一个项,a_n 叫做序列的**一般项**或**通项**. 序列可简单记为 $\{a_n\}$.

下面是一些序列的例子:

(1) $2, 4, 6, \cdots, 2n, \cdots$;

(2) $2, 4, 8, \cdots, 2^n, \cdots$;

(3) $\frac{1}{2}, \frac{1}{4}, \frac{1}{8}, \cdots, \frac{1}{2^n}, \cdots$;

(4) $1, -\frac{1}{2}, \frac{1}{3}, \cdots, (-1)^{n-1}\frac{1}{n}, \cdots$;

(5) $1, -1, 1, -1, \cdots, (-1)^{n+1}, \cdots$;

(6) $1, \frac{1}{2}, \frac{2}{3}, \cdots, \frac{n-1}{n}, \cdots$.

我们来考察当 n 无限增大时,这些序列的变化趋势. n 无限增大,我们用记号 $n \to \infty$ 来表示. 我们发现,它们呈现不同的特征. 特别值得注意的是,其中有的序列当 $n \to \infty$ 时,a_n 能与某个常数 a 无限接近,这时我们就说序列 a_n 以 a 为极限,记为 $a_n \to a (n \to \infty)$. 通过简单计算不难看出:(3) 中 $\frac{1}{2^n} \to 0 (n \to \infty)$;(4) 中 $(-1)^{n-1}\frac{1}{n} \to 0 (n \to \infty)$;(6) 中 $\frac{n-1}{n} \to 1 \quad (n \to \infty)$.

有了对极限的直观了解后,我们来考察如何给出极限的精确定义.

随着序列 $\{a_n\}$ 的不同,趋于极限的过程也杂乱纷呈. 从数轴上看,a_n 可以从点 a 的左边趋于 a,也可以从点 a 的右边趋于 a,也可以时而在点 a 的左边,时而在点 a 的右边,如 (4) 那样. 另外,趋于点 a 的速度也有很大的差别;有的快,有的慢,例如 $1/2^n$ 趋于 0 的速度比 $(-1)^{n-1}\frac{1}{n}$ 趋于 0 的速度快. 但是,不管过程本身可能会怎样地复杂,它们总有一个共同之处:$|a_n - a|$ 越来越小. 不管你预先指定一个多么小的正数 ε,过程到了一定阶段,即序列到了某一项 a_N 之后,就永远有 $|a_n - a| < \varepsilon$. 这样我们就给出极限的精确定义.

定义 称序列 a_n 以**有限数 a 为极限**,如果对于每一个任意小的正数 ε,总存在着一个正整数 N,使得对于 $n > N$ 的一切 a_n,不等式
$$|a_n - a| < \varepsilon$$

成立. 常数 a 叫做序列 a_n 当 $n\to +\infty$ 时的极限, 或者说序列 a_n **收敛**到 a, 并记做
$$\lim_{n\to\infty}a_n = a \quad 或 \quad a_n \to a(n\to\infty).$$

如果序列没有极限, 就说序列是**发散的**.

序列极限的定义并未提供如何去求已知序列的极限. 求极限是另外的方法, 以后不断会学到. 为了熟悉极限定义, 我们举例如下.

例 1 证明序列 $\dfrac{1}{2}, \dfrac{2}{3}, \dfrac{3}{4}, \cdots, \dfrac{n}{n+1}, \cdots$ 的极限是 1.

证 由于
$$|a_n - a| = \left|\frac{n}{n+1} - 1\right| = \frac{1}{n+1},$$
为了使 $1/(n+1)$ 小于事先给定的正数 ε (因为是研究 $|a_n - a|\to 0$ 的过程, 故可假定 $\varepsilon<1$), 只要不等式 $\dfrac{1}{n+1}<\varepsilon$ 成立, 或
$$n+1 > \frac{1}{\varepsilon}, \quad n > \frac{1}{\varepsilon} - 1.$$

取正整数 $N\geqslant\dfrac{1}{\varepsilon}-1$, 当 $n>N$ 时, 总有
$$\left|\frac{n}{n+1}-1\right|<\varepsilon, \quad 即 \quad \lim_{n\to\infty}\frac{n}{n+1}=1.$$

这就是我们所要证明的.

3.3 切线问题

微积分的一个中心问题是去确定一条曲线在给定点的切线. 这个问题不仅仅是一个几何问题, 许多力学的, 化学的, 物理的, 生物学以及社会科学的问题用几何术语来描述, 就是求切线的问题.

如何确定曲线在一点的切线的位置呢? 我们仍用极限的思想去解决. 譬如我们要找曲线在点 A 处的切线. 办法是, 在曲线上另取一点 B, 连接 AB 得到曲线的一条割线. 然后让 B 点趋向于 A 点. 当点 B 沿着曲线向 A 点运动时, 割线 AB 也随之转动. B 点离 A 点越近, 割线 AB 的位置就越接近于切线 AT 的位置. 当 B 点达到 A 点时, 割线 AB 就转化为切线 AT (图 7-36). 这样我们就找到了求切线位置的方法.

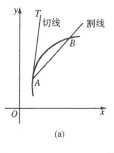
(a)

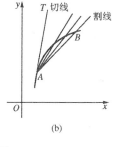
(b)

图 7-36

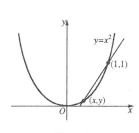

图 7-37

我们来考虑一个具体的问题：求抛物线 $y=x^2$ 在点 $(1,1)$ 处的切线. 我们知道, 由直线上的一点与直线的斜率就可以确定一条直线. 现在我们已经知道, 切线过点 $(1,1)$, 因而只要找出这条切线的斜率就行了.

我们现在就用上面提供的方法, 即通过割线求切线的方法来解决这一问题. 为此, 在点 $(1,1)$ 的附近再找一点 (x,y), 它也在抛物线 $y=x^2$ 上. 过点 $(1,1)$ 与点 (x,y) 连一条割线. 然后让点 (x,y) 沿抛物线 $y=x^2$ 趋于点 $(1,1)$（见图 7-37）. 这条动直线的极限位置就是切线的位置. 这条动直线的斜率的极限就是所求切线的斜率.

过点 $(1,1)$ 与点 (x,y) 的割线的斜率是

$$k = \frac{y-1}{x-1} \quad (x \neq 1).$$

因为 (x,y) 在 $y=x^2$ 上, 把它化为只含 x 的函数:

$$k = \frac{x^2-1}{x-1} = x+1 \quad (x \neq 1).$$

易见当 $x \to 1$ 时, $k \to 2$, 我们记为 $\lim\limits_{x \to 1} k = 2$. 更清楚地写出来,

$$\lim_{x \to 1} \frac{x^2-1}{x-1} = \lim_{x \to 1}(x+1) = 2.$$

这就是我们要求的切线的斜率. 上面我们借助极限概念求出了曲线 $y=x^2$ 在点 $(1,1)$ 处的切线斜率. 现在我们来讨论函数极限的一般概念.

3.4 函数的极限

对于函数 $f(x)$ 的极限问题, 有两点需要注意. 一个是自变量 x 趋于某实数 a 的过程, 记为 $x \to a$; 一个是自变量无限变大的过程, 这时记为 $|x| \to \infty$. 我们需要区分在这两种过程下, 函数 $f(x)$ 的变化趋势.

先考虑自变量 x 趋于有限数 a 的过程.

先考察这样一个问题: "当 x 趋于 a 的时候, $f(x)$ 以 A 为极限"是什么意思？首先, $f(x)$ 必须在包含 a 的一个邻域内有定义, 而点 a 本身不一定在定义域中. 其次, 极限 A 是某一个有限常数. 我们用记号

$$\lim_{x \to a} f(x) = A$$

来表示当 $x \to a$ 时, $f(x)$ 以 A 为极限. 这一极限过程可以这样描述: "对充分接近 a 的 $x(x \neq a)$, $f(x)$ 要多接近 A, 就能多接近 A".

图 7-38 和图 7-39 是函数 $f(x)$ 的图像, 借此可以观察当 x 趋于 a 时, $f(x)$ 的变化趋势. 图 7-39 指出, 函数 $f(x)$ 可以在点 a 无定义.

"对充分接近于 a 的 x"用 $|x-a|<\delta$ 来表示, 其中 $\delta>0$ 是一个任意小的数. "$f(x)$ 要多接近 A, 就能多接近 A"用事先指定一个任意小的 $\varepsilon>0$, 使 $|f(x)-A|<\varepsilon$ 来表示. 这样,

我们就得出下面函数极限的精确定义.

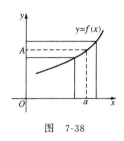
图 7-38

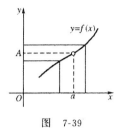
图 7-39

定义 如果对于每一个预先给定的任意小的 $\varepsilon>0$,总存在一个 $\delta>0$,使得对于满足条件 $0<|x-a|<\delta$ 的一切 x,都有
$$|f(x)-A|<\varepsilon,$$
则称当 $x\to a$ **时函数** $f(x)$ **以** A **为极限**,记做
$$\lim_{x\to a}f(x)=A$$
或
$$f(x)\to A \quad (x\to a).$$

定义中 $0<|x-a|<\delta$ 表示 x 在 a 的 δ 邻域中,但 $x\neq a$. 这里 δ 表示 x 趋于 a 的程度,它依赖于预先给定的数 $\varepsilon>0$. 一般说来,当 ε 减小时,δ 也相应地减小.

正是由于 $x\neq a$,所以当 $x\to a$ 时,函数 $f(x)$ 有没有极限与 $f(x)$ 在点 a 有无定义无关.

函数极限的几何解释如下:任意给定 $\varepsilon>0$,作直线 $y=A+\varepsilon,y=A-\varepsilon$,这两条直线形成一横条区域. 对于给定的 ε,存在点 a 的一个 δ 邻域 $(a-\delta,a+\delta)$,当 $x\in(a-\delta,a+\delta)$,但 $x\neq a$ 时,这些点的纵坐标 $f(x)$ 满足不等式
$$|f(x)-A|<\varepsilon\Longleftrightarrow A-\varepsilon<f(x)<A+\varepsilon,$$
即这些点落在上面所做的横条区域内(图 7-40).

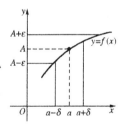
图 7-40

例2 证明 $\lim_{x\to a}C=C$,这里 C 是常数.

证 任意给定 $\varepsilon>0$,恒可取任意的 $\delta>0$,当 $0<|x-a|<\delta$ 时,
$$|f(x)-A|=|C-C|=0<\varepsilon.$$

例3 证明 $\lim_{x\to a}x=a$.

证 任意给定 $\varepsilon>0$,取 $\delta=\varepsilon$,当 $|x-a|<\delta=\varepsilon$ 时,有
$$|f(x)-A|=|x-a|<\varepsilon.$$

3.5 单边极限

在函数极限的定义中,当 $x\to a$ 时,我们事先没有指明 x 是在 a 的左侧,还是在 a 的右侧,意思是 x 既可在 a 的左侧,又可在 a 的右侧. 但有时所讨论的 x 的值只能在 a 的左侧(即

$x \leqslant a$),或者只能在 a 的右侧(即 $x \geqslant a$). 遇到这种情况时,就把所给函数的极限特殊化,即仅限于 $x < a$, 或 $x > a$.

当 x 从左侧趋于 a 时,如果函数 $f(x)$ 的极限存在,这个极限就叫做函数 $f(x)$ 当 $x \to a$ 时的**左极限**,记做

$$\lim_{x \to a^-} f(x).$$

当 x 从右侧趋于 a 时,如果函数 $f(x)$ 的极限存在,这个极限就叫做函数 $f(x)$ 当 $x \to a$ 时的**右极限**,记做

$$\lim_{x \to a^+} f(x).$$

根据左极限与右极限的定义,不难看出,函数 $f(x)$ 当 $x \to a$ 时极限存在的充分且必要的条件是,左极限与右极限各自存在且相等,即

$$\lim_{x \to a^-} f(x) = \lim_{x \to a^+} f(x).$$

因此,即使 $\lim\limits_{x \to a^-} f(x)$ 和 $\lim\limits_{x \to a^+} f(x)$ 都存在,但不相等,则 $\lim\limits_{x \to a} f(x)$ 不存在.

例如,函数

$$f(x) = \begin{cases} x+1, & x<0, \\ x-1, & x>0, \\ 0, & x=0 \end{cases}$$

当 $x \to 0$ 时极限不存在.

事实上,$f(x)$ 在 $x=0$ 的左极限是

$$\lim_{x \to 0^-} f(x) = \lim_{x \to 0^-} (x+1) = 1,$$

而右极限是

$$\lim_{x \to 0^+} f(x) = \lim_{x \to 0^+} (x-1) = -1,$$

现在左右极限不相等,所以极限

$$\lim_{x \to 0} f(x)$$

不存在(参看图 7-41).

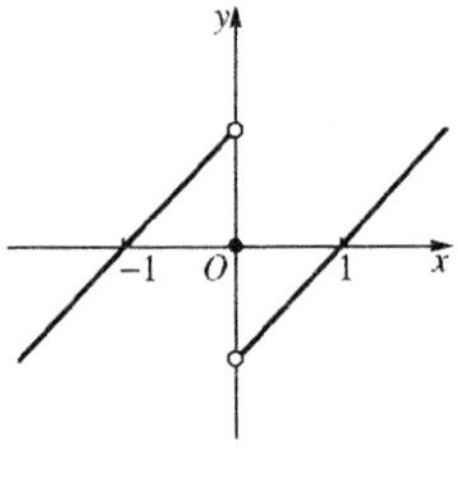

图 7-41

现在考虑,自变量 $x \to \infty$ 时的极限. 设函数 $f(x)$ 对于绝对值无论怎样大的 x 都是有定义的. 如果当 $|x|$ 无限增大时,$f(x)$ 的值与某常数 A 的值无限接近,则 A 叫做函数 $f(x)$ 当 $x \to \infty$ 时的极限. 更精确地说:

定义 若对于每一个预先给定的 $\varepsilon > 0$,总存在一个 $M > 0$,使得对于满足不等式 $|x| > M$ 的一切 x,对应的函数值 $f(x)$,不等式

$$|f(x) - A| < \varepsilon$$

成立,则称 A 是 $f(x)$ 当 $x \to \infty$ 时的**极限**,记做

$$\lim_{x\to\infty} f(x) = A, \quad \text{或} \quad f(x) \to A \quad (x \to \infty).$$

例 4 证明 $\lim\limits_{x\to\infty}\dfrac{1}{x}=0$.

证 任意给定 $\varepsilon > 0$,我们必须证明,对绝对值充分大的 x,

$$\left|\frac{1}{x} - 0\right| = \left|\frac{1}{x}\right| < \varepsilon, \quad \text{即} \quad |x| > \frac{1}{\varepsilon}.$$

如果我们取 $M = \dfrac{1}{\varepsilon}$,则对一切适合不等式 $|x| > M = \dfrac{1}{\varepsilon}$ 的 x,不等式

$$\left|\frac{1}{x} - 0\right| < \varepsilon$$

就成立,证毕.

3.6 极限的四则运算

定理 如果 $\lim\limits_{x\to a}f(x)$ 和 $\lim\limits_{x\to a}g(x)$ 存在,则

(1) $\lim\limits_{x\to a}[f(x)\pm g(x)]=\lim\limits_{x\to a}f(x)\pm \lim\limits_{x\to a}g(x)$;

(2) $\lim\limits_{x\to a}[f(x)g(x)]=\lim\limits_{x\to a}f(x)\cdot \lim\limits_{x\to a}g(x)$;

(3) $\lim\limits_{x\to a}\dfrac{f(x)}{g(x)}=\dfrac{\lim\limits_{x\to a}f(x)}{\lim\limits_{x\to a}g(x)}$ (设 $\lim\limits_{x\to a}g(x)\neq 0$).

证 (1) 设 $\lim\limits_{x\to a}f(x)=A$,$\lim\limits_{x\to a}g(x)=B$. 由极限定义,对任给的 $\varepsilon > 0$,存在 $\delta_1 > 0$,当 $0 < |x-a| < \delta_1$ 时,

$$|f(x) - A| < \varepsilon/2.$$

对同一个 $\varepsilon > 0$,存在 $\delta_2 > 0$,当 $0 < |x-a| < \delta_2$ 时,

$$|g(x) - B| < \varepsilon/2.$$

取 δ,使 $\delta = \min(\delta_1, \delta_2)$ ($\min(\delta_1, \delta_2)$ 表示 δ_1, δ_2 中较小者),则当 $0 < |x-a| < \delta$ 时,

$$|[f(x) \pm g(x)] - [A \pm B]| = |(f(x) - A) \pm (g(x) - B)|$$
$$\leqslant |f(x) - A| + |g(x) - B| < \frac{\varepsilon}{2} + \frac{\varepsilon}{2} = \varepsilon.$$

(2),(3) 的证明从略,有兴趣的读者可试着自己给出证明,或参看理科的高等数学教材.

注 和与积的公式(1)和(2)可以推广到含任意有限多项的情形:

(1′) $\lim\limits_{x\to a}[f_1(x)\pm\cdots\pm f_n(x)]=\lim\limits_{x\to a}f_1(x)\pm\cdots\pm\lim\limits_{x\to a}f_n(x)$,

(2′) $\lim\limits_{x\to a}[f_1(x)\cdots f_n(x)]=\lim\limits_{x\to a}f_1(x)\cdots\lim\limits_{x\to a}f_n(x)$.

特别地,当 $f_1(x)=f_2(x)=\cdots=f_n(x)$ 时,

$$\lim_{x\to a}[(f(x)^n] = [\lim_{x\to a}(f(x)]^n.$$

例 5 $\lim\limits_{x\to 1}(4x+3)=\lim\limits_{x\to 1}4x+3=4+3=7.$

例 6 $\lim\limits_{x\to 2}[(3x^2-2x+4)(x^2+5x-3)]$
$=\lim\limits_{x\to 2}(3x^2-2x+4)\cdot\lim\limits_{x\to 2}(x^2+5x-3)=12\cdot 11=132.$

例 7 $\lim\limits_{x\to 2}\dfrac{x^2-3x+2}{x^2-x-2}=\lim\limits_{x\to 2}\dfrac{(x-1)(x-2)}{(x+1)(x-2)}=\lim\limits_{x\to 2}\dfrac{(x-1)}{(x+1)}=\dfrac{\lim\limits_{x\to 2}(x-1)}{\lim\limits_{x\to 2}(x+1)}=\dfrac{1}{3}.$

3.7 极限存在准则及两个重要极限

前面介绍了极限概念和极限的四则运算,但对于较复杂的极限,需要先判断其存在性,如果极限存在,再设法求其值.

极限存在准则 1 设

1) $g(x)\leqslant f(x)\leqslant h(x)\ (0<|x-a|<\delta)$;
2) $\lim\limits_{x\to a}g(x)=\lim\limits_{x\to a}h(x)=A,$

则 $\lim\limits_{x\to a}f(x)$ 存在,且

$$\lim\limits_{x\to a}f(x)=A.$$

证明 由 2),对于任意给定的 ε>0,存在 δ>δ₁>0,使得当 $0<|x-a|<\delta_1$ 时,同时成立不等式

$$|g(x)-A|<\varepsilon,\quad |h(x)-A|<\varepsilon,$$

从而

$$-\varepsilon<g(x)-A,\quad h(x)-A<\varepsilon.$$

再由 1),当 $0<|x-a|<\delta_1$ 时,

$$-\varepsilon<g(x)-A\leqslant f(x)-A\leqslant h(x)-A<\varepsilon,$$

所以

$$|f(x)-A|<\varepsilon.$$

这个准则也称为**两边夹定理**.

极限存在准则 2 单调有界序列必有极限.

准则 2 是容易理解的.设序列 $\{a_n\}$ 单调递增有上界 M,则点 a_n 随着 n 的增大而在数轴上向右移动,但永远超不过 M,所以它一定趋向于一个点 $a\leqslant M$,a 就是 $\{a_n\}$ 的极限.

下面利用这两个准则来研究两个重要极限.

重要极限 1:

$$\lim\limits_{\alpha\to 0}\dfrac{\sin\alpha}{\alpha}=1. \qquad(7.4)$$

这个重要极限我们将在微分学部分用到.

我们先假定 $\alpha>0$,由于极限过程是 $\alpha\to 0$,所以我们不妨设 $\alpha<\dfrac{\pi}{2}$.由图 7-42 易见,△OPQ 的面积是

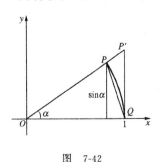

图 7-42

$$\frac{1}{2}\sin\alpha,$$

扇形的面积是 $\frac{1}{2}\alpha$,△$OP'Q$ 的面积是

$$\frac{1}{2}\tan\alpha = \frac{1}{2}\frac{\sin\alpha}{\cos\alpha}.$$

因此比较三块面积就得到不等式 $\sin\alpha < \alpha < \frac{\sin\alpha}{\cos\alpha}$. 两边除以 $\sin\alpha$ 得

$$1 < \frac{\alpha}{\sin\alpha} < \frac{1}{\cos\alpha} \quad \text{或者} \quad 1 > \frac{\sin\alpha}{\alpha} > \cos\alpha.$$

当 $\alpha \to 0$ 时,$\cos\alpha \to 1$,这就证明了 $\frac{\sin\alpha}{\alpha} \to 1$ ($\alpha \to 0^+$).

当 $\alpha < 0$ 时,令 $t = -\alpha$,则

$$\frac{\sin\alpha}{\alpha} = \frac{\sin(-t)}{-t} = \frac{\sin t}{t}, \quad \lim_{\alpha \to 0^-}\frac{\sin\alpha}{\alpha} = \lim_{t \to 0^+}\frac{\sin t}{t} = 1.$$

例 8 $\lim\limits_{\alpha \to 0}\dfrac{\alpha - \sin\alpha}{\alpha + \sin\alpha} = \lim\limits_{\alpha \to 0}\dfrac{1 - \dfrac{\sin\alpha}{\alpha}}{1 + \dfrac{\sin\alpha}{\alpha}} = 0.$

例 9 $\lim\limits_{\alpha \to 0}\dfrac{1-\cos\alpha}{\alpha^2} = \lim\limits_{\alpha \to 0}\dfrac{(1-\cos\alpha)(1+\cos\alpha)}{\alpha^2(1+\cos\alpha)} = \lim\limits_{\alpha \to 0}\dfrac{1-\cos^2\alpha}{\alpha^2}\cdot\dfrac{1}{1+\cos\alpha}$
$= \dfrac{1}{2}\lim\limits_{\alpha \to 0}\dfrac{\sin^2\alpha}{\alpha^2} = \dfrac{1}{2}.$

重要极限 2:

$$\lim_{x \to \infty}\left(1 + \frac{1}{x}\right)^x = e. \tag{7.5}$$

当 $x \to \infty$ 时,虽然 $1 + \frac{1}{x} \to 1$,但不能认为 $\left(1 + \frac{1}{x}\right)^x$ 的极限是 1,因为 $\left(1 + \frac{1}{x}\right)^x$ 的方次也在无限增大. 究竟这个极限是什么数,需要考察一下. 我们通过具体计算作些观察,计算得下表(取 $x > 0$):

x	1	2	10	100	1000	10000
$\left(1+\dfrac{1}{x}\right)^x$	2	2.25	2.594	2.705	2.717	2.718

由上表看出,随着 x 的增大,$\left(1 + \frac{1}{x}\right)^x$ 也增大,但增大的速度越来越慢,而无限接近于一个常数(证明较长,这里略去,有兴趣的读者可参看理科高等数学的教材). 通常把这个常数记作 e. 这样一来,

$$\lim_{x \to +\infty}\left(1 + \frac{1}{x}\right)^x = e.$$

e 是一个无理数,它的近似值是

$$e \approx 2.71828\cdots.$$

当 $x \to -\infty$ 时,令 $y = -x$,则 $y \to +\infty$. 这时

$$\left(1 + \frac{1}{x}\right)^x = \left(1 - \frac{1}{y}\right)^{-y} = \left(\frac{y}{y-1}\right)^y = \left(1 + \frac{1}{y-1}\right)^{y-1}\left(1 + \frac{1}{y-1}\right),$$

从而

$$\lim_{x \to -\infty}\left(1 + \frac{1}{x}\right)^x = \lim_{y \to +\infty}\left(1 + \frac{1}{y-1}\right)^{y-1}\left(1 + \frac{1}{y-1}\right) = e.$$

因此,只要 $|x| \to +\infty$,就有(7.5)式成立.

若令 $y = \frac{1}{x}$,则当 $x \to \infty$ 时,$y \to 0$. 上面的极限可改写为

$$\lim_{y \to 0}(1 + y)^{1/y} = e.$$

例 10 求 $\lim\limits_{x \to \infty}\left(1 + \frac{1}{x}\right)^{-x}$.

解 $\lim\limits_{x \to \infty}\left(1 + \frac{1}{x}\right)^{-x} = \lim\limits_{x \to \infty}\frac{1}{\left(1 + \frac{1}{x}\right)^x} = \frac{1}{e}.$

e 与复利计算

e 在经济方面还有重要的应用,这就是如何计算复利的问题.

问题 设银行的年利率是 r,本金是 A_0,问 t 年末,本金与利息合在一起的值 A_t 是多少?

解 一年后的本利和为

$$A_1 = A_0(1 + r).$$

二年后的本利和为

$$A_2 = A_1(1 + r) = A_0(1 + r)^2.$$

依此类推,t 年后的本利和为

$$A_t = A_0(1 + r)^t.$$

现在换一种方法考虑问题. 如果利息半年计算一次. 到年终本利和是多少呢? 设年利率仍是 r,那么半年的利率应是 $\frac{r}{2}$. 到年终的本利和是

$$A = A_0\left(1 + \frac{r}{2}\right)^2.$$

如果一年计 n 次利息,那么到年终的本金和为

$$A = A_0\left(1 + \frac{r}{n}\right)^n.$$

如果计息的时间无限缩短,每时每刻都计利息,即令 $n \to \infty$,那么到年终本利和是

$$A = \lim_{n \to \infty}A_0\left(1 + \frac{r}{n}\right)^n = \lim_{n \to \infty}A_0\left[\left(1 + \frac{r}{n}\right)^{\frac{n}{r}}\right]^r = A_0 e^r.$$

这说明本利和有一个确定的极限;每时每刻都计算利息,存款者也不会发财.

t 年后的本利和是

$$A_t = \lim_{n\to\infty} A_0\left(1+\frac{r}{n}\right)^{nt} = \lim_{n\to\infty} A_0\left[\left(1+\frac{r}{n}\right)^{\frac{n}{r}}\right]^{rt} = A_0 e^{tr}.$$

所以,若以连续复利计算利息,则复利公式是
$$A_t = A_0 e^{tr},$$
这就是 e 与复利的关系.

习 题

1. 用极限定义证明:

(1) 若 $\lim\limits_{x\to a} f(x) = A$,且 $A > 0$,则存在点 a 的某个邻域,在这个邻域中,且 $x \neq a$ 时,$f(x) > 0$.

(2) $\lim\limits_{x\to 1}(2x-1) = 1$.

2. 计算下列极限

(1) $\lim\limits_{x\to 3}|x|$; (2) $\lim\limits_{t\to 3}\frac{|t-2|}{t-2}$; (3) $\lim\limits_{u\to 3}\frac{u^2-4}{u-2}$;

(4) $\lim\limits_{v\to -2}\frac{v^2+v-2}{v+2}$; (5) $\lim\limits_{v\to -6}(x+5)^8$; (6) $\lim\limits_{x\to 1}\frac{(x-1)^2}{|x^2-1|}$.

3. 求 $\lim\limits_{x\to a}\frac{f(x)-f(a)}{x-a}$,设函数 $f(x)$,常数 a 分别为:

(1) $f(x) = x^2$, $a = 3$; (2) $f(x) = x^2 + 1$, $a = 2$.

4. 解出 h(常数):

(1) $\lim\limits_{x\to 1}(3x^2+h) = 6$; (2) $\lim\limits_{x\to 3}\frac{x^2+h^2}{x+h} = \frac{5}{2}$.

计算下列极限:

5. $\lim\limits_{\alpha\to 0}\frac{\tan\alpha}{\alpha}$. 6. $\lim\limits_{\alpha\to 0}\frac{\sin 2\alpha}{\sin\alpha}$. 7. $\lim\limits_{\alpha\to 0}\frac{\cos 2\alpha}{\cos\alpha}$.

8. $\lim\limits_{\alpha\to 0}\frac{1-\cos\alpha}{\alpha\sin\alpha}$. 9. $\lim\limits_{x\to\infty}\left(1-\frac{1}{x}\right)^x$. 10. $\lim\limits_{x\to\infty}\left(1+\frac{2}{x}\right)^x$.

§4 函数的连续性

4.1 连续性的概念

函数的连续性是微积分的基本概念之一. 在实际问题中,很多现象都是连续变化的,如气温的变化,植物的生长等,这种现象反映在函数关系上就是函数的连续性.

定义 设函数在 $x = x_0$ 的邻域内有定义. 称函数 $f(x)$ 在点 x_0 处**连续**,若 $\lim\limits_{x\to x_0} f(x) = f(x_0)$. 否则称函数 $f(x)$ 在点 x_0 处**不连续**或**间断**.

等式 $\lim\limits_{x\to x_0} f(x) = f(x_0)$ 包含三个含义:

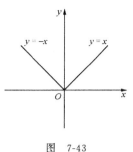

图 7-43

(1) $f(x_0)$ 有定义； (2) $\lim\limits_{x \to x_0} f(x)$ 存在；

(3) $\lim\limits_{x \to x_0} f(x) = f(x_0)$.

例 讨论函数 $f(x) = |x|$ 在点 $x = 0$ 处的连续性(图 7-43).

解 (1) $f(x)$ 在 $x=0$ 处有定义：$f(0) = 0$.

(2) 左极限：$\lim\limits_{x \to 0^-} |x| = 0$；右极限：$\lim\limits_{x \to 0^+} |x| = 0$；左极限 = 右极限. 说明极限 $\lim\limits_{x \to 0} |x| = 0$.

(3) $\lim\limits_{x \to 0} |x| = 0 = f(0)$.

综上所述，函数 $f(x) = |x|$ 在点 $x=0$ 处连续.

4.2 在闭区间上连续函数的性质

为了研究连续函数在闭区间上的一个重要性质，我们引进下面的概念.

定义 设函数 $f(x)$ 定义在集合 X 上，若存在一点 $x_1 \in X$，使得一切 $x \in X$ 都有
$$f(x) \leqslant f(x_1),$$
则称 $f(x_1)$ 为 $f(x)$ 在 X 上的**最大值**；若存在一点 $x_2 \in X$，使得一切 $x \in X$，都有
$$f(x) \geqslant f(x_2),$$
则称 $f(x_2)$ 为 $f(x)$ 在 X 上的**最小值**.

例如，$y = \sin x$ 在 $(-\infty, \infty)$ 的最大值为 1，最小值为 -1.

但是，并不是每一个函数在它的定义域都有最大值与最小值的，例如 $y = \dfrac{1}{x}$ 在 $(0,1]$ 上取不到最大值(见图 7-44).

又如，$y = x$ 在 $(0,1]$ 上取不到最小值(图 7-45).

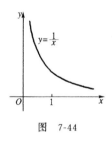

图 7-44

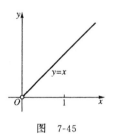

图 7-45

其原因之一，是函数定义的区间不是闭的.

关于连续函数，有两个重要的定理以后要用到，我们叙述如下，但不给予证明.

定理 1（最大、最小值定理） 若函数 $f(x)$ 在闭区间 $[a,b]$ 上连续，则 $f(x)$ 在 $[a,b]$ 上一定取到它的最大值与最小值，即至少存在两点 $\xi, \eta \in [a,b]$，使得 $x \in [a,b]$，
$$f(\xi) \leqslant f(x) \leqslant f(\eta),$$
这里 $f(\xi)$ 是 $f(x)$ 在 $[a,b]$ 上取到的最小值，记为 $f(\xi) = \min\limits_{x \in [a,b]} f(x)$，$f(\eta)$ 是 $f(x)$ 在 $[a,b]$ 上

取到的最大值，记为 $f(\eta) = \max\limits_{x \in [a,b]} f(x)$.

定理 2（中间值定理） 若 $f(x)$ 在闭区间 $[a,b]$ 上连续，则 $f(x)$ 取到它的最大值与最小值间的一切中间值.

§5 再论函数与极限

5.1 函数

近代数学的主体主要是围绕着函数和极限概念展开的. 函数概念最早是莱布尼茨(1646—1716)引进的. 他在 1673 年的一篇手稿里使用了函数一词. 在数学史上，这是一大进步. 它使得人们可以从数量上描述运动了. 当时的函数指的是可以用解析式子表示的函数. 但这种概念对数学和科学的进一步发展来说是太狭窄了. 用符号"ϕx"表示一般函数的是瑞士数学家约翰·伯努利(1667—1748)，他在 1718 年使用了这一表示. 这是函数概念从解析表达式走向抽象表示的第一步. 1734 年欧拉用 $f(x)$ 作为函数的记号. $f(x)$ 中的 f 是 function 的第一个字母. 历史上第一个给出函数一般定义的是狄利克雷(1805—1859). 他给出了下面的著名函数(1829)：

$$f(x) = \begin{cases} 0, & x \text{ 是无理数}, \\ 1, & x \text{ 是有理数}. \end{cases}$$

这个函数具有两个特点：

(1) 没有公式；函数定义从解析式子中解放了出来.

(2) 没有图形；函数定义从几何直观中解放了出来.

这个进步相当于从具体数字到字母表示. 进而，在 1837 年他给出了函数的如下定义：

如果对于给定区间上的每一个 x 值，都有唯一的 y 值与它对应，那么 y 是 x 的函数. 直到 19 世纪集合论诞生后，才出现现在的函数定义.

狄利克雷是现代数学的始祖. 他是头一位在数学中重视概念，并有意识地"以概念代替计算"的人. 这是数学从研究"算"到研究"概念、性质和结构"的转变.

特殊函数类 只停留在函数的一般定义上，不会有任何进展，必须深入到具体函数的研究. 我们研究了如下的函数：

单调函数：它有反函数，是引进新函数的第一个方法.

周期函数：描述自然界中存在的平移对称性，用于简化计算和刻画自然界中的周期现象.

奇、偶函数：描述自然界中存在的对称性，主要用于简化积分计算.

复合函数：是产生新函数的第二种方法. 主要用于求导与求积运算.

基本初等函数 基本初等函数的产生是历史选择的结果.

多项式函数：最简单、最基本、最重要和最常用的函数类. 因为一切连续函数都可以用多项式逼近.从应用角度看,一切连续函数的计算都可以化为多项式的计算.

三角函数:它们是用几何方法定义的,是最简单的周期函数.可以刻画一切周期运动.

指数函数:用于刻画自然界生物的增长率.

我们知道,数学上的概念是分层次的.一层比一层更深入,一层比一层更抽象.从算术转变到代数的关键在于引进了文字符号的公式.而函数概念的诞生,使我们实现了从具体公式到任意函数的转变,从而大大扩大了数学研究的范围.

但是必须指出,数学上的函数不过是变量之间的一种相互依赖的规律.它并不意味着变量之间存在着任何"因果"关系.

随着研究工具的进步,构造新函数的办法也在增加.本章介绍了引进新函数的两种方法:(1)借助反函数概念; (2)借助函数的复合运算.

连续函数 连续函数是微积分的主要研究对象.所有初等函数在其定义域内都是连续的.闭区间上的连续函数有两个重要性质:

(1) 最值定理.闭区间上的连续函数取到它的最大值和最小值;

(2) 中间值定理.闭区间上的连续函数取到它的最大值和最小值中间的一切值.

5.2 极限

极限思想辩证剖析 极限式

$$\lim_{n\to\infty} a_n = a$$

都有哪些含义呢?

有限与无限的相互转化 从左向右看,是无限转化为有限.从右向左看,是有限中包含着无限.圆周率 π 有如下几种展式:

$$1+\frac{1}{4}+\frac{1}{9}+\cdots=\frac{\pi^2}{6}, \quad 1+\frac{1}{16}+\frac{1}{81}+\cdots=\frac{\pi^2}{90}, \quad 1+\frac{1}{9}+\frac{1}{25}+\cdots=\frac{\pi^2}{8}.$$

在学习极限的时候,我们较多地注意到无限过程转化为有限数这一侧面,而常常忽略有限包含无限这个侧面. π 有许多不同展式说明,有限中含有丰富的无限.

近似与精确的转化 极限式左边的任一个具体的 n,都是右边的一个近似值. n 越大近似程度就越高.我们可以利用上面的任何一个式子去计算 π 的近似值.

定积分是一种和式的极限.定积分的近似计算就是用有限和去替代极限值.

如果我们从哲学上来看待极限概念,它有丰富的含义.首先,它表现了量变质变律:量的变化引起了质的变化.例如,有理数的序列可以有无理数的极限;正的序列可以有 0 的极限,等等.还有近似转化为精确,也是量变引起的质变.其次,它表现了否定之否定律:有限——无限——有限.最后,它反映了对立统一律:有限与无限的对立统一;近似与精确的对立统一;质与量的对立统一;运动与静止的对立统一,等等.

极限概念的含义是丰富的,它的多种应用就基于此.

第八章 导　　数

> 只有微分学才能使自然科学有可能用数学来不仅仅表明状态，并且也表明过程：运动．
>
> 恩格斯
>
> 微积分学，或者数学分析，是人类思维的伟大成果之一．它处于自然科学与人文科学之间的地位，使它成为高等教育的一种特别有效的工具．遗憾的是，微积分的教育方法有时流于机械，不能体现出这门学科乃是一种撼人心灵的智力奋斗的结晶；这种奋斗已经历了两千五百多年之久，它深深扎根于人类活动的许多领域，并且，只要人类认识自己和认识自然的努力一日不止，这种奋斗就将继续不已．
>
> R. Courant

从本章开始进入微积分学的主体．微积分分为微分学与积分学两部分．只是经过长期发展以后，系统的微分法和积分法才给出几何学和自然科学中产生的直觉概念所需要的精确的数学描述．

微分概念的产生是为了描述曲线的切线和运动质点的速度，更一般地说，是为了描述变化率的概念．这个概念是不难掌握的，然而这一概念却打开了通向数学知识与真理的巨大宝库之门；读者将会逐渐发现本章所阐述的方法的各种重要应用及其威力．

§1　引　　言

17 世纪后期出现了一个崭新的数学分支——数学分析，或者微积分．它在数学领域中占据着主导地位．这种新数学的特点是：非常成功地运用了无限过程的运算，即极限运算．而其中的微分和积分这两个过程则构成了微分学和积分学的核心，并奠定了全部分析学的基础．

微积分的系统发展通常归功于两位伟大的科学先驱——牛顿和莱布尼茨．这一系统发展的关键在于认识到，过去一直是分别研究的微分和积分这两个过程其实是彼此互逆的两个过程，由牛顿-莱布尼茨公式联系着．

公正的历史评价，是不能把发明微积分这一成就归功于一两个人的偶然的和不可思议的灵感的．许多人，例如费马、伽利略、开普勒，都曾为科学中的这些具有革命性的新思想所鼓舞，对微积分的诞生作出过贡献．牛顿的老师巴罗就曾几乎充分地认识到微分和积分间的互逆关系.

现在我们来扼要地谈谈牛顿和莱布尼茨这两位微积分奠基者的主要工作.

伊萨克·牛顿(Isaac Newton，1642—1727)1642 年 12 月 25 日生于英格兰的伍尔索普村. 在牛顿诞生前不久他的父亲就离开了人间. 1660 年，17 岁的牛顿进入剑桥大学. 1665 年毕业于该校并获得学士学位，1668 年获得硕士学位. 1669 年他继承了巴罗的职位，同时计划出一本关于导数和级数的论著，其中包括微积分基本定理. 但是这份手稿一直没有发表，到他去世之后才付印，后来以流数理论著称. 牛顿把导数考虑为一种速度，称之为**流数**. 1687 年，他的主要著作《自然哲学的数学原理》出版. 在这本名著中，牛顿证明了，天体的运动可以由运动定律(力等于动量对时间的导数)和引力定律推导出来.《自然哲学的数学原理》在物理和数学的结合方面首次取得了巨大的成就，其后被许多人继承，几乎有三百年之久.

牛顿在 1665～1666 年写出了《曲线求积术》，而在 1670 年写出了题为《流数术和无穷级数方法及其对几何曲线的应用》的论文. 这两部著作相当迟才出版，前者在 1704 年出版，后者在牛顿去世后，于 1736 年出版. 牛顿在这两部著作中叙述了数学分析的方法. 在这两部著作中和在牛顿同时代人莱布尼茨的著作中，建立和完成了无穷小量的经典分析，也就是建立和完成了微积分学.

牛顿的数学分析的基本概念是力学概念的反映. 连最简单的几何图形——线、角、体——都被牛顿看做是力学位移的结果. 线是点运动的结果，角是它的边旋转的结果，体是表面运动的结果. 牛顿认为变量是运动着的点. 牛顿把任何变量都叫做流动量.

至今我们还用术语"流动点"表示坐标连续变化的点，即运动着的点. 因为任何运动都离不开时间，所以牛顿总是把时间作为自变量. 运动的速度，对我们说来是导数，牛顿把它叫做流数，并用一个点表示，如果流动量为 x，那么流数 $\dot{x}$ 是对时间的导数，现在我们用 $\dfrac{dx}{dt}$ 来表示.

牛顿完全明白两种运算的互逆性：由已知的流动量求流数和由已知流数求流动量是互逆的.

牛顿解决了正问题和逆问题，并把它们的解用到大量的几何问题与力学问题上去.

戈特弗里德·威廉·莱布尼茨(Gottfried Wilhelm Leibniz，1646—1716)1646 年 7 月 1 日出生在德国莱比锡，他的父亲是莱比锡大学的道德哲学教授. 莱布尼茨 15 岁进入莱比锡大学，学习法律. 在答辩了关于逻辑的论文之后，得到哲学学士学位. 1666 年他写了论文《论组合的技巧》，这就完成了他在阿尔特多夫大学的博士论文，并使他获得教授席位. 1670 年和 1671 年他写了第一篇力学论文. 1672 年他出差到巴黎，使他接触到数学家和自然科学家，激起了他对数学的兴趣. 他自己说过，直到 1672 年他还基本上不懂数学.

莱布尼茨从 1684 年起发表微积分论文. 在 1684 年的《学艺报》杂志上他发表了一篇题为《一种求极大值与极小值和切线的新方法，它也适用于分式和无理量，以及这种新方法的奇妙类型的计算》. 在这篇论文中，他简明地解释了他的微分学. 他在这篇论文中所给出的微分学符号和计算导数的许多一般法则一直沿用到今天.它使得微分运算几乎是机械的,而在这以前人们还不得不对每一个个别情况采用取极限的步骤.值得庆幸的另一点是,莱布尼茨引入了一套设计得很好的、令人满意的符号.

莱布尼茨的符号具有独到之处.他不但为我们提供了今天正在使用的一套非常灵巧的微分学符号,而且还在 1675 年引入了现代的积分符号,用拉丁字 Summa(求和)的第一个字母 S 拉长了表示积分.但是"积分"的名称出现得比较迟,它是由 J. 伯努利提出的.

综上所述,牛顿和莱布尼茨研究微积分学的基础都达到了同一目的,但各自的方法不同,牛顿主要是从力学的概念出发,而莱布尼茨作为哲学家和几何学家对这些方法感兴趣.牛顿接近最后的结论比莱布尼茨早一些,而莱布尼茨发表自己的结论早于牛顿.

§2 预 备 知 识

2.1 Δ 符号

考虑函数 $y=f(x)$,假定它定义在某个区间上.设 x_0 是定义域内的一点,再考虑一点 $x(x\neq x_0)$,用记号 Δx 表示从 x_0 到 x 的改变量:$\Delta x=x-x_0$,由此可得
$$x = \Delta x + x_0.$$
当自变量从 x_0 变到 x 时,因变量的变化是
$$f(x_0 + \Delta x) - f(x_0).$$
我们用 Δy 表示函数值的变化,记为
$$\Delta y = f(x_0 + \Delta x) - f(x_0).$$
若令 $y_0=f(x_0)$,上式又可记为
$$f(x_0 + \Delta x) = y_0 + \Delta y.$$

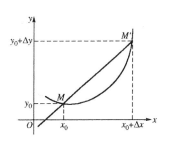

图 8-1

仔细研究图 8-1,不难弄清它们之间的关系.

例 1 设 $y=f(x)=x^2, x_0=2$.于是 $y_0=f(x_0)=2^2=4$.若取 $\Delta x=1$,则 $x_0+\Delta x=3$,
$$f(x_0 + \Delta x) = 3^2 = 9,$$
$$\Delta y = f(x_0 + \Delta x) - f(x_0) = 9 - 4 = 5.$$
若取 $\Delta x=-1/2$,则 $x_0+\Delta x=3/2$,
$$f(x_0 + \Delta x) = (3/2)^2 = 9/4,$$
$$\Delta y = f(x_0 + \Delta x) - f(x_0) = 9/4 - 4 = -7/4.$$

例 2 设 $u=g(x)=\dfrac{1}{x}(x\neq 0), x_0=4$,于是 $u_0=g(x_0)=1/4$. 若 $\Delta x=1$,则
$$x_0 + \Delta x = 5, \quad g(x_0 + \Delta x) = 1/5,$$
$$\Delta u = g(x_0 + \Delta x) - g(x_0) = 1/5 - 1/4 = -1/20.$$
若 $\Delta x=-1/2$,则 $x_0+\Delta x=7/2$,

$$g(x_0 + \Delta x) = 2/7,$$
$$\Delta u = g(x_0 + \Delta x) - g(x_0) = 2/7 - 1/4 = 1/28.$$

2.2 平均变化率

设 $y=f(x)$. 当自变量 x 从 x_0 变化到 $x_0+\Delta x$ 时，因变量 y 的改变量是
$$\Delta y = f(x_0 + \Delta x) - f(x_0),$$
"差商"
$$\frac{\Delta y}{\Delta x} = \frac{f(x_0 + \Delta x) - f(x_0)}{\Delta x}$$
叫做 y 关于 x 的**平均变化率**.

从几何上看,平均变化率等于连接点 (x_0, y_0) 与 $(x_0+\Delta x, y_0+\Delta y)$ 的直线的斜率(见图 8-1),这条直线叫做曲线 $y=f(x)$ 的割线,即函数的平均变化率等于函数图像上两点连线的斜率.

平均变化率还有一个重要的物理解释.

例 3 自由落体在 $[0, t]$ 这段时间内下降的路程是
$$s = \frac{1}{2}gt^2. \tag{8.1}$$
当时间从 t_0 变到 $t_0+\Delta t$ 时,路程的改变量是
$$\begin{aligned}\Delta s &= \frac{1}{2}g(t_0 + \Delta t)^2 - \frac{1}{2}gt_0^2 \\ &= \frac{1}{2}g(t_0^2 + 2t_0\Delta t + (\Delta t)^2) - \frac{1}{2}gt_0^2 \\ &= gt_0\Delta t + \frac{1}{2}g(\Delta t)^2,\end{aligned}$$
差商为
$$\frac{\Delta s}{\Delta t} = gt_0 + \frac{1}{2}g\Delta t. \tag{8.2}$$
这正是自由落体在 t_0 与 $t_0+\Delta t$ 间的平均速度.

因而在物理上,平均变化率可以表示物体运动的平均速度.

习　题

1. 设 $y = x^2 - 3x$.
   (1) 当 x 从 $x=-1$ 变到 $x=1$ 时,求 Δy,并求平均变化率;
   (2) 当 x 从 $x=0$ 变到 $x=4$ 时,求 Δy,并求平均变化率.
2. 设 $y = \sqrt{x}$,求 $\frac{\Delta y}{\Delta x}$,若 $x_0=5$,Δx 分别为 $\Delta x = 1, -1, 0.1, -0.1$.
3. 设 $f(x)$ 是一个增函数,你能说出 $\frac{f(x_0+\Delta x) - f(x_0)}{\Delta x}$ 在下面两种情况下的符号吗？

若 (1) $\Delta x > 0$； (2) $\Delta x < 0$.

4. 判别 $\dfrac{\cos\left(\dfrac{\pi}{4}+\Delta x\right)-\cos\dfrac{\pi}{4}}{\Delta x}$ 的符号，若(1) $0<\Delta x<\pi/4$；(2) $-\pi/4<\Delta x<0$.

§3 导 数 概 念

3.1 瞬时速度

在上节我们看到了，函数的平均变化率可解释为平均速度。我们对这一解释作一番深入考察，由此引入瞬时速度的概念，并进而引出导数概念。

仍看上节例5，$\dfrac{\Delta s}{\Delta t}$ 描述了自由落体在 t_0 到 $t_0+\Delta t$ 这段时间内的平均速度，但它没有告诉我们自由落体在 t_0 时刻的速度。如何求出在 t_0 时刻落体的速度呢？

经验告诉我们，自由落体作变速运动，它下落的速度越来越大，每个时刻的速度都不同。初等数学没有告诉我们求作变速运动的物体在每一时刻的运动速度的方法。现在我们来着手解决这一问题。

实践告诉我们，作变速运动的物体，尽管在整体上，速度可以有很大的变化，但是在很小的一段时间内，速度的变化是很小的，近似于匀速运动。这就是说，速度在整体上的"变"可以转化为局部的相对的"不变"，也就是"匀"。因此，当我们要求落体在 t_0 时刻的速度时，可以把落体在 t_0 时刻附近很短一段时间间隔 Δt 内的运动看做是匀速的，而用这段时间内的平均速度去代替 t_0 时刻的瞬时速度。通常把这种近似代替称为"以匀代不匀"或"以不变代变"。显然，时间间隔 Δt 越小，这种近似代替的精确度就越高，当时间间隔 $\Delta t \to 0$ 时，平均速度就转化为瞬时速度。这样，我们以平均速度作桥梁，找到了匀与不匀的转化条件，获得了求瞬时速度的方法。

在(8.2)中令 $\Delta t \to 0$，我们就求出瞬时速度 v：

$$v = \lim_{\Delta t \to 0} \frac{\Delta s}{\Delta t} = \lim_{\Delta t \to 0}\left(gt_0 + \frac{1}{2}g\Delta t\right) = gt_0, \quad 即 \quad v(t) = gt_0.$$

这就是自由落体在时刻 t_0 时的瞬时速度。

为了总结上面求瞬时速度的方法，使之适应于一般情况，对求解过程再作些剖析。

我们的目的是，求落体在 t_0 时刻的速度。但是我们不能孤立地只考虑 t_0 这一瞬时，要是这样，我们甚至连物体是否在运动都看不出来，更不用说求其速度了。所以我们必须把落体在 t_0 时刻的运动状态和它前后的运动状态联系起来。为此，让 t_0 变到 $t_0+\Delta t$，从而路程产生差 $\Delta s = s(t_0+\Delta t) - s(t_0)$，求出平均速度 $\bar v = \dfrac{\Delta s}{\Delta t}$，当 $\Delta t \to 0$ 时，平均速度就转化为 t_0 的瞬时速度。

用数学的语言总结这一求法就是：

(1) 取差 Δt; (2) 求差商 $\dfrac{\Delta s}{\Delta t}$; (3) 取极限 $\lim\limits_{\Delta t \to 0} \dfrac{\Delta s}{\Delta t}$.

对于一般的变速运动,我们也可以用同样的方法求出它在每一时刻 t 的瞬时速度.

3.2 再论切线问题

在第七章 §3.3 我们已经讨论过求抛物线在一点的切线问题. 现在我们来讨论一条一般曲线的切线问题,并找出解决切线问题的数学模式.

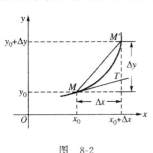

图 8-2

在 $y=f(x)$ 所表示的曲线上取一点 $M(x_0,y_0)$,并在它的邻近取此曲线上的另一点 $M'(x_0+\Delta x, y_0+\Delta y)$(见图 8-2). 由图 8-2 易见,割线 MM' 的斜率为 $\dfrac{\Delta y}{\Delta x}$. 当点 M' 沿曲线 $y=f(x)$ 趋于 M 时,割线的极限位置 MT 就是曲线在点 M 处的切线. 因此 MT 的切线斜率为 $\lim\limits_{\Delta x \to 0} \dfrac{\Delta y}{\Delta x}$. 于是,我们解决了求曲线在一点的切线问题.

如果我们从数学上总结这一求解过程,我们仍然得到 3.1 小节末所得到的数学模式.

可见,研究 3.1 小节末所提供的数学模式具有普遍的意义.

3.3 导数定义

定义 设函数 $y=f(x)$ 在点 x_0 的某邻域内有定义,给 x 以改变量 Δx,则函数的相应改变量为 $\Delta y=f(x_0+\Delta x)-f(x_0)$. 如果当 $\Delta x \to 0$ 时,两个改变量比的极限:

$$\lim_{\Delta x \to 0} \frac{\Delta y}{\Delta x} = \lim_{\Delta x \to 0} \frac{f(x_0+\Delta x)-f(x_0)}{\Delta x} \tag{8.3}$$

存在,则称这个极限值为函数 $f(x)$ 在点 x_0 的**导数**,并称函数 $f(x)$ 在 x_0 **可导**或**具有导数**,也称为 $f(x)$ 在 x_0 **可微**或**有微商**.

我们常采用记号

$$f'(x_0), \quad y'|_{x=x_0}, \quad \frac{df}{dx}\bigg|_{x=x_0} \quad \text{或} \quad \frac{dy}{dx}\bigg|_{x=x_0}$$

来表示函数 $y=f(x)$ 在点 x_0 的导数. 例如,极限值(8.3)可用记号 $f'(x_0)$ 表达为

$$f'(x_0) = \lim_{\Delta x \to 0} \frac{f(x_0+\Delta x)-f(x_0)}{\Delta x}. \tag{8.4}$$

如果这个极限不存在,就称函数在点 x_0 没有导数或导数不存在. 如果极限为无穷大,那么导数是不存在的,但有时为方便起见,也称函数在点 x_0 的导数为无穷大.

例 1 求函数 $y=x^2$ 在点 $x=1$ 处的导数.

解 当 $x=1$ 时,$y=1$. 当 $x=1+\Delta x$ 时,$y=(1+\Delta x)^2$. 故

$$\Delta y = (1+\Delta x)^2 - 1 = 2\Delta x + (\Delta x)^2.$$

因此
$$\frac{\Delta y}{\Delta x} = 2 + \Delta x.$$

所以
$$\left.\frac{\mathrm{d}y}{\mathrm{d}x}\right|_{x=1} = \lim_{\Delta x \to 0} \frac{\Delta y}{\Delta x} = \lim_{\Delta x \to 0}(2+\Delta x) = 2.$$

设对于在区间 (a,b) 中的每一值 x，函数 $y=f(x)$ 都有导数，那么对应于 (a,b) 中的每一 x 值就有一个导数值，这样便定义出一个新的函数，叫做函数 $f(x)$ 的**导函数**. 以后为简便起见也叫导函数为导数，记做

$$f'(x), \quad y', \quad \frac{\mathrm{d}f}{\mathrm{d}x} \text{ 或 } \frac{\mathrm{d}y}{\mathrm{d}x}.$$

必须注意，导数记号 $\frac{\mathrm{d}f}{\mathrm{d}x}$ 或 $\frac{\mathrm{d}y}{\mathrm{d}x}$ 应看做是整个记号；到讲过微分概念以后，才有理由把它看做 $\mathrm{d}f$ 或 $\mathrm{d}y$ 与 $\mathrm{d}x$ 之商. 我们以后以使用简单记号 y' 为主.

在导数概念的引进过程中，我们已经熟悉了下面提到的三点. 由于以后经常用到它们，所以这里再重叙如下：

(1) 导数的物理意义是瞬时速度. 详细说，若 $s=f(t)$ 是一个函数. 如果将 s 视为运动质点在 t 时刻的路程，则

$$\frac{\mathrm{d}s}{\mathrm{d}t} = f'(t)$$

就表示运动质点在 t 时刻的瞬时速度.

(2) 导数的几何意义是曲线在一点处切线的斜率.

(3) 导数的第三种解释是变化率. 设 x,y 是某一变化过程中的两个变量，并由函数关系 $y=f(x)$ 联系着. 前面已经定义了变量 y 关于变量 x 的平均变化率 $\frac{\Delta y}{\Delta x}$. 变量 y 关于变量 x 的瞬时变化率是

$$\frac{\mathrm{d}y}{\mathrm{d}x} = f'(x).$$

瞬时变化率以下简称为变化率.

例 2 设圆的面积为 A，半径为 r，求面积 A 关于半径 r 的变化率.

解 面积关于半径的变化率为

$$\begin{aligned}
A'(r) &= \lim_{\Delta r \to 0} \frac{\Delta A}{\Delta r} = \lim_{\Delta r \to 0} \frac{\pi(r+\Delta r)^2 - \pi r^2}{\Delta r} \\
&= \lim_{\Delta r \to 0} \frac{\pi[r^2 + 2r(\Delta r) + (\Delta r)^2] - \pi r^2}{\Delta r} \\
&= \lim_{\Delta r \to 0} \frac{2\pi r(\Delta r) + \pi(\Delta r)^2}{\Delta r} \\
&= \lim_{\Delta r \to 0} \pi(2r + \Delta r) = 2\pi r = \text{周长}.
\end{aligned}$$

例 3 函数 $y=2x^2$ 是一条抛物线，求这条抛物线在点 $(1,2)$ 处的切线的斜率及切线方程.

解 由导数的几何意义,我们只需求在 $x=1$ 处 $y=2x^2$ 的导数:

$$f'(x)|_{x=1} = \lim_{\Delta x \to 0} \frac{f(1+\Delta x) - f(1)}{\Delta x} = \lim_{\Delta x \to 0} \frac{2(1+\Delta x)^2 - 2}{\Delta x}$$

$$= \lim_{\Delta x \to 0} \frac{4\Delta x + 2(\Delta x)^2}{\Delta x} = 4.$$

这样一来,曲线在点 $(1,2)$ 处的斜率为 4.

由直线的点斜式方程知,切线方程为

$$y - 2 = 4(x - 1) \quad \text{或} \quad y = 4x - 2.$$

3.4 可导与连续

可导的函数是连续的. 证明是容易的,若 $y=f(x)$ 在点 x 处 $f'(x)$ 存在,则当 $\Delta x \to 0$ 时,

$$f(x+\Delta x) - f(x) = \frac{f(x+\Delta x) - f(x)}{\Delta x} \cdot \Delta x \to f'(x) \cdot 0 = 0.$$

写简单些,

$$\Delta y = \frac{\Delta y}{\Delta x} \cdot \Delta x \to \frac{dy}{dx} \cdot 0 = 0 \quad (\Delta x \to 0).$$

这就是说,$f(x)$ 在点 x 是连续的.

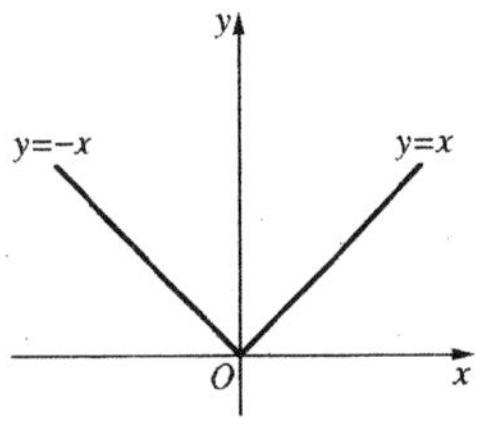

但是,逆命题不真,一个连续函数不一定可导.

例如,函数

$$y = |x| = \begin{cases} x, & x \geq 0, \\ -x, & x < 0 \end{cases}$$

在点 $x=0$ 连续(见图 8-3),但右极限

$$\lim_{\Delta x \to 0^+} \frac{\Delta y}{\Delta x} = \lim_{\Delta x \to 0^+} \frac{|\Delta x|}{\Delta x} = +1,$$

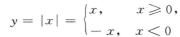

而左极限

$$\lim_{\Delta x \to 0^-} \frac{\Delta y}{\Delta x} = \lim_{\Delta x \to 0^-} \frac{|\Delta x|}{\Delta x} = -1.$$

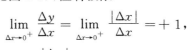

图 8-3

因左、右极限不相等,故极限 $\lim_{\Delta x \to 0} \frac{\Delta y}{\Delta x}$ 不存在,即函数在点 $x=0$ 没有导数.

§4 导数公式

如果每次求导数都从定义出发,那就太麻烦了.幸好我们可以找到一些求导公式,使计算导数的工作大大简化.现在就来逐一地研究它们.

4.1 常数函数的导数

若 $f(x)=C$ (C 是一常数),则 $f'(x)=0$. 简单地写

$$\frac{\mathrm{d}C}{\mathrm{d}x} = 0. \tag{8.5}$$

从几何意义看,常数函数的切线是水平的,斜率为零.

证 对每个点 x,$f(x)=C$ 和 $f(x+\Delta x)=C$,因此

$$f'(x) = \lim_{\Delta x \to 0} \frac{f(x+\Delta x)-f(x)}{\Delta x} = \lim_{\Delta x \to 0} \frac{C-C}{\Delta x} = \lim_{\Delta x \to 0} \frac{0}{\Delta x} = 0.$$

4.2 函数 $f(x)=x$ 的导数

若 $f(x)=x$,则 $f'(x)=1$. 简单地写

$$\frac{\mathrm{d}x}{\mathrm{d}x} = 1.$$

几何意义是,切线斜率为 1.

证 对每个点 x,$f(x)=x$,$f(x+\Delta x)=x+\Delta x$. 因此

$$f'(x) = \lim_{\Delta x \to 0} \frac{f(x+\Delta x)-f(x)}{\Delta x} = \lim_{\Delta x \to 0} \frac{x+\Delta x-x}{\Delta x} = \lim_{\Delta x \to 0} \frac{\Delta x}{\Delta x} = 1.$$

4.3 幂函数的导数

若 $f(x)=x^n$,则 $f'(x)=nx^{n-1}$. 简单地写

$$\frac{\mathrm{d}}{\mathrm{d}x} x^n = nx^{n-1}. \tag{8.6}$$

证 这里仅对 n 是正整数的情况予以证明,其他情况放在以后证明.

由二项式定理,

$$f(x+\Delta x) = (x+\Delta x)^n$$
$$= x^n + nx^{n-1}\Delta x + \frac{n(n-1)}{2} x^{n-2}(\Delta x)^2 + \cdots + (\Delta x)^n,$$

从而

$$f(x+\Delta x) - f(x) = nx^{n-1}\Delta x + \frac{n(n-1)}{2} x^{n-2}(\Delta x)^2 + \cdots + (\Delta x)^n,$$

$$\frac{f(x+\Delta x) - f(x)}{\Delta x} = nx^{n-1} + \frac{n(n-1)}{2} x^{n-2}(\Delta x) + \cdots + (\Delta x)^{n-1}.$$

上式右边除第 1 项外,其他项均含 Δx,令 $\Delta x \to 0$,我们得到

$$f'(x) = \lim_{\Delta x \to 0} \frac{f(x+\Delta x)-f(x)}{\Delta x} = \lim_{\Delta x \to 0} \frac{(x+\Delta x)^n - x^n}{\Delta x} = nx^{n-1}.$$

注 当 n 是任意实数时,公式(8.6)仍然成立,§6 给出其证明. 当 $x>0$ 时,公式无例外地成立. 我们避开 $x \leqslant 0$ 的情况,这时函数可能无定义.

例 1 求 $\dfrac{\mathrm{d}}{\mathrm{d}x} x^6$.

解 $\dfrac{d}{dx}x^6 = 6x^5.$

例 2 求 $\dfrac{d}{dx}\left(\dfrac{1}{x}\right).$

解 $\dfrac{d}{dx}\left(\dfrac{1}{x}\right) = \dfrac{d}{dx}x^{-1} = (-1)\cdot x^{-2} = -\dfrac{1}{x^2}$，即 $\dfrac{d}{dx}\left(\dfrac{1}{x}\right) = -\dfrac{1}{x^2}.$

例 3 对 $n = \dfrac{1}{2}$，我们有

$$\dfrac{d}{dx}\sqrt{x} = \dfrac{d}{dx}x^{\frac{1}{2}} = \dfrac{1}{2}x^{-\frac{1}{2}}, \quad 即 \quad \dfrac{d}{dx}\sqrt{x} = \dfrac{1}{2\sqrt{x}}.$$

4.4 导数的四则运算

定理 若函数 $u(x)$ 和 $v(x)$ 都是可导的，则
(1) $[cu(x)]' = cu'(x)$ (c 为常数)；
(2) $[u(x) \pm v(x)]' = u'(x) \pm v'(x)$；
(3) $[u(x)\cdot v(x)]' = u'(x)v(x) + v'(x)u(x)$；
(4) $\left[\dfrac{u(x)}{v(x)}\right]' = \dfrac{u'(x)v(x) - u(x)v'(x)}{v^2(x)}$ $(v(x)\neq 0).$

证 (1) 设 $f(x) = cu(x)$，则 $f(x+\Delta x) = cu(x+\Delta x).$ 因此

$$f'(x) = \lim_{\Delta x \to 0}\dfrac{f(x+\Delta x) - f(x)}{x} = \lim_{\Delta x \to 0}\dfrac{cu(x+\Delta x) - cu(x)}{\Delta x}$$

$$= c\lim_{\Delta x \to 0}\dfrac{u(x+\Delta x) - u(x)}{\Delta x} = cu'(x).$$

(2) 设 $f(x) = u(x) + v(x)$，则

$$f(x+\Delta x) = u(x+\Delta x) + v(x+\Delta x).$$

因此

$$f'(x) = \lim_{\Delta x \to 0}\dfrac{f(x+\Delta x) - f(x)}{x}$$

$$= \lim_{\Delta x \to 0}\left[\dfrac{u(x+\Delta x) - u(x)}{\Delta x} + \dfrac{v(x+\Delta x) - v(x)}{\Delta x}\right]$$

$$= \lim_{\Delta x \to 0}\dfrac{u(x+\Delta x) - u(x)}{\Delta x} + \lim_{\Delta x \to 0}\dfrac{v(x+\Delta x) - v(x)}{\Delta x}$$

$$= u'(x) + v'(x).$$

注 (2) 可以推广到任意多项的代数和，例如

$$\dfrac{d}{dx}(u+v-w) = \dfrac{du}{dx} + \dfrac{dv}{dx} - \dfrac{dw}{dx}.$$

(3) 设 $f(x) = u(x)v(x)$，则

$$f(x+\Delta x) = u(x+\Delta x)v(x+\Delta x),$$

从而

$$f(x+\Delta x)-f(x)=u(x+\Delta x)v(x+\Delta x)-u(x)v(x).$$

这里还不能除以 Δx 求极限,需用一点技巧:加一项,减一项.这是一个有用的技巧,我们有

$$\begin{aligned}f(x+\Delta x)-f(x)&=u(x+\Delta x)v(x+\Delta x)-u(x+\Delta x)v(x)\\&\quad+u(x+\Delta x)v(x)-u(x)v(x)\\&=u(x+\Delta x)[v(x+\Delta x)-v(x)]\\&\quad+v(x)[u(x+\Delta x)-u(x)],\end{aligned}$$

两边除以 Δx 得到

$$\begin{aligned}\frac{f(x+\Delta x)-f(x)}{\Delta x}&=u(x+\Delta x)\frac{v(x+\Delta x)-v(x)}{\Delta x}\\&\quad+v(x)\frac{u(x+\Delta x)-u(x)}{\Delta x},\end{aligned}$$

$$\begin{aligned}f'(x)&=\lim_{\Delta x\to 0}\frac{f(x+\Delta x)-f(x)}{\Delta x}\\&=\lim_{\Delta x\to 0}u(x+\Delta x)\frac{v(x+\Delta x)-v(x)}{\Delta x}+\lim_{\Delta x\to 0}v(x)\frac{u(x+\Delta x)-u(x)}{\Delta x}\\&=u(x)v'(x)+v(x)u'(x).\end{aligned}$$

(4) 设 $f(x)=\dfrac{u(x)}{v(x)}$,则

$$\begin{aligned}f(x+\Delta x)-f(x)&=\frac{u(x+\Delta x)}{v(x+\Delta x)}-\frac{u(x)}{v(x)}\\&=\frac{u(x+\Delta x)v(x)-u(x)v(x+\Delta x)}{v(x+\Delta x)v(x)}.\end{aligned}$$

仍用加一项,减一项的技巧,我们有

$$\begin{aligned}&f(x+\Delta x)-f(x)\\&=\frac{u(x+\Delta x)v(x)-u(x)v(x)+u(x)v(x)-u(x)v(x+\Delta x)}{v(x+\Delta x)v(x)}\\&=\frac{v(x)[u(x+\Delta x)-u(x)]-u(x)[v(x+\Delta x)-v(x)]}{v(x+\Delta x)v(x)},\end{aligned}$$

两边除以 Δx,我们有

$$\frac{f(x+\Delta x)-f(x)}{\Delta x}=\frac{v(x)\dfrac{u(x+\Delta x)-u(x)}{\Delta x}-u(x)\dfrac{v(x+\Delta x)-v(x)}{\Delta x}}{v(x+\Delta x)v(x)}.$$

令 $\Delta x\to 0$ 得到

$$f'(x)=\lim_{\Delta x\to 0}\frac{f(x+\Delta x)-f(x)}{\Delta x}=\frac{v(x)u'(x)-u(x)v'(x)}{v^2(x)}.$$

注 取 $u=1$,则有

$$\frac{\mathrm{d}}{\mathrm{d}x}\left(\frac{1}{v}\right)=-\frac{1}{v^2}\frac{\mathrm{d}v}{\mathrm{d}x}.$$

特别地,当 $v=x$ 时,

$$\frac{\mathrm{d}}{\mathrm{d}x}\left(\frac{1}{x}\right) = -\frac{1}{x^2}.$$

这与例 2 所得结果是一致的.

例 4 $(3x^5 - 2x^4 + 4x^2 - x - 7)' = (3x^5)' - (2x^4)' + (4x^2)' - x' - 7'$
$= 3(x^5)' - 2(x^4)' + 4(x^2)' - 1 - 0$
$= 15x^4 - 8x^3 + 8x - 1.$

例 5 $[(4x+5)(x^2-2x+2)]' = (4x+5)'(x^2-2x+3) + (4x+5)(x^2-2x+2)'$
$= 4(x^2-2x+2) + (4x+5)(2x-2)$
$= 12x^2 - 6x - 2.$

例 6 $\left(\dfrac{12x}{7x+3}\right)' = 12\left(\dfrac{x}{7x+3}\right)' = 12\,\dfrac{(x)'(7x+3) - x(7x+3)'}{(7x+3)^2}$
$= 12\,\dfrac{7x+3-7x}{(7x+3)^2} = \dfrac{36}{(7x+3)^2}.$

4.5 链锁法则

链锁法则是解决复合函数的求导问题的. 考虑复合函数
$$y = f(g(x)).$$
引进中间变量 u,令 $u = g(x)$,那么我们有
$$y = f(u), \quad u = g(x), \quad y = f(u) = f(g(x)).$$

定理 设函数 $y=f(u), u=g(x)$,即 y 是 x 的复合函数 $y=f(g(x))$. 如果 $u=g(x)$ 在点 x 有导数,$y=f(u)$ 在相应点 u 有导数,则 $y=f(g(x))$ 在 x 也有导数,并且它等于导数 $f'(u)$ 与导数 $g'(x)$ 的乘积:
$$\frac{\mathrm{d}}{\mathrm{d}x}f(g(x)) = f'(g(x)) \cdot g'(x)$$
或
$$\frac{\mathrm{d}y}{\mathrm{d}x} = \frac{\mathrm{d}y}{\mathrm{d}u}\frac{\mathrm{d}u}{\mathrm{d}x}.$$

证 若自变量 x 有改变量 Δx,则 u 有改变量 Δu,y 有改变量 Δy:
$$\Delta u = g(x+\Delta x) - g(x),$$
$$\Delta y = f(u+\Delta u) - f(u) = f(g(x+\Delta x)) - f(g(x)).$$
而
$$\frac{\Delta y}{\Delta x} = \frac{\Delta y}{\Delta u}\frac{\Delta u}{\Delta x}, \tag{8.7}$$
依导数定义,
$$\frac{\mathrm{d}u}{\mathrm{d}x} = \lim_{\Delta x \to 0}\frac{\Delta u}{\Delta x}, \quad \frac{\mathrm{d}y}{\mathrm{d}u} = \lim_{\Delta u \to 0}\frac{\Delta y}{\Delta u}, \quad \frac{\mathrm{d}y}{\mathrm{d}x} = \lim_{\Delta x \to 0}\frac{\Delta y}{\Delta x}.$$
因为 g 是可导的,所以它是连续的,所以当 $\Delta x \to 0$ 时,$\Delta u \to 0$. 因此
$$\frac{\mathrm{d}y}{\mathrm{d}x} = \lim_{\Delta x \to 0}\frac{\Delta y}{\Delta x} = \lim_{\Delta x \to 0}\frac{\Delta y}{\Delta u}\frac{\Delta u}{\Delta x} = \lim_{\Delta u \to 0}\frac{\Delta y}{\Delta u} \cdot \lim_{\Delta x \to 0}\frac{\Delta u}{\Delta x} = \frac{\mathrm{d}y}{\mathrm{d}u}\frac{\mathrm{d}u}{\mathrm{d}x}.$$

注 1 证明中还有些微妙之处需要指出. 这就是,当 $\Delta x \to 0$ 时,Δu 可能取 0 值,这时

(8.7)式失去意义. 我们借助一个技巧来消去这一困难.

引进一个新变量:
$$p = \begin{cases} \dfrac{\Delta y}{\Delta u}, & \text{若 } \Delta u \neq 0, \\ \dfrac{dy}{du}, & \text{若 } \Delta u = 0, \end{cases} \tag{8.8}$$

那么 $p \to \dfrac{dy}{du}$ $(\Delta u \to 0)$. 由(8.8), 当 $\Delta u \neq 0$ 时,
$$\Delta y = p \Delta u. \tag{8.9}$$

当 $\Delta u = 0$ 时, 自然也有 $\Delta y = 0$, 所以不管 Δu 是否为 0, (8.9)都成立. 因此, 对一切 $\Delta x \neq 0$, 都有

$$\frac{\Delta y}{\Delta x} = p \frac{\Delta u}{\Delta x},$$

取极限
$$\frac{dy}{dx} = \lim_{\Delta x \to 0} \frac{\Delta y}{\Delta x} = \lim_{\Delta x \to 0} \left(p \frac{\Delta u}{\Delta x} \right) = \frac{dy}{du} \frac{du}{dx}.$$

注 2 在计算复杂函数导数的时候, 链锁法则是一个非常有效的工具. 随着你对它的使用, 你会逐渐体会到它的威力. 目前我们只将它应用到幂函数:
$$f(g(x)) = (g(x))^n \quad \text{或} \quad y = u^n,$$
这时链锁法则取如下形式:
$$\frac{d}{dx}(g(x))^n = n(g(x))^{n-1} g'(x) \quad \text{或} \quad \frac{d}{dx} u^n = n u^{n-1} \frac{du}{dx}. \tag{8.10}$$

例 7 求 $\dfrac{d}{dx}(x^2+1)^3$.

解 令 $g(x) = x^2+1$, 则 $g'(x) = 2x$. 由(8.9), $\dfrac{d}{dx} g(x)^3 = 3 g(x)^2 g'(x)$, 所以
$$\frac{d}{dx}(x^2+1)^3 = 3(x^2+1)^2 \cdot 2x = 6x(x^2+1)^2.$$

注意 别忘了 $\dfrac{du}{dx} = g'(x)$ 这一项! 初学者最容易犯的一个错误是丢掉 $\dfrac{du}{dx}$ 这一项.

例 8 求 $\dfrac{d}{dx}(3x)^2$.

解法 1 $\dfrac{d}{dx}(3x)^2 = \dfrac{d}{dx}(9x^2) = 9 \cdot 2x = 18x.$

解法 2 用链锁法则,
$$\frac{d}{dx}(3x)^2 = 2(3x) \frac{d}{dx}(3x) = 2(3x)(3) = 18x.$$

例 9 求 $\dfrac{d}{dx}\left(\dfrac{x^2+1}{x^2-1} \right)^4$.

解 令 $g(x) = \dfrac{x^2+1}{x^2-1} = 1 + \dfrac{2}{x^2-1}$, 从而 $g'(x) = -\dfrac{4x}{(x^2-1)^2}$, 因此
$$\frac{d}{dx}\left(\frac{x^2+1}{x^2-1} \right)^4 = 4 \left(\frac{x^2+1}{x^2-1} \right)^3 \cdot \frac{(-4x)}{(x^2-1)^2} = -16 \frac{x(x^2+1)^3}{(x^2-1)^5}.$$

例 10 求 $\dfrac{d}{dx}\sqrt{1-x^2}$.

解 令 $u=(1-x^2)$，则 $\dfrac{du}{dx}=-2x$，$\dfrac{d}{du}\sqrt{u}=\dfrac{1}{2\sqrt{u}}$，所以

$$\frac{d}{dx}\sqrt{1-x^2}=\frac{1}{2\sqrt{1-x^2}}(-2x)=-\frac{x}{\sqrt{1-x^2}}.$$

在开始学习使用链锁法则时，引进中间变量 $g(x)$ 或 u 是为了不致出错. 当你对链锁法则逐渐熟悉之后，就可以将它们省去，做到心里有数就行了.

例 11 求 $h'(x)$，若 $h(x)=(x^3+1)^4$.

解 $h'(x)=4(x^3+1)^3 \cdot 3x^2=12x^2(x^3+1)^3$.

有时需连续使用链锁法则才能得出最后结果.

例 12 $y=\left[(x^3+1)^4+1\right]^3$，求 y'.

解 $y'=3\left[(x^3+1)^4+1\right]^2 \cdot 4(x^3+1)^3 \cdot 3x^2=36x^2(x^3+1)^3\left[(x^3+1)^4+1\right]^2$.

4.6 高阶导数

前面我们提到过，函数 $y=f(x)$ 的导数 $f'(x)$ 仍然是 x 的函数，叫做导函数. 例如，若

$$f(x)=6x^3-3x^2+2x-5,$$

则

$$f'(x)=18x^2-6x+2.$$

$f'(x)$ 仍可对 x 求导数，它的导数称为 f 的二阶导数，记为 $f''(x)$：

$$f''(x)=\frac{d}{dx}f'(x)=36x-6.$$

这一过程还可继续，我们可以求出三阶导数 $f'''(x)$，四阶导数 $f^{(4)}(x)$，…，只要这些导数存在.

此外，一阶导数，二阶导数，三阶导数，等等还有另外的符号. 若 $y=f(x)$，则我们有

$$y'=f'(x)=\frac{dy}{dx}=\frac{d}{dx}f(x);$$

$$y''=f''(x)=\frac{d^2y}{dx^2}=\frac{d^2}{dx^2}f(x);$$

$$y'''=f'''(x)=\frac{d^3y}{dx^3}=\frac{d^3}{dx^3}f(x);$$

$$\cdots\cdots\cdots\cdots\cdots\cdots\cdots\cdots\cdots\cdots$$

$$y^{(n)}=f^{(n)}(x)=\frac{d^ny}{dx^n}=\frac{d^n}{dx^n}f(x).$$

考虑函数 $s=f(t)$，并以 t 表示时间，以 s 表示质点运动的路程，则一阶导数表示质点运动的速度：$v=\dfrac{ds}{dt}$. 在物理上，速度关于时间的变化率称为加速度，即

$$a=\frac{dv}{dt}=\frac{d}{dt}\left(\frac{ds}{dt}\right)=\frac{d^2s}{dt^2}.$$

换言之，函数 $s=f(t)$ 关于时间 t 的二阶导数是质点运动的加速度.

习 题

1. 求下列函数的导数：

(1) $y = kx + l\sqrt{x} + \dfrac{m}{x^3}$;

(2) $y = \dfrac{2 - \sqrt{x} + 3x - 5x^2}{x^2}$;

(3) $y = \dfrac{1+x^2}{1-x^2}$;

(4) $y = \dfrac{ax+b}{cx+d}$ $(ad - bc \neq 0)$;

(5) $y = (x-1)(x-2)(x-3)$;

(6) $y = \dfrac{1+\sqrt{x}}{1-\sqrt{x}}$.

2. 证明曲线 $y = (x^2 + 5)/x^2$ 与 $y = (x^2 - 4)/(x^2 + 1)$ 在 $x = 2$ 处的切线互相垂直.

3. 计算导数：

(1) $\dfrac{d}{dx}(x^2 + 1)^5$; (2) $\dfrac{d}{dx}\left(x + \dfrac{1}{x}\right)^4$; (3) $\dfrac{d}{dx}(x + \sqrt{x})^3$; (4) $\dfrac{d}{dx}\sqrt{x^2 - \dfrac{1}{x^2}}$.

4. 已知函数的导数，求函数 y：

(1) $\dfrac{dy}{dx} = 8x(x^2 + 1)^3$; (2) $\dfrac{dy}{dx} = (1 + \sqrt{x}) \cdot \dfrac{1}{\sqrt{x}}$.

5. 求下列函数的二阶导数：

(1) $\sqrt{x}$; (2) $\dfrac{1}{\sqrt{x}}$.

§5 三角函数的导数公式

5.1 正弦函数

$$(\sin x)' = \cos x.$$

证 令 $y = \sin x$. 我们有

$$\frac{\Delta y}{\Delta x} = \frac{\sin(x + \Delta x) - \sin x}{\Delta x}.$$

利用三角函数的和差化积公式 $\sin\alpha - \sin\beta = 2\cos\dfrac{\alpha+\beta}{2}\sin\dfrac{\alpha-\beta}{2}$，得到

$$\frac{\Delta y}{\Delta x} = \cos\frac{2x + \Delta x}{2} \cdot \frac{\sin\dfrac{\Delta x}{2}}{\dfrac{\Delta x}{2}}.$$

再利用重要极限 $\lim\limits_{\alpha \to 0}\dfrac{\sin\alpha}{\alpha} = 1$，将 $\dfrac{\Delta x}{2}$ 视为 α，可算出

$$\lim_{\Delta x \to 0}\frac{\Delta y}{\Delta x} = \lim_{\Delta x \to 0}\cos\frac{2x + \Delta x}{2} \cdot \frac{\sin\dfrac{\Delta x}{2}}{\dfrac{\Delta x}{2}} = \cos x.$$

所以

$$(\sin x)' = \cos x.$$

5.2 余弦函数

$$(\cos x)' = -\sin x.$$

证 由于 $\cos x = \sin\left(\dfrac{\pi}{2} - x\right)$,利用复合函数求导公式

$$(\cos x)' = \left\{\sin\left(\dfrac{\pi}{2} - x\right)\right\}' = \cos\left(\dfrac{\pi}{2} - x\right) \cdot \left(\dfrac{\pi}{2} - x\right)' = -\cos\left(\dfrac{\pi}{2} - x\right) = -\sin x,$$

即
$$(\cos x)' = -\sin x.$$

注 可采用证明正弦函数的方法,同样证明它.

5.3 正切函数 $\qquad (\tan x)' = \dfrac{1}{\cos^2 x}.$

证 因为 $\tan x = \sin x/\cos x$,所以

$$(\tan x)' = \left(\dfrac{\sin x}{\cos x}\right)' = \dfrac{(\sin x)'\cos x - (\cos x)'\sin x}{\cos^2 x} = \dfrac{\cos^2 x + \sin^2 x}{\cos^2 x} = \dfrac{1}{\cos^2 x}.$$

5.4 余切函数 $\qquad (\cot x)' = -\dfrac{1}{\sin^2 x}.$

读者自证.

习 题

1. 证明:$(\cot x)' = -\dfrac{1}{\sin^2 x}.$
2. 求下列函数的导数:
   (1) $\cos^2 x$;　　　(2) $\cos(ax+b)$;　　　(3) $\cos^2 x - \sin^2 x$;
   (4) $\sin(x^2)$;　　　(5) $\cot^2 x$;　　　(6) $\sqrt{\tan x}$.
3. 设 u 是由正弦和余弦所组成的函数,求出 u,使之满足

$$u + \dfrac{\mathrm{d}u}{\mathrm{d}x} = \sin x.$$

§6 指数函数与对数函数的导数公式

6.1 对数函数 $\qquad (\ln x)' = \dfrac{1}{x}.$

证 $\dfrac{\Delta y}{\Delta x} = \dfrac{\ln(x + \Delta x) - \ln x}{\Delta x} = \dfrac{\ln\dfrac{x + \Delta x}{x}}{\Delta x} = \dfrac{\ln\left(1 + \dfrac{\Delta x}{x}\right)}{\Delta x}$. 令 $\alpha = \dfrac{\Delta x}{x}$,从而 $\Delta x = \alpha x$,上式变成

$$\dfrac{\Delta y}{\Delta x} = \dfrac{\ln(1 + \alpha)}{\alpha x} = \dfrac{1}{x}\ln(1 + \alpha)^{1/\alpha}.$$

记着 x 是一个固定的正数. 当 $\Delta x \to 0$ 时,$\alpha = \dfrac{\Delta x}{x} \to 0$. 利用重要极限

$$\lim_{\alpha \to 0}(1 + \alpha)^{\frac{1}{\alpha}} = \mathrm{e}$$

可推得
$$\lim_{\Delta x \to 0} \frac{\Delta y}{\Delta x} = \lim_{\alpha \to 0} \frac{1}{x} \ln(1+\alpha)^{\frac{1}{\alpha}} = \frac{1}{x} \ln e = \frac{1}{x},$$
即
$$(\ln x)' = \frac{1}{x}.$$

对于以 a 为底的对数函数 $y = \log_a x$,将它化为指数形式:$x = a^y$. 两边求对数,得
$$\ln x = y \ln a.$$
两边对 x 求导:$\frac{1}{x} = \ln a \cdot y'$,从而 $(\log_a x)' = \frac{1}{x \ln a}$.

例 求 $y = \ln|x|$ 的导数.

解 因为 $|x| = \begin{cases} x, & \text{当 } x \geqslant 0, \\ -x, & \text{当 } x < 0, \end{cases}$ 所以当 $x > 0$ 时,
$$y = \ln|x| = \ln x, \quad y' = \frac{1}{x};$$
当 $x < 0$ 时,
$$y = \ln|x| = \ln(-x),$$
$$y' = \frac{1}{(-x)}(-1) = \frac{1}{x}.$$
总之,我们有
$$y' = (\ln|x|)' = \frac{1}{x}.$$
这一结果在后面不定积分一章要用到.

6.2 指数函数 $\quad (a^x)' = a^x \ln a.$

证 对 $y = a^x$ 取对数,得
$$\ln y = x \ln a.$$
利用复合函数求导公式,我们有
$$\frac{d}{dx}(\ln y) = \ln a, \quad \frac{1}{y} \cdot \frac{dy}{dx} = \ln a.$$
所以 $\quad \frac{dy}{dx} = y \ln a = a^x \ln a, \quad$ 即 $\quad y' = a^x \ln a.$

特别地,当 $a = e$ 时,
$$(e^x)' = e^x.$$

6.3 幂函数 $\quad (x^\alpha)' = \alpha x^{\alpha-1},$

其中 α 为任意实数,$x > 0$.

证 对方程 $y = x^\alpha$ 的两边取对数
$$\ln y = \alpha \ln x.$$
两边求导数:

$$\frac{d}{dx}\ln y = \frac{d}{dx}(\alpha \ln x), \quad \frac{1}{y}\frac{dy}{dx} = \frac{\alpha}{x}, \quad \frac{dy}{dx} = \alpha\frac{y}{x} = \alpha x^{\alpha-1},$$

即
$$(x^\alpha)' = \alpha x^{\alpha-1}.$$

§7 反三角函数的导数公式

7.1 反正弦函数 $(\arcsin x)' = \dfrac{1}{\sqrt{1-x^2}}, \quad -1 < x < 1.$

证 $y = \arcsin x$ 等价于
$$x = \sin y, \quad -\pi/2 < y < \pi/2.$$

对方程两边关于 x 求导数：
$$1 = \frac{d}{dx}(\sin y) = \cos y \cdot \frac{dy}{dx}, \quad \frac{dy}{dx} = \frac{1}{\cos y}.$$

但
$$\cos y = \pm\sqrt{1 - \sin^2 y} = \pm\sqrt{1 - x^2}.$$

由于 $-\pi/2 < y < \pi/2$，所以 $\cos y > 0$，上式应取正号：
$$\cos y = \sqrt{1 - x^2}.$$

从而
$$\frac{dy}{dx} = \frac{1}{\sqrt{1-x^2}}.$$

我们排除 $x = \pm 1$ 的值，因为它们对应的 y 值是 $y = \pm\dfrac{\pi}{2}$，这时 $\cos y = 0$，$\dfrac{dy}{dx}$ 不存在。

7.2 反余弦函数 $(\arccos x)' = -\dfrac{1}{\sqrt{1-x^2}}, \quad -1 < x < 1.$

读者自证。

7.3 反正切函数 $(\arctan x)' = \dfrac{1}{1+x^2}, \quad -\infty < x < +\infty.$

证 函数关系式 $y = \arctan x$ 也就是
$$x = \tan y \quad (-\pi/2 < y < \pi/2).$$

由复合函数求导法，两边关于 x 求导：
$$1 = \frac{d}{dx}(\tan y), \quad 1 = \frac{1}{\cos^2 y}\frac{dy}{dx}, \quad \frac{dy}{dx} = \cos^2 y = \frac{1}{1+\tan^2 y} = \frac{1}{1+x^2},$$

即
$$(\arctan x)' = \frac{1}{1+x^2}.$$

7.4 反余切函数 $(\text{arccot } x)' = -\dfrac{1}{1+x^2}, \quad -\infty < x < +\infty.$

读者自证。

习 题

1. 求下列函数的导数：

(1) $\ln(x^2+3)$；　　(2) $\ln 6x^2$；　　(3) e^{-ax^2}；　　(4) $x^2 e^{-x}$；

(5) $\arccos \dfrac{1}{x}$；　　(6) 5^{x^2}；　　(7) $\arctan \dfrac{x^2}{2}$；　　(8) $e^{ax}\sin bx$.

2. 若 $f(x)=e^{-2x}(x^2-2x-1)$，求 $f'(x)=0$ 的根.

§8　基本公式表

8.1　基本初等函数的求导公式

$$(C)'=0;$$
$$(\log_a x)'=\frac{1}{x\ln a}\ (a>0, a\neq 1);$$
$$(x^\alpha)'=\alpha\, x^{\alpha-1};$$
$$(e^x)'=e^x;$$
$$(\sin x)'=\cos x;$$
$$(a^x)'=a^x \ln a\ (a>0, a\neq 1);$$
$$(\cos x)'=-\sin x;$$
$$(\arcsin x)'=\frac{1}{\sqrt{1-x^2}};$$
$$(\tan x)'=\frac{1}{\cos^2 x};$$
$$(\arccos x)'=-\frac{1}{\sqrt{1-x^2}};$$
$$(\cot x)'=-\frac{1}{\sin^2 x};$$
$$(\arctan x)'=\frac{1}{1+x^2};$$
$$(\ln x)'=\frac{1}{x};$$
$$(\operatorname{arccot} x)'=-\frac{1}{1+x^2}.$$

8.2　导数运算法则

$$[cu(x)]' = cu'(x);$$
$$[u(x) \pm v(x)]' = u'(x) \pm v'(x);$$
$$[u(x)v(x)]' = u'(x)v(x) + v'(x)u(x);$$
$$\left[\frac{u(x)}{v(x)}\right]' = \frac{u'(x)v(x)-u(x)v'(x)}{v^2(x)}.$$

若 $y=f(u), u=\varphi(x)$，则

$$y'_x = f'(u)\varphi'(x) \quad \text{或} \quad \frac{dy}{dx} = \frac{dy}{du}\cdot\frac{du}{dx}.$$

§9　相对变化率

导数概念的一个有趣应用是计算相对变化率的问题. 它的典型模式是这样的：在某一个过程中有两个相关的变量，它们都是时间 t 的函数. 给定某一个变量在某一个时刻的速

度,求另一变量的速度.

例1 设 $y=x^2$, x 是 t 的可微函数.

(1) 设 $x=4$ 时,$\dfrac{dx}{dt}=3$,求 $\dfrac{dy}{dt}$;   (2) 设 $x=3$ 时,$\dfrac{dy}{dt}=2$,求 $\dfrac{dx}{dt}$.

解 (1) $\dfrac{dy}{dt}=2x\dfrac{dx}{dt}$,因此 $\dfrac{dy}{dt}=2\cdot 4\times 3=24$.

(2) 由(1)知 $\dfrac{dy}{dt}=2x\dfrac{dx}{dt}$,把已知条件代入得 $2=2\times 3\cdot\dfrac{dx}{dt}$ 解出 $\dfrac{dx}{dt}=\dfrac{1}{3}$.

这个很简单的例子说明,变量与它的导数间的关系可以以多种形式出现.有趣的是,我们并没有找出 $x(t),y(t)$ 的具体表达式,甚至没有找出在 t 的什么值计算的导数.

在应用中,我们需要从原始数据中找出必要的关系;有些关系是直接给出的,有些关系需经过推导才能得到.在一般情况下,分以下五个步骤:

(1) 用数学术语表达问题;

(2) 找出变量,并标上符号;

(3) 将变量间的关系以方程式的方式表达出来;

(4) 用复合函数求导法找出导数间的关系;

(5) 代入数据,求出答案.

例2 一个 10 m 长的梯子靠在墙上,梯子的脚 A 以 2 m/s 的速度外滑.问:当脚 A 离墙根 O 的距离为 6 m 时,梯顶 B 下降的速度是多少(图 8-4)?

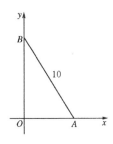

图 8-4

解 (1) 如图 8-4 所示,建立坐标系.设 A 的坐标为 $(x,0)$,B 点的坐标为 $(0,y)$,x,y 分别是 t 的函数.

(2) 已知 $\dfrac{dx}{dt}=2$,要求当 $x=6$ 时,$\dfrac{dy}{dt}$ 是多少.注意到梯顶 B 在下降,因而速度为负:

$$\dfrac{dy}{dt}<0.$$

(3) 变量 x 与变量 y 满足关系式

$$x^2+y^2=10^2.$$

(4) 由复合函数求导法,两边对 t 求导数:

$$2x\dfrac{dx}{dt}+2y\dfrac{dy}{dt}=0, \quad 即 \quad \dfrac{dy}{dt}=-\dfrac{x}{y}\dfrac{dx}{dt} \quad (0<y\leqslant 10).$$

(5) 当 $x=6$ 时,$y=8$,而 $\dfrac{dx}{dt}=2$,所以

$$\dfrac{dy}{dt}=-\dfrac{6}{8}\cdot 2=-\dfrac{3}{2}.$$

这样一来,我们得到答案:当 $x=6$ 时,梯顶以 $\dfrac{3}{2}$ m/s 的速度下降.

注 根据公式

$$\frac{\mathrm{d}y}{\mathrm{d}t} = -\frac{x}{y}\frac{\mathrm{d}x}{\mathrm{d}t},$$

当梯顶接近地面时,速度非常之大.

例 3 一个飞机观察员观察到一架飞机,正在 1143 m 的高度向他飞来,仰角为 30°,并以 3°/s 的速度增加.问:飞机的地面速度是多少?

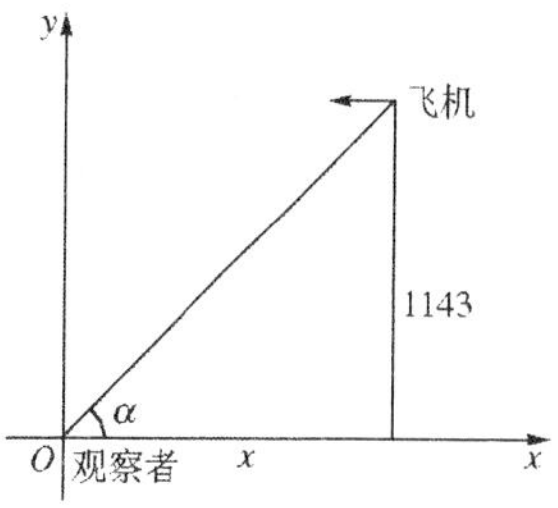

图 8-5

解 由图 8-5 知 $x = 1143 \cot \alpha$. 因此

$$\frac{\mathrm{d}x}{\mathrm{d}t} = 1143 \cdot \left(-\frac{1}{\sin^2 \alpha}\right) \frac{\mathrm{d}\alpha}{\mathrm{d}t}.$$

由题设,当 $\alpha = 30°$ 时, $\frac{\mathrm{d}\alpha}{\mathrm{d}t} = \frac{\pi}{60}$. 因为 $\sin 30° = \frac{1}{2}$,所以

$$\frac{\mathrm{d}x}{\mathrm{d}t} = -1143 \cdot 4 \cdot \frac{\pi}{60} = -76.2\pi.$$

这架飞机大约以 76.2π m/s 的速度前进,这相当于 861 km/h. 取负值是因为飞机的运行方向与坐标轴的取向相反.

习 题

1. 设 $y = (x^2+1)^2$, $u = (x^2-1)^2$, x 是 t 的可微函数,当 $x=2$ 时, $\frac{\mathrm{d}y}{\mathrm{d}t} = \frac{1}{4}$,求此时 $\frac{\mathrm{d}u}{\mathrm{d}t}$ 是多少?

2. 球的体积以 10 m³/s 的速度膨胀,当球的体积是 36π m³ 时,球面面积的膨胀速度是多少?

§10 微商中值定理

微商概念是研究函数局部概念的.但是这并不妨碍我们通过它来研究函数的某些整体性质.函数在每一点的局部特性清楚了,函数的整体性质自然也就容易把握了.微商中值定理就是借助函数的局部性质探索函数的整体性质的一个重要工具.微商中值定理有明显的几何意义,容易理解,证明也不困难.

10.1 函数的局部极值,费马定理

先给出局部极值的定义.

定义 设函数 $f(x)$ 在点 x_0 的邻域 $(x_0-\delta, x_0+\delta)$ 内有定义.若对任意的 $x \in (x_0-\delta, x_0+\delta)$,有

$$f(x) \leqslant f(x_0) \quad (\text{或 } f(x) \geqslant f(x_0)),$$

则称 $f(x_0)$ 为函数 $f(x)$ 的**极大值**(或**极小值**).这时称 x_0 为**极大值点**(或**极小值点**).

函数的极大值与极小值都称为函数的**极值**;函数的极大值点与极小值点都称为函数的

极值点.

使 $f'(x)$ 等于 0 的点称为函数 $f(x)$ 的**稳定点**,或**驻点**.

费马定理 若函数 $f(x)$ 定义在 $(x_0-\delta, x_0+\delta)$ 内在点 x_0 处有导数,且在 x_0 处 $f(x)$ 取得极值,则 $f'(x_0)=0$.

证 不妨设当 $x\in(x_0-\delta, x_0+\delta)$ 时,$f(x)\leqslant f(x_0)$(如果 $f(x)\geqslant f(x_0)$,则证明相同). 对于 $x_0+\Delta x\in(x_0-\delta, x_0+\delta)$,我们有
$$f(x_0+\Delta x)-f(x_0)\leqslant 0,$$
从而,当 $\Delta x>0$ 时,
$$\frac{f(x_0+\Delta x)-f(x_0)}{\Delta x}\leqslant 0,$$
所以
$$f'(x_0)=\lim_{\Delta x\to 0}\frac{f(x_0+\Delta x)-f(x_0)}{\Delta x}\leqslant 0;$$
当 $\Delta x<0$ 时,
$$\frac{f(x_0+\Delta x)-f(x_0)}{\Delta x}\geqslant 0,$$
从而
$$f'(x_0)=\lim_{\Delta x\to 0}\frac{f(x_0+\Delta x)-f(x_0)}{\Delta x}\geqslant 0,$$
因此,必然有
$$f'(x_0)=0.$$

注 费马定理的几何解释为:若 $f(x)$ 在 x_0 处达到极值,则曲线 $y=f(x)$ 在点 $(x_0,f(x_0))$ 处有水平切线(见图 8-6).

还要注意,费马定理只给出了极值的必要条件,而不是充分条件. 换言之,函数 $f(x)$ 的稳定点可能不是极值. 例如 $f(x)=x^3$ 的导数 $f'(x)=3x^2$,$x=0$ 是这函数的一个稳定点,但不是极值点(见图 7-7).

费马定理指出,在函数 $f(x)$ 可微的情况下,$f(x)$ 的一切极值点都包含在方程

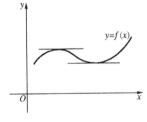

图 8-6

$$f'(x)=0$$
的根中,要找 $f(x)$ 的极值点就到方程 $f'(x)=0$ 的根中去找. 这里我们又遇到一个新问题:在求出方程 $f'(x)=0$ 的根之后,如何判断哪些根不是极值点,哪些根是极值点,以及如何进一步判别哪些极值点是极大值点,哪些极值点是极小值点呢?见§11.

10.2 中值定理

罗尔定理 若 $f(x)$ 在闭区间 $[a,b]$ 上连续,在开区间 (a,b) 内有导数,且 $f(a)=f(b)$,

则存在一点 $\xi \in (a,b)$，使 $f'(\xi) = 0$。

注 罗尔定理的几何解释是，在两个同样高度的点间的连续曲线上(图 8-7)，总可以找到一点，曲线在这一点的切线是水平的；这里还假定在给定的曲线上，每一点都有切线.

证 $f(x)$ 在闭区间 $[a,b]$ 上连续，所以 $f(x)$ 在 $[a,b]$ 上一定取到最大值 M 和最小值 m。

(1) 若 $M = m$，则 $f(x)$ 在 $[a,b]$ 上是常数：
$$f(x) = M, \quad x \in [a,b].$$
从而 $f'(x) = 0$。因此，任取 $\xi \in (a,b)$ 都有
$$f'(\xi) = 0.$$

(2) 若 $M \neq m$，则 M, m 中至少有一个不等于 $f(a)$，不妨设 $f(a) \neq M$。因此，函数 $f(x)$ 在 (a,b) 内某一点 ξ 处取到最大值 $f(\xi) = M$。根据费马定理，$f'(\xi) = 0$。

这就证明了本定理。

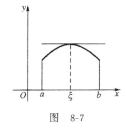

图 8-7

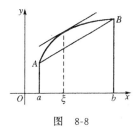

图 8-8

微商(拉格朗日)中值定理 若函数 $f(x)$ 在 $[a,b]$ 上连续，在 (a,b) 内的每一点可导，则在区间 (a,b) 内至少有一点 ξ 存在，使
$$f(b) - f(a) = f'(\xi)(b - a).$$

注 从几何上看，定理说，$f'(\xi)$ 是连接 $A = (a, f(a))$ 和 $B = (b, f(b))$ 的直线 L 的斜率(图 8-8)：
$$f'(\xi) = \frac{f(b) - f(a)}{b - a} = AB \text{ 的斜率}.$$
即在曲线 $f(x)$ 上存在一点，在该点处的切线平行于直线 L。

证 设 $f(a) \neq f(b)$；否则见罗尔定理。设过 A, B 的直线的方程是 $g(x)$，定义
$$h(x) = f(x) - g(x).$$
那么函数 $h(x)$ 在 $[a,b]$ 上连续，在 (a,b) 上可导，而
$$h(a) = f(a) - g(a) = 0,$$
$$h(b) = f(b) - g(b) = 0.$$
根据罗尔定理，存在 $\xi \in (a,b)$，使 $h'(\xi) = 0$，即
$$f'(\xi) - g'(\xi) = 0,$$
$$f'(\xi) = g'(\xi) = \frac{f(b) - f(a)}{b - a}.$$

系 1 若在区间 (a,b) 内，函数 $f(x)$ 的导数 $f'(x)$ 恒为零，则 $f(x)$ 是一常数.

证 任取 $x_1, x_2 \in (a,b)$，由拉格朗日中值定理

$$f(x_2) - f(x_1) = f'(\xi)(x_2 - x_1) = 0,$$

即
$$f(x_2) = f(x_1).$$

$f(x)$ 在任意两点的函数值都相等,所以 $f(x)$ 是常数.

注 我们已经知道,常数函数的导数是 0,现在又证明了,导数为 0 的函数是常数.这说明,导数等于 0 是常数函数的特征.

系 2 若在区间 (a,b) 内,$f'(x) \equiv g'(x)$,则
$$f(x) = g(x) + C,$$

其中 C 为常数.

证 设 $h(x) = f(x) - g(x)$,则
$$h'(x) = f'(x) - g'(x) \equiv 0.$$

由系 1,$h(x) = C$,即
$$f(x) = g(x) + C.$$

§11 利用导数研究函数

这一节我们利用导数来研究函数的增减性,极值,以及函数作图.

11.1 函数的单调性

判别函数的单调性,我们有下面的定理.

定理 1 设函数 $f(x)$ 在区间 (a,b) 内可导,且导数 $f'(x)$ 不变号.

(1) 若 $f'(x) > 0$,则 $f(x)$ 在 (a,b) 上是上升的;

(2) 若 $f'(x) < 0$,则 $f(x)$ 在 (a,b) 上是下降的.

证 设 $x_1, x_2 \in (a,b)$,且 $x_1 < x_2$.由拉格朗日定理,存在一点 $\xi \in (x_1, x_2)$,使得
$$f(x_2) - f(x_1) = f'(\xi)(x_2 - x_1),$$

(1) 若 $f'(x) > 0$,则
$$f(x_2) - f(x_1) > 0;$$

(2) 若 $f'(x) < 0$,则
$$f(x_2) - f(x_1) < 0.$$

定理证毕.

例 1 讨论函数
$$f(x) = \frac{1}{3}(x^3 - 3x^2 + 2).$$

的图形.

解 求导数:
$$f'(x) = x(x - 2).$$

当 $x > 2$ 时,$f'(x) > 0$,因而函数 $f(x)$ 在区间 $(2, \infty)$ 上是上升的.当 $x < 0$ 时,$f'(x) > 0$,因而

函数 $f(x)$ 在区间 $(-\infty,0)$ 上也是上升的.

对于 $0<x<2$，x 是正的，$x-2$ 是负的. 因此 $f'(x)<0$，这样一来，$f(x)$ 在区间 $(0,2)$ 上是下降的.

因为
$$\lim_{x\to+\infty}f(x)=\lim_{x\to+\infty}\frac{1}{3}(x^3-3x^2+2)=+\infty,$$
$$\lim_{x\to-\infty}f(x)=\lim_{x\to-\infty}\frac{1}{3}(x^3-3x^2+2)=-\infty,$$

所以我们可作出函数 $f(x)$ 的略图（见图 8-9）.

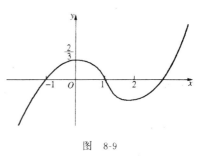

图 8-9

11.2 极值点的判别

定理 2 设函数 $f(x)$ 在点 x_0 的邻域 $(x_0-\delta,x_0+\delta)$ 内可导，并且 $f'(x_0)=0$. 当 x 由小变大经过 x_0 时：

(1) 若 $f'(x)$ 的符号不变，则 x_0 不是 $f(x)$ 的极值点；

(2) 若 $f'(x)$ 的符号由正变负，则 x_0 是 $f(x)$ 的极大值点；

(3) 若 $f'(x)$ 的符号由负变正，则 x_0 是 $f(x)$ 的极小值点.

证 (1) 若当 $x\in(x_0-\delta,x_0+\delta)$ 时，恒有 $f'(x)>0$（或 $f'(x)<0$），则函数 $f(x)$ 在 $(x_0-\delta,x_0+\delta)$ 内是上升的（或下降的）. 因此 x_0 不会是 $f(x)$ 的极值点（图 8-10）.

(2) 当 $x\in(x_0-\delta,x_0)$ 时，$f'(x)>0$，因此 $f(x)$ 是上升的；当 $x\in(x_0,x_0+\delta)$ 时，$f'(x)<0$，因此 $f(x)$ 是下降的. 这时 x_0 是 $f(x)$ 的极大值点（图 8-11）.

(3) 当 $x\in(x_0-\delta,x_0)$ 时，$f'(x)<0$，因此 $f(x)$ 是下降的；当 $x\in(x_0,x_0+\delta)$ 时，$f'(x)>0$，因此 $f(x)$ 是上升的. 这时 x_0 是 $f(x)$ 的极小值点（图 8-12）.

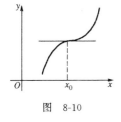
图 8-10

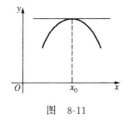
图 8-11

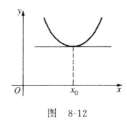
图 8-12

定理 2 给出了极值的充分条件. 借助二阶导数可以给出极值的更为简明的充分条件.

定理 3 设函数 $y=f(x)$ 在 x_0 的邻域 $(x_0-\delta,x_0+\delta)$ 有二阶导数，并且 $f'(x_0)=0$，$f''(x_0)\neq 0$，那么

(1) 若 $f''(x_0)<0$，则 $f(x)$ 在 x_0 有极大值；

(2) 若 $f''(x_0)>0$，则 $f(x)$ 在 x_0 有极小值.

证 (1) 由导数定义，
$$0>f''(x_0)=\lim_{x\to x_0}\frac{f'(x)-f'(x_0)}{x-x_0}=\lim_{x\to 0}\frac{f'(x)}{x-x_0}.$$

在 x_0 的一个更小的邻域 $(x_0-\delta_1, x_0+\delta_1)$ 内,有
$$\frac{f'(x)}{x-x_0} < 0 \quad (x \neq x_0),$$
其中 $\delta_1 < \delta$(见第 7 章 §3 习题第 1 题). 所以当 $x < x_0$ 时, $f'(x) > 0$;当 $x > x_0$ 时, $f'(x) < 0$. 由定理 2, $f(x)$ 在 x_0 取到极大值.

(2) 证明同(1).

例 2 求函数 $f(x) = x^3 - x^2 - x + 1$ 的极值.

解 由
$$f'(x) = 3x^2 - 2x - 1 = (3x+1)(x-1) = 0$$
解得两个根:$x_1 = -1/3, x_2 = 1$.

再由 $f''(x) = 6x - 2$ 可知,
$$f''(-1/3) = -4 < 0, \quad f''(1) = 4 > 0.$$
可见, $f(x)$ 在 $x = -1/3$ 处达到极大值: $f(-1/3) \approx 1.2$. $f(x)$ 在 $x = 1$ 处达到极小值: $f(1) = 0$.

11.3 曲线的凹凸

因为函数图形可以提供函数变化规律的直观形象,所以无论在理论研究中,还是在实际问题中函数图形都是一个重要的工具. 利用一阶导数我们可以判断函数在什么区间上升,在什么区间下降. 这还不够,有时我们还需要知道曲线的弯曲方向;它向上弯还是向下弯. 而曲线的弯曲方向需要用二阶导数来判断.

定义 设函数 $y = f(x)$ 定义在某区间上,它的图形是一条曲线. 如果这条曲线的切线都在它的下方,则称这条曲线是向**上凹**的(图 8-13);如果这条曲线的切线都在它的上方,则称它是向**上凸**的(图 8-14).

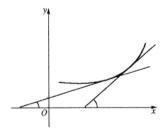

曲线向上凹,切线在其下.
变量 x 增加,斜率 y' 变大.

图 8-13

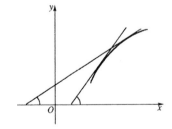

曲线向上凸,切线在其上.
变量 x 增加,斜率 y' 下降.

图 8-14

由图 8-13,图 8-14 可以看出,曲线的凹凸性反映在切线的变化上是切线斜率 y' 的递增和递减:当曲线上凸时,随着自变量 x 的增加,切线与 x 轴正向的夹角是减小的,即斜率 y' 是下降的;当曲线向上凹时,随着自变量 x 的增加,切线和 x 轴正向的夹角是增大的,即 y'

是上升的.

从定理1我们知道,函数的增减可以用导数的符号来判断.今把 $f'(x)$ 看成一个新函数,它的一阶导数就是 $f(x)$ 的二阶导数:$[f'(x)]' = f''(x)$.这样,由二阶导数的正、负可以判断一阶导数 $f'(x)$ 是递增还是递减,这样一来,可以用二阶导数来判断曲线的凹凸性.

定理 4 设函数 $y=f(x)$ 在区间 $[a,b]$ 上是连续的,并且在区间 (a,b) 内有二阶导数,那么

(1) 若对 $x \in (a,b)$,恒有 $f''(x) > 0$,则曲线 $y=f(x)$ 在 (a,b) 内向上凹;

(2) 若对 $x \in (a,b)$,恒有 $f''(x) < 0$,则曲线 $y=f(x)$ 在 (a,b) 内向上凸.

证 (1) 如图 8-15,任取 $x_0 \in (a,b)$.过 $M(x_0, f(x_0))$ 作曲线 $f(x)$ 的切线,设切线方程为
$$y - f(x_0) = f'(x_0)(x - x_0).$$
设 $x > x_0$,并设对应于同一个 x 的曲线的纵坐标为 y_2,切线的纵坐标为 y_1.于是
$$y_2 - y_1 = f(x) - [f(x_0) + f'(x_0)(x - x_0)]$$
$$= f(x) - f(x_0) - f'(x_0)(x - x_0).$$
接着,我们对右边两次使用中值定理,得到
$$y_2 - y_1 = f'(\xi_1)(x - x_0) - f'(x_0)(x - x_0) \quad (x_0 < \xi_1 < x)$$
$$= (f'(\xi_1) - f'(x_0))(x - x_0)$$
$$= f''(\xi_2)(\xi_1 - x_0)(x - x_0), \quad x_0 < \xi_2 < \xi_1.$$
由 $f''(\xi_2) > 0, \xi_1 > x_0, x > x_0$ 得到 $y_2 > y_1$,即曲线在切线的上方,这说明曲线是上凹的.

当 $x < x_0$ 时,证明是相同的.

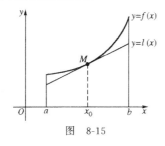

图 8-15

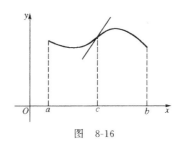

图 8-16

(2) 同理可证.

如果函数 $f(x)$ 在区间 (a,c) 内 $f''(x) > 0$(或 $f''(x) < 0$),而在区间 (c,b) 内 $f''(x) < 0$(或 $f''(x) > 0$),则由定理 4 知,曲线 $f(x)$ 在区间 (a,c) 内是上凹(或凸)的,在区间 (c,b) 内是上凸(或凹)的.点 c 是凹凸的分界点,称它为曲线**拐点**.

显然,在扭转点处,二阶导数为 0,即 $f''(c) = 0$(图 8-16).但反过来,$f''(x_0) = 0$,并不蕴含 x_0 一定是**拐点**.

11.4 曲线的渐近线

为了讨论函数的作图问题,我们还需要引进曲线的渐近线的概念.如果曲线上的一点沿着曲线趋于无穷远时,动点与一条直线的距离趋于 0,我们就称这条直线为曲线的渐近线.

设函数为 $y=f(x)$. 若当 $x\to\infty$ 时,$y\to 0$,我们称 x 轴是这条曲线的**水平渐近线**.

若当 $x\to a$ 时,$y\to\infty$,则称 $x=a$ 是这条曲线的**垂直渐近线**.

例 3 $y=e^{-x}$ 的图形以 x 轴为水平渐近线(图 7-19).

例 4 $y=\ln x$ 的图形以 $x=0$,即 y 轴为垂直渐近线(图 7-20).

除了水平渐近线和垂直渐近线外,有的曲线有斜渐近线.

若当 $x\to +\infty$(或 $-\infty$)时,曲线 $y=f(x)$ 无限接近一条固定直线 $y=ax+b$,即

$$\lim_{x\to +\infty}[f(x)-(ax+b)]=0,$$

则称直线 $y=ax+b$ 为曲线 $y=f(x)$ 的**斜渐近线**(图 8-17).

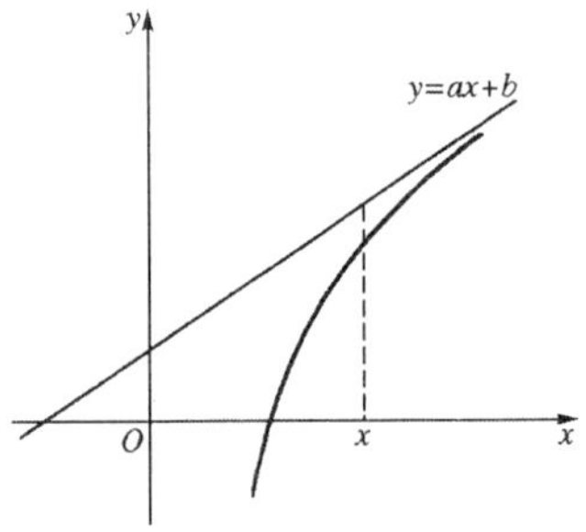

图 8-17

如果曲线 $y=f(x)$ 有斜渐近线 $y=ax+b$,那么 a,b 如何确定呢?

由于

$$\lim_{x\to +\infty}[f(x)-(ax+b)]=0,$$

从而

$$\lim_{x\to +\infty}[f(x)-ax]=b. \quad (8.11)$$

又由于当 $x\to +\infty$ 时,$f(x)-ax$ 的极限存在,所以

$$\lim_{x\to +\infty}\frac{f(x)-ax}{x}=0, \quad 即 \quad \lim_{x\to +\infty}\left(\frac{f(x)}{x}-a\right)=0,$$

或

$$\lim_{x\to +\infty}\frac{f(x)}{x}=a. \quad (8.12)$$

这样,根据公式(8.11),(8.12)就可以将渐近线 $y=ax+b$ 确定了.

11.5 函数的图形

利用函数的性质可以较为准确地作出函数的图形.作图的基本步骤有如下几步:

(1) 确定函数 $f(x)$ 的定义域;

(2) 判定函数 $f(x)$ 有无奇偶性与周期性;

(3) 求出 $f'(x)=0, f''(x)=0$ 的根;

(4) 定渐近线;

(5) 列表讨论函数的升降、极值和凹凸性;

(6) 适当选取一些辅助点,一般常将曲线与坐标轴的交点找出来,然后描点作图.

例 5 作函数 $y=\dfrac{1}{\sqrt{2\pi}}e^{-\frac{x^2}{2}}$ 的图形.

解 (1) 定义域：$-\infty < x < +\infty$.

(2) 这个函数是偶函数,它的图形关于 y 轴对称.

(3) $y' = -\dfrac{x}{\sqrt{2\pi}} e^{-\frac{x^2}{2}}$，$y'' = \dfrac{1}{\sqrt{2\pi}}(x+1)(x-1) e^{-\frac{x^2}{2}}$. 令 $y'=0$, 得 $x_1=0$. 令 $y''=0$, 得
$$x_2 = -1, \quad x_3 = 1.$$

(4) 由于 $\lim\limits_{x \to +\infty} \dfrac{1}{\sqrt{2\pi}} e^{-\frac{x^2}{2}} = 0$，从而 $y=0$ 是曲线的水平渐近线.

(5) 列表.

x	$(-\infty,-1)$	-1	$(-1,0)$	0	$(0,1)$	1	$(1,+\infty)$
y'	$+$	$+$	$+$	0	$-$	$-$	$-$
y''	$+$	0	$-$	$-$	$-$	0	$+$
y	↑凹	拐点	↑凸	极大值	凸↓	拐点	凹↓

(6) 作图(图 8-18).

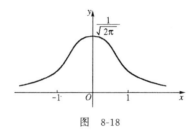

图 8-18

这条曲线通常叫钟形曲线或正态分布曲线,是概率论与数理统计中一条非常重要的曲线.

例 6 作 $y = \dfrac{x^2}{2x-1}$ 的图形.

解 (1) 函数的定义域是 $x \neq 1/2$.

(2) $y' = \dfrac{2x(x-1)}{(2x-1)^2}$，$y'' = \dfrac{2}{(2x-1)^3}$. 令 $y'=0$, 得 $x_1=0, x_2=1$. $y''=0$ 无解.

当 $x < \dfrac{1}{2}$ 时，$y'' < 0$，曲线上凸;

当 $x > \dfrac{1}{2}$ 时，$y'' > 0$，曲线上凹.

(3) 由 $\lim\limits_{x \to \frac{1}{2}} \dfrac{x^2}{2x-1} = \infty$ 可知，曲线有一条垂直渐近线 $x = \dfrac{1}{2}$.

曲线还有一条斜渐近线 $y = \dfrac{1}{2}x + \dfrac{1}{4}$. 因为
$$\lim_{x \to \infty} \frac{y}{x} = \lim_{x \to \infty} \frac{x^2}{x(2x-1)} = \frac{1}{2},$$
$$\lim_{x \to \infty} \left(y - \frac{1}{2}x \right) = \lim_{x \to \infty} \left(\frac{x^2}{2x-1} - \frac{x}{2} \right) = \lim_{x \to \infty} \frac{x}{2(2x-1)} = \frac{1}{4}.$$

(4) 列表.

x	$(-\infty, 0)$	0	$\left(0, \frac{1}{2}\right)$	$\frac{1}{2}$	$\left(\frac{1}{2}, 1\right)$	1	$(1, +\infty)$
y'	+	0	−		−	0	+
y''	−		−		+		+
y	↗凸	极大值	凸↘		↘凹	极小值	凹↗

(5) 算出辅助点的值：$y\left(-\frac{1}{2}\right) = -\frac{1}{8}, y\left(\frac{1}{4}\right) = -\frac{1}{8}, y\left(\frac{3}{4}\right) = \frac{9}{8}, y\left(\frac{5}{4}\right) = \frac{25}{24}$.

根据上面的分析与计算作出图(图 8-19).

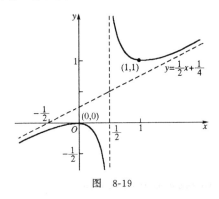

图 8-19

11.6 在经济学中的应用

企业的经营决策主要取决于成本支出与收入. 成本函数通常用 $C(x)$ 表示, x 表示产品的数量. 产品越多, 成本越高, 所以 $C(x)$ 是增函数. 它的图形通常如图 8-20 所示. 曲线在 C 轴上的截距是固定成本. 成本函数在开始时增长很快, 然后逐渐慢下来, 因为产品多了, 效率就提高了. 当产品保持高水平时, 资源可能匮乏, 成本函数再次开始较快增长, 或者设备需要更新, 这也引起成本函数的迅速增长. 因此 $C(x)$ 开始是上凸的, 后来是下凹的.

收入函数用 $R(x)$ 表示, x 是产品数量. 如果价格 p 是常数, 那么
$$R(x) = px.$$
它的图像是过原点的直线(图 8-21). 但实际上, 当产品量过大时, 产品销售不出去, 需要降价, 这时 $R(x)$ 的图形如图 8-22 所示.

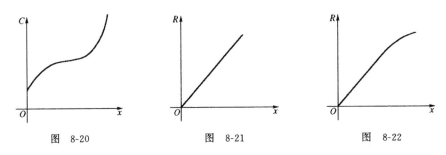

图 8-20　　　图 8-21　　　图 8-22

企业家最关心的当然是利润函数. 利润函数用 $P(x)$ 表示, 定义为
$$P(x) = R(x) - C(x).$$
当 $R(x) > C(x)$ 时, 企业盈利; 当 $R(x) < C(x)$ 时, 企业亏损.

在经济分析中通常用"边际"这一概念来描述一个变量 y 对另一个变量 x 的变化率, 也就是变量 y 对变量 x 的导数.

成本函数 $C = C(x)$ 关于产量 x 的导数称为边际成本函数, 记作 MC, 即 $MC = \dfrac{dC}{dx}$. 因为成本函数是递增的, 所以边际成本总是正的.

收入函数 $R = R(x)$ 关于产品 x 的导数称为边际收入函数, 记为 MR, 即 $MR = \dfrac{dR}{dx}$.

利润函数什么时候取得最大或最小呢? 需要对 $P(x)$ 求导, 找出 $P(x)$ 的稳定点:
$$P'(x) = R'(x) - C'(x) = 0, \quad 即 \quad R'(x) = C'(x).$$
用经济学语言说, 当**边际成本 = 边际收入**时, 可能获得最大利润或最小利润. 当然, 最大利润或最小利润也不一定发生在 $MR = MC$ 的时候, 可能出现在端点. 但是, 在经济学中这是个强有力的关系式, 对经济分析提供了重要的分析依据.

例 7 设生产 x 件产品的成本函数由 $C(x) = 3600 + 100x + 2x^2$ (单位: 元) 给出, 收入函数由 $R(x) = 500x - 2x^2$ 给出. 求利润函数及最大效益.

解 明显地, 利润函数 $P(x)$ 就是收入函数 $R(x)$ 与成本函数 $C(x)$ 的差, 所以
$$\begin{aligned}P(x) &= R(x) - C(x) \\ &= (500x - 2x^2) - (3600 + 100x + 2x^2) \\ &= -3600 + 400x - 4x^2.\end{aligned}$$
生产多少件产品才能获得最大效益呢? 需要借助导数来求得答案. 我们有
$$P'(x) = 400 - 8x.$$
令 $P'(x) = 0$, 得到 $x = 50$. 又, $P''(50) = -8 < 0$, 所以 $x = 50$ 是 $P(x)$ 的极大点. 这样, 我们就求出了, 当 $x = 50$ 时, 利润函数 $P(x)$ 取得最大值: $P(50) = 6400$ 元.

11.7 极值的应用

在工程技术, 自然科学及日常生活中的大量实际问题都可化为求函数的极大值与极小值问题. 企业家追求最大利润与最小成本; 飞行员寻求最短飞行时间; 医生希望病人康复时间最短, 等等. 借助于微积分我们可以解决许多这种类似的问题.

通常一个问题到达我们手里, 都是用描述性语言给出的. 因而我们面临的第一个任务是, 将它化为数学问题, 我们所期望的形式是:

求函数 $f(x)$ 在区间 $[a, b]$ 上的最大值或最小值.

函数的图形 (见图 8-23) 告诉我们, 函数的最大(小)值, 或者在函数的极大(小)值点处达到, 或在区间的端点达到. 这样一来, 函数的最大、最小值, 或在端点 a, b 处达到, 或在方程
$$f'(x) = 0$$

的根处达到.

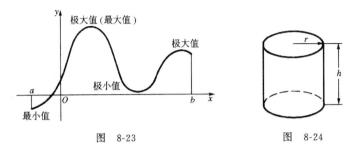

图 8-23   图 8-24

例 8 某工厂要做一批容积为 V 的有盖圆桶(图 8-24),求最省料的形状.

解 最省料是指:在体积 V 一定的条件下,使桶的表面积最小,表面积由侧面积与上、下底的面积构成.使表面积最小,就需要选取圆桶的高与底面半径的恰当比例,以达到两部分面积之和最小.

设圆桶的底面半径为 r,高为 h,则表面积为

$$S = 2\pi r^2 + 2\pi rh = 2\pi(r^2 + rh). \tag{8.13}$$

由于体积一定,h 和 r 必须满足条件

$$V = \pi r^2 h, \quad 即 \quad h = \frac{V}{\pi r^2}. \tag{8.14}$$

代入(8.13)式得 $S = 2\pi\left(r^2 + \dfrac{V}{\pi r}\right)$.

这样,问题化为求函数 S 的最小值问题.由

$$S' = 2\pi\left(2r - \frac{V}{\pi r^2}\right) = 0 \tag{8.15}$$

解得 $r_0 = \sqrt[3]{\dfrac{V}{2\pi}}$.代入(8.14)式有 $h = \dfrac{V}{\pi r_0^2} = 2\sqrt[3]{\dfrac{V}{2\pi}} = 2r_0$.由此可知,圆桶的高与底面直径相等时最省料.

由(8.15)式不难看出,$S'(r)$ 是 r 的增函数.当 $r < r_0$ 时,$S' < 0$,因而 S 是下降的;当 $r > r_0$ 时,$S' > 0$,因而 S 是上升的.因此 S 在 r_0 处达到极小值.极小值只有一个,当然就是最小值.

大家日常见到的有盖茶缸、汽油桶、一些罐头盒都是这种形状的.

例 9 B 在 A 东 10 千米,C 在 B 北 3 千米.现在要修一条从 A 到 C 的公路,从 A 到 B 的的报价是 40000 元/千米,沿其他路线是 50000 元/千米,问 P 点落在什么地方最省钱.

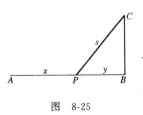

图 8-25

解 设 x, y, s 如图 8-25 所示,以万元作单位,所花的钱是

$$u = 4x + 5s.$$

x, y, s 的关系是

$$x + y = 10, \quad y^2 + 9 = s^2,$$

由此可得 $s = \sqrt{y^2 + 9}$.今将 u 表示成 y 的函数:

$$u = 4(10-y) + 5\sqrt{y^2+9}.$$

于是,由
$$\frac{\mathrm{d}u}{\mathrm{d}y} = -4 + \frac{5y}{\sqrt{y^2+9}} = 0$$

解得 $25y^2 = 16(y^2+9)$, $y^2 = 16$, $y = \pm 4$.

依题意 $y>0$,所以取 $y=4$. 注意到 y 取值的区间是 $[0,10]$,作如下比较:

$$y=0, u=55; \quad y=4, u=49; \quad y=10, u=52.$$

因此最小费用是 49 万元. 点 P 位于 B 以西 4 千米处.

习 题

1. 讨论函数单调性:

   (1) $y = x^3 + x$;   (2) $y = \dfrac{2x}{1+x^2}$.

2. 求函数的极值:

   (1) $y = x + \dfrac{1}{x}$;   (2) $y = x^2 \ln x$;   (3) $y = e^x + e^{-x}$;   (4) $y = x^3 - 3x^2 + 6x + 7$.

3. 作出下列函数的图形:

   (1) $y = x^3 - 6x^2 + 9x - 2$;   (2) $y = e^{\frac{1}{x}}$.

4. 一正方形铁皮,边长 2m. 从它的四角截去四个相等的小正方形(见图),剩下的部分做成一个无盖的箱子. 问截去的小正方形的边长 x 是多少时,箱子的容积 V 最大?

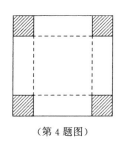
(第 4 题图)

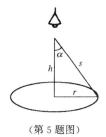
(第 5 题图)

5. 在半径为 r 的圆桌中心的上方挂一盏灯,要挂多高才能使桌边照得最亮?

注 灯光的亮度 T 与光线的投射角 α 的余弦成正比,与光源距离 s 的平方成反比,即

$$T = A\frac{\cos\alpha}{s^2},$$

其中 A 是比例常数.

6. 用半径为 r 的圆形铁片做成一个漏斗. 问圆心角 φ 多大时,做成的漏斗容积最大?

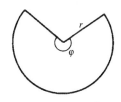

(第 6 题图)

第九章 微 分

> 高等数学的主要基础之一是这样一个矛盾,即在一定条件下,直线与曲线应当是一回事.
>
> 恩格斯

> 当直线和曲线的数学可以说已经山穷水尽的时候,一条新的几乎无穷无尽的道路,由那种把曲线视为直线(微分三角形)并把直线视为曲线(曲率无限小的一次曲线)的数学开拓出来了.
>
> 恩格斯

微分是微分学中除了导数之外的另一个基本概念. 它与导数概念密切相关. 微分概念是在解决直与曲的矛盾中产生的;具体说来,在微小局部可以用直线去近似替代曲线,这从下面要讲的微分的几何意义中可清楚地看出来. 一个直接应用就是函数的线性化. 微分具有双重意义:它表示一个微小的量,同时又表示一种与求导密切相关的运算. 微分是从微分学转向积分学的一个关键概念. 下一章讲述的不定积分是微分运算的逆运算. 熟练掌握微分运算又有助于掌握好积分运算.

§1 微 分 定 义

微分概念曾困扰了 17、18 世纪的著名数学家达一个多世纪. 微分是什么? 是"消失为 0 的量"? 直到柯西,微分概念才得到澄清,有了现在的定义.

我们从求函数改变量的近似值的角度来引进微分的定义.

设 $y=f(x)$ 是 x 的可微函数,函数 $y=f(x)$ 在点 x 处有导数,是指

$$\lim_{\Delta x \to 0} \frac{\Delta y}{\Delta x} = f'(x).$$

这个式子可改写为

$$\frac{\Delta y}{\Delta x} = f'(x) + \alpha,$$

其中 α(当 $\Delta x \to 0$ 时)是无穷小量. 用 Δx 乘上式两边,有

$$\Delta y = f'(x)\Delta x + \alpha \Delta x.$$

当 $|\Delta x|$ 很小时,上式中第二项 $\alpha \Delta x$ 要比 Δx 小得多,这样一来,上式中的第一项起主导作用,我们称它为**主要项**. 略去 $\alpha \Delta x$ 不计,可得近似公式

$$\Delta y \approx f'(x)\Delta x.$$

定义 设 $y=f(x)$ 在点 x 处可导,则 $f'(x)\Delta x$ 称为函数 $y=f(x)$ 在点 x 处的**微分**,记做 $\mathrm{d}y$,即

$$\mathrm{d}y = f'(x)\Delta x. \tag{9.1}$$

微分 $\mathrm{d}y$ 是 Δx 的线性函数,又是函数改变量 Δy 的主要部分,因而称为函数改变量的**线性主要部分**.

现在看自变量的微分. 设 $y=x$,则

$$\mathrm{d}x = \mathrm{d}y = (x)'\Delta x = \Delta x.$$

所以自变量 x 的微分就是改变量自身: $\mathrm{d}x=\Delta x$. 由此 (9.1) 可改写为

$$\mathrm{d}y = f'(x)\mathrm{d}x.$$

于是,我们在上式两边除以 $\mathrm{d}x$,又可得到

$$\frac{\mathrm{d}y}{\mathrm{d}x} = f'(x).$$

在最初引进符号 $\frac{\mathrm{d}y}{\mathrm{d}x}$ 的时候,是作为一个不可分割的整体去理解的,现在可以把它看做分数了: 函数微分与自变量微分之比.

§2 微 分 公 式

求函数微分的方法与求函数的导数的方法实质上是一样的,统称为微分法.

定理 1 设函数 $u(x), v(x)$ 均在点 x 处可微,则

(1) $\mathrm{d}(u \pm v) = \mathrm{d}u \pm \mathrm{d}v$;

(2) $\mathrm{d}(cu) = c\mathrm{d}u$,$c$ 是常数;

(3) $\mathrm{d}(uv) = u\mathrm{d}v + v\mathrm{d}u$;

(4) $\mathrm{d}\left(\dfrac{v}{u}\right) = \dfrac{u\mathrm{d}v - v\mathrm{d}u}{u^2}$ $(u \neq 0)$.

证 (1) $\mathrm{d}(u \pm v) = [u(x) \pm v(x)]'\mathrm{d}x = [u'(x) \pm v'(x)]\mathrm{d}x = \mathrm{d}u \pm \mathrm{d}v$;

(2) $\mathrm{d}(cu) = [cu(x)]'\mathrm{d}x = cu'(x)\mathrm{d}x = c\mathrm{d}u$;

(3) $\mathrm{d}(u \cdot v) = [u(x) \cdot v(x)]'\mathrm{d}x = [u(x)v'(x) + u'(x)v(x)]\mathrm{d}x = u\mathrm{d}v + v\mathrm{d}u$;

(4) $\mathrm{d}\left(\dfrac{v}{u}\right) = \left[\dfrac{v(x)}{u(x)}\right]'\mathrm{d}x = \dfrac{u(x)v'(x) - v(x)u'(x)}{u^2(x)}\mathrm{d}x = \dfrac{u\mathrm{d}v - v\mathrm{d}u}{u^2}$.

例 1 设 $y = f(x) = x^3 + x$,则

$$\mathrm{d}y = f'(x)\mathrm{d}x = (3x^2 + 1)\mathrm{d}x.$$

当 $x=2$, $\mathrm{d}x=0.1$ 时,

$$\mathrm{d}y = (3x^2 + 1)\mathrm{d}x = (3 \times 2^2 + 1) \times 0.1 = 1.3;$$

当 $x=3$, $\mathrm{d}x=-0.1$ 时,

$$\mathrm{d}y = (3x^2 + 1)\mathrm{d}x = (3 \cdot 3^2 + 1) \times (-0.1) = -2.8.$$

下面研究复合函数的微分法则.

定理 2　设函数 $u=\psi(x)$ 在点 x 处可微，$y=f(u)$ 在对应点 u 处可微，则复合函数 $y=f(\psi(x))$ 在点 x 处可微，且
$$dy = f'(u)du, \tag{9.2}$$
其中 $du=\psi'(x)dx$.

证　由微分定义及复合函数求导公式，
$$dy = (f[\psi(x)])'_x dx = f'(u)\psi'(x)dx = f'(u)du.$$

(9.2) 表明，不管 u 是自变量还是中间变量，函数 $y=f(u)$ 的微分都有相同的形式. 这个性质称为**一阶微分形式的不变性**. 在进行微分计算时，我们可以不必分辨 u 是自变量，还是因变量，这就减轻了在使用公式时的思想负担，而增加了灵活性.

例 2　计算 $y=e^{-ax}\sin bx$ 的微分.

解　$de^{-ax}\sin bx = \sin bx de^{-ax} + e^{-ax}d\sin bx$
$$= \sin bx \cdot e^{-ax}d(-ax) + e^{-ax}\cos bx d(bx)$$
$$= e^{-ax}(b\cos bx - a\sin bx)dx.$$

例 3　求　$y=\ln(x+\sqrt{x^2+1})$ 的微分

解　$dy = d\ln(x+\sqrt{x^2+1}) = \dfrac{1}{x+\sqrt{x^2+1}}d(x+\sqrt{x^2+1})$
$$= \dfrac{1}{x+\sqrt{x^2+1}}(dx + d\sqrt{x^2+1})$$
$$= \dfrac{1}{x+\sqrt{x^2+1}}\left(dx + \dfrac{xdx}{\sqrt{x^2+1}}\right)$$
$$= \dfrac{dx}{\sqrt{x^2+1}}.$$

§3　基本初等函数微分表

$$d(C)=0; \qquad d(u^a)=au^{a-1}du;$$
$$d(\sin u)=\cos u du; \qquad d(\cos u)=-\sin u du;$$
$$d(\tan u)=\dfrac{1}{\cos^2 u}du; \qquad d(\cot u)=-\dfrac{1}{\sin^2 u}du;$$
$$d(\ln u)=\dfrac{1}{u}du; \qquad d(\log_a u)=\dfrac{1}{u\ln a}du;$$
$$d(e^u)=e^u du; \qquad d(a^u)=a^u\ln a du;$$
$$d(\arcsin u)=\dfrac{1}{\sqrt{1-u^2}}du; \qquad d(\arccos u)=-\dfrac{1}{\sqrt{1-u^2}}du;$$
$$d(\arctan u)=\dfrac{1}{1+u^2}du; \qquad d(\text{arccot}\, u)=-\dfrac{1}{1+u^2}du.$$

§4 微分的应用

(1) **微分的几何意义**. 如图 9-1 所示,MT 是曲线 $y=f(x)$ 上的点 M 处的切线. 由导数的几何意义,

$$\frac{dy}{dx} = f'(x) = \tan\alpha,$$

其中 α 是切线 MT 与 x 轴的夹角. 设自变量 x 有一个增量 $dx = MQ$,则

$$dy = f'(x)dx = \tan\alpha dx = TQ.$$

这个式子说明,当自变量从 x 变到 $x+dx$ 时,曲线 $y=f(x)$ 在点 $M(x,f(x))$ 处的切线的改变量是 $TQ=dy$. 这就是**微分的几何意义**.

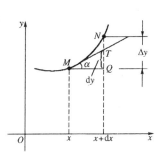

图 9-1

由图 9-1 易见,当 dx 很小时,

$$\Delta y = NQ \approx dy = TQ.$$

这就是说"曲线"$y=f(x)$ 的改变量 Δy,可以用"直线"(即切线)的改变量来近似代替. 换言之,这就是局部上的"以直代曲".

局部上的以直代曲还有另一种具有深刻意义的理解. 当 dx 很小时,$\triangle MQT$ 的斜边的长度 MT 与弧 MN 的长度近似相等,即

$$MN \approx MT.$$

我们称 MT 为曲线在点 M 的**弧微分**,记为 ds. $\triangle MQT$ 称为微分三角形,它的两直角边分别是 dx 和 dy,斜边为 ds. 所以由商高定理,

$$(ds)^2 = (dx)^2 + (dy)^2 \quad \text{或} \quad ds = \sqrt{(dx)^2 + (dy)^2}.$$

这个公式很重要,是求曲线弧长的基础.

(2) **函数的线性化**. 我们知道,平面上直线的方程是 x 和 y 的一次函数,通常称这种函数为线性函数. 线性函数是最简单、最容易处理的函数. 除此之外的函数就比较复杂,难于处理了. 对于这种复杂的函数,数学上常采用线性化的办法,将它简化,而微分是函数线性化的一个得力工具. 现在我们就来着手研究这个问题.

设函数 $y=f(x)$ 定义在区间 (a,b) 上,是 x 的可微函数. 前面已经指出,

$$\Delta y \approx dy.$$

记 $x=x_0+\Delta x$,我们有

$$\Delta y = f(x_0 + \Delta x) - f(x_0)$$
$$= f(x) - f(x_0) \approx dy = f'(x_0)dx = f'(x_0)(x - x_0),$$

即
$$f(x) \approx f(x_0) + f'(x_0)(x - x_0). \tag{9.3}$$

特别地,当 $x_0=0$ 时,

$$f(x) \approx f(0) + f'(0)x. \tag{9.4}$$

例 1 当 $|x|$ 很小时,导出近似公式
$$e^x \approx 1 + x.$$

解 取 $f(x) = e^x$, $x_0 = 0$. $f(0) = e^0 = 1$. 又 $f'(x) = e^x$, $f'(0) = e^0 = 1$. 由公式(9.4)得
$$e^x \approx 1 + x.$$

近似公式在实际应用中很有用途. 我们把几个重要的公式列在下面:
$$e^x \approx 1+x, \quad \ln(1+x) \approx x, \quad (1+x)^\alpha \approx 1+\alpha x, \quad \sin x \approx x. \tag{9.5}$$

关于证明留给读者.

公式(9.3),(9.4)看上去很平凡,但却是两个奇妙的公式:非线性的函数值的计算一下子化成了线性函数的值的计算. 难度大大地降了下来. 科学的目的就是化复杂为简单,化神奇为平凡. 让这一代的凡人超过上一代的天才.

例 2 求 $\sqrt[4]{255}$ 的近似值.

解 我们知道 $4^4 = 256$. 因此
$$\sqrt[4]{255} = \sqrt[4]{256-1} = \sqrt[4]{256\left(1 - \frac{1}{256}\right)} = 4\sqrt[4]{1 - \frac{1}{256}}.$$

在(9.5)的第三个公式中取 $\alpha = \frac{1}{n}$,则有 $\sqrt[n]{1+x} = (1+x)^{\frac{1}{n}} \approx 1 + \frac{1}{n}x$. 取 $n = 4$ 得
$$\sqrt[4]{1 - \frac{1}{256}} \approx 1 + \frac{1}{4}\left(-\frac{1}{256}\right) = 1 - \frac{1}{1024}.$$

所以
$$\sqrt[4]{255} = 4 \cdot \sqrt[4]{1 - \frac{1}{256}} \approx 4 \cdot \left(1 - \frac{1}{1024}\right) \approx 3.9961.$$

查四次方根表可得 $\sqrt[4]{255} \approx 3.996$. 两相比较,可看出近似公式的精确度很高.

例 3 求 $\sin 32°$ 的近似值.

解 取 $f(x) = \sin x$, $x_0 = 30° = \frac{\pi}{6}$, $\sin \frac{\pi}{6} = 0.5$. 由(9.3),
$$\sin 32° = \sin\left(\frac{\pi}{6} + \frac{\pi}{90}\right) \approx \sin \frac{\pi}{6} + \left(\cos \frac{\pi}{6}\right) \cdot \frac{\pi}{90}$$
$$\approx 0.5 + 0.866 \times \frac{\pi}{90} \approx 0.5302.$$

查三角函数表得,$\sin 32° = 0.5299$,两者相比较误差仅为 0.0003.

习 题

1. 若 $|x|$ 很小时,证明下列公式:

(1) $(1+x)^n \approx 1 + nx$;

(2) $\sqrt[n]{1+x} \approx 1 + \frac{1}{n}x$;

(3) $\frac{1}{1+x} \approx 1 - x$;

(4) $\tan x \approx x$.

2. 计算下列各式的近似值：

(1) $\sqrt[5]{1.02}$；   (2) $e^{0.035}$；   (3) $\ln 1.002$；

(4) $\ln 0.99$；   (5) $\tan 46°$.

§5 再论导数与微分

5.1 导数与微分的概念

微分学包含两个系统：概念系统和算法系统. 概念系统中最重要的概念是导数和微分. 在算法系统中包含求导运算与微分运算.

导数是微积分的第一个基本概念，它来源于求曲线在一点处的切线和运动物体在某时刻的瞬时速度. 因而，导数的几何意义是切线斜率；导数的物理意义是瞬时速度. 切勿忽视这两点，因为这是培养微积分直觉能力的出发点. 当我们研究微积分的理论和应用遇到问题时，要不断回顾这两个问题.

微分概念依赖于导数概念，但它具有独立的意义，它是函数的局部线性化. 在数学上最容易处理的函数是线性函数，借助微分可使一大批非线性函数在局部转化为线性函数，使我们在处理问题时达到简单、方便、高效的目的.

对求导运算而言，复合函数是一个基本而重要的概念. 复合是指基本初等函数的复合. 借助函数的复合运算，导数运算就化为乘法运算了.

微分运算依附于导数运算. 复合函数的求导运算到这里转化为一阶微分形式的不变性. 而一阶微分形式的不变性是积分学中换元法的基础.

中值定理建立了函数的局部性质与整体性质的联系，建立了微积分理论联系实际的桥梁. 中值定理中最重要的是拉格朗日中值定理.

5.2 导数与微分小结

(1) 基本概念

导数的几何意义：曲线在一点处切线的斜率.

导数的物理意义：瞬时速度.

一个变量对另一个变量的变化率.

微分的几何意义：切线的改变量.

微分的应用：函数的局部线性化.

(2) 基本定理

费马定理：它给出函数取极值的必要条件.

微商中值定理：罗尔定理，拉格朗日定理. 它们奠定了利用导数研究函数性质的理论基础.

(3) 函数的单调性、极值、最值问题

1) 利用导数判断函数的单调性.

若函数 $f(x)$ 在 $[a,b]$ 上连续,在 (a,b) 内可导,则 $f(x)$ 在 $[a,b]$ 上是单调上升(下降) $\Longleftrightarrow$ $f'(x) \geqslant 0 (\leqslant 0), x \in (a,b)$.

2) 极值点的必要条件和充分条件.

极值点的必要条件由费马定理给出:若点 x_0 是 $f(x)$ 的一个极值点,且 $f'(x_0)$ 存在,则 $f'(x_0)=0$.

极值的充分条件有两个:

第一充分条件:若 $f(x)$ 在点 x_0 的邻域 $(x_0-\delta, x_0+\delta)$ 内可导,且 $f'(x_0)=0$. 若
$$f'(x) > 0, \quad x \in (x_0-\delta, x_0),$$
$$f'(x) < 0, \quad x \in (x_0, x_0+\delta),$$
则 x_0 是 $f(x)$ 的一个极大点;若
$$f'(x) < 0, \quad x \in (x_0-\delta, x_0),$$
$$f'(x) > 0, \quad x \in (x_0, x_0+\delta),$$
则 x_0 是 $f(x)$ 的一个极小点.

第二充分条件:若 $f(x)$ 在点 x_0 的邻域 $(x_0-\delta, x_0+\delta)$ 内有二阶导数,则

当 $f''(x_0)<0$ 时, x_0 是 $f(x)$ 的极大点;

当 $f''(x_0)>0$ 时, x_0 是 $f(x)$ 的极小点;

当 $f''(x_0)=0$ 时,不能判断.

3) 最大、最小值点与极值点的关系.

求函数 $f(x)$ 在 $[a,b]$ 上的最大(小)值,只需把全部极大(小)值与函数的端点值 $f(a)$, $f(b)$ 作比较,其中最大(小)的值就是 $f(x)$ 在 $[a,b]$ 上的最大(小)值.

若最大(小)值点落在区间内部,则它一定是极值点.反之,极值点不一定是最大值点或最小值点.

4) 曲线的凹凸与拐点.

设函数 $y=f(x)$ 在闭区间 $[a,b]$ 上连续,在开区间 (a,b) 内的每一点都有二阶导数,那么,

若 $f''(x)>0, x \in (a,b)$,则 $f(x)$ 的图形在 (a,b) 内是上凹的;

若 $f''(x)<0, x \in (a,b)$,则 $f(x)$ 的图形在 (a,b) 内是上凸的.

x_0 是 $f(x)$ 的图形的拐点的必要条件是 $f''(x_0)=0$.

(4) 基本公式

导数与微分的运算法则,基本初等函数导数表与微分表应像"九九表"那样地记熟.

第十章 不定积分

> 数学的首创性在于数学科学展示了事物之间的联系,如果没有人的推理作用,这种联系就不明显.
>
> 怀特海

在数学中必须考虑的运算分为两类:正的运算和逆的运算.例如,对应于加法运算的逆运算是减法,对应于乘法的是除法,对应于正整数次乘方的就是开方.

关于逆运算我们至少有两条经验:一是逆运算一般说比正运算困难;一是逆运算常常引出新的结果.例如,正像在本书第一章所指出的,减法引出了负数,除法引出了有理数,正数开方引出无理数,负数开方引出虚数.这两条经验具有普遍意义,也就是说,任何逆运算都会带来新的困难,都会引出新的结果.这些例子说明,数学内部的基本矛盾也是推动数学向前发展的动力之一.

本章研究微分运算的逆运算——不定积分.从概念上讲是简单的,但从计算上讲是较为繁杂的.我们只讲授基本初等函数的不定积分公式和最基本的不定积分法则,对于较复杂的不定积分公式可通过查积分表而求得.

§1 基 本 概 念

定义 若函数 $F(x)$ 与 $f(x)$ 定义在同一区间 (a,b) 内,并且处处都有
$$F'(x) = f(x) \quad \text{或} \quad dF(x) = f(x)dx,$$
则 $F(x)$ 就叫做 $f(x)$ 的一个**原函数**.

根据导数公式,或微分公式,我们可以立即写出一些简单函数的原函数.例如

函数	原函数
$\cos x$	$\sin x$
$\sin x$	$-\cos x$
e^x	e^x
x^n	$\dfrac{1}{n+1}x^{n+1}$

从这些例子又不难看出,$\sin x$ 是 $\cos x$ 的原函数,$(\sin x + C)$ 也是 $\cos x$ 的原函数,这里 C 是任意常数.于是产生这样一个问题:同一个函数究竟有多少原函数?

定理 1 设 $F(x), f(x)$ 定义在同一区间 (a,b) 内.若 $F(x)$ 是 $f(x)$ 的一个原函数,则

$F(x)+C$ 也是 $f(x)$ 的原函数,这里 C 是任意常数;而且 $F(x)+C$ 包括了 $f(x)$ 的全部原函数.

证 因为
$$(F(x)+C)' = F'(x) = f(x),$$
所以 $F(x)+C$ 是 $f(x)$ 的原函数.

下面证明 $F(x)+C$ 包含了 $f(x)$ 的一切原函数. 而这只需证明,$f(x)$ 的任一原函数 $G(x)$,必然有 $F(x)+C$ 的形式.

事实上,根据假设,
$$G'(x) = f(x), \quad F'(x) = f(x),$$
从而
$$G'(x) - F'(x) = (G(x) - F(x))' = 0.$$
根据拉格朗日中值定理的系 2,
$$G(x) = F(x) + C.$$

定义 函数 $f(x)$ 的原函数的全体称为 $f(x)$ 的**不定积分**,记做
$$\int f(x)dx,$$
其中 $\int$ 称为**积分号**,x 称为**积分变量**,$f(x)$ 称为**被积函数**.

由定理 1 可知,如果知道了 $f(x)$ 的一个原函数 $F(x)$,则 $F(x)+C$ 就是 $f(x)$ 的全体原函数,因而有
$$\int f(x)dx = F(x) + C,$$
其中 C 是一个任意常数,称为**积分常数**.

从不定积分的概念可知,"求不定积分"与"求导数"、"求微分"互为逆运算:
$$\left[\int f(x)dx\right]' = f(x) \quad 或 \quad d\int f(x)dx = f(x)dx.$$
反过来,
$$\int F'(x)dx = F(x) + C \quad 或 \quad \int dF(x) = F(x) + C.$$
这就是说,若先积分后微分,则两者的作用互相抵消;若先微分后积分,则抵消后差一常数.

§2 不定积分的简单运算法则

(1) 常数 $k(\neq 0)$ 可以提到积分号外,即
$$\int kf(x)dx = k\int f(x)dx.$$

证 要证明此等式,只要证明等式两边的导数相等就行了.
$$\left[\int kf(x)\mathrm{d}x\right]' = \left[k\int f(x)\mathrm{d}x\right]' = kf(x).$$

(2) 两个函数和(或差)的积分,等于两个函数积分的和(或差),即
$$\int [f(x) \pm g(x)]\mathrm{d}x = \int f(x)\mathrm{d}x \pm \int g(x)\mathrm{d}x.$$

证 由于
$$\left[\int [f(x) \pm g(x)]\mathrm{d}x\right]' = f(x) \pm g(x),$$

而
$$\left[\int f(x)\mathrm{d}x \pm \int g(x)\mathrm{d}x\right]' = \left[\int f(x)\mathrm{d}x\right]' \pm \left[\int g(x)\mathrm{d}x\right]' = f(x) \pm g(x).$$

所以所证等式成立.

这个结论可以推广到任意有限多个函数之和(或差)的情况,即
$$\int [f_1(x) \pm f_2(x) \pm \cdots \pm f_n(x)]\mathrm{d}x$$
$$= \int f_1(x)\mathrm{d}x \pm \int f_2(x)\mathrm{d}x \pm \cdots \pm \int f_n(x)\mathrm{d}x.$$

注 所证公式中都没有加任意常数,我们默认任意常数已包含在不定积分中.

例1 $\int 2\mathrm{e}^x\mathrm{d}x = 2\int \mathrm{e}^x\mathrm{d}x = 2\mathrm{e}^x + C.$

例2 $\int (3\cos x - 2\sin x)\mathrm{d}x = \int 3\cos x\mathrm{d}x - \int 2\sin x\mathrm{d}x$
$$= 3\int \cos x\mathrm{d}x - 2\int \sin x\mathrm{d}x = 3\sin x + 2\cos x + C.$$

§3 基本初等函数的不定积分表

把基本初等函数的导数公式表反过去,便得到基本初等函数的不定积分表:

$(C)' = 0;$ $\quad\int 0\mathrm{d}x = C;$

$(x^{\alpha+1})' = (\alpha+1)x^{\alpha};$ $\quad\int x^{\alpha}\mathrm{d}x = \dfrac{1}{\alpha+1}x^{\alpha+1} + C;$

$(\ln|x|)' = \dfrac{1}{x};$ $\quad\int \dfrac{1}{x}\mathrm{d}x = \ln|x| + C;$

$(\sin x)' = \cos x;$ $\quad\int \cos x\mathrm{d}x = \sin x + C;$

$(\cos x)' = -\sin x;$ $\quad\int \sin x\mathrm{d}x = -\cos x + C;$

$(\tan x)' = \dfrac{1}{\cos^2 x};$ $\quad\int \dfrac{1}{\cos^2 x}\mathrm{d}x = \tan x + C;$

$(\cot x)' = -\dfrac{1}{\sin^2 x};$ $\qquad \displaystyle\int \dfrac{1}{\sin^2 x}\mathrm{d}x = -\cot x + C;$

$(\mathrm{e}^x)' = \mathrm{e}^x;$ $\qquad \displaystyle\int \mathrm{e}^x\mathrm{d}x = \mathrm{e}^x + C;$

$(a^x)' = a^x \ln a;$ $\qquad \displaystyle\int a^x\mathrm{d}x = \dfrac{1}{\ln a}a^x + C;$

$(\arcsin x)' = \dfrac{1}{\sqrt{1-x^2}};$ $\qquad \displaystyle\int \dfrac{1}{\sqrt{1-x^2}}\mathrm{d}x = \arcsin x + C;$

$(\arctan x)' = \dfrac{1}{1+x^2};$ $\qquad \displaystyle\int \dfrac{1}{1+x^2}\mathrm{d}x = \arctan x + C.$

这些公式是计算不定积分的基础，应该牢牢将它们记住．

例 1 求 $\displaystyle\int \left(\sqrt{x} + \dfrac{1}{\sqrt{x}}\right)\mathrm{d}x.$

解 $\displaystyle\int\left(\sqrt{x}+\dfrac{1}{\sqrt{x}}\right)\mathrm{d}x = \int(x^{\frac{1}{2}}+x^{-\frac{1}{2}})\mathrm{d}x = \int x^{\frac{1}{2}}\mathrm{d}x + \int x^{-\frac{1}{2}}\mathrm{d}x$

$\qquad = \dfrac{1}{\frac{1}{2}+1}x^{\frac{1}{2}+1} + \dfrac{1}{-\frac{1}{2}+1}x^{-\frac{1}{2}+1} + C$

$\qquad = \dfrac{2}{3}x^{\frac{3}{2}} + 2x^{\frac{1}{2}} + C.$

例 2 求 $\displaystyle\int \dfrac{x^2}{1+x^2}\mathrm{d}x.$

解 $\displaystyle\int \dfrac{x^2}{1+x^2}\mathrm{d}x = \int \dfrac{1+x^2-1}{1+x^2}\mathrm{d}x = \int\left(1-\dfrac{1}{1+x^2}\right)\mathrm{d}x$

$\qquad = \displaystyle\int 1\mathrm{d}x - \int \dfrac{1}{1+x^2}\mathrm{d}x = x - \arctan x + C.$

例 3 求 $\displaystyle\int \dfrac{\cos 2x}{\cos x - \sin x}\mathrm{d}x.$

解 $\displaystyle\int \dfrac{\cos 2x}{\cos x - \sin x}\mathrm{d}x = \int \dfrac{\cos^2 x - \sin^2 x}{\cos x - \sin x}\mathrm{d}x$

$\qquad = \displaystyle\int \dfrac{(\cos x + \sin x)(\cos x - \sin x)}{\cos x - \sin x}\mathrm{d}x$

$\qquad = \displaystyle\int \cos x\mathrm{d}x + \int \sin x\mathrm{d}x$

$\qquad = \sin x - \cos x + C.$

§4 第一换元积分法

根据一阶微分形式的不变性，若

$$\mathrm{d}F(u) = f(u)\mathrm{d}u,$$

则

$$\mathrm{d}F(u(x)) = f(u(x))\mathrm{d}u(x).$$

利用不定积分与微分的互逆关系,可以把它转化为不定积分的换元公式:

$$\int f[u(x)]\mathrm{d}u(x) \xrightarrow{\diamondsuit u(x) = u} \int f(u)\mathrm{d}u$$
$$\xrightarrow{\text{求积分}} F(u) + C$$
$$\xrightarrow{\diamondsuit u = u(x)} F(u(x)) + C.$$

例 1 求 $\int \cos 2x \mathrm{d}x$.

解 $\int \cos 2x \mathrm{d}x = \frac{1}{2}\int \cos 2x \mathrm{d}(2x) \xrightarrow{\diamondsuit 2x = u} \frac{1}{2}\int \cos u \mathrm{d}u$
$= \frac{1}{2}\sin u + C \xrightarrow{\diamondsuit u = 2x} \frac{1}{2}\sin 2x + C.$

例 2 求 $\int \frac{1}{1+x}\mathrm{d}x$.

解 $\int \frac{1}{1+x}\mathrm{d}x = \int \frac{1}{1+x}\mathrm{d}(1+x) \xrightarrow{\diamondsuit x+1=u} \int \frac{1}{u}\mathrm{d}u$
$= \ln|u| + C$
$\xrightarrow{\diamondsuit u = x+1} \ln|x+1| + C.$

求积分时,下面两个微分的性质经常用到:
(1) $\mathrm{d}[au(x)] = a\mathrm{d}u(x)$,即常数可从微分号 d 内移进,移出;
(2) $\mathrm{d}[u(x)+b] = \mathrm{d}u(x)$,即微分号 d 内的函数可加减一任意常数.

例 3 求 $\int \frac{1}{a^2 + x^2}\mathrm{d}x$.

解 $\int \frac{1}{a^2+x^2}\mathrm{d}x = \frac{1}{a^2}\int \frac{1}{1+\frac{x^2}{a^2}}\mathrm{d}x = \frac{1}{a}\int \frac{1}{1+\left(\frac{x}{a}\right)^2}\mathrm{d}\left(\frac{x}{a}\right)$
$= \frac{1}{a}\arctan \frac{x}{a} + C.$

例 4 求 $\int xe^{x^2}\mathrm{d}x$.

解 注意到 $x\mathrm{d}x = \frac{1}{2}\mathrm{d}x^2$,我们有
$$\int xe^{x^2}\mathrm{d}x = \frac{1}{2}\int e^{x^2}\mathrm{d}x^2 = \frac{1}{2}e^{x^2} + C.$$

用第一换元积分法求不定积分 $\int f(x)\mathrm{d}x$,都是分三步完成的:第一步,从 $f(x)$ 中分出一个因子 $u'(x)$,使 $u'(x)$ 与 $\mathrm{d}x$ 配成 u 的微分 $\mathrm{d}u$,并把被积函数剩下的部分写成 u 的函数,即

$$f(x)\mathrm{d}x = g(u)u'(x)\mathrm{d}x = g(u)\mathrm{d}u.$$

这一步通常称为"配微分",第二步就是求不定积分:

$$\int g(u)\mathrm{d}u.$$

第三步,令 $u=u(x)$.

有些积分不能直接利用换元积分法,需要经过适当的代数运算或三角恒等式变形后才能用.

例 5 求 $\int \dfrac{\mathrm{d}x}{a^2-x^2}$.

解 这个积分是有理函数的积分,它简单而典型.方法是将被积函数分解为部分分式.注意到 $a^2-x^2=(a-x)(a+x)$,被积函数可分解为下述形式:

$$\frac{1}{a^2-x^2}=\frac{A}{a-x}+\frac{B}{a+x},$$

这里 A,B 是待定常数.为了确定 A,B,用 a^2-x^2 乘上式两边,得

$$1=A(a+x)+B(a-x) \quad \text{或} \quad 1=(A-B)x+(A+B)a.$$

要使上式成立,必须有

$$\begin{cases} A-B=0, \\ A+B=1/a. \end{cases}$$

解方程组,得 $A=\dfrac{1}{2a}, B=\dfrac{1}{2a}$,所以

$$\frac{1}{a^2-x^2}=\frac{1}{2a}\left(\frac{1}{a-x}+\frac{1}{a+x}\right).$$

从而

$$\int \frac{1}{a^2-x^2}\mathrm{d}x = \frac{1}{2a}\int\left(\frac{1}{a-x}+\frac{1}{a+x}\right)\mathrm{d}x$$

$$= \frac{1}{2a}(\ln|a+x|-\ln|a-x|)+C = \frac{1}{2a}\ln\left|\frac{a+x}{a-x}\right|+C.$$

例 6 求 $\int \dfrac{1}{\cos x}\mathrm{d}x$.

解 $\int \dfrac{1}{\cos x}\mathrm{d}x = \int \dfrac{\cos x}{\cos^2 x}\mathrm{d}x = \int \dfrac{\cos x}{1-\sin^2 x}\mathrm{d}x = \int \dfrac{\mathrm{d}\sin x}{1-\sin^2 x},$

利用例 5,得

$$\int \frac{\mathrm{d}x}{\cos x} = \frac{1}{2}\ln\left|\frac{1+\sin x}{1-\sin x}\right|+C = \frac{1}{2}\ln\left|\frac{(1+\sin x)^2}{1-\sin^2 x}\right|+C$$

$$= \frac{1}{2}\ln\left|\frac{(1+\sin x)^2}{\cos^2 x}\right|+C = \ln|\sec x+\tan x|+C.$$

习　题

计算下列不定积分:

1. $\int \sin\dfrac{x}{2}\mathrm{d}x$;
2. $\int \sqrt{2+3x}\,\mathrm{d}x$;
3. $\int (2x+5)^4\mathrm{d}x$;
4. $\int x\mathrm{e}^{-x^2}\mathrm{d}x$;
5. $\int \dfrac{\cos x}{1+\sin x}\mathrm{d}x$;
6. $\int \sin x\cos^2 x\,\mathrm{d}x$.

§5 第二换元积分法

前面我们得到了换元积分公式
$$\int f[u(x)]u'(x)\mathrm{d}x = \int f(u)\mathrm{d}u.$$
第一换元积分法是将上式中左端的积分变成右端的积分. 第二换元积分法是倒过来用这个公式,因为有时可通过适当地选取 $u=u(x)$,使左端的积分容易计算,具体过程是
$$\int f(x)\mathrm{d}x \xlongequal{\text{令 } x=x(u)} \int f(x(u))x'(u)\mathrm{d}u$$
$$= G(u) + C$$
$$\xlongequal{\text{令 } u=u(x)} G(u(x)) + C,$$
这里 $x(u)$ 与 $u(x)$ 互为反函数.

例1 求 $\int \sqrt{a^2 - x^2}\,\mathrm{d}x$.

解 为了去掉根号,可作变换 $x = a\sin u$. 这时 $\sqrt{a^2-x^2} = a\cos u$,$\mathrm{d}x = a\cos u\,\mathrm{d}u$,因此
$$\int \sqrt{a^2-x^2}\,\mathrm{d}x = \int a^2\cos^2 u\,\mathrm{d}u = a^2\int \frac{1+\cos 2u}{2}\mathrm{d}u$$
$$= \frac{a^2}{2}u + \frac{a^2}{4}\sin 2u + C = \frac{a^2}{2}u + \frac{a^2}{2}\sin u\cos u + C.$$

还需要把变量 u 变换成原变量 x,这一步可采取如下办法实现:作一直角三角形,如图10-1所示,由直角三角形可看出
$$\sin u = \frac{x}{a}, \quad \cos u = \frac{\sqrt{a^2-x^2}}{a},$$
代入上式,即得
$$\int \sqrt{a^2-x^2}\,\mathrm{d}x = \frac{a^2}{2}\arcsin\frac{x}{a} + \frac{1}{2}x\sqrt{a^2-x^2} + C.$$

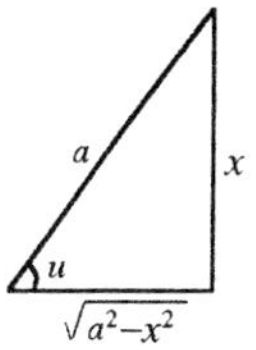

图 10-1

例2 求 $\int \frac{\mathrm{d}x}{\sqrt{a^2+x^2}}$.

解 令 $x = a\tan u$,则
$$\mathrm{d}x = \frac{a}{\cos^2 u}\mathrm{d}u, \quad \sqrt{a^2+x^2} = \sqrt{a^2 + a^2\tan^2 u} = a\sec u.$$
因此
$$\int \frac{\mathrm{d}x}{\sqrt{a^2+x^2}} = \int \frac{1}{a\sec u}\cdot\frac{a}{\cos^2 u}\mathrm{d}u = \int \frac{1}{\cos u}\mathrm{d}u = \ln|\sec u + \tan u| + C_1.$$

这里用了上节例6的结果,把 u 变换成 x 这一步是用例1的办法,由图 10-2 可看出,

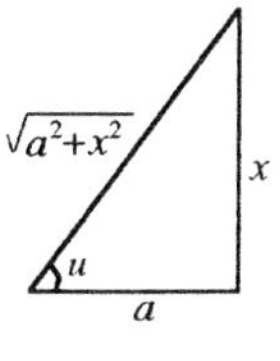

图 10-2

于是
$$\sec u = \frac{\sqrt{a^2+x^2}}{a}, \quad \tan u = \frac{x}{a}.$$

$$\int \frac{\mathrm{d}x}{\sqrt{x^2+a^2}} = \ln|\sqrt{a^2+x^2}+x| + C.$$

这里 $C = C_1 - \ln a$。

例 3 求 $\int \frac{\mathrm{d}x}{\sqrt{x^2-a^2}}$。

解 令 $x = a\sec u$，则 $\sqrt{x^2-a^2} = a\tan u$，$\mathrm{d}x = a\dfrac{\sin u}{\cos^2 u}\mathrm{d}u$，因此

$$\int \frac{1}{\sqrt{x^2-a^2}}\mathrm{d}x = \int \frac{\mathrm{d}u}{\cos u} = \ln|\sec u + \tan u| + C_1.$$

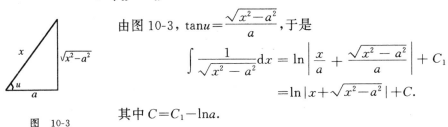

图 10-3

由图 10-3，$\tan u = \dfrac{\sqrt{x^2-a^2}}{a}$，于是

$$\int \frac{1}{\sqrt{x^2-a^2}}\mathrm{d}x = \ln\left|\frac{x}{a} + \frac{\sqrt{x^2-a^2}}{a}\right| + C_1$$
$$= \ln|x+\sqrt{x^2-a^2}| + C.$$

其中 $C = C_1 - \ln a$。

习 题

求下列不定积分：

1. $\int \dfrac{\sin\sqrt{x}}{\sqrt{x}}\mathrm{d}x$；

2. $\int \dfrac{x}{1+\sqrt{1+x}}\mathrm{d}x$；

3. $\int \dfrac{\mathrm{d}x}{\sqrt{4x^2+4x-3}}$；

4. $\int \dfrac{\mathrm{d}x}{\sqrt{16x^2+8x+5}}$。

§6 分部积分法

微分法中，函数乘积的微分公式可转化为积分公式。

设 $u(x), v(x)$ 都是 x 的可微函数，由

$$\mathrm{d}(uv) = u\mathrm{d}v + v\mathrm{d}u$$

可得

$$u\mathrm{d}v = \mathrm{d}(uv) - v\mathrm{d}u,$$

两边积分得

$$\int u\mathrm{d}v = uv - \int v\mathrm{d}u.$$

这个公式叫做不定积分的**分部积分公式**。

分部积分公式将积分 $\int u\mathrm{d}v$ 的计算转化为积分 $\int v\mathrm{d}u$ 的计算，在某些情况下，这是一个有效的方法。下面给出几个典型使用分部积分法的例题。

例 1 求 $\int \ln x\mathrm{d}x$。

解 $\int \ln x \mathrm{d}x = \ln x \cdot x - \int x \mathrm{d}\ln x = x\ln x - \int x \cdot \frac{1}{x}\mathrm{d}x = x\ln x - \int \mathrm{d}x = x\ln x - x + C.$
    $\phantom{\int \ln x \mathrm{d}x = }\underset{u}{\downarrow} \underset{v}{\downarrow} \underset{u}{\downarrow} \underset{v}{\downarrow}$

例 2 求 $\int x\cos x \mathrm{d}x.$

解 用分部积分公式,先要化成 $\int u\mathrm{d}v$ 的形式,也就是被积函数的一部分与 $\mathrm{d}x$ 配成微分 $\mathrm{d}v$.

$$\int x\cos x \mathrm{d}x = \int x\mathrm{d}\sin x = x\sin x - \int \sin x \mathrm{d}x = x\sin x + \cos x + C.$$
$\phantom{\int x\cos x \mathrm{d}x = \int x}\underset{u}{\downarrow}\underset{v}{\downarrow}\underset{u}{\downarrow}\underset{v}{\downarrow}\underset{v}{\downarrow}\underset{u}{\downarrow}$

例 3 求 $\int x\arctan x \mathrm{d}x.$

解 $\int x\arctan x \mathrm{d}x = \int \arctan x \mathrm{d}\left(\frac{1}{2}x^2\right) = \frac{1}{2}x^2\arctan x - \int \frac{1}{2}x^2\mathrm{d}\arctan x$

$\phantom{\int x\arctan x \mathrm{d}x} = \frac{1}{2}x^2\arctan x - \frac{1}{2}\int x^2 \cdot \frac{1}{1+x^2}\mathrm{d}x = \frac{1}{2}x^2\arctan x - \frac{1}{2}\int \frac{x^2+1-1}{1+x^2}\mathrm{d}x$

$\phantom{\int x\arctan x \mathrm{d}x} = \frac{1}{2}x^2\arctan x - \frac{1}{2}\int \mathrm{d}x + \frac{1}{2}\int \frac{1}{1+x^2}\mathrm{d}x$

$\phantom{\int x\arctan x \mathrm{d}x} = \frac{1}{2}x^2\arctan x - \frac{1}{2}x + \frac{1}{2}\arctan x + C.$

从这些例子可以看出,应用分部积分法求积分一般分为四步:

(1) 配微分. 把被积函数的一部分和 $\mathrm{d}x$ 配成 $\mathrm{d}v$,使积分变成 $\int u\mathrm{d}v$ 的形式.

(2) 用公式.

(3) 微出来. 把第二项中的 u 微出来,即 $\mathrm{d}u = u'\mathrm{d}x.$

(4) 算积分,把 $\int vu'\mathrm{d}x$ 积出来.

有时这个方法用一次不够,需要连续用几次.

例 4 求 $\int x^2 \mathrm{e}^x \mathrm{d}x.$

解 $\int x^2 \mathrm{e}^x \mathrm{d}x = \int x^2 \mathrm{d}\mathrm{e}^x = x^2 \mathrm{e}^x - \int \mathrm{e}^x \mathrm{d}x^2 = x^2 \mathrm{e}^x - \int 2x\mathrm{e}^x \mathrm{d}x = x^2 \mathrm{e}^x - 2\int x\mathrm{d}\mathrm{e}^x$

$\phantom{\int x^2 \mathrm{e}^x \mathrm{d}x} = x^2 \mathrm{e}^x - 2x\mathrm{e}^x + 2\int \mathrm{e}^x \mathrm{d}x = x^2 \mathrm{e}^x - 2x\mathrm{e}^x + 2\mathrm{e}^x + C$

$\phantom{\int x^2 \mathrm{e}^x \mathrm{d}x} = \mathrm{e}^x(x^2 - 2x + 2) + C.$

还有一种情况是,由分部积分法导出一个循环公式,由循环公式求出积分.

例 5 求 $\int \mathrm{e}^x \cos x \mathrm{d}x.$

解 $\int \mathrm{e}^x \cos x \mathrm{d}x = \int \cos x \mathrm{d}\mathrm{e}^x = \mathrm{e}^x \cos x - \int \mathrm{e}^x \mathrm{d}\cos x$

$\phantom{\int \mathrm{e}^x \cos x \mathrm{d}x} = \mathrm{e}^x \cos x + \int \mathrm{e}^x \sin x \mathrm{d}x = \mathrm{e}^x \cos x + \int \sin x \mathrm{d}\mathrm{e}^x$

$$= e^x \cos x + e^x \sin x - \int e^x \mathrm{d}\sin x$$
$$= e^x \cos x + e^x \sin x - \int e^x \cos \mathrm{d}x.$$

分部两次以后，积出两项，而积分部分又回到原来的积分，这样得到一个等式：
$$\int e^x \cos x \mathrm{d}x = e^x(\cos x + \sin x) - \int e^x \cos x \mathrm{d}x.$$

把等式右边的积分移到左边来，并注意到不定积分中含有常数项，所以有
$$2\int e^x \cos x \mathrm{d}x = e^x(\cos x + \sin x) + C,$$
$$\int e^x \cos x \mathrm{d}x = \frac{1}{2}e^x(\cos x + \sin x) + \frac{C}{2}.$$

这就求出了原来的积分.

我们还需指出，有些初等函数的积分，如
$$\int \frac{\mathrm{d}x}{\sqrt{1+x^3}}, \quad \int e^{-x^2}\mathrm{d}x, \quad \int \frac{\mathrm{d}x}{\ln x}, \quad \int \frac{\sin x}{x}\mathrm{d}x$$

看起来不复杂，但是在初等函数范围内积不出来. 这不是因为积分方法不够，而是因为被积函数的原函数不是初等函数.

最后指出，数学家已经造出了非常详尽的积分表. 只要你对不定积分的积分法有适当了解，你就可以使用积分表了.

习 题

计算下列不定积分：

1. $\int x \ln x \mathrm{d}x$;　　2. $\int \ln(1+x^2)\mathrm{d}x$;　　3. $\int x \sin x \mathrm{d}x$;　　4. $\int x \cos 3x \mathrm{d}x$;

5. $\int \arcsin x \mathrm{d}x$;　　6. $\int \arctan x \mathrm{d}x$;　　7. $\int (x^2+2x)e^{-x}\mathrm{d}x$;　　8. $\int \ln^2 x \mathrm{d}x$.

第十一章 定积分

> 在一切理论成就中,未必再有什么像 17 世纪下半叶微积分的发明那样被看做人类精神的最高胜利了.如果在某个地方我们看到人类精神的纯粹的和唯一的功绩,那就正是在这里.
>
> 恩格斯

微积分的基本概念是导数和积分.导数是对于变化率的一种度量,通过微分学部分我们已经理解了它的本质,并认识到它的部分威力.此外,由导数概念又引出了求导运算,或微商运算.微商运算的逆运算是求不定积分,这是我们上章所讨论的.

积分是对连续变化过程总效果的度量,求曲边形区域的面积是积分概念的最直接的起源.面积的直觉观念在积分过程中得到了它的精确的数学表述.几何学与物理学中其他许多有关的概念也需要积分.

积分学分为两部分,一部分是上一章的不定积分;一部分就是本章要研究的定积分,实质上,它是一个问题的两个侧面:定积分的概念与计算.

我们从面积问题开始.

§1 定积分的定义

1.1 面积问题

在极限一章我们曾讨论了抛物线下的面积问题.现在我们讨论一个更一般的面积问题.

设函数 $f(x)$ 在区间 $[a,b]$ 上是连续的,且是非负的.如何求由曲线 $y=f(x)$ 与直线 $x=a, x=b$ 与 x 轴所围成的区域的面积呢(见图 11-1)?

我们现在有两个问题要解决,一个是给出面积的定义,一个是找出计算面积的方法.微积分的巨大功绩就在于,用干净利落的方法解决了这一问题,并用非常有效的方法解决了相当复杂的图形的面积计算问题.由这里所引出的定积分的概念有极其广泛的应用.

由图 11-1 所示的图形称为曲边梯形.求曲边梯形的面积的方法与求抛物线下的面积的方法是一样的.

把区间 $[a,b]$ 分成 n 份,分点为
$$a = x_0 < x_1 < \cdots < x_{n-1} < x_n = b,$$

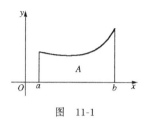
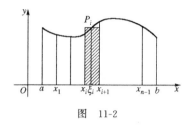

图 11-1　　　　　　　　图 11-2

小区间的长度分别为

$$\Delta x_0 = x_1 - x_0,\ \Delta x_1 = x_2 - x_1,\cdots,$$
$$\Delta x_i = x_{i+1} - x_i,\cdots,\Delta x_{n-1} = x_n - x_{n-1}.$$

过各分点作平行于 y 轴的直线，这些直线把曲边梯形分成 n 个小曲边梯形，设第 i 个小曲边梯形的面积为 $\Delta A_i(i=0,1,2,\cdots,n-1)$.

在每个小区间 $[x_i,x_{i+1}]$ 上，任取一点 ξ_i，即 $x_i \leqslant \xi_i \leqslant x_{i+1}$. 过点 ξ_i 引平行于 y 轴的直线，交曲线 $y=f(x)$ 于点 P_i，点 P_i 的纵坐标为 $f(\xi_i)$. 过 P_i 作平行于 x 轴的直线，与直线 $x=x_i$，$x=x_{i+1}$ 交成一个小矩形，如图 11-2 中的阴影部分所示，这个小矩形的面积是 $f(\xi_i)\Delta x_i$. 易见，

$$\Delta A_i \approx f(\xi_i)\Delta x_i.$$

把 n 个小矩形的面积加起来，就得到曲边梯形面积 A 的一个近似值：

$$A \approx f(\xi_0)\Delta x_0 + f(\xi_1)\Delta x_1 + \cdots + f(\xi_{n-1})\Delta x_n = \sum_{i=0}^{n-1} f(\xi_i)\Delta x_i.$$

令 $A_n = \sum_{i=0}^{n-1} f(\xi_i)\Delta x_i$. 当分点无限增多，即 n 无限增大，而小区间的长度 Δx_i 无限缩小时，如果和 A_n 的极限存在，我们就很自然地定义曲边梯形的面积 A 为和 A_n 的极限：

$$A = \lim_{\Delta x_i \to 0} \sum_{i=0}^{n-1} f(\xi_i)\Delta x_i.$$

由此我们提出的问题也就解决了. 因为我们已经给出了曲边梯形面积的定义，并且给出了计算面积的方法. 但是在一般情况下，用求极限的方法去计算面积是太困难了，我们还需要找出更为简便的方法，这将在后面给出.

1.2　路程问题

设质点在直线上作变速运动，其速度 $v=v(t)$ 是连续函数，求从 $t=a$ 到 $t=b$ 这段时间内质点走过的路程.

对于匀速运动，我们有公式

$$路程 = 速度 \times 时间.$$

现在面临的问题是，速度不是常量而是随时间变化的量. 由于速度是连续变化的，在一段很短的时间内它变化很小，所以可以"以匀速代变速"，而且时间间隔越短，这种近似替代的精

确度就越高.这样一来,我们又可以采用前面的方法了.

把区间$[a,b]$用分点
$$a = t_0 < t_1 < t_2 < \cdots < t_{n-1} < t_n = b$$
分成n份(图11-3),各段区间的长为
$$\Delta t_0 = t_1 - t_0, \Delta t_1 = t_2 - t_1, \cdots, \Delta t_{n-1} = t_n - t_{n-1}.$$

图 11-3

在第i个间隔质点所走过的路程为Δs_i;在这个间隔内任取瞬时ξ_i的速度$v(\xi_i)$,我们有
$$\Delta s_i \approx v(\xi_i)\Delta t_i.$$
把这些路程加起来,就得到总路程s的近似值:
$$s \approx v(\xi_0)\Delta t_0 + v(\xi_1)\Delta t_1 + \cdots + v(\xi_{n-1})\Delta t_{n-1} = \sum_{i=0}^{n-1} v(\xi_i)\Delta t_i.$$
当分点无限增多,且每小段的长度无限缩小时,如果这些和的极限存在,我们就求出了质点从$t=a$到$t=b$这段时间内走过的路程
$$s = \lim_{\Delta t_i \to 0} \sum_{i=0}^{\infty} v(\xi_i)\Delta t_i.$$

1.3 定积分的定义

前面我们分析了两个具体例子,一个是几何问题,一个是物理问题.尽管它们分别属于不同的领域,但将它们化为数学问题后,解决的方式却是一样的,都要对某一函数$f(x)$施行相同结构的数学运算:求和式
$$\sum_{i=0}^{n-1} f(\xi_i)\Delta x_i$$
的极限,在自然科学与工程技术中,有许多问题的解决都需要这种数学处理方法,因此有必要把这种方法加以总结和研究,这就引出了定积分的概念.

定义 设函数$f(x)$在区间$[a,b]$上连续.用分点
$$a = x_0 < x_1 < x_2 < \cdots < x_{n-1} < x_n = b$$
把区间$[a,b]$分为n个小区间$[x_i, x_{i+1}]$,其长度为
$$\Delta x_i = x_{i+1} - x_i, \quad i = 0, 1, 2, \cdots, n-1.$$
在每个小区间$[x_i, x_{i+1}]$上任取一点$\xi_i : x_i \leqslant \xi_i \leqslant x_{i+1}$,并作函数值$f(\xi_i)$与小区间长度$\Delta x_i$的乘积$f(\xi_i)\Delta x_i$的和
$$S_n = \sum_{i=0}^{n-1} f(\xi_i)\Delta x_i.$$
记$\lambda = \max_{0 \leqslant i \leqslant n-1} \{\Delta x_i\}$(指$\Delta x_0, \Delta x_1, \cdots, \Delta x_{n-1}$中最大者).当$\lambda \to 0$时,若部分和$S_n$有极限$S$,并

且值 S 与区间 $[a,b]$ 的分法无关,与中间值 $\xi_i (i=0,1,2,\cdots,n-1)$ 的取法无关,则称此极限值 S 为 $f(x)$ 在 $[a,b]$ 上的**定积分**,记做

$$\int_a^b f(x)\mathrm{d}x.$$

简单说来,就是

$$\lim_{\lambda \to 0} \sum_{i=0}^{n-1} f(\xi_i) \Delta x_i = \int_a^b f(x)\mathrm{d}x,$$

其中,数 a 叫做**积分下限**,数 b 叫**积分上限**,其余名称与不定积分相同.

有了定积分的概念,前面讨论过的例子都可写为定积分的形式.

极限一章讨论的抛物线 $y=x^2$ 下的面积可写为

$$S = \int_0^1 x^2 \mathrm{d}x = \frac{1}{3}.$$

曲边梯形的面积为 $A = \int_a^b f(x)\mathrm{d}x$. 变速运动的路程为 $s = \int_a^b v(t)\mathrm{d}t$.

应当指出,对连续函数而言,定积分存在.

1.4 定积分的几何意义

由前面的讨论可知,若 $f(x) \geqslant 0$,则定积分 $\int_a^b f(x)\mathrm{d}x$ 表示由曲线 $y=f(x)$,直线 $x=a$, $x=b$ 以及 x 轴所围成的曲边梯形的面积(图 11-4).

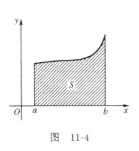
图 11-4

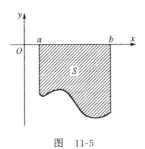
图 11-5

若 $f(x) \leqslant 0$,则 $f(\xi_i) \leqslant 0$,这时第 i 个小矩形的面积为

$$-f(\xi_i)\Delta x_i \quad (i=0,1,2,\cdots,n-1),$$

再经过求和取极限的步骤,得到曲边梯形的面积为

$$S = -\int_a^b f(x)\mathrm{d}x,$$

即定积分 $\int_a^b f(x)\mathrm{d}x$ 在几何上代表曲边梯形面积的负值(图 11-5).

由上述两种特殊情况又不难推得,对于一般的有正有负的函数 $y=f(x)$,定积分 $\int_a^b f(x)\mathrm{d}x$ 在几何上表示:由曲线 $y=f(x)$,直线 $x=a$, $x=b$ 及 x 轴所围成的几块曲边梯形中,在 x 轴上方的各图形面积之和,减去在 x 轴下方的各图形面积之和. 例如,对于图 11-6

中所表示的函数 $f(x)$,就有
$$\int_a^b f(x)\mathrm{d}x = S_1 - S_2 + S_3.$$

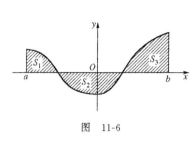
图 11-6

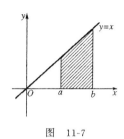
图 11-7

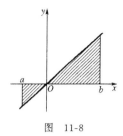
图 11-8

例 1 根据定积分的几何意义求下列定积分：

(1) $\int_a^b x\mathrm{d}x$；　　(2) $\int_{-2}^2 \sqrt{4-x^2}\mathrm{d}x$.

解 (1) 设 $0\leqslant a<b$. 积分 $I=\int_a^b x\mathrm{d}x$ 表示图 11-7 中直线 $y=x$ 之下,区间 $[a,b]$ 上方的梯形的面积. 梯形的高为 $(b-a)$,两个底边长分别为 a,b. 于是
$$I = \frac{1}{2}(b+a)(b-a) = \frac{1}{2}(b^2 - a^2).$$

当 $a<0<b$ 时,积分 $I=\int_a^b x\mathrm{d}x$ 表示两个三角形面积之差,即(图 11-8)
$$I = \frac{1}{2}b \cdot b - \frac{1}{2}a \cdot a = \frac{1}{2}(b^2 - a^2).$$

(2) $y=\sqrt{4-x^2}$ 等价于 $x^2+y^2=4,y\geqslant 0$. 这是上半圆周(图 11-9). 所以 $\int_{-2}^2 \sqrt{4-x^2}\mathrm{d}x$ 表示上半圆的面积,即
$$\int_{-2}^2 \sqrt{4-x^2}\mathrm{d}x = \frac{1}{2} \cdot \pi \cdot 4 = 2\pi.$$

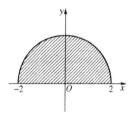
图 11-9

最后提一个问题,怎么计算定积分呢？难道每一次都要算一个繁杂的极限吗？第 3 节将回答此问题.

§2　定积分的简单性质

我们假定 $f(x)$ 和 $g(x)$ 都是闭区间 $[a,b]$ 上的连续函数.

(1) 常数 $k(\neq 0)$ 可以提到积分号外,即
$$\int_a^b kf(x)\mathrm{d}x = k\int_a^b f(x)\mathrm{d}x.$$

证 $\int_a^b kf(x)\mathrm{d}x = \lim\sum_{i=0}^{n-1} kf(\xi_i)\Delta x_i = k\lim\sum_{i=0}^{n-1} f(\xi_i)\Delta x_i = k\int_a^b f(x)\mathrm{d}x.$

(2) 两个函数和(或差)的积分等于两个函数积分的和(或差),即

$$\int_a^b (f(x) \pm g(x))\mathrm{d}x = \int_a^b f(x)\mathrm{d}x \pm \int_a^b g(x)\mathrm{d}x.$$

证 $\int_a^b (f(x) \pm g(x))\mathrm{d}x = \lim\sum_{i=0}^{n-1}(f(\xi_i) \pm g(\xi_i))\Delta x_i$

$= \lim\sum_{i=0}^{n-1} f(\xi_i)\Delta x_i \pm \lim\sum_{i=0}^{n-1} g(\xi_i)\Delta x_i = \int_a^b f(x)\mathrm{d}x \pm \int_a^b g(x)\mathrm{d}x.$

(3) 交换积分上、下限,其积分值差一负号,即

$$\int_a^b f(x)\mathrm{d}x = -\int_b^a f(x)\mathrm{d}x.$$

证 函数 $f(x)$ 从 a 到 b 的定积分是和

$$\sum_{i=0}^{n-1} f(\xi_i)\Delta x_i = \sum_{i=0}^{n-1} f(\xi_i)(x_{i+1} - x_i)$$

的极限. 当时假定 $a<b, x_i<x_{i+1}$.

今设 $a>b$,这时函数 $f(x)$ 从 a 到 b 的定积分仍可像以前一样,定义为上面和的极限,不过这时

$$a = x_0 > x_1 > \cdots > x_{n-1} > x_n = b,$$

所有的差 $x_{i+1}-x_i$ 都是负的.

故若交换积分的上、下限,则分点 $x_0, x_1, \cdots, x_n$ 就要取相反的顺序,而和中所有的差 $(x_{i+1}-x_i)$ 变号. 由此推知,这个和以及它的极限也变号.

(4) $\int_a^a f(x)\mathrm{d}x = 0.$

(5) 若把 $[a,b]$ 分为两部分 $[a,c]$ 和 $[c,b]$,则

$$\int_a^b f(x)\mathrm{d}x = \int_a^c f(x)\mathrm{d}x + \int_c^b f(x)\mathrm{d}x.$$

证 因为作积分和时,无论将 $[a,b]$ 作如何的分割,积分和的极限总是不变的,所以我们在分割区间时,可以让 c 永远是个分点. 所以

$$\sum_{[a,b]} f(\xi_i)\Delta x_i = \sum_{[a,c]} f(\xi_i)\Delta x_i + \sum_{[c,b]} f(\xi_i)\Delta x_i.$$

取极限可得:

$$\int_a^b f(x)\mathrm{d}x = \int_a^c f(x)\mathrm{d}x + \int_c^b f(x)\mathrm{d}x.$$

这个性质表示,定积分对于区间有可加性.

(6) 若在 $[a,b]$ 上,$f(x)=1$,则

$$\int_a^b \mathrm{d}x = \int_a^b 1\mathrm{d}x = b-a.$$

证 因为
$$\int_a^b \mathrm{d}x = \lim \sum_{i=0}^{n-1} \Delta x_i = b - a,$$
故所给结论成立.

(7) 若在 $[a,b]$ 上, $f(x) \leqslant g(x)$, 则
$$\int_a^b f(x)\mathrm{d}x \leqslant \int_a^b g(x)\mathrm{d}x.$$

证 因为
$$\sum_{i=0}^{n-1} f(\xi_i)\Delta x_i \leqslant \sum_{i=0}^{n-1} g(\xi_i)\Delta x_i,$$
取极限就得到所要的不等式.

(8) 设 M, m 分别是 $f(x)$ 在 $[a,b]$ 上的最大值与最小值, 则
$$m(b-a) \leqslant \int_a^b f(x)\mathrm{d}x \leqslant M(b-a).$$

证 因为 $m \leqslant f(x) \leqslant M$, 所以由 (7),
$$\int_a^b m\,\mathrm{d}x \leqslant \int_a^b f(x)\mathrm{d}x \leqslant \int_a^b M\,\mathrm{d}x.$$
再由 (1),(6) 即得结论.

(9) **定积分中值定理** 设函数 $f(x)$ 在闭区间 $[a,b]$ 上连续, 则在 $[a,b]$ 上至少存在一点 ξ, 使得
$$\int_a^b f(x)\mathrm{d}x = f(\xi)(b-a), \quad a \leqslant \xi \leqslant b$$
或
$$\frac{1}{b-a}\int_a^b f(x)\mathrm{d}x = f(\xi).$$

证 在 (8) 中所给结论两边各除以 $(b-a)$, 得
$$m \leqslant \frac{1}{b-a}\int_a^b f(x)\mathrm{d}x \leqslant M,$$
这就是说, 数值 $\frac{1}{b-a}\int_a^b f(x)\mathrm{d}x$ 是介于 $f(x)$ 在 $[a,b]$ 上的最大值 M 与最小值 m 之间的, 根据闭区间上的连续函数的中间值定理, 在 $[a,b]$ 上必有一点 ξ, 使
$$f(\xi) = \frac{1}{b-a}\int_a^b f(x)\mathrm{d}x.$$
这就是定积分中值定理.

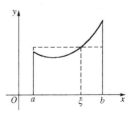

图 11-10

这个公式的几何意义是: 以区间 $[a,b]$ 为底边, 以曲线 $y = f(x)$ 为曲边的曲边梯形, 它的面积等于同一底而高为 $f(\xi)$ 的一个矩形的面积 (图 11-10).

§3 微积分基本定理

积分学要解决两个基本问题：第一是原函数的求法问题；第二是定积分的计算问题. 原函数的概念与定积分的概念是作为完全不相干的两个概念引进来的. 本节的目的在于建立它们之间的联系，通过这个联系，定积分的计算问题也获得圆满解决.

微积分基本定理的发现，也就是原函数与定积分间的简单而重要的联系的发现，是人类科学史上的一个重要的里程碑. 其重要作用如何高估都不会过分. 可以这样说，它是整个高等数学中最大的一个定理.

设函数 $f(x)$ 在区间 $[a,b]$ 上连续，$x \in [a,b]$，今考虑定积分

$$\int_a^x f(x) \mathrm{d}x.$$

这时变量 x 有两种不同的意义：一方面它表示定积分的上限，另一方面又表示积分变量. 为明确起见，将积分变量换成 t，于是上面的定积分可写为

$$\int_a^x f(t) \mathrm{d}t.$$

今让 x 在区间 $[a,b]$ 上任意变动，对于 x 的每一个值定积分有一个唯一确定的值与之对应，这样在该区间上就定义了一个函数，记做 $\Phi(x)$：

$$\Phi(x) = \int_a^x f(t) \mathrm{d}t \qquad (a \leqslant x \leqslant b).$$

关于这个函数的导数，我们有定理

定理 1 若函数 $f(x)$ 在 $[a,b]$ 上连续，则变上限的定积分

$$\Phi(x) = \int_a^x f(t) \mathrm{d}t$$

就是 $f(x)$ 的一个原函数，即

$$\Phi'(x) = \frac{\mathrm{d}}{\mathrm{d}x} \int_a^x f(t) \mathrm{d}t = f(x).$$

证 给 x 以增量 Δx，则

$$\Phi(x + \Delta x) = \int_a^{x+\Delta x} f(t) \mathrm{d}t.$$

因此

$$\Delta \Phi = \Phi(x + \Delta x) - \Phi(x) = \int_a^{x+\Delta x} f(t) \mathrm{d}t - \int_a^x f(t) \mathrm{d}t.$$

利用上节的性质(3)和性质(5)，我们有

$$\Delta \Phi = \int_a^{x+\Delta x} f(t) \mathrm{d}t + \int_x^a f(t) \mathrm{d}t = \int_x^{x+\Delta x} f(t) \mathrm{d}t.$$

再应用定积分中值定理，则有等式

$$\Delta \Phi = f(\xi) \cdot \Delta x, \quad x \leqslant \xi \leqslant x + \Delta x.$$

§3 微积分基本定理

从而
$$\Phi'(x) = \lim_{\Delta x \to 0} \frac{\Delta \Phi}{\Delta x} = \lim_{\Delta x \to 0} f(\xi) = f(x).$$
这就完成了定理 1 的证明.

从定理 1 我们知道,$\Phi(x)$ 是 $f(x)$ 的一个原函数. 这个定理的价值在于肯定了连续函数的原函数一定存在. 但是, 我们并不利用定积分去求原函数, 有了这个定理立刻就有下面的定理.

定理 2 (牛顿-莱布尼茨公式) 若 $F(x)$ 是连续函数 $f(x)$ 在区间 $[a,b]$ 上的一个原函数, 则
$$\int_a^b f(x)\mathrm{d}x = F(b) - F(a).$$

证 已给 $F(x)$ 是函数 $f(x)$ 的一个原函数. 由定理 1,
$$\Phi(x) = \int_a^x f(t)\mathrm{d}t$$
也是 $f(x)$ 的原函数. 我们知道, 两个原函数的差是一个常数, 因此有等式
$$F(x) = \Phi(x) + C.$$
令 $x=a$, 因 $\Phi(a)=0$, 所以 $F(a)=C$. 再令 $x=b$, 得到
$$F(b) = \Phi(b) + F(a), \quad \text{即} \quad F(b) = \int_a^b f(t)\mathrm{d}t + F(a),$$
移项得
$$\int_a^b f(t)\mathrm{d}t = \int_a^b f(x)\mathrm{d}x = F(b) - F(a).$$
证毕.

这个公式也可写成
$$\int_a^b f(x)\mathrm{d}x = F(x)\Big|_a^b.$$

定理 2 中所建立的公式叫**牛顿-莱布尼茨公式**. 定理 2 叫做**微积分基本定理**. 微积分基本定理建立了定积分与不定积分的联系, 把计算定积分的问题转化为计算不定积分的问题, 为计算定积分提供了简捷方法.

例 1 求由图 11-11 所示图形的面积 S.

解 由定积分的几何意义,
$$S = \int_0^\pi \sin x\, \mathrm{d}x.$$

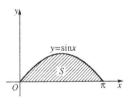

图 11-11

$\sin x$ 的一个原函数是 $-\cos x$, 由微积分基本定理,
$$S = \int_0^\pi \sin x\, \mathrm{d}x = (-\cos x)\Big|_0^\pi = (-\cos \pi) - (-\cos 0) = 2.$$

有了牛顿-莱布尼茨公式, 面积 S 很容易求出. 但是在牛顿、莱布尼茨之前, 只有个别数学家能算出这个积分.

例 2 设 $y = \int_1^x \sqrt{1+t^3}\,\mathrm{d}t$, 求 $\dfrac{\mathrm{d}y}{\mathrm{d}x}$.

解 由定理1，

$$\frac{dy}{dx} = \frac{d}{dx}\int_1^x \sqrt{1+t^3}dt = \sqrt{1+x^3}.$$

例3 设 $\int_1^{x^5} \sqrt{1+t^3}dt$，求 $\frac{dy}{dx}$。

解 我们不能直接应用定理1，因为积分上限不是 x，而是 x 的函数，这里需用复合函数微商法则，令 $u=x^5$，则 $y=\int_1^u \sqrt{1+t^3}dt$，因此

$$\frac{dy}{dx} = \frac{dy}{du} \cdot \frac{du}{dx} = (\sqrt{1+u^3})5x^4 = (\sqrt{1+x^{15}})5x^4 = 5x^4\sqrt{1+x^{15}}.$$

有了微积分基本定理之后，我们就会看到，微商中值定理与积分中值定理实质上是一回事。对 $\Phi(x)$ 用微商中值定理，得到

$$\Phi(b) - \Phi(a) = \Phi'(\xi)(b-a), \quad \xi \in (a,b).$$

但 $\Phi'(\xi) = f(\xi)$，$\Phi(b) - \Phi(a) = \int_a^b f(t)dt$。从而

$$\int_a^b f(t)dt = f(\xi)(b-a).$$

这就是积分中值定理。

习 题

1. 求下列积分：

(1) $\int_1^2 \frac{2}{\sqrt{x}}dx$；　　(2) $\int_a^b e^{2x}dx$；　　(3) $\int_0^{\frac{\pi}{2}}(\sin x + \cos x)dx$；

(4) $\int_0^{\frac{\pi}{2}}\sin^2 x \cos x dx$；　　(5) $\int_0^1 \frac{dx}{\sqrt{4-x^2}}$；　　(6) $\int_0^{\pi} r\sqrt{r}dr$.

2. 求下列函数的导数：

(1) $\int_0^x \sin t dt$；　(2) $\int_1^x \sqrt{t^2+1}dt$；　(3) $\int_0^x \frac{1}{t+1}dt$；　(4) $\int_{-1}^x \frac{t}{(t^2+1)}dt$；

(5) $\int_0^{\pi} \sin t \cos^2 t dt$；　(6) $\int_x^1 t^2 dt$；　(7) $\int_1^{x^2} \sqrt{t}dt$；　(8) $\int_x^{x^2-x} \tan t dt$.

§4 定积分的换元积分法与分部积分法

微积分基本定理建立了定积分与不定积分的联系，因而会求不定积分就会求定积分，这就是说，定积分的计算问题本质上已经解决。但是为什么还要研究定积分的积分法呢？这只是为了使计算更为简单。

4.1 换元积分法

定积分的换元公式

$$\int_a^b f(x)dx = \int_\alpha^\beta f(\psi(t))\psi'(t)dt,$$

其中 $x=\psi(t)$ 满足下面三个条件：

(1) $\psi(\alpha)=a, \psi(\beta)=b$;

(2) $\psi'(t)$ 在 $[\alpha,\beta]$ 上连续；

(3) 当 t 在 $[\alpha,\beta]$ 上变化时，$\psi(t)$ 的值在 $[a,b]$ 上变化．

证 若 $F(x)$ 是 $f(x)$ 的原函数：$F'(x)=f(x)$, 则 $F(\psi(t))$ 是 $f(\psi(t))\psi'(t)$ 的原函数：$\dfrac{\mathrm{d}}{\mathrm{d}t}F(\psi(t))=F'(\psi(t))\psi'(t)$. 因此

$$\int_a^b f(x)\mathrm{d}x = F(b)-F(a) = F(\psi(\beta))-F(\psi(\alpha)),$$

$$\int_\alpha^\beta f(\psi(t))\psi'(t)\mathrm{d}t = F(\psi(t))\Big|_\alpha^\beta = F(\psi(\beta))-F(\psi(\alpha)).$$

于是有
$$\int_a^b f(x)\mathrm{d}x = \int_\alpha^\beta f(\psi(t))\psi'(t)\mathrm{d}t.$$

这就证明了积分换元公式.

定积分换元公式从左到右用，相当于不定积分的第二换元法；从右到左用，相当于不定积分的第一换元法.

例 1 求 $\int_0^1 2x\sqrt{1+x^2}\mathrm{d}x$.

解 令 $t=(1+x^2)$, 则 $x=0, t=1; x=1, t=2. \mathrm{d}t=2x\mathrm{d}x$. 从而

$$\int_0^1 2x\sqrt{1+x^2}\mathrm{d}x = \int_1^2 \sqrt{t}\,\mathrm{d}t = \frac{1}{\frac{1}{2}+1}t^{\frac{3}{2}}\Big|_1^2 = \frac{2}{3}(2^{3/2}-1).$$

例 2 求证：若 $f(x)$ 是奇函数，即 $f(-x)=-f(x)$, 则对任意的正实数 a,

$$\int_{-a}^a f(x)\mathrm{d}x = 0.$$

证
$$\int_{-a}^a f(x)\mathrm{d}x = \int_{-a}^0 f(x)\mathrm{d}x + \int_0^a f(x)\mathrm{d}x.$$

在第一项中令 $x=-t$, 于是

$$\int_{-a}^0 f(x)\mathrm{d}x = \int_a^0 f(-t)\mathrm{d}(-t) = -\int_0^a f(t)\mathrm{d}t = -\int_0^a f(x)\mathrm{d}x.$$

代入上式即得结论.

这个结论从几何上看是明显的（图 11-12），因为奇函数的图像关于原点对称.

根据例 2 的结论，可立即看出一些函数积分的值为零，如

$$\int_{-a}^a x^5 \mathrm{e}^{x^2}\mathrm{d}x = 0; \quad \int_{-\frac{\pi}{2}}^{\frac{\pi}{2}}\cos^7 x \sin^5 x\mathrm{d}x = 0.$$

若 $f(x)$ 为偶函数，即 $f(-x)=f(x)$, 则对于任意实数 a,

$$\int_{-a}^a f(x)\mathrm{d}x = 2\int_0^a f(x)\mathrm{d}x$$

（读者自证；注意偶函数的图像关于 y 轴对称）.

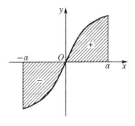

图 11-12

例 3　求 $\int_{-1}^{1} \sqrt{1-x^2} dx$.

解　注意到 $\sqrt{1-x^2}$ 是偶函数，我们有
$$\int_{-1}^{1} \sqrt{1-x^2} dx = 2\int_{0}^{1} \sqrt{1-x^2} dx.$$
现在令 $x=\sin t, t=\arcsin x$，当 $0 \leqslant x \leqslant 1$ 时，$0 \leqslant t \leqslant \dfrac{\pi}{2}$，所以
$$2\int_{0}^{1} \sqrt{1-x^2} dx = 2\int_{0}^{\frac{\pi}{2}} \sqrt{1-\sin^2 t} \cos t \, dt = 2\int_{0}^{\frac{\pi}{2}} \cos^2 t \, dt$$
$$= \int_{0}^{\frac{\pi}{2}} (1+\cos 2t) dt = \left(t + \frac{1}{2}\sin 2t\right)\bigg|_{0}^{\frac{\pi}{2}} = \frac{\pi}{2}.$$

用定积分的换元积分法计算定积分，由于在换元时要相应地换积分限，因此在求出原函数后，直接代入积分限就可算出积分值，而不必像不定积分那样换回到原变量。

4.2　分部积分法

对微分恒等式
$$u(x) dv(x) = d[u(x)v(x)] - v(x) du(x)$$
从 a 到 b 关于 x 积分，得到
$$\int_{a}^{b} u(x) dv(x) = \int_{a}^{b} d[u(x)v(x)] - \int_{a}^{b} v(x) du(x),$$
对右边第一项运用牛顿-莱布尼茨公式，我们得到定积分的分部积分公式
$$\int_{a}^{b} u(x) dv(x) = [u(x)v(x)]\bigg|_{a}^{b} - \int_{a}^{b} v(x) du(x).$$

例 4　求 $\int_{0}^{1} \arctan x \, dx$.

解　令 $u=\arctan x, v=x$，则 $du = \dfrac{1}{1+x^2} dx$，从而
$$\int_{0}^{1} \arctan x \, dx = x\arctan x \bigg|_{0}^{1} - \int_{0}^{1} \frac{x}{1+x^2} dx = \frac{\pi}{4} - \frac{1}{2}\int_{0}^{1} \frac{1}{1+x^2} d(x^2)$$
$$= \frac{\pi}{4} - \frac{1}{2}\ln(1+x^2)\bigg|_{0}^{1} = \frac{\pi}{4} - \frac{1}{2}\ln 2.$$

例 5　求 $\int_{0}^{\frac{\pi}{4}} x\sin x \, dx$.

解
$$\int_{0}^{\frac{\pi}{4}} x\sin x \, dx = \int_{0}^{\frac{\pi}{4}} x \, d(-\cos x) = -x\cos x \bigg|_{0}^{\frac{\pi}{4}} + \int_{0}^{\frac{\pi}{4}} \cos x \, dx$$
$$= -\frac{\pi}{4}\cos\frac{\pi}{4} + \sin x \bigg|_{0}^{\frac{\pi}{4}} = \frac{\sqrt{2}}{2}\left(1 - \frac{\pi}{4}\right).$$

习　题

求下列积分的值：

1. $\int_0^1 \dfrac{\sqrt{x}}{1+\sqrt{x}}\mathrm{d}x.$ 2. $\int_0^1 x\arctan x\,\mathrm{d}x.$ 3. $\int_1^e x\ln x\,\mathrm{d}x.$

4. $\int_0^1 \mathrm{e}^{\sqrt{x}}\mathrm{d}x.$ 5. $\int_1^e x(\ln x)^2\mathrm{d}x.$ 6. $\int_{-\frac{\pi}{2}}^{\frac{\pi}{2}} x^2\cos x\,\mathrm{d}x.$

§5 定积分的应用

定积分有着广泛的应用,特别是在几何学和物理学中. 本章将介绍一些典型的应用,并给出细节,以便于读者选择其中的部分内容去阅读.

5.1 如何建立积分式

应用定积分理论解决实际问题的第一步是将实际问题化为定积分的计算问题,这一步是关键,也较为困难. 我们先作一概括介绍.

本节的所有应用问题都具有一个固定的模式. 我们来研究一下这一模式.

在每一种情况,都有一个量 Q 需要定义和计算,而量 Q 定义在某一个区间 $[a,b]$ 上. 这个量 Q 可以是面积,体积,弧长,功等等. 我们用如下的步骤去确定这个量.

(1) 分割. 用分点
$$a = x_0 < x_1 < \cdots < x_n = b$$
将 $[a,b]$ 分割为 n 部分.

(2) 近似. 找一个连续函数 f,使得对于每一个 k,在第 k 个小区间 $[x_k, x_{k+1}]$ 上,Q 可以用量 $f(\xi_k)(x_{k+1}-x_k)$ 来近似,这里 $\xi_k \in [x_k, x_{k+1}]$,这一步是问题的核心.

(3) 求和. 将所有这些近似量加起来,得
$$\sum_{k=0}^{n-1} f(\xi_k)\Delta x_k, \quad \Delta x_k = x_{k+1} - x_k.$$

(4) 取极限. 当分割无限细密时,得出
$$Q = \int_a^b f(x)\mathrm{d}x.$$

对上面的求积过程可作如下的较为简捷的处理. $f(\xi_k)$ 用 $f(x)$ 代替,Δx_k 用 $\mathrm{d}x$ 代替,和号 $\sum$ 用积分号 $\int$ 代替,即用
$$\int_a^b f(x)\mathrm{d}x \quad \text{替代} \quad \sum_{k=0}^{n-1} f(\xi_k)\Delta x_k.$$

我们已经指出,第 2 步的"近似"是关键. 我们在具有代表性的任一小区间 $[x, x+\mathrm{d}x]$ 上,以"匀代不匀"找出微分 $f(x)\mathrm{d}x$,通过积分就可求出量 Q. 因而,我们以后就在微小的局部上进行数量分析. 这种分析法叫做**微元分析法**,或**微元法**.

例如,已知质点运动的速度为 $v(t)$,计算在时间间隔 $[a,b]$ 内物体所走过的路程.

我们任取一小段时间间隔 $[t, t+\mathrm{d}t]$,在这很短的一段时间 $\mathrm{d}t$ 内,以匀速代变速,得到路程的微分

$$\mathrm{d}s = v(t)\mathrm{d}t.$$

有了这个微分式,只要从 a 到 b 积分,就得到质点在 $[a,b]$ 这段时间内所走过的路程

$$s = \int_a^b v(t)\mathrm{d}t.$$

5.2 平面图形的面积

设连续函数 $f(x)$ 和 $g(x)$ 满足条件 $0 \leqslant g(x) \leqslant f(x)$,$x \in [a,b]$. 求由曲线 $y = f(x)$,$y = g(x)$ 及直线 $x = a$,$x = b$ 所围成的面积 A(图 11-13).

解 利用定积分的几何意义,

$$A = \int_a^b [f(x) - g(x)] \mathrm{d}x.$$

为了掌握好微元分析法,我们再用微元法将公式推导一遍.

第一步 在区间 $[a,b]$ 上任取一小段区间 $[x, x+\mathrm{d}x]$,并考虑它上面的图形的面积,这块面积可用以 $[f(x) - g(x)]$ 为高,以 $\mathrm{d}x$ 为底的矩形面积近似. 于是

$$\mathrm{d}A = [f(x) - g(x)] \mathrm{d}x.$$

第二步 在区间 $[a,b]$ 上将 $\mathrm{d}A$ 无限求和,得到

$$A = \int_a^b [f(x) - g(x)] \mathrm{d}x.$$

注 若 $y = f(x)$ 与 $y = g(x)$ 不完全在 x 轴的上方,但仍满足

$$f(x) \geqslant g(x), \quad x \in [a,b],$$

则公式仍然成立. 事实上,我们可以找到一个常数 k,使

$$f(x) + k \geqslant 0, \quad g(x) + k \geqslant 0,$$

而

$$f - g = f + k - (g + k).$$

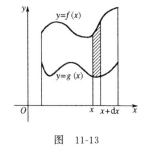

图 11-13

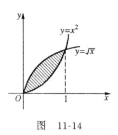

图 11-14

例 1 计算两条抛物线 $y = x^2$ 与 $x = y^2$ 所围成的面积.

解 求解面积问题,一般需要先画一草图,图 11-14 即本例的草图,我们要求的是阴影

部分面积. 需要找出交点坐标以便确定积分限, 为此解方程组:
$$\begin{cases} y = x^2, \\ x = y^2. \end{cases}$$
将第一式代入第二式, 得 $x = x^4$, 化简得
$$x(x^3 - 1) = 0, \quad x(x-1)(x^2 + x + 1) = 0.$$
这个方程有两个实根 $x_1 = 0, x_2 = 1$. 这样得出交点: $(0,0), (1,1)$. 根据公式, 所求面积为
$$S = \int_0^1 (\sqrt{x} - x^2) dx = \int_0^1 x^{1/2} dx - \int_0^1 x^2 dx = \frac{2}{3} x^{\frac{3}{2}} \Big|_0^1 - \frac{1}{3} x^3 \Big|_0^1 = \frac{1}{3}.$$

一般说来, 求解面积问题的步骤为:
(1) 作草图, 求曲线的交点, 确定积分限;
(2) 写出积分公式;
(3) 计算定积分.

例 2 计算椭圆 $\dfrac{x^2}{a^2} + \dfrac{y^2}{b^2} = 1$ 所围面积 (图 11-15).

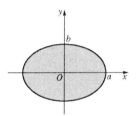

图 11-15

解 由椭圆的对称性可知, 它在四个象限中的各部分大小相等. 因此只需要算出第一象限中的一块面积, 四倍起来就是椭圆所围面积.

由 $\dfrac{x^2}{a^2} + \dfrac{y^2}{b^2} = 1$, 解出 $y = \dfrac{b}{a}\sqrt{a^2 - x^2}$. 由此可知椭圆所围面积是
$$S = 4 \int_0^a \frac{b}{a} \sqrt{a^2 - x^2}\, dx \xrightarrow{x = a\sin t} \frac{4b}{a} \int_0^{\frac{\pi}{2}} \sqrt{a^2 - a^2 \sin^2 t}\, d(a\sin t)$$
$$= 4ab \int_0^{\frac{\pi}{2}} \cos^2 t\, dt = 4ab \int_0^{\frac{\pi}{2}} \frac{1 + \cos 2t}{2} dt = 4ab \left[\frac{1}{2} t + \frac{1}{4} \sin 2t \right] \Big|_0^{\frac{\pi}{2}} = \pi ab.$$

5.3 旋转体的体积

一平面图形绕一直线旋转所成的立体叫做**旋转体**, 该直线叫做**旋转轴**. 例如矩形绕它的一边旋转得到圆柱体, 直角三角形绕它的一直角边旋转得到圆锥体, 圆绕它的直径旋转得到球体 (图 11-16).

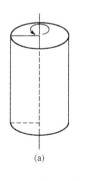
(a)
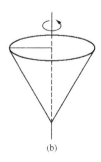
(b)
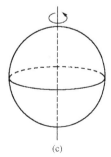
(c)

图 11-16

通常,将旋转轴取为坐标轴.若旋转轴是 x 轴,则点 (x,y) 在空间画出以 $|y|$ 为半径,圆心在 $(x,0)$ 的圆.若旋转轴是 y 轴,则点 (x,y) 在空间画出一个以 $|x|$ 为半径,以 $(0,y)$ 为中心的圆(图 11-17).

不妨将 x 轴取为旋转轴.这时旋转体可看做是由曲线 $y=f(x)$,直线 $x=a,x=b$ 及 x 轴所围成的曲边梯形绕 x 轴旋转而成的立体,图 11-18 画出了立体的四分之一.

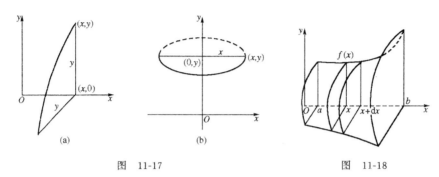

图 11-17   图 11-18

现在我们用微元法求它的体积,在 x 处垂直于 x 轴切下厚度为 $\mathrm{d}x$ 的一片.由于 $\mathrm{d}x$ 很小,这一薄片可近似地看做圆柱体,圆柱的半径是 y,厚为 $\mathrm{d}x$,因而体积的微分是

$$\mathrm{d}V = \pi y^2 \mathrm{d}x.$$

把所有这些圆片无限积累起来,得出体积

$$V = \int_a^b \pi y^2 \mathrm{d}x = \int_a^b \pi(f(x))^2 \mathrm{d}x,$$

这就是旋转体的体积公式.

例 3 求半径为 r 的球的体积 V.

解 球可以看成半个圆绕 x 轴旋转而成,上半圆周的方程为

$$y = \sqrt{r^2 - x^2} \quad (-r \leqslant x \leqslant r).$$

为简化计算,只需考虑第一象限中的四分之一圆周,它生成了右半球,将这一结果二倍即是所求:

$$V = 2\int_0^r \pi y^2 \mathrm{d}x = 2\int_0^r \pi(r^2 - x^2)\mathrm{d}x = 2\pi\left(r^2 x - \frac{1}{3}x^3\right)\bigg|_0^r = \frac{4}{3}\pi r^3.$$

例 4 求半径为 r,高为 h 的圆锥的体积 V.

解 如图 11-19 所示,圆锥可看做绕 x 轴旋转直线段

$$y = \frac{r}{h}x, \quad 0 \leqslant x \leqslant h$$

而生成的.我们有

$$V = \pi\int_0^h y^2 \mathrm{d}x = \pi\int_0^h \left(\frac{r}{h}x\right)^2 \mathrm{d}x = \pi\frac{r^2}{h^2}\left[\frac{1}{3}x^3\right]_0^h = \frac{1}{3}\pi r^2 h.$$

例 5 将介于 $0 \leqslant x \leqslant \pi/2$ 间的曲线 $y = \sin x$ 绕 x 轴旋转,求由此生成的体积 V(图

11-20).

解 $V = \pi \int_0^{\frac{\pi}{2}} \sin^2 x \, dx = \frac{\pi}{2} \int_0^{\frac{\pi}{2}} (1 - \cos 2x) dx = \frac{\pi}{2} \left(x - \frac{1}{2}\sin 2x \right) \Big|_0^{\frac{\pi}{2}} = \frac{\pi^2}{4}.$

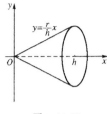
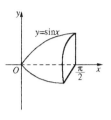

图 11-19　　　　　　　　图 11-20

现在考虑曲线绕 y 轴旋转的情况. 设

$$x = g(y)$$

是定义在区间 $\alpha \leqslant y \leqslant \beta$ 上的非负函数. 考虑由这个图形所界的区域, 将这一区域绕 y 轴旋转产生一立体, 这一立体的体积是

$$V = \pi \int_\alpha^\beta g(y)^2 dy.$$

证明与前一公式一样, 只是交换了 x 轴与 y 轴的位置.

通常, 方程常以 $y=f(x)$ 的形式给出, 为了使用这个公式, 我们需要解出反函数: $x=g(y)$.

例 6　设区域 A 由曲线 $y=x^2$, y 轴与直线 $y=1$ 和 $y=4$ 所围成. 求区域 A 绕 y 轴旋转所产生的立体的体积 V(图 11-21).

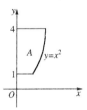

解　因为 $y=x^2$, $x \geqslant 0$, 所以我们有 $x = \sqrt{y}$. 因此

$$V = \pi \int_1^4 (\sqrt{y})^2 dy = \pi \int_1^4 y \, dy = \pi \frac{1}{2} y^2 \Big|_1^4 = \frac{15}{2}\pi \approx 23.6.$$

图 11-21

5.4　平均值

设函数 $y=f(x)$ 在区间 $[a,b]$ 上连续. 它在区间上的平均值是什么意思呢?

为了弄清这一含义我们先看有限个数的情况. 如果一个学生五门课的考分分别是 70, 80, 80, 90, 100, 则他的平均分是

$$\frac{70+80+80+90+100}{5} = 84.$$

现在我们把 $[a,b]$ 分成 n 等分, 在每个小区间 $[x_k, x_{k+1}]$ 上, 任取一点 ξ_k, 并用 $f(\xi_k)$ 去近似 f 在小区间上的值, 这时 $\frac{1}{n}\sum_{k=0}^{n-1} f(\xi_k)$ 就是 f 的平均值的一个近似值. 用 Δx 表示小区间的公共长度, 则 $b-a=n\Delta x$, 所以 $\frac{1}{n} = \frac{1}{b-a}\Delta x$. 我们有

$$\frac{1}{n}\sum_{k=0}^{n-1}f(\xi_k) = \frac{1}{b-a}\sum_{k=0}^{n-1}f(\xi_k)\Delta x,$$

当 $\Delta x \to 0$ 时，我们得到积分

$$\frac{1}{b-a}\int_a^b f(x)\mathrm{d}x.$$

因此，我们将函数在区间 $[a,b]$ 的平均值定义为

$$\bar{y} = \frac{1}{b-a}\int_a^b f(x)\mathrm{d}x.$$

这一定义与我们前面的经验是一致的，当 $f(x)\geqslant 0$ 时，$\bar{y}$ 是曲线的平均高度，它等于曲线下的面积被底 $b-a$ 除所得的商。当 x 表示时间，$f(x)$ 表示速度时，这个公式说，平均速度等于走过的全路程被所用的时间除。

例 7 交流电的平均功率。

在直流电路中，若电流为 I，则电流通过电阻 R 所消耗的功率为

$$P = I^2 R.$$

在交流电路中，电流是时间 t 的函数，因此上式所表示的功率只是瞬时功率。由于使用电器不是一瞬间的事，所以需要计算一段时间的平均功率，我们日常用的电器所标明的"40W""60W"等就是平均功率。

平均功率等于交流电 $I=I(t)$ 在一个周期 T 内所做的功被 T 除，即

$$\bar{P} = \frac{1}{T}\int_0^T I^2(t)R\mathrm{d}t.$$

习 题

1. 求由曲线 $y=2-x^2$ 与直线 $y=-x$ 所围的面积。
2. 求由曲线 $xy=1$ 及直线 $y=x, y=2$ 所围的面积。
3. 求曲线 $y^2=-4(x-1)$ 与 $y^2=-2(x-2)$ 所围成的面积。
4. 抛物线 $y=\frac{1}{2}x^2$ 分割圆 $x^2+y^2\leqslant 8$ 成两部分，分别求这两部分的面积。
5. 求旋转体的体积，这些旋转体由下面给定的区域绕 x 轴旋转而成：
   (1) $y=x^3 (0\leqslant x\leqslant 3)$；　(2) $y=x^{3/2}(0\leqslant x\leqslant 4)$；　(3) $x+y=4(0\leqslant x\leqslant 4)$.

求下列函数的平均值：

6. $f(x)=9-x^2$　$(-3\leqslant x\leqslant 3)$；
7. $f(x)=x^3$　$(-2\leqslant x\leqslant 2)$；
8. $f(x)=x\sqrt{4-x^2}$　$(-2\leqslant x\leqslant 2)$；
9. $f(x)=\cos x$　$(0\leqslant x\leqslant \pi/2)$；
10. $f(x)=\sin 2x$　$(0\leqslant x\leqslant \pi)$.

§6 无穷限积分

从物理学知道，若某物体在恒力 F 作用下沿直线运动，并假定物体的运动方向与力的

方向一致,则当物体移动距离 s 时,力 F 对物体所做的功为
$$W = F \cdot s.$$

现在假定力 $F=F(x)$ 是变力,物体沿 OX 轴运动,力 F 的方向与 OX 轴的方向一致.问,物体从 $x=a$ 移动到 $x=b$,变力 F 所做的功是多少?

我们仍用微元法来解决这一问题.

在区间 $[a,b]$ 上,任取一小区间 $[x, x+\mathrm{d}x]$,在这一小段上,将力视为恒力 $F(x)$,于是得到功的微元 $\mathrm{d}W = F(x)\mathrm{d}x$. 将它从 a 到 b 积分就得所求的功:
$$W = \int_a^b F(x)\mathrm{d}x.$$

例 1 计算第二宇宙速度.

解 使宇宙飞船脱离地球引力所需要的速度叫**第二宇宙速度**. 我们先计算发射宇宙飞船时,克服地球引力所做的功.

设地球质量为 M,飞船的质量为 m,地球半径 $R=6371\mathrm{km}$.

根据万有引力定律,飞船与地心的距离为 r 时,地球对飞船的引力是
$$F = G\frac{Mm}{r^2} \quad (G \text{ 为引力常数}).$$

把飞船从地球表面发射到距地心距离为 A 处,需要做的功是
$$W_A = \int_R^A G\frac{Mm}{r^2}\mathrm{d}r = GMm\left(\frac{1}{R} - \frac{1}{A}\right).$$

使飞船脱离地球的引力场,相当于把飞船发射到无穷远处,令 $A \to +\infty$,得到做功的总量:
$$W = \lim_{A \to +\infty} GMm\left(\frac{1}{R} - \frac{1}{A}\right) = \frac{GMm}{R}.$$

由于物体在地球表面时,地球对物体的引力 F 就是重力,所以
$$mg = \frac{GMm}{R^2} \quad \text{或} \quad mgR = \frac{GMm}{R},$$

因而功 $W = mgR$.

下面计算第二宇宙速度.

根据能量守恒定律,发射宇宙飞船所做的功,等于飞船飞行时所具有的动能 $\frac{1}{2}mv^2$,即 $mgR = \frac{1}{2}mv^2$. 由此求得 $v = \sqrt{2gR} \approx 11.2\mathrm{km/s}$. 这就是第二宇宙速度.

从第二宇宙速度的计算中,我们看到了,无穷区间上的积分是很有用的.

定义 设函数 $f(x)$ 在 $[a, +\infty)$ 上有定义,且对每一个实数 $b(b>a)$,$f(x)$ 在 $[a,b]$ 上可积. 如果极限
$$\lim_{b \to +\infty} \int_a^b f(x)\mathrm{d}x$$

存在,则称它的极限值为 $f(x)$ **在** $[a, +\infty)$ **上的积分**,记做

$$\int_a^{+\infty} f(x)\mathrm{d}x = \lim_{b\to+\infty}\int_a^b f(x)\mathrm{d}x.$$

此时也称**积分** $\int_a^{+\infty} f(x)\mathrm{d}x$ **收敛**,如果极限不存在,则称**积分** $\int_a^{+\infty} f(x)\mathrm{d}x$ **发散**.

同样地,可定义下限为负无穷大,或上下限皆为无穷大的积分:

$$\int_{-\infty}^b f(x)\mathrm{d}x = \lim_{a\to-\infty}\int_a^b f(x)\mathrm{d}x, \quad \int_{-\infty}^{+\infty} f(x)\mathrm{d}x = \lim_{\substack{b\to+\infty\\a\to-\infty}}\int_a^b f(x)\mathrm{d}x.$$

例2 求 $\int_0^{+\infty} \mathrm{e}^{-x}\mathrm{d}x$.

解 $\int_0^{+\infty} \mathrm{e}^{-x}\mathrm{d}x = \lim\limits_{b\to+\infty}\int_0^b \mathrm{e}^{-x}\mathrm{d}x = \lim\limits_{b\to+\infty}(-\mathrm{e}^{-x})\Big|_0^b = \lim\limits_{b\to+\infty}(-\mathrm{e}^{-b}+1) = 1.$

例3 求 $\int_{-\infty}^{+\infty} \dfrac{1}{1+x^2}\mathrm{d}x$.

解 $\int_{-\infty}^{+\infty} \dfrac{1}{1+x^2}\mathrm{d}x = \lim\limits_{\substack{a\to-\infty\\b\to+\infty}}\int_a^b \dfrac{1}{1+x^2}\mathrm{d}x = \lim\limits_{\substack{a\to-\infty\\b\to+\infty}}\arctan x\Big|_a^b$

$$= \lim_{\substack{a\to-\infty\\b\to+\infty}}(\arctan b - \arctan a) = \pi.$$

为简便计,上面的计算可不写极限号,而直接写成

$$\int_{-\infty}^{+\infty} \dfrac{1}{1+x^2}\mathrm{d}x = \arctan x\Big|_{-\infty}^{+\infty} = \pi.$$

例4 概率积分

$$\int_{-\infty}^{+\infty} \mathrm{e}^{-x^2}\mathrm{d}x = \dfrac{\sqrt{\pi}}{2}.$$

在概率论和数理统计中,这是一个非常重要的积分.在概率论部分将用到它,但它的证明超出本书的范围,故从略.

§7 再论微分学与积分学

- 微积分学研究的对象:初等函数. • 微积分学基础:极限论.
- 微积分学主要内容:微分学和积分学.

7.1 微分学

微分学基本问题:求非均匀变化量的变化率问题.

数学模型:

$$\text{平均变化率} = \dfrac{\Delta y}{\Delta x}, \quad \text{导数}: \dfrac{\mathrm{d}y}{\mathrm{d}x} = \lim_{\Delta x\to 0}\dfrac{\Delta y}{\Delta x}.$$

物理模型:

$$\text{瞬时速度} = \text{平均速度的极限}, \quad v(t) = s'(t) = \lim_{\Delta t \to 0} \frac{\Delta s}{\Delta t}.$$

几何原型：曲线在一点处的切线斜率，

$$\text{切线斜率} = \text{割线斜率的极限}, \quad f'(x) = \lim_{\Delta x \to 0} \frac{\Delta y}{\Delta x}.$$

基本运算：求导运算与求微分的运算.

微分：$\mathrm{d}y = f'(x)\mathrm{d}x$.

微分是函数改变量的主要线性部分：$\mathrm{d}y \approx \Delta y$，用于将函数线性化.

7.2 积分学

积分学基本问题：非均匀变化量的求积问题.

数学模型：

$$\text{积分和} = \sum_{i=0}^{n-1} f(\xi_i) \Delta x_i, \quad \text{积分} \quad \int_a^b f(x)\mathrm{d}x = \lim_{\lambda \to 0} \sum_{i=0}^{n-1} f(\xi_i) \Delta x_i.$$

物理原型：求变速运动的路程.

几何原型：曲边梯形的面积.

微元法：微分 $f(x)\mathrm{d}x$.

微分的无限积累得到积分：$\int_a^b f(x)\mathrm{d}x$.

基本运算：不定积分法、定积分法.

微分学与积分学的联系：微积分基本定理.

微分学的特点有两个：局部性与动态性.

积分学的特点有两个：整体性与静态性.

微分学研究的是函数的局部性态，无论是微商概念，还是微分概念，都是逐点给出的. 概念本身并不涉及函数在整个区间上的性质，但这不要误认为不关心函数的整体性质. 数学家研究函数的局部性质，其目的在于从局部性质去探索整体性质. 因为整体是由局部构成的，局部性质清楚了，整体性质也就容易去把握，函数作图就给出了很好的说明.

此外，微分学研究的是物质运动的动态过程，与古代数学的质的不同就体现在这里. 微分学为研究运动与过程提供了强有力的工具，由此开始，人类文明掀开了新的篇章：现代文明诞生了.

由于动态过程的复杂性，其概念也就更加微妙，这就是微分学长期以来找不到严格的理论基础的原因所在. 例如，微分的概念尽管在牛顿、莱布尼茨手中已经诞生，但是直到柯西才把它搞清楚. 这就是我们现在使用的微分的定义：函数改变量的线性主要部分. 这个概念烦恼了全世界最杰出的数学家约 150 年之久.

积分学包含定积分与不定积分两大部分. 不定积分的目的是提供计算方法，与求导相比较不定积分的计算要困难一些. 积分学所研究的问题是静态的，比较容易理解，容易把握. 无穷分割的方法在古希腊和中国古代就诞生了，它所研究的是函数在一个区间上的整体性质.

随机性数学

解析几何、线性代数、微积分都是确定性数学.概率论则不同,它研究的是随机现象.随机性的中心思想是不可预测性.从古代起,哲学家们就已经认识到随机性在生活中的作用.但他们把随机性看做是破坏生活规律和超越了人们理解能力范围的东西.他们没有认识到有可能去研究随机性,去测量不确定性.

概率论诞生于17世纪.帕斯卡和费马在1654年的通信中共同奠定了概率论的基础.想到数学家们能发展这样一门学科,即概率的数学理论,实在是令人神往和惊奇的.

概率论的一部分魅力在于应用它得到有趣而惊人的发现.通常这些发现会对普通和熟悉的现象有新的解释.概率论促使我们以新的方式思考和学习.

现在的概率论是所有数学分支中应用最多、最有现实意义的一门学科,它在许多社会领域中都有重要的作用.概率论还是统计学的基础.

第十二章 概率论初步

> 概率论是"生活真正的领路人,如果没有对概率的某种估计,那么我们就寸步难移,无所作为."
>
> W. S. Jevons
>
> 虽然它是从考虑某一低级的赌博开始,但它却已成为人类知识中最重要的领域.
>
> 拉普拉斯
>
> 数学的伟大使命是在混沌中发现有序.
>
> N. Weiner

本章研究概率论初步.概率论起源于并不高尚的赌博,但它目前已经发展为一个蔚为大观的庞大数学理论,它在社会科学、生物学、物理学和化学、经济学、保险业等都有应用.

在西方的语言中,概率(probability)一词是与探求(probe)事物的真实性联系在一起的.我们的生活中有其确定性的一面,如像瓜熟蒂落,日出日没,春夏秋冬,暑往寒来,次序井然,有固定规律可循.生活的另一面却充满了各种各样的偶然性,充满了各种各样的机遇,茫茫然而难踪其绪.概率论的目的就在于从偶然性中探求必然性,从无序中探求有序.概率论是机遇的数学模型.

概率论研究的是一种不确定性知识.但是,一旦能够度量每一过程的不确定性,则获得的知识可以变成确定性的.当然,对确定性要有新的理解.这种推理方式可总结为下面的方程:

$$\text{不确定知识} + \text{不确定性度量的知识} = \text{可用的知识}.$$

这不是哲学,而是一种新的思维方式.

当然,在不确定性前提下做出的抉择,犯错误是不可避免的.但是,通过确定不确定性的度量,我们设法使犯错误的概率最小.

§1 随机现象

1.1 必然现象与随机现象

自然界出现的现象可分为两大类:一类为必然现象,一类为随机现象.必然现象是指,在一定条件下,必然发生或者必然不发生的现象.换句话说,我们可以将必然现象表述为下述两种概型之一：

(1) 如果条件组 S 实现,则事件 A 必然发生;

(2) 如果条件组 S 实现,则事件 A 必然不发生.

例如,设条件组 S 为：标准大气压和温度 t，$0℃<t<100℃$. 那么在条件组 S 下,水一定处于液态(事件 A_1),而不处于气态(事件 A_2),或固态(事件 A_3).

如果条件组 S 实现时,事件 A 有时发生,有时不发生,发生与不发生事先不能预料,则称 A 为对于条件组 S 而言的**随机事件**,这种现象称为**随机现象**.

例如,掷一枚质量均匀的硬币,静止后正面可能向上,也可能向下;医院中的产妇可能生男孩,也可能生女孩;从一批产品中任取一件,取到的可能是正品,也可能是次品;明年的今天可能是晴天,也可能是阴天,等等.

于是就产生了这样的问题,事件 A 的随机性是否意味着事件 A 与条件组 S 之间没有任何规律性呢？让我们先来看一个实例.

假定现在天空上乌云密布,一场大雨即将来临. 我们正坐在北京大学图书馆的东门的台阶上,观察前面广场上的两块水泥砖,一块位于左边,一块位于右边. 我们看着落在这些水泥砖上的雨点,并记录下它们打到水泥砖的次序. 第一滴雨点落在哪一块上,事先我们无法预测. 观察结果得到如下纪录：

左右右左左左左右左左左右右右

雨点降落的次序是没有规律的. 在观察了一定数量的雨点后,我们仍不能预告下一个雨点会落到哪一块上. 就单个的雨点而言,我们找不出任何规律性.

但是雨点的降落又有某种规律性. 我们可以有把握地说,雨后两块水泥砖同样湿,这就是说,打在每个水泥砖上的雨点总数是差不多的. 这个结论不会有人怀疑. 气象学家构造雨量计就是依据于这一事实.

这里很有点奇妙之处,我们可以预知最后发生了什么,但是我们不能预知细节;我们可以预知整体上会出什么结果,但不能预知每个个体的具体行为. 雨滴是一种典型的随机现象,在一切细节方面是不可预知的,在整体的一定数量规模上却是可以预知的.

再一个著名的例子是,在医院里对新生婴儿的观察. 男婴和女婴的出生顺序没有明显规律. 如

男女女男女女女男男

尽管我们不能预言这个随机序列的细节,但我们却可预告一个最后结果,这个结果可由总括北京市一年所有出生婴儿而得到：男婴数会稍大于女婴数. 遗憾的是,笔者手头没有北京的统计结果,但是我们有些旧的资料可供参考.

著名数学家拉普拉斯在《概率论哲学探讨》这一名著中,对男婴和女婴的出生规律作了详细的研究. 他对伦敦、彼得堡、柏林、全法兰西所研究的庞大统计资料给出了几乎完全一致的男婴出生数与全体出生数的比值. 所有这些比值在十年间总摆动于同一数左右,这个数大约等于 22/43.

又,1943 年美国男婴出生总数为 1506959,女婴出生总数为 1427901,合计出生总数为

2934860. 男婴出生总数与总出生数的比为

$$\frac{1506959}{2934860} = 0.5135,$$

也大约等于 22/43.

上面的例子说明,当我们重复观察随机现象的时候,就会发现随机现象呈现规律性,这种规律叫**统计规律**.

概率论是研究随机现象的统计规律性的一门数学学科. 它有自己独特的概念和方法,同时又与其他数学分支紧密相关.

目前概率论的理论与方法已广泛应用于工业、农业、国防科学技术的各个领域,并已渗透到社会科学各个领域.

想到数学家们能够发展这样一门学科——概率论理论,建立起一些合理的法则应用于纯属机会的情形,实在是令人神往和惊奇的.

1.2 随机实验

人们是通过实验去研究随机现象的. 实验二字要给与广泛的理解,它包括各种各样的试验,也包括对某一事物的某一特征的反复观察. 例如:

(1) 掷一枚硬币,观察正面、反面出现的情况;
(2) 在一批日光灯中任意抽取一只,测试其寿命;
(3) 从一大批产品中任意抽取 10 件,检查次品的个数;
(4) 观察北京地区某年的雨量.

可举的例子还很多,所有这些实验有两个共同的特点:

(1) 试验可以在相同的条件下重复进行;
(2) 每次试验的可能结果不止一个,出现哪种结果,在试验前无法预知.

具有这两个特点的试验叫**随机实验**.

1.3 随机事件

在随机实验中,可能发生也可能不发生的事件叫做**随机事件**,简称**事件**. 事件常用大写字母 A,B,C 等表示. 例如,在掷硬币实验中,"出现正面"是随机事件;在掷骰子中,"出现 2 点"、"出现偶数点"也都是随机事件. 在 10000 件产品中,正品 9900 件,废品 100 件,从中任取一件,则"取到正品","取到废品"都是随机事件.

在随机实验中,必然发生的事件叫**必然事件**,记做 Ω. 例如在掷骰子试验中,"点数不大于 6"是必然事件.

在随机实验中,不可能发生的事件叫**不可能事件**,记做 $\varnothing$. 例如在掷骰子试验中,"点数 7"是不可能事件.

本质上讲,必然事件与不可能事件都不是随机事件,但还是把它们当做特殊的随机事件,对今后分析问题与解决问题有好处.

§2 事件的关系与运算

2.1 基本事件与复杂事件

有的事件简单,有的事件复杂.一般说,复杂事件往往可以"分解"成同一随机现象下较简单的事件的组合.例如三粒油菜籽的发芽情况是一个随机现象."至少有一粒发芽"就是一个事件.但这个事件比较复杂,它包括了"有一粒发芽","有两粒发芽",和"有三粒发芽"这三个事件.这三个事件比较简单.

在一定的研究范围中,不能再"分解"的事件叫做**基本事件**,可以由**基本事件**"复合"而成的事件叫**复杂事件**.

怎样才叫做可"分解"的?怎样才是"复合"而成的?今以油菜籽发芽的例子作一说明."三粒油菜籽发芽粒数"这个随机现象,包含下列几种结果:

$$
\begin{aligned}
&\text{事件 } A_0: \quad \text{"全部不发芽"};\\
&\text{事件 } A_1: \quad \text{"有一粒发芽"};\\
&\text{事件 } A_2: \quad \text{"有二粒发芽"};\\
&\text{事件 } A_3: \quad \text{"有三粒发芽"即"全部发芽"}.
\end{aligned}
$$

如果不计发芽次序,那么在现在的研究范围内,这四个事件都不能分解了,因此都是基本事件.

但是,如果现在把三粒油菜籽给定一个次序,并要考虑"是第几粒发芽",那么研究范围就变化了.在新的研究范围内,"有一粒发芽"不再是基本事件,它还可以区分为"只有第一粒发芽"、"只有第二粒发芽"和"只有第三粒发芽"这三种情况.这时基本事件有 8 个,如下表所示.

事件名称	第一粒	第二粒	第三粒
B_1	不发芽	不发芽	不发芽
B_2	发芽	不发芽	不发芽
B_3	不发芽	发芽	不发芽
B_4	不发芽	不发芽	发芽
B_5	发芽	发芽	不发芽
B_6	发芽	不发芽	发芽
B_7	不发芽	发芽	发芽
B_8	发芽	发芽	发芽

从表中我们看到,"有一粒发芽"这个事件是由基本事件 B_2,B_3,B_4 复合而成的,或者说,事件"有一粒发芽"可以分解为 B_2,B_3,B_4 三个基本事件的复合.

分析表中的 8 个基本事件,我们看到,基本事件有一个很重要的性质:在一次实验中只能发生基本事件中的一个.换句话说,任何两个或两个以上的不同基本事件,不可能在一次实验中同时发生.

如果事件 A 和事件 B 不能在一次实验中同时发生,则称事件 A 和事件 B 是**互不相容的**.如果一组事件中的任意两个都互不相容,则称这些事件构成**互不相容事件组**.既然任意两个基本事件都互不相容,因此,随机现象的所有基本事件构成一个互不相容的事件组.

2.2 事件的集合表示,样本空间

为了研究事件间的关系和运算,用集合表示事件不但是方便的,直观的,而且是本质的,是走向概率论测度公理化的第一步.为此先给出样本点的概念:称随机实验中每一个可能的结果为一个**样本点**,用 ω 表示.由全体样本点组成的集合称做**样本空间**或**基本空间**,用 Ω 表示.有了样本点与样本空间的概念之后,前面所定义的随机事件和基本事件都可以用集合表示了.随机事件是 Ω 的子集,基本事件是一个样本点组成的单元素集.

例如在掷硬币的实验中,样本点有两个:正面朝上和反面朝上,若用 ω_1 表示正面朝上,用 ω_2 表示反面朝上,则基本事件为 $\{\omega_1\},\{\omega_2\}$. 样本空间为 $\Omega=\{\omega_1,\omega_2\}$.

再考虑掷骰子的随机实验.骰子是均匀的正六面体,各面分别标有 1,2,3,4,5,6 各数字.在这一随机实验中,

样本点有六个:出 1 点,出 2 点,$\cdots$,出 6 点;

基本事件为 $\{$出 1 点$\},\{$出 2 点$\},\cdots,\{$出 6 点$\}$;

样本空间为 $\Omega=\{$出 1 点,出 2 点,$\cdots$,出 6 点$\}$.

2.3 事件的相等与包含

先考虑两个实例.

例 1 掷骰子.

例 2 考虑矩形区域 Ω,并做打靶试验.击中 Ω 中某区域 A 是随机事件(图 12-1).

在相同的试验条件下,往往有多个事件发生,详细分析事件之间的关系,不仅可以帮助我们深刻认识事件的本质,而且可以简化以后的计算.下面引进事件的包含与相等.

若事件 A 发生必然导致事件 B 发生,则称事件 B **包含**事件 A,或事件 A 是事件 B 的子事件,记为 $B\supset A$,或 $A\subset B$.

在例 1 中,令 $A=\{$出现"4"$\},B=\{$出现偶数$\}$. 易见,$A\subset B$.

在例 2 中,事件 A,B 如图 12-2 所示,圆 A 在圆 B 的内部.击中 A 必然击中 B,因此 $A\subset B$.

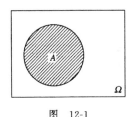 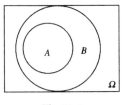

图 12-1   图 12-2

若事件 B 包含事件 A,同时事件 A 包含事件 B,则称事件 A 与事件 B **相等**,记做 $A=B$. 这就是指,事件 A 与 B 是同一事件. 例如在例 1 中,设
$$A=\{出现 2,4,6\}, \quad B=\{出现偶数\},$$
则 $A=B$.

2.4 事件的和、积与差

数学的概念总在不断地发展和演变着,例如运算就是一个不断发展的概念. 在算术中,对数字进行运算,在代数中对文字进行运算. 下面我们对事件进行运算.

事件 A 与事件 B 中至少有一个发生的事件称为事件 A 与事件 B 的**和**或**并**,记做 $A\cup B$ 或 $A+B$.

这时,或事件 A 发生,或事件 B 发生,或事件 A 和事件 B 都发生即
$$A\cup B=\{A,B \text{ 中至少发生一个}\}.$$

在例 2 中,区域 A,B 如图 12-3 所示. 事件 $A\cup B$ 表示射中 A,或击中 B,或同时击中它们(图 12-3 中阴影部分).

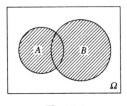 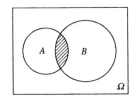

图 12-3   图 12-4

在例 1 中,令 $A=\{出现 2\},B=\{出现偶数\}$,则 $A\cup B=B$. $A=\{出现 3\},B=\{出现偶数\}$,则 $A\cup B=\{出现 2,3,4,6\}$.

事件的和可以推广到有限个或可数个事件的情况,用
$$A_1\cup A_2\cup \cdots \cup A_n \text{ 或 } \bigcup_{l=1}^{n} A_l$$
表示 n 个事件 $A_1,A_2,\cdots,A_n$ 的和,即 n 个事件中至少发生其一的这一事件.

用
$$A_1\cup A_2\cup \cdots \text{ 或 } \bigcup_{l=1}^{\infty} A_l$$

表示可数个事件 $A_1, A_2, \cdots,$ 中至少发生其一的这一事件.

下面我们来定义两事件的积.

事件 A 与事件 B 同时发生的事件称为事件 A 与 B 的**积**(或**交**),记做 $A \cap B$ 或 AB.

在例 1 中,令 $A = \{$出现偶数$\}, B = \{$出现小于 5 的数$\}$,则
$$A \cap B = \{\text{出现 } 2, 4\}.$$

在例 2 中,令 $A = \{$击中圆 $A\}, B = \{$击中圆 $B\}$,则 $A \cap B = \{$击中阴影部分$\}$(图 12-4).

事件的积也可推广到有限个或可数个事件的情况. 用
$$A_1 \cap A_2 \cap \cdots \cap A_n \text{ 或 } \bigcap_{l=1}^{n} A_l$$

表示 n 个事件 $A_1, A_2, \cdots, A_n$ 同时发生这一事件. 用
$$A_1 \cap A_2 \cap \cdots \text{ 或 } \bigcap_{l=1}^{\infty} A_l$$

表示可数个事件 $A_1, A_2, \cdots$ 同时发生这一事件.

接着,我们定义事件的差.

事件 A 发生,而事件 B 不发生的事件称为事件 A 与 B 的**差**,记做 $A \backslash B$ 或 $A - B$.

在例 1 中,令 $A = \{$出现偶数$\}, B = \{$出现小于 5 的数$\}$,则 $A \backslash B = \{$出现 6$\}$.

在例 2 中,令 $A = \{$击中圆 $A\}, B = \{$击中圆 $B\}$,则 $A \backslash B$ 如图 12-5, 12-6 中阴影部分.

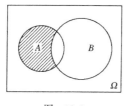
图 12-5

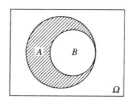
图 12-6

2.5 对立事件

"A 不发生"的事件称为事件 A 的**对立事件**,记为 $\overline{A}$.

由定义不难看出,对立是个相互的概念,即 $\overline{A}$ 的对立事件是 A. 在例 1 中令 $A = \{$出现偶数$\}, B = \{$出现奇数$\}$,则 $A = \overline{B}$,同样也有 $B = \overline{A}$. A 与 $\overline{A}$ 这两个事件不能同时发生,但必有一个发生. 这就是说,
$$A \cup \overline{A} = \Omega, \quad A \cap \overline{A} = \varnothing.$$

或者,若事件 A 与 B 互为对立事件,则
$$A \cup B = \Omega, \quad A \cap B = \varnothing.$$

2.6 互不相容事件完备组

若事件 $A_1, A_2, \cdots, A_n$ 互不相容,并且在每次实验中事件 $A_1, A_2, \cdots, A_n$ 又必发生其中之

一,即
$$A_1 \cup A_2 \cdots \cup A_n = \Omega, \quad A_i \cap A_j = \emptyset, \quad \forall i \neq j,$$
则称 $A_1, A_2, \cdots, A_n$ 为**互不相容事件完备组**.

在例 1 中,令
$$A_i = \{\text{出现} i\}, \quad i = 1, 2, \cdots, 6,$$
则 $A_1, A_2, \cdots, A_6$ 是互不相容完备事件组.

2.7 运算法则

不难验证,事件间的运算满足如下法则:

(1) 交换律
$$A \cup B = B \cup A, \quad A \cap B = B \cap A.$$

(2) 结合律
$$A \cup (B \cup C) = (A \cup B) \cup C,$$
$$A \cap (B \cap C) = (A \cap B) \cap C.$$

(3) 分配律
$$A \cap (B \cup C) = (A \cap B) \cup (A \cap C) \text{(第一分配律)},$$
$$A \cup (B \cap C) = (A \cup B) \cap (A \cup C) \text{(第二分配律)}.$$

(4) 德·摩根律
$$\overline{A \cup B} = \overline{A} \cap \overline{B}, \quad \overline{A \cap B} = \overline{A} \cup \overline{B} \text{(对偶公式)}.$$

(5) $A - B = A \cap \overline{B}$.

(6) $\overline{\overline{A}} = A$.

作为例子,我们给出德·摩根律的证明.

证 $\overline{A \cup B} = \overline{\{A, B \text{至少发生一个}\}} = \{A, B \text{都不发生}\}$
$= \{\overline{A}, \overline{B} \text{都发生}\} = \overline{A} \cap \overline{B}.$

$\overline{A \cap B} = \overline{\{A, B \text{都发生}\}} = \{A, B \text{至少一个不发生}\}$
$= \{\overline{A}, \overline{B} \text{至少发生一个}\} = \overline{A} \cup \overline{B}.$

例3 设 A, B, C 是三个事件,用 A, B, C 的运算关系表示下列事件:

(1) B, C 都发生,而 A 不发生: $\overline{A}BC$.

(2) A, B, C 中至少有一个发生: $A \cup B \cup C$.

(3) A, B, C 中恰有一个发生: $A\overline{B}\overline{C} \cup \overline{A}B\overline{C} \cup \overline{A}\overline{B}C$.

(4) A, B, C 中恰有二个发生: $AB\overline{C} \cup A\overline{B}C \cup \overline{A}BC$.

(5) A, B, C 中不多于一个发生: $\overline{A}\overline{B}\overline{C} \cup A\overline{B}\overline{C} \cup \overline{A}B\overline{C} \cup \overline{A}\overline{B}C$.

为了以后计算复杂事件的概率,我们需要通过事件的运算,将复杂事件表为基本事件的组合,这一技巧希望读者通过实践逐步掌握它.

习　　题

1. 用 A,B,C 表示三个随机事件,试将下列事件用 A,B,C 表示出来：
(1) 仅 A 发生；
(2) A,B,C 都发生；
(3) A,B,C 都不发生；
(4) A,B,C 不都发生；
(5) A 不发生,且 B,C 中至少有一事件发生；
(6) A,B,C 中至多有一事件发生；
(7) A,B,C 中至少有两事件发生.

2. 袋中有 10 个球,号码分别是从 1 到 10,从袋中任取一球,以 A 表示"取得的球的号码是奇数",以 B 表示"取得的球的号码是偶数",以 C 表示"取得的球的号码小于 5",试问
(1) $A \cup B$；　　(2) AB；　　(3) $\bar{C}$；　　(4) $A \cup C$　　(5) AC；
(6) $\overline{AC}$；　　(7) $\overline{B \cup C}$；　　(8) $\overline{BC}$
分别表示什么事件？

§3　概　　率

3.1　概率的概念

研究随机现象不仅需要知道可能出现哪些事件,还需要知道各种事件出现的可能性的大小. 我们希望有一个刻画事件发生的可能性大小的数量指标,这个数量指标就是要讨论的事件的概率. 概率是概率论中最基本的概念.

3.2　概率的统计定义

在引入概率概念之前,我们先引入频率的概念.

为了判定一个事件发生的可能性大小,一个可靠的方法是做大量的重复实验. 设 E 为一随机实验,A 为其中任一事件. 在同样条件下,把 E 独立地重复做 n 次,以 m 表示事件 A 在这 n 次实验中出现的次数. 比值 m/n 称为事件 A 在这 m 次实验中出现的**频率**. 例如将硬币抛掷 1000 次,若正面出现 502 次,则在这 1000 次中正面出现的频率为 0.502. 这个实验历史上就有人做过,并有如下的结果：

实验者	抛掷次数	出正面次数	频率
蒲　丰	4040	2048	0.5069
皮尔逊	12000	6019	0.5016
皮尔逊	24000	12012	0.5005

按照常识,抛掷一枚硬币,出现正面与出现反面的可能性是相同的.上面的实验说明,多次抛硬币时,出现正面的频率稳定在 0.5 左右.

再举一个例子.为了确定某类种子的发芽率,从大批种子中抽出若干批做发芽试验,其结果如下:

种子粒数	25	70	130	700	2000	3000
发芽粒数	24	60	116	639	1806	2713
发芽率	0.96	0.875	0.892	0.913	0.903	0.905

从上面的数字可看出,发芽率在 0.9 附近摆动.

前面的两个例子从不同角度说明,在相同的条件下做大量的重复实验,事件 A 发生的频率呈现某种稳定性.一般说来,当试验次数增加时,事件 A 发生的频率总是稳定于某一个数字附近,而且偏离的幅度很小.频率具有稳定性这一事实,说明刻画事件 A 发生的可能性大小的量——概率,是客观存在的.

定义 在不变的条件下重复进行 n 次实验,事件 A 在 n 次实验中发生 m 次.若试验次数 n 增大时,事件 A 发生的频率 m/n 稳定在一常数 p 附近摆动,且 n 越大摆动的幅度越小,则常数 p 称为事件 A 发生的**概率**,记为 $P(A)=p$.

概率的这个定义称为概率的统计定义.统计定义是以实验为基础的,但这并不是说概率取决于试验.事实上,事件 A 出现的概率是事件 A 的一种属性,是先于实验而存在的.在实际工作中,精确的 p 值常常是无法求得的,因此,当实验次数适当大时,我们就把频率 m/n 作为 p 的近似值.

3.3 概率的性质

(1) $0 \leqslant P(A) \leqslant 1$.

(2) $P(\Omega)=1, P(\varnothing)=0$.

(3) 若 $AB=\varnothing$,则 $P(A \cup B)=P(A)+P(B)$.

(4) $P(\bar{A})=1-P(A)$.

(5) 若 $A \subset B$,则 $P(B \backslash A)=P(B)-P(A)$.

(6) $P(A \cup B)=P(A)+P(B)-P(AB)$.

证 (1) 因为频率 $0 \leqslant m/n \leqslant 1$,而 $P(A)$ 是频率的稳定值.

(2) 进行 n 次实验,必然事件 Ω 必然发生 n 次,即 Ω 的频率为 1,从而有 $P(\Omega)=1$.又,不可能事件一次都不发生,故频率为 0,从而 $P(\varnothing)=0$.

(3) 进行 n 次实验,事件 A 发生 n_A 次,事件 B 发生 n_B 次,因为 A,B 互不相容,所以事件 $A \cup B$ 发生的次数是 $n_{A \cup B}=n_A+n_B$.因而有

$$\frac{n_{A \cup B}}{n}=\frac{n_A}{n}+\frac{n_B}{n}.$$

频率 $n_{A \cup B}/n$ 的稳定值为 $P(A \cup B)$,频率 n_A, n_B 的稳定值为 $P(A), P(B)$,从而有

$$P(A \cup B) = P(A) + P(B).$$

注 这一性质可以推广到有限多个互不相容事件的情形：

若 $A_1, A_2, \cdots, A_n$ 为 n 个互不相容的事件，则

$$P(A_1 \cup A_2 \cup \cdots \cup A_n) = P(A_1) + P(A_2) + \cdots + P(A_n). \qquad (12.1)$$

这一性质称为概率的有限可加性，也叫做概率**加法公式**.

上面证明的(1),(2),(3)是概率的基本性质. 概率的其他性质均可由这三条基本性质推出.

(4) 因为 $A \cup \overline{A} = \Omega, A \cap \overline{A} = \varnothing$，由性质(3)
$$1 = P(\Omega) = P(A \cup \overline{A}) = P(A) + P(\overline{A}),$$
从而得
$$P(\overline{A}) = 1 - P(A).$$

(5) 因为 $A \subset B$，所以 $B = A \cup (B \setminus A)$，而 A 与 $(B \setminus A)$ 互不相容，由性质(3)有
$$P(B) = P(A) + P(B \setminus A),$$
从而
$$P(B \setminus A) = P(B) - P(A).$$

(6) 对任意两个事件 A 与 B 有
$$A \cup B = A \cup (B \setminus AB).$$
又 A 与 $B \setminus AB$ 互不相容，由性质(3)有
$$P(A \cup B) = P(A) + P(B \setminus AB).$$
又 $AB \subset B$，由性质(5)有
$$P(B \setminus AB) = P(B) - P(AB),$$
从而
$$P(A \cup B) = P(A) + P(B) - P(AB).$$

3.4 古典概型

"概型"指某种概率的模型. 古典概型是指概率论发展史上首先被人们研究的概率模型. 它是在一定条件下，以试验的客观对称性为基础的一种模型.

例如掷一枚质量均匀的硬币，它静止后总是正面朝上或反面朝上，两者必居其一，且必发生其中之一. 由于硬币是对称的几何体，所以出现正面与反面的可能性是相等的. 再如掷一颗质量均匀的骰子，哪一面朝上有六种可能，且出现六种点中的任何一种点的可能性是相同的. 每掷一次，六种点中至少出现一种，且至多出现一种.

对这类随机现象进行分析会发现以下的一般规律.

这类随机试验中只有有限种不同的结果，即只可能出现有限个事件 $A_1, A_2, \cdots, A_n$，且它具有以下三条性质：

(1) 等可能性，$A_1, A_2, \cdots, A_n$ 出现的可能性相等；

(2) 完备性，在任一次试验中，$A_1, A_2, \cdots, A_n$ 中至少发生一个；

(3) 互不相容性，在任一次试验中，$A_1, A_2, \cdots, A_n$ 中至多有一个出现.

事件 $A_1, A_2, \cdots, A_n$ 称为一个**等可能完备事件组**，或**等概率基本事件组**，其中任一事件

$A_i(i=1,2,\cdots,n)$ 为一基本事件.

等可能性、完备性、互不相容性是古典概型中基本事件的主要特征.

下面给出古典概型的计算公式.

每个基本事件的概率为 $1/n$,即
$$P(A_i) = 1/n, \quad i=1,2,\cdots,n.$$

若事件 A 是 m 个基本事件之和,则
$$P(A) = m/n.$$

下面举几个例子. 在解例题时,首先应找出基本事件.

例 1 从 $0,1,2,\cdots,9$ 这 10 个数字中随机地抽一个数字,求取到奇数的概率.

解 设 $A=\{$取到奇数$\}$,$A_i=\{$取到数字 $i\}$,$i=0,1,\cdots,9$. 易见 A_i 都是基本事件,所以
$$P(A_i) = \frac{1}{10}, \quad i=0,1,\cdots,9.$$

而 $A = A_1 \cup A_3 \cup A_5 \cup A_7 \cup A_9$,由加法公式,
$$P(A) = P(A_1) + P(A_3) + P(A_5) + P(A_7) + P(A_9) = \frac{5}{10} = \frac{1}{2}.$$

例 2 一批产品共 100 个,其中有 3 个次品,为了检查产品质量,从中任意抽取 5 个,求在抽得的 5 个产品中恰有一个次品的概率.

解 从 100 个产品中抽取 5 个,共有 C_{100}^5 种抽法,即基本事件的总数为 $n = C_{100}^5$. 有一个次品,4 个正品的基本事件数为 $m = C_3^1 \cdot C_{97}^4$. 这样,5 个产品中恰有一个次品的概率为
$$P = \frac{C_3^1 \cdot C_{97}^4}{C_{100}^5} \approx 0.138.$$

例 3 袋中有 5 个白球和 3 个黑球,从中任取 2 个球,问取出的两个都是白球的概率是多少?

解 袋中共有 8 个球,从 8 个球中取 2 个球的方法有 $C_8^2 = \frac{8 \times 7}{2!} = 28$ 种,从 5 个白球中取 2 个的方法有 $C_5^2 = \frac{5 \times 4}{2} = 10$ 种. 这样,取出的两个都是白球的概率是
$$P = \frac{10}{28} = \frac{5}{14} = 0.375.$$

例 4 电话号码由 $0,1,2,\cdots,9$ 中 5 个数码组成. 问 5 个数码都不相同的概率是多大?

解 由 5 个数码组成的电话号码(数码可以重复)共有 10^5 种. 由 5 个不同数码组成的电话号码共有 P_{10}^5 种. 故所求的概率为 $P = \frac{P_{10}^5}{10^5} = 0.3024$.

3.5 几何概率

在古典概型中,利用等可能性成功地计算了一类问题的概率. 不过,古典概率只限于有限个基本事件的情况,当试验结果有无穷多个可能时,古典概率不再适用. 还是在概率论刚

刚开始发展的时候,数学家们已经注意到这一事实,这时已经有一些特殊的例子促使构成概率的新概念,使之适用于具有无限多种结果的情形.对于有无限多可能结果而又具有某种等可能性的场合,一般可用几何方法求解.

例 5(会面问题) 甲、乙两人相约于 12 点至 1 点在某地会面.先到的人需等候另一人 20 分钟,过时就离去,试求这两人会面的概率.

解 以 x 表示甲到达的时刻,以 y 表示乙到达的时刻.要两个人会面,其充要条件是
$$|x-y|\leqslant 20.$$
在平面上取好笛卡儿坐标;以分为度量单位,上式等价于 $-20\leqslant x-y\leqslant 20$. 这是两条直线
$$y=x-20,\quad y=x+20$$
所夹的区域.记
$$G=\{(x,y)\mid 0\leqslant x\leqslant 60,0\leqslant y\leqslant 60\},$$
$$g=\{(x,y)\mid |x-y|\leqslant 20,(x,y)\in G\},$$
G 表示所有可能的结果,g 表示能够会面的点(见图 12-7),两人能会面的概率等于阴影部分的面积与整个正方形面积的比:$P=\dfrac{60^2-40^2}{60^2}=\dfrac{5}{9}$.

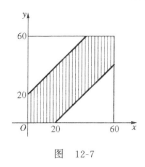

图 12-7

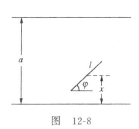

图 12-8

我们将这一例子总结为一般问题.

设在平面上有一区域 G,其中包含另一个区域 g,向区域 G 里任抛一点,求这点落在区域 g 里的概率.我们假定,点可落在区域 G 的任何点上,并且落在区域 G 里任何部分的概率与这部分的面积(在一维空间是长度,在三维空间是体积)成正比,而与形状和位置无关.

这样一来,在区域 G 中任掷一点,而落在区域 g 的概率可定义为
$$P=\frac{g\text{ 的面积}}{G\text{ 的面积}}.$$

例 6(Buffon 问题) 平面上画有一些平行线,它们之间的距离都是 a,向这个平面上任抛一长度为 $l(l<a)$ 的针,试求此针与某一平行线相交的概率.

解 以 x 表示针的中点到最近的一条平行线的距离,以 φ 表示平行线与针的交角(见图 12-8).易见
$$0\leqslant x\leqslant a/2,\quad 0\leqslant\varphi\leqslant\pi.$$
这是 x,φ 的变化区域,记为

$$G = \{(x,\varphi) \mid 0 \leqslant x \leqslant a/2,\ 0 \leqslant \varphi \leqslant \pi\}.$$

我们关心的是"针与平行线相交",相交的条件应是 $x \leqslant \dfrac{l}{2}\sin\varphi$. 所以

$$g = \left\{(x,\varphi) \mid x \leqslant \dfrac{l}{2}\sin\varphi, (x,\varphi) \in G\right\},$$

其中(见图 12-9)G 的面积 $= \dfrac{a}{2}\pi$,g 的面积 $= \displaystyle\int_0^\pi \dfrac{l}{2}\sin\varphi\,\mathrm{d}\varphi = l$($g$ 的面积的计算见第十一章 §3 例 1),这样一来,所求的概率

$$P = \dfrac{l}{\dfrac{a}{2}\pi} = \dfrac{2l}{a\pi}.$$

取 $a=1$,于是 $P=\dfrac{2l}{\pi}$. 如果投掷 n 次,针与线的相交次数为 h,则

$$\dfrac{h}{n} \approx \dfrac{2l}{\pi} \quad \text{或} \quad \pi \approx \dfrac{2ln}{h}.$$

奇妙的是,从概率出发的思考,提供了 π 的计算方法. 把一个完全不是随机的数表示成大量随机投掷的结果.

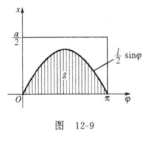

图 12-9

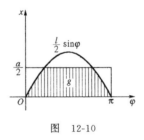

图 12-10

注 $l<a$ 的条件是不可少的,当 $l>a$ 时 g 的图形如图 12-10 所示,这时 g 的面积需重作计算.

3.6 概率的数学定义

前面我们给出了概率的三种定义. 同一个概念给出三种不同的定义是不方便的. 实际上,这三种定义是根据不同的对象而下的,都具有各自的局限性. 为了深入研究概率的性质,概率应该有一个统一的定义. 数学上最常用,也是最有效的方法就是公理化,用某一概念的基本性质来定义它.

1933 年,前苏联数学家柯尔莫哥洛夫提出了概率论的公理化结构. 今根据这个公理化结构给出概率的定义.

概率论的公理化定义虽然不能用来直接确定事件 A 的概率 $P(A)$ 的具体数字,但它给出了概率所必须满足的最基本的规律,为建立严格的概率论理论提供了一个坚实的基础. 例如在公理化定义的基础上,可以证明反映"频率稳定性"的大数定律,为在实际中用频率代替概率提供了理论根据. 但可惜,限于篇幅本书将不能给出这一重要的定理.

因此公理化定义的建立,在概率论的发展史上具有极其重要的意义.

定义 每个事件 A 都有一个实数 $P(A)$ 与之对应,称为事件 A 的**概率**,如果它满足:

(1) $0 \leqslant P(A) \leqslant 1$;

(2) $P(\Omega) = 1$;

(3) 对于互不相容的有限个或可数无限多个事件 $A_i(i=1,2,\cdots)$,有

$$P(A_1 \cup A_2 \cup \cdots \cup A_n) = P(A_1) + \cdots + P(A_n)$$

或

$$P\left(\sum_{i=1}^{\infty} A_i\right) = \sum_{i=1}^{\infty} P(A_i).$$

上面两式分别称为概率的有限可加性和可数可加性.

3.7 条件概率与乘法公式

在实际问题中,我们除了研究事件 A 的概率 $P(A)$ 外,往往还需要研究"在事件 B 已经发生"的条件下,事件 A 发生的概率.这种概率称为**条件概率**,记做 $P(A|B)$.

例 7 设 100 件产品中有 5 件是不合格品,在这 5 件不合格品中,有 3 件是次品,2 件是废品.现从 100 件产品中任取 1 件,问:

(1) 抽到的是废品的概率; (2) 已知抽到的为不合格品,它是废品的概率.

解 (1) 用 A 表示"抽到的是废品",用 B 表示"抽到的是不合格品".因为 100 件中有 2 件是废品,所以 $P(A) = \dfrac{2}{100} = \dfrac{1}{50}$.

(2) 由于 5 件不合格产品中有 2 件是废品,所以 $P(A|B) = 2/5$.

现在我们转而研究乘法公式.

例 8 一盒中装有红、黄、蓝共 3 个球.今随机不放回地取 2 个球.问先取红球,再取黄球的概率是多少?

解 设 $A = \{$第 1 次取红球$\}$,$B = \{$第 2 次取黄球$\}$.不难看出,$P(A) = 1/3$.可设想,有许多人都有装有红、黄、蓝 3 个球的盒子,不妨设有 600 人.第一次抽取时大约有 200 人拿到红球.这些人的盒子里剩下的是黄和蓝 2 个球.

在第二次抽取时,这些人抽取黄球的概率是 $P(B|A) = 1/2$,即大约有 100 人拿到黄球.这样一来,先取红球再取黄球的概率是

$$P(AB) = P(A) \cdot P(B|A) = \frac{1}{3} \times \frac{1}{2} = \frac{1}{6}.$$

由此我们得到乘法公式:

乘法公式 对任意事件 A, B,有

$$P(AB) = P(A)P(B|A). \tag{12.2}$$

若 $P(A) > 0$,则由 (12.2) 可得

$$P(B|A) = \frac{P(AB)}{P(A)}. \tag{12.3}$$

这就是条件概率的计算公式.同样可推得,若 $P(B)>0$,则有
$$P(A|B) = \frac{P(AB)}{P(A)}.$$

例 9 今有 3 个袋,其中 2 个红袋,1 个绿袋.在红袋中各装 60 个红球,40 个绿球,在绿袋中装有 30 个红球,50 个绿球.现在任取一袋,从中任取一球,问是红袋中红球的概率是多少?

解 设 $A=\{$取红袋$\}$,$B=\{$取红球$\}$,我们要求的是 A 和 B 同时发生的概率,即 $P(AB)$,由乘法公式
$$P(AB) = P(A)P(B|A) = \frac{2}{3} \cdot \frac{60}{100} = \frac{2}{5}.$$

概率的乘法公式可以推广到 n 个事件的情形.

推论 设 $A_1, A_2, \cdots, A_n$ 是 n 个事件,满足 $P(A_1 A_2 \cdots A_n)>0$,则
$$P(A_1 A_2 \cdots A_n) = P(A_1)P(A_2|A_1)P(A_3|A_1 A_2) \cdots P(A_n|A_1 A_2 \cdots A_{n-1}). \quad (12.4)$$
推论可用数学归纳法证明,从略.

例 10 今有一张电影票,五个人都想要,用抓阄的办法分这张票,试证明每个人得票的概率都是 1/5.

解 设第 i 次抓阄的人为第 i 个人,$i=1,2,3,4,5$.再设
$$A_i = \{\text{第 } i \text{ 个人抓到"有"}\}, \quad i=1,2,3,4,5.$$

(1) 显然,$P(A_1)=1/5$;

(2) 易见,
$$A_2 \subset \overline{A}_1, \quad A_2 \overline{A}_1 = A_2,$$
因而
$$P(A_2) = P(\overline{A}_1 A_2) = P(\overline{A}_1)P(A_2|\overline{A}_1) = \frac{4}{5} \cdot \frac{1}{4} = \frac{1}{5}.$$

(3) 类似地,$A_3 = \overline{A}_1 \overline{A}_2 A_3$.所以
$$P(A_3) = P(\overline{A}_1 \overline{A}_2 A_3) = P(\overline{A}_1)P(\overline{A}_2|\overline{A}_1)P(A_3|\overline{A}_1 \overline{A}_2)$$
$$= \frac{4}{5} \cdot \frac{3}{4} \cdot \frac{1}{3} = \frac{1}{5}.$$

(4) 同样,
$$P(A_4) = P(\overline{A}_1 \overline{A}_2 \overline{A}_3 A_4) = P(\overline{A}_1)P(\overline{A}_2|\overline{A}_1)P(\overline{A}_3|\overline{A}_1 \overline{A}_2)P(A_4|\overline{A}_1 \overline{A}_2 \overline{A}_3)$$
$$= \frac{4}{5} \cdot \frac{3}{4} \cdot \frac{2}{3} \cdot \frac{1}{2} = \frac{1}{5}.$$

(5) $P(A_5) = P(\overline{A}_1 \overline{A}_2 \overline{A}_3 \overline{A}_4 A_5) = \frac{4}{5} \cdot \frac{3}{4} \cdot \frac{2}{3} \cdot \frac{1}{2} \cdot \frac{1}{1} = \frac{1}{5}.$

这个例子可以推广到 n 个人抓阄分物的情况.n 个阄,其中 1 个"有",$(n-1)$ 个"无",n 个人排队抓阄,每个人抓到"有"的概率都是 $1/n$.

若 n 个阄中,有 $m(m<n)$ 个"有",$n-m$ 个"无",则每个人抓到"有"的概率都是 m/n.

3.8 独立性

例 11 盒中有 3 个白球，2 个红球，共有 5 个球，每次取一个，有放回地取两次，求：
(1) 第一次取到白球的概率；
(2) 第二次取到白球的概率.

解 设 $A=\{$第一次取到白球$\}$，$B=\{$第二次取到白球$\}$，易见
$$P(A)=3/5.$$
由于第一次取完后，又放回到盒子中了，所以不影响第二次取白球. 由此
$$P(B|A)=P(B)=3/5.$$
在本例中，事件 B 发生的概率不受事件 A 发生的概率的任何影响，这时乘法公式具有下述形式：
$$P(AB)=P(A)P(B|A)=P(A)P(B).$$
由此引出：

定义 称两个事件 A,B 是**相互独立的**，如果
$$P(AB)=P(A)P(B). \tag{12.5}$$

用 (12.5) 式定义独立性有两个好处：一是不需要条件概率的概念；二是具有对称性，体现了两个事件是"相互"独立的.

例 12 甲、乙两战士打靶，甲的命中率为 0.9，乙的命中率为 0.85. 设两人同时射击同一目标，各打一枪，求目标被击中的概率.

解 设 $A=\{$甲击中目标$\}$；$B=\{$乙击中目标$\}$. 易见，甲是否中靶不影响乙的中靶情况，因而 A,B 是相互独立的，于是
$$P(A\bigcup B)=P(A)+P(B)-P(AB)=P(A)+P(B)-P(A)P(B)$$
$$=0.9+0.85-0.9\times 0.85=0.985.$$
事件独立的概念可推广到多个事件的情况.

定义 称事件 A,B,C 是相互独立的，若
$$P(AB)=P(A)P(B), \qquad P(AC)=P(A)P(C),$$
$$P(BC)=P(B)P(C), \qquad P(ABC)=P(A)P(B)P(C).$$

类似地，n 个事件 $A_1,A_2,\cdots,A_n$ 的独立性有如下定义.

定义 称事件 $A_1,A_2,\cdots,A_n$ 是相互独立的，如果对任意的自然数 k，$2\leqslant k\leqslant n$，有
$$P(A_{i_1}A_{i_2}\cdots A_{i_k})=P(A_{i_1})P(A_{i_2})\cdots P(A_{i_k}),$$
其中 $i_1,i_2,\cdots,i_k$ 满足 $1\leqslant i_1<i_2<\cdots<i_k\leqslant n$.

易见，当 $A_1,A_2,\cdots,A_n$ 相互独立时，
$$P(A_1A_2\cdots A_n)=P(A_1)P(A_2)\cdots P(A_n). \tag{12.6}$$

例 13 设某型号的高射炮命中率为 0.6. 今有若干门炮同时发射，每炮射一发，问：欲以 99% 以上的概率击中来犯敌机一架，至少需要配几门高射炮.

解 今设需要 n 门炮,命 $A_i=\{$第 i 门炮击中敌机$\}$,$i=1,2,\cdots,n$. $B=\{$敌机被击中$\}$. 注意到
$$B = A_1 \bigcup A_2 \bigcup \cdots \bigcup A_n,$$
于是 n 需满足
$$P(B) = P(A_1 \bigcup A_2 \bigcup \cdots \bigcup A_n) \geqslant 0.99. \tag{12.7}$$
由于
$$\overline{A_1 \bigcup A_2 \bigcup \cdots \bigcup A_n} = \overline{A}_1 \bigcap \overline{A}_2 \bigcap \cdots \bigcap \overline{A}_n,$$
并且 $\overline{A}_1,\overline{A}_2,\cdots,\overline{A}_n$ 是互相独立的,所以
$$P(B) = 1 - P(\overline{B}) = 1 - P(\overline{A}_1\overline{A}_2\cdots\overline{A}_n)$$
$$= 1 - P(\overline{A}_1)P(\overline{A}_2)\cdots P(\overline{A}_n) = 1 - (0.4)^n.$$
利用(12.7),得
$$1-(0.4)^n \geqslant 0.99, \quad 即 \quad (0.4)^n \leqslant 0.01, \tag{12.8}$$
对(12.8)式取对数得
$$n \geqslant \frac{\lg 0.01}{\lg 0.4} = 5.027.$$
由此可知,至少配备六门炮才能以 99% 以上的把握击中敌机.

例 14 概率论与太空旅行. 美国挑战者号在 1986 年的悲惨遭遇,人们仍然记忆犹新. 这件事告诉我们,太空旅行和导弹系统对安全度的要求是非常高的. 我们知道世界上没有绝对安全的东西,只有相对安全的东西,即使安全度高达 0.9999,仍然有万分之一的可能出错. 可见,如何提高安全度就是一个重要问题了. 可靠性工程在近年来取得了很大发展. 主要依据是概率论的简单计算.

假定如图 12-11 所示,三个电气部件串联起来. 为了使系统工作,所有三个部件都必须工作. 如果部件工作的概率分别是
$$P(A) = 0.95, \quad P(B) = 0.90, \quad P(C) = 0.99,$$
那么依照乘法公式,系统工作的概率(可靠性)是
$$0.95 \cdot 0.90 \cdot 0.99 = 0.84645.$$

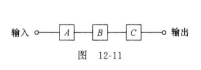

图 12-11

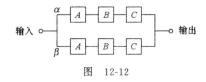

图 12-12

为了提高系统的可靠性,我们可以采用并联线路,如图 12-12 所示. 在这种电路中,系统的可靠性是
$$P(\alpha \bigcup \beta) = P(\alpha) + P(\beta) - P(\alpha\beta)$$
$$= 0.84645 + 0.84645 - (0.84645)^2 = 0.97642.$$
我们还可以用图 12-13 所示的线路. 在这种电路中,系统的可靠性是
$$P(\alpha\beta\gamma) = P(\alpha)P(\beta)P(\gamma).$$

但
$$P(\alpha) = 0.95 + 0.95 - (0.95)^2 = 0.9975,$$
$$P(\beta) = 0.90 + 0.90 - (0.90)^2 = 0.99,$$
$$P(\gamma) = 0.99 + 0.99 - (0.99)^2 = 0.9999,$$
从而
$$P(\alpha \cap \beta \cap \gamma) = 0.98743.$$
因而系统的可靠性是 0.98743. 这说明图 12-13 系统更为可靠.

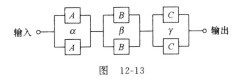

图 12-13

3.9 全概率公式

概率论的重要研究课题之一是希望由已知的简单事件的概率推算出未知的复杂事件的概率. 为此, 经常把一个复杂事件分解成若干互不相容的简单事件之和或积, 然后分别计算出这些简单事件的概率, 再利用概率的加法公式及乘法公式便能求得复杂事件的概率. 试看下面的例子.

例 15 设有外形相同的 6 个箱子, 其中第一类型的箱子有 3 个, 每个箱子装有 3 个红球, 2 个白球; 第二类型的箱子有 2 个, 每个箱子装有 2 个红球, 5 个白球; 第三类型的箱子只有 1 个, 其中装有 5 个红球, 3 个白球. 现从任意箱子任取一球, 求取得的球是白球的概率.

解 设 $A = \{$取出的是白球$\}$, $B_i = \{$从第 i 类箱子中取球$\}$, $i = 1, 2, 3$. 因为取出的是白球, 它可能是从第一类箱子中取出的, 也可能是从第二、三类箱子中取出的, 并且无其他可能. 所以
$$A = AB_1 \cup AB_2 \cup AB_3.$$
由于 AB_1, AB_2, AB_3 互不相容, 所以由概率的加法和乘法公式,
$$P(A) = P(AB_1) + P(AB_2) + P(AB_3)$$
$$= P(B_1)P(A|B_1) + P(B_2)P(A|B_2) + P(B_3)P(A|B_3).$$
由题设, 可求出 $P(B_1) = \frac{1}{2}, P(B_2) = \frac{1}{3}, P(B_3) = \frac{1}{6}, P(A|B_1) = \frac{2}{5}, P(A|B_2) = \frac{5}{7},$
$P(A|B_3) = \frac{3}{8}$, 于是有
$$P(A) = \frac{1}{2} \cdot \frac{2}{5} + \frac{1}{3} \cdot \frac{5}{7} + \frac{1}{6} \cdot \frac{3}{8} = \frac{841}{1680} = 0.5006.$$
这个例子所解决的问题具有普遍性.

定义 若事件 $A_1, A_2, \cdots, A_n$ 满足

(1) $A_1, A_2, \cdots, A_n$ 互不相容, 且 $P(A_i) > 0$, $i = 1, 2, \cdots, n$;

(2) $A_1 \cup A_2 \cup \cdots \cup A_n = \Omega$,

则称 $A_1, A_2, \cdots, A_n$ 是一个**完备事件组**.

全概率公式 若事件 $A_1, A_2, \cdots, A_n$ 为一完备事件组,则对任一事件 B,有

$$P(B) = P(A_1)P(B|A_1) + P(A_2)P(B|A_2) + \cdots + P(A_n)P(B|A_n). \qquad (12.9)$$

证 因为

$$B = B\Omega = B(A_1 \cup A_2 \cup \cdots \cup A_n) = BA_1 \cup BA_2 \cup \cdots \cup BA_n,$$

而 $A_1, A_2, \cdots, A_n$ 互不相容,所以 $BA_1, BA_2, \cdots, BA_n$ 也互不相容. 由概率加法公式得

$$P(B) = P(BA_1) + P(BA_2) + \cdots + P(BA_n).$$

又因为 $P(A_i) > 0$, $i = 1, 2, \cdots, n$, 由概率乘法公式得

$$P(B) = P(A_1)P(B|A_1) + P(A_2)P(B|A_2) + \cdots + P(A_n)P(B|A_n).$$

证毕.

例 16 设有一批外形相同,且瓦数相同的灯管,其中一厂产品占 1/4,二厂产品占 1/2,三厂产品占 1/4. 各厂灯管能工作到规定时数的概率分别为 0.93,0.92 和 0.98. 现在任取一支灯管,问这支管子能工作到规定时数的概率是多少?

解 设 $A = \{$所取灯管工作到规定时数$\}$,设 $B_i = \{$所取灯管为 i 厂产品$\}$, $i = 1, 2, 3$. B_1, B_2, B_3 构成一个互不相容事件完备组,且

$$P(B_1) = 1/4, \quad P(B_2) = 1/2, \quad P(B_3) = 1/4.$$

又因为

$$P(A|B_1) = 0.93, \quad P(A|B_2) = 0.92, \quad P(A|B_3) = 0.98.$$

由全概率公式可得:

$$P(A) = P(B_1)P(A|B_1) + P(B_2)P(A|B_2) + P(B_3)P(A|B_3) \approx 0.94.$$

3.10 逆概率公式(贝叶斯公式)

在很多实际问题中经常遇到这样的情况:已知某一事件已经发生,要求出这个事件的发生是由某种"原因"引起的概率. 也就是在已知结果发生的条件下,反过来判断是 $A_1, A_2, \cdots, A_n$ 哪一个情况下发生的. 例如,在诊病问题中,从病理与过去的经验积累中,知道有多种病因(假定这多种病因构成一个完备事件组)会产生某种症状,并且知道这些病因的概率. 而在一次诊病中出现了这种症状,问其可能最大的病因是什么?类似的例子在理论上和实际中都会经常遇到. 解决这类问题需要下面的贝叶斯公式.

贝叶斯公式 如果 $A_1, A_2, \cdots, A_n$ 为一完备事件组,B 为任一事件,且 $P(B) > 0$,则

$$P(A_j|B) = \frac{P(A_j)P(B|A_j)}{\sum_{i=1}^{n} P(A_i)P(B|A_i)}. \qquad (12.10)$$

证 根据条件概率的公式

$$P(A_j|B) = \frac{P(A_jB)}{P(B)} \quad (1 \leqslant j \leqslant n).$$

对分子,分母使用乘法公式与全概率公式,得

$$P(A_j|B) = \frac{P(A_j)P(B|A_j)}{\sum_{i=1}^{n} P(A_i)P(B|A_i)}.$$

例 17 设某工厂生产一批零件,一、二、三车间产品各占总产量的 $50\%,30\%,20\%$;各车间的次品率分别为 $1\%,2\%,2.5\%$. 求

(1) 这批产品的正品率;

(2) 现从这批产品中任取一个检查后是次品,试求它是出自二车间的概率.

解 先求次品率,为此设 $B=\{产品为次品\}$,

$$A_i = \{第 i 个车间的产品\}, \quad i=1,2,3.$$

A_1, A_2, A_3 满足全概率公式的条件,且 $P(A_1)=0.5, P(A_2)=0.3, P(A_3)=0.2$. 从而

$$P(B|A_1)=0.01, \quad P(B|A_2)=0.02, \quad P(B|A_3)=0.025.$$

因此

$$P(B) = \sum_{i=1}^{3} P(A_i)P(B|A_i) = 0.5 \times 0.01 + 0.3 \times 0.02 + 0.2 \times 0.025 = 0.016.$$

这批产品的正品率为

$$P(\overline{B}) = 1 - P(B) = 1 - 0.016 = 0.984.$$

由贝叶斯公式,

$$P(A_2|B) = \frac{P(A_2)P(B|A_2)}{P(B)} = \frac{0.3 \times 0.02}{0.016} = 0.375.$$

概率的乘法公式、全概率公式、逆概率公式是条件概率的三个重要公式,它们在解决复杂的概率问题中起着十分重要的作用.

习 题

1. 从 52 张扑克牌中任取 4 张,求取出 4 张花色各不相同牌的概率.

2. 把 20 个足球队分成二组进行比赛,每组 10 队,求最强两队被分在不同组的概率.

3. 40 只灯炮中,有 3 个是坏的,从其中任取 5 只,问:

(1) 5 只全是好的概率为多少?

(2) 5 只中有 2 只是坏的概率为多少?

4. 4 个人中,至少有两个人生日在同一个月的概率为多少?

5. 在某湖中捕了 80 条鱼,在它们身上做了记号后放回,若干天后又捕了 100 条,并发现其中 4 条带有记号,如果该湖中有 N 条鱼,问出现这样一种事件的概率是多少?

6. 袋中装有两个白球,三个红球,从中依次抽取两个,求取出的两个都是白球的概率.

7. 袋中装有红球和白球,总数共 100 个,其中白球有 10 个. 每次从袋中任取一球,取出的球不再放回去,问第 2 次取到红球的概率是多少?

8. 设某种动物活到 20 岁以上的概率为 0.8,活到 25 岁以上的概率为 0.4,如果一只动

物已经活到 20 岁,问它能活到 25 岁的概率.

9. 设有甲乙丙三台机床进行生产,各自的次品率为 5%,4%,2%. 它们各自的产品分别占总产量的 25%,35%,40%. 将它们的产品混合在一起,求任取一个产品是次品的概率.

10. 某厂有四条流水线生产同一产品,产量分别占总产量的 15%,20%,30%,35%,不合格率分别为 0.05,0.04,0.03,0.02. 现从这批产品中任取一件,求:

(1) 取到不合格产品的概率.

(2) 取到的不合格产品是第一条流水线产品的概率.

§4 随机变量及其分布

4.1 随机变量

在微积分部分,我们引进了变量的概念. 在那里,变量有两种:自变量 x 与因变量 y. 在自变量 x 与因变量 y 与之间存在着确定的关系:给定一个 x,有且只有一个 y 与之对应. 我们把这种类型的变量叫做**确定型变量**.

但是,在现实世界中,并不是所有的变量都是确定型的. 还有另外一种变量叫**随机型变量**. 什么是随机型变量呢?前面我们研究了大量的随机事件,现在让每一个随机事件对应一个数,也就是用数来表示随机事件. 例如,投掷一个均匀的硬币有两种可能的结果:"正面向上"和"反面向上". 如果用 1 表示前者,用 0 表示后者,用 X 表示投掷结果,则投掷结果 X 就取 1,0 两个值. 把这个例子推广,我们得到下面的定义.

定义 设 E 是一个随机实验,它的样本空间是 $\Omega=\{\omega\}$. 如果对每一个 $\omega\in\Omega$,都有实数 $X(\omega)$ 与之对应,则称 $X(\omega)$ 是一个**随机变量**.

随机变量一般用 X,Y,Z 来表示. 由定义可知,随机变量 X 是样本空间到实轴的单值映射. 它的值随着实验结果的不同而取不同的值,但实验之前只知道它的取值范围,并不知道它将取什么值.

随机变量有两种类型:一种是离散型随机变量;一种是连续型随机变量. 所谓离散型随机变量是指,随机变量 X 的取值是有限个,或可列个(称一个序列是可列的,如果这个序列可用自然数编号,写成 $a_1,a_2,\cdots,a_n,\cdots$ 的形式). 连续型随机变量是指 X 的取值范围是某个区间 $[a,b]$.

这样,我们将随机现象数量化了. 进一步的工作是:

(1) 确定随机变量的取值范围;

(2) 确定随机变量取每一个值的概率.

设离散型随机变量 X 的取值为 $x_1,x_2,\cdots$,而 X 取各个可能值的概率为

$$P(X=x_k)=p_k, \quad k=1,2,\cdots. \tag{12.11}$$

这个式子被称为随机变量 X 的**概率分布**.

随机变量 X 的概率分布具有如下性质:

(1) 非负性　$p_k \geqslant 0, k=1,2,\cdots$;

(2) 规范性　$\sum_k p_k = 1$.

有了随机变量 X 的概率分布,就可以计算这个随机变量所对应的概率空间的其他随机事件的概率了.

下面考察几个重要的概率分布.

4.2　两点分布

在随机实验中,如果只有两种可能的实验结果,那么对应的随机变量的分布就称为两点分布.

定义　若随机变量 X 的概率分布为
$$P(X=1) = p, \quad P(X=0) = 1-p = q, \quad 0 < p < 1,$$
则称随机变量 X 的服从**两点分布**,或 **0-1 分布**.

例1　100个考生中,95个及格,5个不及格.现任取一个考生,规定
$$\begin{cases} X=1, & \text{及格}, \\ X=0, & \text{不及格}, \end{cases}$$
则 X 服从参数为 $p=0.95$ 的两点分布.

两点分布是最简单的分布类.任何一个只有两种可能结果的随机现象都可用它来描述.例如,种子是否发芽,新生婴儿是男还是女都属于这类随机现象.

4.3　二项分布

独立性是一个重要的概念.它讨论的是,在同样条件下重复做若干次同样的实验,其结果如何.例如,连续掷一个均匀的硬币三次,假定每次投掷都互不影响,这样所得的结果序列是相互独立的.用 $H_i (i=1,2,3)$ 表示第 i 次投掷结果是正面,那么三次投掷都得正面的概率是
$$P(H_1 \cap H_2 \cap H_3) = P(H_1)P(H_2)P(H_3) = \frac{1}{2} \cdot \frac{1}{2} \cdot \frac{1}{2} = \frac{1}{8}.$$

作为这个例子的重要推广,考虑恰好有两个结果的一项实验,相应的概率是 p 和 $q = 1-p$. 称概率为 p 的结果为"成功",而概率为 q 的结果为"失败". 用 A_i 表示第 i 次实验为成功的结果,用 B_i 表示第 i 次实验为失败的结果,则对每个 i,
$$P(A_i) = p, \quad P(B_i) = q.$$

例2　重复做4次实验.假定1,4次成功,2,3次失败.求出现这种结果的概率.

解　由实验的独立性知,
$$P(A_1 \cap B_2 \cap B_3 \cap A_4) = P(A_1)P(B_2)P(B_3)P(A_4) = p^2 q^2 = p^2 (1-p)^2.$$

如果不计次序重复做4次实验,2次成功,2次失败,那么这个实验的概率是多少呢？利

用排列组合的知识,我们得到其概率为
$$C_4^2 p^2 (1-p)^2.$$
把这个例子推广,我们得到问题的一般化结果. n 次实验中,正好成功 k 次的概率是
$$C_n^k p^k (1-p)^{n-k}.$$

定义 若随机变量 X 的概率分布为
$$P(X=k) = C_n^k p^k q^{n-k}, \quad k=0,1,2,\cdots,n. \tag{12.12}$$
其中 $0<p<1, q=1-p$,则称随机变量 X 的服从参数为 (n,p) 的二项分布,记为 $X \sim B(n,p)$.

当 $n=1$ 时,$X \sim B(1,p)$,这是两点分布,从而两点分布是二项分布的一个子类.

二项分布的名称是从二项式 $(a+b)^n$ 的展开式得来的,这一展开的系数具有 C_n^k 的形式.

例 3 某药店出售两种降压药,一种叫"施慧达",一种叫"倍他乐克". 经理已经弄清楚,90%的顾客买"倍他乐克",10%的顾客买"施慧达". 预计周日有 50 位顾客买降压药,柜台还剩 5 份"施慧达". 求下列概率:

(1) 正好有 5 位顾客买"施慧达";

(2) 少于 5 位顾客买"施慧达";

(3) 多于 5 位顾客买"施慧达".

解 我们假定,买药的顾客是是独立的. 50 次实验成功的概率 $p=10\%$. 用 X 表示成功的次数.

(1) 恰有 5 次成功的概率是
$$P(X=5) = C_{50}^5 p^5 (1-p)^{50-5} \approx 0.185.$$

(2) 如果 $X<5$,则供大于求. 它的概率是
$$\begin{aligned}P(X<5) &= P(X=0) + P(X=1) + P(X=2) + P(X=3) + P(X=4) \\ &= C_{50}^0 p^0 (1-p)^{50} + C_{50}^1 p^1 (1-p)^{49} + C_{50}^2 p^2 (1-p)^{48} \\ &\quad + C_{50}^3 p^3 (1-p)^{47} + C_{50}^4 p^4 (1-p)^{46} \\ &\approx 0.431.\end{aligned}$$

(3) 如果 $X>5$,则供小于求. 我们用对立事件的概率来进行计算:
$$\begin{aligned}P(X>5) &= 1 - P(X \leq 5) \\ &= 1 - P(X=5) + P(X<5) \approx 0.384.\end{aligned}$$

二项分布具有如下性质:

(1) 存在 $n+1$ 个独立实验;

(2) 每次实验只有两种可能的结果:成功或失败. 成功的概率为 p,失败的概率为 $q = 1-p$;

(3) n 次实验中,成功 k 次的概率是
$$P(X=k) = C_n^k p^k q^{n-k}, \quad k=0,1,2,\cdots,n.$$

4.4 连续型随机变量

对连续型随机变量来说,它的可能值不可能一个一个地列举出来,因而就不可能像离散型随机变量那样用分布律来描述它. 由于连续型随机变量的取值都在某一个区间 $[a,b]$ 上,而它取每一个实数值的概率都是 0,所以我们转而研究随机变量所取的值落在某一个区间的概率. 例如,对任一区间 $(x_1,x_2]$,我们可以求 $P(x_1<x\leqslant x_2)$. 注意到
$$P(x_1<x\leqslant x_2)=P(X\leqslant x_2)-P(X\leqslant x_1),$$
因而只要知道 $P(X\leqslant x_2)$ 和 $P(X\leqslant x_1)$ 就可以知道 $P(x_1<x\leqslant x_2)$ 了. 这样一来,我们研究形如 $P(X\leqslant x)$ 的概率.

定义 设 X 是一个随机变量. 函数
$$F(x)=P(X\leqslant x),\quad -\infty<x<+\infty$$
称为随机变量 X 的**分布函数**.

随机变量的分布函数具有如下性质:

(1) $0\leqslant F(x)\leqslant 1, -\infty<x<+\infty$;

(2) $F(x)$ 是非减函数: $x_1<x_2 \Rightarrow F(x_1)\leqslant F(x_2)$;

(3) $\lim\limits_{x\to +\infty}F(x)=1, \lim\limits_{x\to -\infty}F(x)=0$.

现在我们可以引入分布密度函数的概念了.

定义 设随机变量 X 的分布函数为 $F(x)$,若存在非负函数 $p(x)$,使得
$$F(x)=\int_{-\infty}^{x}p(x)\mathrm{d}x,$$
则称 $p(x)$ 为 X 的**概率密度函数**或**分布密度函数**.

从图形上看,$F(x)$ 等于曲线 $y=p(x)$ 在区间 $(-\infty,x]$ 上曲边梯形的面积(图 12-14).

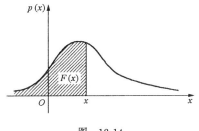

图 12-14

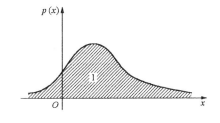

图 12-15

概率密度函数具有如下性质:

(1) $p(x)\geqslant 0$;

(2) $\int_{-\infty}^{+\infty}p(x)\mathrm{d}x=1$(图 12-15);

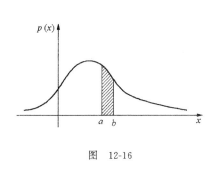

图 12-16

(3) $P(a<X\leqslant b)=\int_a^b p(x)\mathrm{d}x$(图 12-16).

注 (1) 来自定义. (2) 指出,曲线 $y=p(x)$ 和 x 轴之间的面积为 1. (3) 说明,曲线 $y=p(x)$ 在区间 $[a,b]$ 上的曲边梯形的面积在数值上等于 $P(a<X\leqslant b)$.

还需指出,连续型随机变量 X 在任意给定点 x 的概率为 0,即

$$P(X=x)=0.$$

4.5 正态分布

在统计学中最常见、最重要的分布是正态分布.正态分布具有很大的普适性,能描述自然界和社会生活等各方面的许多现象.例如,测量误差,人的身高、体重、智商、电子元件的寿命等都呈现出正态分布的模式.并且正态分布有很多好的性质,在数学上处理起来很方便.

正态分布常被称做高斯分布,这就使人误解为它的起源归功于高斯.实际上,这个分布第一次正式公布是 1733 年 11 月 12 日,出现在法国数学家棣莫弗的著作中.正态分布的统计应用开始于法国数学家拉普拉斯和德国数学家高斯.

正态分布的分布密度是

$$p(x)=\frac{1}{\sqrt{2\pi}\sigma}\mathrm{e}^{-\frac{(x-\mu)^2}{2\sigma^2}}. \tag{12.13}$$

我们称随机变量 X 服从参数为 μ,σ 的**正态分布**,记为 $X\sim N(\mu,\sigma^2)$.

正态分布具有如下性质:

(1) 它的图形是钟形曲线,如图 12-17 所示,称为**正态曲线**.它在正、负两个方向上都趋向 x 轴,但永远达不到 x 轴;

(2) 曲线的最高点在 $x=\mu$ 处达到;

(3) 曲线关于直线 $x=\mu$ 对称;

(4) 曲线下的面积等于 1;

(5) 几乎 68% 的面积落在 $\mu-\sigma$ 和 $\mu+\sigma$ 之间,95% 的面积落在 $\mu-2\sigma$ 和 $\mu+2\sigma$ 之间,99.7% 的面积落在 $\mu-3\sigma$ 和 $\mu+3\sigma$ 之间.

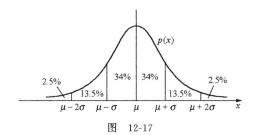

图 12-17

正态分布的密度函数中有两个常数 μ 和 σ. 若 σ 的值固定而 μ 变化时, 则密度曲线形状不变, 曲线沿 x 轴平行移动(图 12-18). 若 μ 的值固定而 σ 变化时, 则密度曲线的形状将改变: σ 大时, 曲线平缓; σ 小时, 曲线陡峭, 如图 12-19 所示.

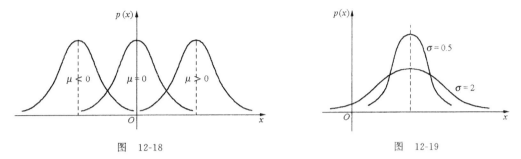

图 12-18   图 12-19

例 4 设 IQ(智商)服从正态分布 $X \sim N(\mu, \sigma^2)$, 其中 $\mu = 100, \sigma = 15$. 求 IQ 落在下列区间的概率: $[100, 115]$; $[85, 115]$; $[85, 130]$; $[70, 130]$; $[115, +\infty)$.

解 由图 12-17, IQ 落在各区间的概率分别是: 34%; 68%; 81.5%; 95%; 2.5%.

标准正态分布 特别地, 称 $\mu = 0, \sigma = 1$ 时的正态分布为标准正态分布, 记做
$$X \sim N(0, 1),$$
其密度函数为
$$\varphi(x) = \frac{1}{\sqrt{2\pi}} \mathrm{e}^{-\frac{x^2}{2}}, \quad -\infty < x < +\infty. \tag{12.14}$$
它的图形如图 12-20 所示.

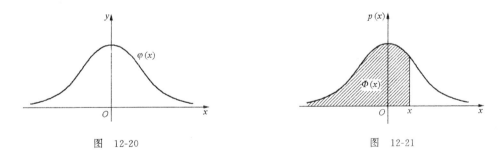

图 12-20   图 12-21

4.6 正态分布的分布函数

由(12.13)式可以得出正态分布的分布函数:
$$F(x) = \frac{1}{\sqrt{2\pi}\sigma} \int_{-\infty}^{x} \mathrm{e}^{-\frac{(t-\mu)^2}{2\sigma^2}} \mathrm{d}t, \quad -\infty < x < +\infty. \tag{12.15}$$

对标准正态分布 $X \sim N(0, 1)$, 其分布函数特别地记为

$$\Phi(x) = \frac{1}{\sqrt{2\pi}} \int_{-\infty}^{x} e^{-\frac{t^2}{2}} dt, \quad -\infty < x < +\infty. \tag{12.16}$$

通常称之为**概率积分**,它的图形如图 12-21 所示.

由密度函数 $\varphi(x)$ 的对称性及分布函数定义知,对任意的实数 $a>0$,有

(1) $\Phi(0)=0.5$(图 12-22);

(2) $\Phi(-a)=1-\Phi(a)$(图 12-23);

(3) $P(|x|>a)=2\Phi(-a)=2(1-\Phi(a))$(图 12-24);

(4) $P(|x|<a)=2\Phi(a)-1$(图 12-25).

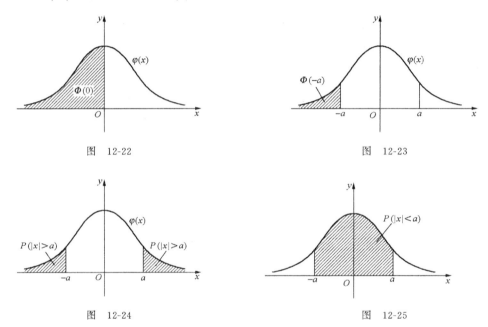

图 12-22 图 12-23

图 12-24 图 12-25

由于正态分布的重要性,人们编制了标准正态分布的分布函数的数值表(见附表).

4.7 从平均数到数学期望

随机变量的概率分布和密度函数能全面完整地描述随机变量.但在实际问题中找出随机变量的分布函数和密度函数远非易事,而且在许多情况下亦非必要,有时只需知道某些数字特征即可.为此,我们来介绍能反映随机变量的集中程度和分散程度的数字特征:数学期望和方差.

设 5 个学生的数学成绩如下表所示:

成绩	70	80	90
人数	2	2	1

如何计算他们的平均分数呢?很简单,方法如下:

$$\frac{1}{5}(70 \times 2 + 80 \times 2 + 90) = 78.$$

他们的平均分数是 78 分.

这种计算平均数的方法考虑到取每一个分数的人数,我们称这种平均是加权平均.把这种求平均数的方法推广到随机变量的平均就引出了数学期望的概念.

定义 设离散型随机变量 X 的概率分布为

$$X \sim \begin{bmatrix} x_1, x_2, \cdots, x_n \\ p_1, p_2, \cdots, p_n \end{bmatrix},$$

则称 $\sum_{k=1}^{n} x_k p_k$ 为 X 的**数学期望**,记做 $E(X)$,即

$$E(X) = \sum_{k=1}^{n} x_k p_k. \tag{12.17}$$

两点分布的数学期望 设 X 服从两点分布

$$X \sim \begin{bmatrix} 0 & 1 \\ q & p \end{bmatrix},$$

由 (12.17),

$$E(X) = 0 \cdot q + 1 \cdot p = p.$$

二项分布的数学期望 若 $X \sim B(n, p)$,则 $E(X) = np$.

事实上,

$$P(X = k) = C_n^k p^k q^{n-k}, \quad k = 0, 1, 2, \cdots, n.$$

由 (12.17),

$$\begin{aligned} E(X) &= \sum_{k=0}^{n} k \cdot P(X = k) \\ &= \sum_{k=0}^{n} \frac{k \cdot n!}{k!(n-k)!} p^k q^{n-k} \\ &= np \sum_{k=1}^{n} \frac{(n-1)!}{(k-1)!(n-1-[k-1])!} p^{k-1} q^{n-1-(k-1)} \\ &= np \sum_{k'=0}^{n-1} \frac{(n-1)!}{k'!(n-1-k')!} p^{k'} q^{n-1-k'} \quad (\diamondsuit \, k' = k - 1) \\ &= np(p + q)^{n-1} = np. \end{aligned}$$

证毕.

4.8 连续型随机变量的数学期望

首先给出连续型随机变量数学期望的定义.

定义 设连续型随机变量 X 的概率密度为 $p(x)$,若积分

$$\int_{-\infty}^{+\infty} |x| p(x) \mathrm{d}x < +\infty,$$

则称 $\int_{-\infty}^{+\infty} xp(x)\mathrm{d}x$ 为 X 的**数学期望**,记做 $E(X)$,即

$$E(X) = \int_{-\infty}^{+\infty} xp(x)\mathrm{d}x. \tag{12.18}$$

正态分布的数学期望   现在我们求服从正态分布的随机变量的数学期望.

若 $X \sim N(\mu, \sigma^2)$,则 $E(X) = \mu$. 事实上,

$$E(X) = \int_{-\infty}^{+\infty} \frac{x}{\sqrt{2\pi}\sigma} \mathrm{e}^{-\frac{(x-\mu)^2}{2\sigma^2}} \mathrm{d}x,$$

作变量替换 $t = \dfrac{x-\mu}{\sigma}$,于是 $x = \sigma t + \mu, \mathrm{d}x = \sigma \mathrm{d}t$,从而

$$\begin{aligned}
E(X) &= \int_{-\infty}^{+\infty} \frac{1}{\sqrt{2\pi}} (\sigma t + \mu) \mathrm{e}^{-\frac{t^2}{2}} \mathrm{d}t \\
&= \frac{\sigma}{\sqrt{2\pi}} \int_{-\infty}^{+\infty} t \mathrm{e}^{-\frac{t^2}{2}} \mathrm{d}t + \frac{\mu}{\sqrt{2\pi}} \int_{-\infty}^{+\infty} \mathrm{e}^{-\frac{t^2}{2}} \mathrm{d}t \\
&= 0 + \frac{\mu}{\sqrt{2\pi}} \cdot \sqrt{2\pi} = \mu.
\end{aligned}$$

这就求出了当 X 服从正态分布时,$E(X) = \mu$.

4.9 随机变量的方差

随机变量的数学期望反映了它取值的平均数.但对有些统计数字来说,只知道平均数是不够的,还需要知道它们的分散程度.例如,一个篮球教练不会满足于知道队员的平均高度,他还需要知道高度的分布情况.如果队员的平均高度是 1.8 米,那么可能 5 个队员都是 1.8 米,也可能 3 个队员 1.8 米,一个队员 2 米,一个队员 1.6 米.对教练而言,这两种差别很大,需要对他们采用不同的训练方法和攻守策略.

表示统计数字分散程度的一个重要的量叫方差.

定义 1   设 X 是一个离散的随机变量,若 $E[(X-E(X))^2]$ 存在,则称它为 X 的**方差**,记做 $D(X)$,即

$$D(X) = E[(X - E(X))^2]. \tag{12.19}$$

方差就是随机变量 X 与它的数学期望的偏差平方的平均.

设 X 是一个离散的随机变量,其分布律为

$$P(X = x_k) = p_k, \quad k = 1, 2, \cdots, n,$$

则

$$D(X) = \sum_{k=1}^{n} [x_k - E(X)]^2 \cdot p_k.$$

定义 2   若 X 是一个连续的随机变量,其密度函数为 $p(x)$,则

$$D(X) = \int_{-\infty}^{+\infty} [x - E(X)]^2 p(x) \mathrm{d}x.$$

不论 X 是什么类型,方差可统一定义为
$$D(X) = E[(X - E(X))^2].$$

4.10 几种随机变量的方差

两点分布 若 $X \sim B(1, p)$,则
$$D(X) = pq. \tag{12.20}$$

证 我们知道,$E(X) = p$,从而
$$\begin{aligned} D(X) &= (0-p)^2 \cdot q + (1-p)^2 \cdot p \\ &= p^2 q + q^2 p = pq(p+q) = pq. \end{aligned}$$

二项分布 若 $X \sim B(n, p)$,则
$$D(X) = npq. \tag{12.21}$$

注 当 $n = 1$ 时,就是两点分布. 因证明较繁,故从略.

正态分布 设 $X \sim N(\mu, \sigma^2)$,则 $D(X) = \sigma^2$.

证 已知 $E(x) = \mu$,分布密度是 $f(x) = \dfrac{1}{\sqrt{2\pi}\sigma} \mathrm{e}^{-\frac{(x-\mu)^2}{2\sigma^2}}$. 所以
$$D(X) = \int_{-\infty}^{+\infty} (x-\mu)^2 \frac{1}{\sqrt{2\pi}\sigma} \mathrm{e}^{-\frac{(x-\mu)^2}{2\sigma^2}} \mathrm{d}x.$$

作变量替换 $t = \dfrac{x-\mu}{\sigma}$,我们有
$$\begin{aligned} D(X) &= \int_{-\infty}^{+\infty} \frac{\sigma^2}{\sqrt{2\pi}} t^2 \mathrm{e}^{-\frac{t^2}{2}} \mathrm{d}t \\ &= \frac{\sigma^2}{\sqrt{2\pi}} \left(-t\mathrm{e}^{-\frac{t^2}{2}} \Big|_{-\infty}^{+\infty} + \int_{-\infty}^{+\infty} \mathrm{e}^{-\frac{t^2}{2}} \mathrm{d}t \right) = \sigma^2. \end{aligned}$$

正态分布的参数 μ 是数学期望,σ^2 是方差,称 σ 为均方差. 正态分布由它的参数 μ, σ 完全确定.

4.11 正态分布的应用

在实际问题中,正态分布有着广泛的应用. 为了在实际问题中计算概率,我们需要把正态分布化为标准正态分布. 设 $X \sim N(\mu, \sigma^2)$,作变换
$$z = \frac{x - \mu}{\sigma},$$

则 $Z \sim N(0, 1)$.

在例 4 中,IQ 的分数服从 $\mu = 100, \sigma = 15$ 的正态分布. 现在,我们要求 $F(115)$. 对 $x = 115$,我们有

$$z = \frac{115 - 100}{15} = 1,$$

查附表得到 $\Phi(1) = 0.8413$. 这就是说,IQ 的分数在 115 以下人数的概率是 84.13%,或 IQ 的分数高于 115 的人数的概率是 15.87%.

例 5 某大公司每年都对它的一般雇员进行评估,其中包括一项笔试. 分数居于前 10% 的可晋升为中级雇员. 假定分数 X 服从正态分布: $X \sim N(\mu, \sigma^2)$,其中 $\mu = 65, \sigma = 4$. 一位雇员的分数是 72 分. 问:有多少人的分数低于他?他能得到晋升吗?

解 首先,我们计算对应于 72 的 z-分数:

$$z = \frac{72 - 65}{4} = 1.75.$$

查表得到 $\Phi(1.75) = 0.9599 \approx 0.96$. 可见,有 96% 雇员的分数低于他. 他能得到晋升.

例 6 保修单问题. 某 DVD 厂家为了销售得更好,决定为顾客提供保修单. 问题是保修期限定多长才合适. 经过测试,主管质量控制的工程师发现,DVD 的寿命 X 服从正态分布: $X \sim N(3000, 500^2)$,即 $\mu = 3000, \sigma = 500$. 厂家通过调研发现,顾客平均每天使用 2 个小时. 厂家希望,在保修期内回修率不超过 5%. 问:保修期定多长时间合适?

解 为了解决这一问题,我们首先使用标准正态分布,而后再将得到的结果转回到非标准正态分布.

参考图 12-26,我们要找一点 z,使得在 z 以左曲线至少包含整个面积的 95% 以上. 从表中可查到 $z = 1.64$. 注意到我们要找的点在 y 轴的左边,它的坐标是负数. 根据正态曲线的对称性,我们找到 $z = -1.64$.

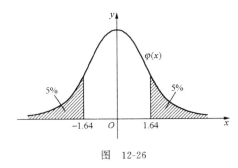

图 12-26

现在回到非标准正态分布. 利用

$$z = \frac{x - \mu}{\sigma},$$

将具体数字代入,可得

$$-1.64 = \frac{x - 5100}{500},$$

由此得到 $x = 2280$ 小时. 这就是说,超过 2280 小时后,DVD 才会出现不到 5% 的故障.

我们知道,顾客平均每天使用 2 个小时,而 $\frac{2280}{2}=1140$. 按一年 365 天算,这是 3.12 年. 保修期可取为三年.

习 题

1. 乘汽车从甲地到乙地,途中有 3 个交通岗. 假定在每个交通岗遇到红灯的事件是相互独立的,并且概率是 $\frac{1}{3}$. 用 X 表示途中遇到红灯的次数,求随机变量 X 的概率分布.

2. 有 3 个小球和 2 个杯子,将小球放在杯子中. 设 X 表示有小球的杯子数,求 X 的概率分布.

3. 袋中有 5 个同样的球,编号为 1,2,3,4,5. 从中任取 3 个球,求最大号数的概率分布.

4. 设随机变量 X 具有分布律
$$P(X=i)=\frac{1}{5}, \quad i=1,2,3,4,5,$$
求 $E(X), D(X)$.

5. 甲、乙两台车床生产同一零件,一天生产中的次品数分别为 $X, Y. X, Y$ 的分布律分别是

X	0	1	2	3
p	0.4	0.3	0.2	0.1

Y	0	1	2
p	0.3	0.5	0.2

问哪台车床好?

6. 瓶中有 5 个球,其中 3 个白球,2 个黑球. 从中任取 2 个球,求白球数 X 的数学期望和方差.

7. 通常考试成绩服从正态分布. 今有一次考试其中 $\mu=75$ 分,$\sigma=8$ 分. 某学生得 80 分,求其超前的百分数.

8. 某城市市民的身高 $X \sim N(172, 6^2)$(单位是 cm). 现为公共汽车设计门高.
(1) 应如何设计门的高度,使进门碰头的机会小于 1%;
(2) 若门高为 185 cm,求 100 个人中碰头的机会不超过 2% 的概率.

9. 设 $X \sim N(10, 2^2)$.
(1) 求 X 落在 12 到 14 间的百分比;
(2) 求 $X \geqslant 14$ 的百分比.

10. 一台自动售咖啡的机器,它供应的每一杯咖啡不是严格相同的. 每一杯的含量 $X \sim N(8, 0.5^2)$(单位是盎司). 问
(1) 每一杯至少 8 盎司的百分比是多少?
(2) 每一杯少于 7.5 盎司的百分比是多少?

11. 假定 21 岁的女孩儿心率 X 服从正态分布:$X \sim N(68, 4^2)$,即 $\mu=68$ 次/分,$\sigma=4$

次/分. 现有 200 个女孩儿查体. 问有多少女孩儿的心率低于 70 次/分?

12. 某地妇女的平均怀孕期是 268 天. 如果 95% 的妇女的孕期是 250 天到 286 天, 那么均方差 σ 是多少? 如果孕期至少 275 天, 那么这些孕妇占多大比例?

§5 两 个 实 例

在结束本章的时候, 我们给出概率应用的两个简单而重要的例子, 它们在科学史上是非常有名气的.

5.1 色盲的遗传问题

常见的色盲是不能区分红、绿两色. 要弄清色盲是怎么回事, 先得明白我们为什么能看到颜色, 又得研究视网膜的复杂的构造和性质, 还得了解不同的光波所能引起的光化学反应, 等等, 等等. 如果再问及色盲的遗传问题, 似乎比解释色盲现象还要复杂.

可是, 答案却意想不到的简单明了. 由直接统计可以得出:

(1) 色盲中男性远多于女性;

(2) 色盲父亲与"正常"母亲不会有色盲孩子;

(3) "正常"父亲和色盲母亲的儿子是色盲, 女儿则不是.

结果何以这样简单?

原来, 生物都是由细胞组成的, 当细胞进行分裂时, 细胞核的网状组织会变得大大不同于往常, 成了一组丝状或棒状的东西, 它们叫做"染色体"(即吸收颜色的物体). 任意选一种物种, 它体内的所有细胞, 生殖细胞除外, 都含有相同数目的染色体; 而且一般说来, 生物越高级, 染色体的数目也就越多.

所有的人, 细胞里都有 46 条染色体. 重要的是, 一切物种细胞内染色体的数目都是偶数, 而且构成几乎完全相同的两套, 一套来自父体, 一套来自母体. 来自双亲的这两套染色体决定了一切生物的复杂的遗传性质, 并且代代相传下去.

在任何一种具有两个性别的生物体中, 都有一种特殊的, 负责生殖的细胞, 叫做**婚姻细胞**, 或叫**配子**. 这种细胞的分裂次数大大少于通常细胞, 因此到了该用这种细胞产生下一代时, 它们仍然是蓬勃健壮的. 这种细胞的分裂也同一般细胞不一样: 构成细胞核的染色体不像一般细胞那样劈成两半, 而是简单地互相分开, 从而使每个子细胞得到原来染色体的一半. 由这种分裂所产生的子细胞叫做**精子细胞**和**卵细胞**, 或者叫做**雄配子**和**雌配子**.

在前面提到过的那两套几乎完全相同的染色体中, 有一对特殊的染色体, 它们在雌性生物体内是相同的, 而在雄性生物体内是不相同的, 这对特殊的染色体叫**性染色体**, 用 x 和 y 两个符号来区别, 雌性生物体的细胞只有两条 x 染色体, 而雄性生物体内则有 x, y 染色体各一条.

由于雌性生物的生殖细胞中, 所有细胞都有一对 x 染色体, 当它们作减数分裂时, 每个

配子得到一条 x 染色体. 但雄性生殖细胞中有 x 染色体和 y 染色体各一条, 在它所分裂成的两个配子中, 一个含有 x 染色体, 一个含有 y 染色体.

在受精过程中, 一个雄配子, 即精子细胞, 和一个雌配子, 即卵细胞进行结合. 这时, 可能产生有一对 x 染色体的细胞, 也可能产生含有 x 染色体和 y 染色体各一条的细胞, 这两者的概率是相等的, 前者发育成女孩, 后者发育成男孩.

现在再回过头来谈色盲问题. 从三条结论可清楚看出, 色盲的遗传必然与性别有一定关系. 只需要假定产生色盲的原因是由于一条染色体出了毛病, 并且这条染色体代代相传, 我们就可以用逻辑判断得到进一步的假设: 色盲是由于 x 染色体中的缺陷造成的.

从这一假设出发, 上面三条色盲的统计规律就昭然若揭了.

我们记得, 雌性细胞中有两条 x 染色体, 而雄性细胞中只有一条 x 染色体. 如果男性中这唯一的一条染色体有色盲缺陷, 他就是色盲, 而女性只有在两条 x 染色体都有毛病时才会成为色盲, 因为一条染色体足以使她获得感觉颜色的能力.

如果 x 染色体中带有色盲缺陷的概率为千分之一, 那么, 一千个男人中就会有一个色盲. 同样推算的结果, 女性中两条 x 染色体都是缺陷的可能性则应按概率乘法定理计算, 即

$$\frac{1}{1000} \times \frac{1}{1000} = \frac{1}{1000000}.$$

所以, 一百万个妇女中, 才有发现一名先天色盲的可能.

我们来考虑色盲丈夫和"正常"妻子的情况. 他们的儿子只从母亲那里接受了一条"好的" x 颜色体, 而没有从父亲那里接受 x 染色体, 因此他不会成为色盲.

另一方面, 他们的女儿会从母亲那儿得来一条好的 x 染色体, 而从父亲那里得到的却是"坏的". 这样, 她不会是色盲, 但她将来的儿子可能是色盲.

在"正常"丈夫和色盲妻子这种相反情况下, 他们儿子的唯一 x 染色体一定来自母体, 因而一定是色盲. 女儿则从父亲那里得来一条"好的", 从母亲那里得到一条"坏的"因而不会是色盲. 但和前面的情况一样, 她的儿子可能是色盲.

下面四个表列出了丈夫与妻子不同搭配下子女色盲的情况, 有缺陷的 x 染色体用 $\bar{x}$ 表示:

正常丈夫与正常妻子

男 / 女	x	y
x	(x,x)女	(x,y)男
x	(x,x)女	(x,y)男

色盲丈夫与正常妻子

男 / 女	$\bar{x}$	y
x	$(x,\bar{x})$	(x,y)
x	$(x,\bar{x})$	(x,y)

正常丈夫与色盲妻子

女 \ 男	x	y
$\bar{x}$	$(\bar{x}, x)$	$(\bar{x}, y)$ 色盲
$\bar{x}$	$(\bar{x}, x)$	$(\bar{x}, y)$ 色盲

色盲丈夫与色盲妻子

女 \ 男	$\bar{x}$	y
$\bar{x}$	$(\bar{x}, \bar{x})$ 色盲	$(\bar{x}, y)$ 色盲
$\bar{x}$	$(\bar{x}, \bar{x})$ 色盲	$(\bar{x}, y)$ 色盲

5.2 孟德尔遗传定律

同概率有关的思想在现象的解释中起着重要作用,并且适合于任何科学,从自然科学到社会科学.

今以孟德尔遗传定律的发现作为例子给以说明.

格·孟德尔(1822—1884)由于利用植物杂交方法做实验,而成为遗传学的创始人. 他是一个男修道院的院长,他在修道院的花园里完成了自己的实验. 他的发现虽然十分重要,却非常简单. 为了使事情容易些,我们不讨论孟德尔本人的实验,而讨论他的一个学生完成的实验.

在两株关系密切的植物中,一株开白花,而另一株开红花,两株植物的关系如此之近,以至于它们能彼此受粉. 由杂交所得到的种子发育成有中间特征的杂种植物;杂种开粉红色花. 如果杂种植物可自受粉,结出的种子发育成植物的第三代. 这第三代中有开红花的,有开粉红花的,有开白花的.

在所做的实验中,发现有 564 株第三代植物,其中开白花的第三代有 141 株,开红花的第三代有 132 株,开粉红花的第三代有 291 株(见图 12-27). 不难看出,这些由实验所给的数字近似于一个简单的比例 1∶2∶1. 这个简单的比例引出一个简单的解释.

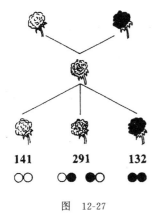

图 12-27

从杂交实验说起,任何一个开花的植物产自两个生殖细胞的结合. 第二代的开粉红色花的杂种,来自两个不同世系的生殖细胞:来自红的和来自白的. 当第二代的生殖细胞再结合时,会出现什么情况呢? 可以是白的同白的,或红的同红的,或白的同红的,三种不同的结合可能解释第三代的三种不同结果.

有了这样一种认同之后,解释比例数就不难了. 真正观察到的比例 141∶291∶132 同简单比例 1∶2∶1 的偏差看做是随机的,即观察频率与实际频率的偏差.由此引出如下的假定:开粉红花的植物按照相同数量产生"白的"与"红的"生殖细胞,最后,我们把两个生殖细胞的随机相遇与任意摸球的随机实验相类比.

设有两个袋子,每袋中都装有数量相等的红球与白球.我们用两只手向两个袋子去摸,从每个袋子摸出一个球来,求摸出两个都是白球,一个白球与一个红球,和两个都是红球的概率.

易见,所求的概率比是

$$\frac{1}{4} : \frac{2}{4} : \frac{1}{4}.$$

这就是孟德尔的基本想法.

"基因"这个词是约翰逊(W. I. Johannsen,1857—1927)在1909年引进的.到1950年,基因的存在在分子水平上得到证实.可以说是从孟德尔开始的这项重要研究划上了一个圆满的句号.

孟德尔不仅仅揭示了遗传学的定律,而且还揭示了仅能用概率语言表述的自然法则.

面 向 实 际

　　数学的发展始终受到两股强大的推动力的推动：理性探索与实际需要．表现在教科书上就是理论推导和实际应用．前面各章以理论为主导，本章重点在数学的广阔用场．

　　今日的数学已不仅仅是纯粹的理论，同时还是一种普遍可行的关键技术，它是打开机会大门的钥匙．数学以直接和基本的方式为科学、技术、商业、财政、医疗、艺术、体育和国防做出贡献．

　　数学对于理解模式和分析模式之间的关系是最强有力的工具．本章的目的不仅是提供一些案例，而是着眼于传播一种思想方法，开阔思路和眼界，加深对数学的理解，提高解决实际问题的能力．

第十三章 数 学 模 型

一种科学只有在成功地运用数学时,才算达到完善的地步.

马克思

甚至一个粗糙的数学模型也能帮助我们更好地理解一个实际的情况,因为我们在试图建立数学模型时被迫考虑了各种逻辑可能性,不含混地定义了所有的概念,并且区分了重要的和次要的因素.一个数学模型即使导出了与事实不符合的结果,它也还可能是有价值的,因为一个模型的失败可以帮助我们去寻找更好的模型.

A. Renyi

本章提供几个典型的颇具启发性的实例,以说明数学在社会科学的各个领域中的应用情况.实际上,前面各章中已经介绍了不少实际应用的例子.这里介绍的例子不过是更加综合,更切近于实际而已.

这一章冠以"数学模型"一词,实在是因为它已成为应用数学的一大分支,而目前正处于蓬勃发展的时期.它的本义就是将各种各样的实际问题化为数学问题,即数学模型.数学模型仅仅是一个实际问题的近似,必然要舍去一些因素,而且还要做某些假定.因而它总有一些方面与事实不符,正因为这一点,人们必须当心不要因粗心地使用数学而使它与事实进一步不符.应当尽可能地使它精确.最后,数学模型还必须回到实际中去,检验它是否符合实际,是否解决了提出的问题,并在此基础上进一步完善我们的模型.

建立数学模型,并用以解决实际问题的步骤分为以下五步:

(1) 明确实际问题,并熟悉问题的背景;

(2) 形成数学模型;

(3) 求解数学问题;

(4) 研究算法,并尽量使用计算机;

(5) 回到实际中去,解释结果.

下面就来具体介绍几个典型的数学模型,它们分别来自政治学、考古学、人口学、运动员训练,以及经济学等不同领域.

§1 选 票 分 配

选举问题是政治学研究的中心问题之一,其中包括民意测验,选票分配等重要问题.我们从著名的选举悖论谈起.

1.1 选举悖论

假定有张、王、李三个同学竞选学生会主席.民意测验表明,选举人中有 2/3 愿意选张不愿选王,有 2/3 愿意选王不愿选李.问:是否愿意选张不愿选李的多?

答案是:不一定!如果选举人按照表 13-1 那样对候选人进行排序,就会引起一个惊人的悖论.

表 13-1

人数＼序号	1	2	3
$\frac{1}{3}$	张	王	李
$\frac{1}{3}$	王	李	张
$\frac{1}{3}$	李	张	王

现在我们对他们进行两两的比较.

张和王的民意测验情况是:张有两次排在王的前面,而王只有一次排在张的前面,因而张可以说,选举人中有 2/3 人喜欢我.

王和李的民意测验情况是:王有两次排在李的前面,而李只有一次排在王的前面,因而王可以说,选举人中有 2/3 人喜欢我.

李和张的民意测验情况是:李有两次排在张的前面,而张只有一次排在李的前面,因而李也可以说,选举人中有 2/3 人喜欢我.

选举悖论使人迷惑的地方是我们以为"好恶"关系总是可以传递的,如像 $A>B, B>C$,就可以推出 $A>C$ 那样.但实事上,"好恶"关系是不可以传递的:多数选举人选张优于王,多数选举人选王优于李,使人惊讶的是,不是多数人选举张优于李,而是多数选举人选李优于张.

这个悖论可追溯到 18 世纪,它是一个非传递关系的典型,这种关系在人们作两两对比选择时可能产生.

这条悖论有时称做**阿洛悖论**.肯尼思•阿洛曾根据这条悖论和其他逻辑理由证明了,一个十全十美的民主选举系统是不可能实现的,他因此而分享 1972 年的诺贝尔经济学奖.

假定有三个对象,而且具有三种可以比较的指数,将它们按各指标排好顺序,当我们进行两两比较时,就可能出现上述矛盾.假定张、王、李是向一个姑娘求婚的三个人,表 13-1 所示的排列可解释为这个姑娘就三个方面比较这三个人的优劣次序,例如第一是学位,第二是容貌,第三是收入.如果两两比较,这个可怜的姑娘就会发现她觉得张比王好,王比李好,李又比张好!

这个悖论还可以在产品检验中出现。一个统计学家也许会发现，2/3 年青妇女喜欢润肤霜 A 超过 B，2/3 年青妇女喜欢润肤霜 B 超过 C。化学公司得知这一结果后也许就将润肤霜 C 作为最不受欢迎的一种而降低产量。殊不知，第三个统计可能会表明还有 2/3 的人喜欢 C 超过 A 呢。

1.2 选票分配问题

选票分配问题属于民主政治的范畴。选票分配是否合理是选民最关心的热点问题之一。这一问题早就引起西方政治家与科学家的关注，并进行了大量深入的研究。这项研究大量地使用了数学方法，本节以学生会选举为例，对这项研究作一初步介绍。

我们知道，每个高等院校都有学生会，学生会大约每四年改选一次。在每届学生会改选时，都需要给出各系的委员分配名额。那么名额怎么分配才算合理呢？按照学生会章程规定，各系的委员数按学生人数比例分配。

假定某大学的学生会由 n 名委员组成，再设该大学有 s 个系，各系的学生数是 $p_i, i=1, 2, \cdots, s$。全校的学生数是

$$p = p_1 + p_2 + \cdots + p_s.$$

现在的问题是，找出一组相应的整数 $n_1, n_2, \cdots, n_s$，使得

$$n_1 + n_2 + \cdots + n_s = n,$$

其中 n_i 是第 i 个系获得的委员数。

按照学生会章程，一个简单而公平的分配委员名额的办法是按人数比例分配。记

$$q_i = \frac{p_i}{p} \cdot n,$$

称它为分配的**份额**。自然有

$$q_1 + q_2 + \cdots + q_n = n.$$

如果 q_i 都是整数，分配不会出现问题。但是更经常发生的情况是，q_i 不是整数，而名额分配又必须是整数，怎么办？一个自然想到的办法是"四舍五入法"。四舍五入的结果可能会出现名额多余，或名额不够的情况。我们举例来说明这一情况。假定某学院有三个系，总人数是 200，下面三个表说明了三种不同情况：按四舍五入法，表 13-2 正好产生 20 个委员；表 13-3 产生 19 个委员；表 13-4 产生 21 个委员。

表 13-2

系别	学生数	所占比例(%)	按比例分配名额	最终分配名额
甲	107	53.5	10.7	11
乙	59	29.5	5.9	6
丙	34	17	3.4	3
总和	200	100	20	20

表 13-3

系别	学生数	所占比例(%)	按比例分配名额	最终分配名额
甲	104	52	10.4	10
乙	62	31	6.2	6
丙	34	17	3.4	3
总和	200	100	20	19

表 13-4

系别	学生数	所占比例(%)	按比例分配名额	最终分配名额
甲	105	52.5	10.5	11
乙	60	30	6	6
丙	35	17.5	3.5	4
总和	200	100	20	21

1.3 亚拉巴马悖论

正因为有这一缺点,美国乔治·华盛顿时代的财政部长亚历山大·汉密尔顿于1790年提出了一种解决名额分配的办法,并于1792年为美国国会所通过.美国国会的议员是按州分配.汉密尔顿方法的具体操作如下:

(1) 取各州份额 q_i 的整数部分 $[q_i]$,先让第 i 州拥有 $[q_i]$ 个议员.

(2) 然后考虑各个 q_i 的小数部 $q_i - [q_i]$,按从大到小的顺序将余下的名额分配给相应的州,直到名额分配完为止.

表13-5是按照汉密尔顿方法进行分配的.

表 13-5

系别	学生数	所占比例(%)	按比例分配名额	最终分配名额
甲	103	51.5	10.3	10
乙	63	31.5	6.3	6
丙	34	17	3.4	4
总和	200	100	20	20

汉密尔顿方法看起来十分合理,但是仍存在问题.例如在表13-4中出现了甲和丙的小数部分相同的情况.如果甲系和丙系各增加一个名额就会出现超出预定名额的情况;如果两系都不增加,就会出现名额不满的情况.当然在选民众多的情况下,出现小数部分相等的情况是十分罕见的,换言之,概率很小.但是下面提到的**亚拉巴马悖论**,却是必须严肃对待的情况.

从1880年起,美国国会就汉密尔顿方法的公正合理性展开了争论.原因是1880年美国人口普查后,亚拉巴马州发现汉密尔顿方法触犯了该州的利益,其后1890年和1900年人口普查后,缅因州和克罗拉多州也极力反对汉密尔顿方法.按照常规,假如各州的人口比例不变的话,议员的名额总数由于某种原因而增加的话,那么各州的议员名额数或者不变,或者增加,至少不应该减少. 可是汉密尔顿方法却不能满足这一常规. 这里还以校学生会为例. 由于考虑到 20 个名额的成员在表决提案时可能会出现 10∶10 的结果,所以学生会决定下届增加一个名额. 按照汉密尔顿方法分配名额得到表 13-6.

表 13-6

系别	学生数	所占比例(%)	按比例分配名额	最终分配名额
甲	103	51.5	10.815	11
乙	63	31.5	6.615	7
丙	34	17	3.570	3
总和	200	100	21	21

计算结果表明,总名额增加一个,丙系反而减少一个名额,这当然侵犯了丙系的利益. 亚拉巴马州当年就面临这种情况,所以通常把汉密尔顿方法所产生的这一矛盾叫做**亚拉巴马悖论**.

因此,必须进一步改进汉密尔顿方法,使之更加合理,新的方法不久就提出来了,并消除了亚拉巴马悖论. 因方法较繁杂,这里不再作详细介绍. 但是新方法又引出了新问题,新问题又需要消除,于是更新的方法,当然是更加公正合理的方法又出现了,这更新的方法也还有问题. 于是出现了这样的问题:是否有一种公正合理的分配方法呢?

这个问题从诞生之日起,就一直吸引着众多政治家与数学家去研究. 这里要特别提出的是巴林斯基和杨两位学者,他们在名额分配的研究中引进了公理化方法,并于 1982 年证明了关于名额分配的一个不可能定理,即包括"不产生人口悖论","不违反'公平分配'原则"等在内的五条十分合理的公理不相容. 换言之,满足这五条公理的名额分配方法是不存在的.

§2 体育训练问题

用现代数学方法研究体育运动是从 20 世纪 70 年代开始的. 1973 年,美国的应用数学家 J.B. 开勒发表了赛跑的理论,并用他的理论训练中长跑运动员,取得了很好的成绩. 几乎同时,美国的计算专家艾斯特运用数学、力学,并藉助计算机研究了当时铁饼投掷世界冠军的投掷技术,从而提出了他自己的研究理论,据此提出了改正投掷技术的训练措施,从而使这位世界冠军在短期内将成绩提高了 4 米,在一次奥运会的比赛中创造了连破三次世界纪录的辉煌成绩. 这些例子说明,数学在体育训练中也在发挥着越来越明显的作用. 所用到的数学内容也相当深入,这里不可能作详细介绍. 我们选择一个较为简单的例子作一说明.

在铅球投掷的训练中,教练关心的核心问题是投掷距离. 如所周知,距离的远近主要取决于两个因素:速度和角度. 这两个因素中哪个更重要呢? 为此,我们建立一个数学模型来讨论这一问题.

我们在这一模型中不考虑铅球运动员在投掷区域内身体的转动,只考虑铅球的出手速

度与投射角度. 此外, 还给出三条假定:

(1) 忽略铅球在运行过程中的空气阻力作用;
(2) 投射角度与投射初速度是相互独立的;
(3) 将铅球视为一个质点.

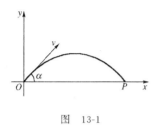

图 13-1

先考虑铅球从地平面以初速度 v 和角度 α 投掷出, 如图 13-1 所示, 铅球在 P 点处落地. 设铅球的动点坐标为 $(x(t), y(t))$. 我们得到运动方程:

$$\begin{cases} x = v\cos\alpha \cdot t, \\ y = v\sin\alpha \cdot t - \frac{1}{2}gt^2. \end{cases}$$

将 $t = x/(v\cos\alpha)$ 代入 y 中, 得

$$y = -\frac{g}{2v^2\cos^2\alpha}x^2 + \tan\alpha \cdot x.$$

令 $y = 0$, 解得

$$x_1 = 0, \quad x_2 = \frac{2v^2\sin\alpha\cos\alpha}{g} = \frac{v^2\sin 2\alpha}{g},$$

其中 x_2 是落地点 P 的 x 坐标. 投掷距离是 α 的函数. 当 $\alpha = 45°$, $\sin 2\alpha = 1$, 达到其最大值, 这时的投掷距离为 v^2/g.

但实际上铅球不是从地面上出手, 而是从一定的高度 h 处出手. 因而上面的运动方程应调整为

$$\begin{cases} x = v\cos\alpha \cdot t, \\ y = v\sin\alpha \cdot t - \frac{1}{2}gt^2 + h. \end{cases}$$

将 $t = x/(v\cos\alpha)$ 代入 y 中, 得到

$$y = -\frac{g}{2v^2} \cdot \frac{x^2}{\cos^2\alpha} + \tan\alpha \cdot x + h.$$

令 $y = 0$, 得方程

$$\frac{g}{2v^2\cos^2\alpha} \cdot x^2 - \tan\alpha \cdot x - h = 0,$$

解得

$$x_{1,2} = \frac{\tan\alpha \pm \sqrt{\tan^2\alpha + 4hg/(2v^2\cos^2\alpha)}}{\frac{g}{v^2\cos^2\alpha}}$$

$$= \frac{v^2\sin 2\alpha}{2g} \pm \sqrt{\left(\frac{v^2}{2g}\sin 2\alpha\right)^2 + h \cdot \frac{2v^2}{g}\cos^2\alpha}.$$

舍去负根, 我们得到点 P 的 x 坐标为

$$x = \frac{v^2\sin 2\alpha}{2g} + \sqrt{\left(\frac{v^2}{2g}\sin 2\alpha\right)^2 + h \cdot \frac{2v^2}{g}\cos^2\alpha}.$$

利用这一公式,列表给出速度 v 与角度 α 对投掷距离的影响(见表 13-7).

表 13-7

速度 $v/\mathrm{m \cdot s^{-1}}$	角度 $\alpha/°$	距离 x/m
11.5	47.5	14.929
11.5	45.0	15.103
11.5	42.5	15.182
11.5	40.0	15.169
11.5	38.0	15.092
11.5	36.0	14.960
11.5	41.2	15.187
11.5	41.6	15.189
11.0	41.6	14.032
12.0	41.6	16.395

从表 13-7 中可以看出,当 $v=11.5\,\mathrm{m/s}$ 时,最佳角度为 $41.6°$. 当角度 α 在 $38°$ 到 $45°$ 间变化时,产生的距离差是 $0.097\,\mathrm{m}$. 角度 18% 的偏差引起距离的 0.6% 偏差. 速度从 $11\,\mathrm{m/s}$ 变到 $12\,\mathrm{m/s}$ 引起了距离从 $14.032\,\mathrm{m}$ 到 $16.395\,\mathrm{m}$ 的偏差,这就是说,速度 9% 的增加导致了距离 16.8% 增加. 这个结果表明,教练在训练运动员时,应集中主要精力来增加投掷的初始速度.

上面的模型比较粗糙,还有许多问题没有考虑到,例如运动员的身体转动问题,投掷者的手臂长度,肌肉的爆发力,铅球的质量等,还有其他的因素. 加上以上诸因素后,得出的公式自然会更精确,当然也会复杂得多. 这里不再作深入介绍.

篮球投篮问题也属于类似的模型,可用类似上面的方法进行研究.

目前在国外,运用数学方法研究体育项目的训练问题已经深入到体育运动的各个领域. 这很值得我们借鉴.

§3 指数增长与衰减问题

3.1 一个简单的微分方程

在实际生活中有许多量,它随时间的变化率正比于它的大小. 例如,银行的存款按一定的利率增加;世界的人口按照一定的增长率增加. 当然还有别的例子,下面将陆续介绍.

在数学上恰有一个函数能描述上述现象,这就是指数函数;指数函数关于自变量的变化率正比于它的大小:若 $y=Ce^{kx}$,则

$$\frac{\mathrm{d}y}{\mathrm{d}x} = ky. \tag{13.1}$$

因此，用指数函数来描述上述现象我们将不会惊讶．事实上，满足方程(13.1)的函数一定是指数函数．

定理 若 y 满足(13.1)，则 $y = Ce^{kx}$，这里 C 是任意常数．

证 由(13.1) $\dfrac{y'}{y} = k$，从而

$$\int \dfrac{y'}{y} dx = \int k\, dx,$$
$$\ln y = kx + C_1,$$
$$y = e^{kx+C_1} = e^{C_1} e^{kx} = Ce^{kx} \quad (C = e^{C_1}).$$

定理得证．

我们刚才解的方程(13.1)是一个含有函数的导数的方程式，人们称这种方程式为**微分方程式**．微分方程的解是函数，而不是数，这是与代数方程不同的地方．

例 1 一种细菌按这样的方式增加：在每个时刻它按小时计算的增长率等于它现有总量的两倍．问，一个小时后这种细菌的总量是多少．

解 细菌的增长是离散的，而不是连续的，因为它的总量很大，可以当作连续量来处理．设细菌的初始总量是 y_0．依题设，$k = 2$．因此解为

$$y = Ce^{2t}.$$

但 $y(0) = y_0$，代入上式：

$$y_0 = Ce^0 = C.$$

所以解为

$$y = y_0 e^{2t}.$$

当 $t = 1$ 时，

$$y = y_0 e^2 \approx 7.4 y_0.$$

这样一来，一小时后，细菌的总量将是原有量的 7.4 倍．

例 2 心理学家发现，在一定条件下，一个人回忆一个给定专题的事物的速率正比于他记忆中信息的储存量．

美国某大学作了这样一个实验：让一组大学男生回忆他们认得的女孩的名字．结果证实上面的论断是正确的．

现在假定有一个男生，他一共知道 64 个女孩的名字．他在前 90 秒内回忆出 16 个名字．问，他回忆出 48 个名字需要多长时间？

解 尽管女孩的名字不是连续变化的，但是用连续型来处理仍然能得出很好的结果．用 y 表示在时刻 t 这个男生回忆不起来的女孩名字的个数，我们有

$$\dfrac{dy}{dt} = ky.$$

于是

$$y = Ce^{kt}, \quad C \text{ 为常数}.$$

由题设 $y(0)=64$，代入上式得出 $C=64$。所以
$$y = 64e^{kt}.$$
要注意到，这里 k 是负数，因为 t 增加时，y 是减少的。由上式得
$$\ln y = \ln 64 + kt,$$
解出
$$k = \frac{1}{t}\ln\frac{y}{64}.$$
当 $t=1.5$ 分时，$y=64-16=48$。因此，
$$k = \frac{1}{1.5}\ln\frac{48}{64} = \frac{2}{3}\ln\frac{3}{4}.$$
现在来求，当 $y=64-48=16$ 时 t 的值。我们有
$$t = \frac{1}{k}\ln\frac{16}{64} = \frac{3}{2}\cdot\frac{1}{\ln\frac{3}{4}}\ln\frac{16}{64} \approx 7.2(\text{分}).$$
答案是这个男生回忆起 48 个名字用 7.2 分。

3.2 人口模型

尽管人口的增加或减少是离散的，但在人口量很大的情况下，作为连续量来处理仍能很好地符合于客观情况。这样我们可以假定人口数是时间 t 的连续函数，甚至它是 t 的可微函数。

设 $y(t)$ 表示 t 时刻某地区的人口数，用 $k(t)$ 表示出生率和死亡率的差。如果该地区的人口孤立的，即没有移进移出的移民，则人口的变化率 $y'(t)$ 等于 $ky(t)$。在大多数情况下，可以假定 k 是常数，即不随时间变化。这样一来，我们又得到方程
$$\frac{dy}{dt} = ky.$$
这一方程在人口学中叫做**马尔萨斯定律**。前面已指出，其解为
$$y = Ce^{kt}, \quad C \text{ 为任意常数}.$$
如果在 t_0 时，某地区的人口数为 y_0，则
$$y_0 = Ce^{kt_0}, \quad C = y_0 e^{-kt_0},$$
代入前一方程，得
$$y(t) = y_0 e^{k(t-t_0)}. \tag{13.2}$$

这个解明确而简单，但需要考察一下它是否符合实际情况。我们来看看全世界人口增长的情况。

从 1960 年到 1970 年世界人口的平均年增长率是 2%。我们从这十年的中间一年，1965 年 1 月算起。根据美国财政部的估计，这时全世界的人口总数是 33.4 亿。因而 $t_0=1965$，$y_0=33.4$ 亿，$k=0.02$，于是
$$y(t) = 33.4 \times 10^8 e^{0.02(t-1965)}.$$

检查这一公式的办法之一是,计算世界人口翻一番所需要的时间,并与观察值 35 年做一比较.

根据公式(13.2),若 T 年后地球的人口翻一番,则
$$2y_0 = y_0 e^{0.02T}, \quad e^{0.02T} = 2, \quad 0.02T = \ln 2,$$
$$T = 50\ln 2 \approx 34.6(\text{年}).$$

这个值与过去的观察值是十分相近的.

尽管如此,我们还希望用这个公式预见一下更远的未来.根据公式,到 2515 年世界人口将是 2000000 亿,到 2625 年将是 18000000 亿,到 2660 年将是 36000000 亿.这些天文数字的意义很难理解.整个地球面大约 1730000 亿平方米,其中 80% 为水所覆盖.假定我们也愿意在船上生活,那么到 2515 年每个人将仅有 0.87 平方米;到 2625 年每个人将仅有 0.09 平方米;到 2660 年,每个人肩上还得站两个人.

看来这个模型还有不合理处,似乎应把它抛弃掉.但是,且慢.因为这个公式与过去的事实是非常相符的,所以我们不能轻率地就将它抛弃.而且,我们看到了,许多实例都说明人口确实按指数增长.因而我们的任务是修改模型.这将在 3.6 节中论述.

3.3 考古学中的应用

测定考古发掘物年龄的近代方法与本世纪初发现的放射现象密切相关.物理学家卢瑟福(Rutheford)和他的同事们证明了,一些"放射性"元素的原子是不稳定的,在给定的一段时间内,有一个固定比例的原子自然蜕变而形成新元素的原子.卢瑟福证明了,一种物质的放射性正比于该物质现有的原子数.因此,如果用 $N(t)$ 表示 t 时刻的原子数,则 $\dfrac{dN}{dt}$ 表示单位时间内原子的蜕变数,并且它与 N 成正比,即

$$\frac{dN}{dt} = -\lambda N, \tag{13.3}$$

这里 λ 是一个正常数,称为该物质的**衰变常数**.自然,λ 越大,物质蜕变的越快.衡量一种物质蜕变率的一个尺度是它的**半衰期**,半衰期定义为给定数量的放射性原子蜕变一半所需要的时间.

现在我们借助正常数 λ 来计算物质的半衰期.为此,设在 $t=t_0$ 时,$N(t_0)=N_0$.于是,问题化为求

$$\frac{dN}{dt} = -\lambda N, \quad N(t_0) = N_0 \tag{13.4}$$

的解.这种带有初值条件 $N(t_0)=N_0$ 的微分方程叫做微分方程的**初值问题**.初值问题 (13.4) 的解是

$$N = N_0 e^{-\lambda(t-t_0)}. \tag{13.5}$$

读者一定注意到了,这一问题的解与人口问题的解是一样的.(13.5) 等价于

$$\frac{N}{N_0} = e^{-\lambda(t-t_0)},$$

两边取对数，可得

$$-\lambda(t-t_0) = \ln \frac{N}{N_0}. \tag{13.6}$$

如果 $N = \frac{1}{2}N_0$，则

$$-\lambda(t-t_0) = \ln \frac{1}{2},$$

$$t - t_0 = \frac{1}{\lambda}\ln 2 = \frac{0.6931}{\lambda}. \tag{13.7}$$

这样一来，物质的半衰期是 $\ln 2$ 除以衰变常数 λ，λ 的量纲是时间的倒数，为简单计而省略了。例如，碳-14 的半衰期是 5568 年，铀-238 的半衰期是 4.5×10^9 年。

"放射性测定年龄法"的主要根据是，从方程(13.6)，我们可以解出 $(t-t_0)$。如果 t_0 是物质最初形成或制造出来的时间，则物质现在的年龄是 $\frac{1}{\lambda}\ln \frac{N_0}{N} + t_0$。在大多数情况下，衰变常数是已知的，而且 N 的值是容易算出的。因此知道了 N_0，就能确定物质的年龄。

测定考古发掘物年龄的最精确的方法之一是大约在 1949 年 W. 利贝(Libby)发明的碳-14(C^{14})年龄测定法。这个方法的依据令人愉快地简单。地球周围的大气层不断受到宇宙射线的轰击。这些宇宙射线使地球中的大气产生中子，这些中子同氮发生作用而产生 C^{14}。因为 C^{14} 会发生放射性衰变，所以通常称这种碳为放射性碳。这种放射性碳又结合到二氧化碳中在大气中漂动而被植物吸收。动物通过吃植物又把放射性碳带入它们的组织中。在活的组织中，C^{14} 的摄取率正好与 C^{14} 的衰变率相平衡。但是，当组织死亡以后，它就停止摄取 C^{14}，因此 C^{14} 的浓度因 C^{14} 的衰变而减少。地球的大气被宇宙射线轰击的速率始终不变，这是一个基本的物理假定。这就意味着，在像木炭这样的样品中，C^{14} 原来的蜕变速率同现在测量出来的蜕变速率是一样的(不得不提到的是，20 世纪 50 年代中期以后，核武器试验使得大气中放射性碳的数量显著增加了)。这个假设使我们能够测定木炭样品的年龄。设 $N(t)$ 表示在时刻 t 样品中存在的 C^{14} 的数量，N_0 表示在时刻 $t=0$ 时样品中的数量，即样品形成时的数量。若 λ 是 C^{14} 的衰变常数(C^{14} 的半衰期是 5568 年)，则由(13.5)，我们有

$$N(t) = N_0 e^{-\lambda t}.$$

由此得到样品中 C^{14} 目前的蜕变速率 $R(t)$：

$$R(t) = \lambda N(t) = \lambda N_0 e^{-\lambda t},$$

而原来的蜕变速率是 $R(0) = \lambda N_0$。因此

$$\frac{R(t)}{R(0)} = e^{-\lambda t},$$

从而

$$t = \frac{1}{\lambda}\ln\frac{R(0)}{R(t)}. \tag{13.8}$$

所以如果我们测出木炭中 C^{14} 目前的蜕变速率 $R(t)$, 并且注意到 $R(0)$ 必须等于相当数量的活的树木中 C^{14} 的蜕变速率, 那么, 我们就能算出木炭的年龄.

3.4 牛顿冷却定律

还有许多实际问题在化成数学问题后归结为下述形式的微分方程:

$$\frac{dy}{dt} = k(A - y), \tag{13.9}$$

式中的 A 表示变量最后趋近的值.

如果方程(13.9)还满足初始条件 $y(0) = y_0$, 再令 $B = A - y_0$, 则方程(13.9)满足初始条件的解为

$$y = A - Be^{-kt}. \tag{13.10}$$

我们来给出这一结果的证明. 为此引进一个新的变量 $u = A - y$, 于是

$$\frac{du}{dt} = -\frac{dy}{dt} = -k(A - y) = -ku,$$

即新变量 u 满足方程

$$\frac{du}{dt} = -ku,$$

其初始条件为 $u(0) = A - y_0 = B$, 因此解为

$$u = Be^{-kt}.$$

从而

$$y = A - u = A - Be^{-kt}.$$

在使用公式(13.10)时, 常将它化成下述形式:

$$kt = \ln\frac{A - y_0}{A - y} = -\ln\frac{y - A}{y_0 - A}. \tag{13.11}$$

牛顿冷却定律 物体的冷却率正比于物体温度与房间温度的差.

与物体相比, 若房间非常大时, 可假定房间的温度保持不变, 即保持常温(也假定物体不是非常热). 也就是物体对房间温度的改变可以忽略不计.

例3 用开水去泡速溶咖啡, 3分钟后咖啡的温度是 $85°C$. 如果房间的温度是 $20°C$, 问多少分钟后, 咖啡的温度降到 $60°C$? (忽略杯子的冷却影响).

解 我们有 $A = 20, y_0 = 100$, 以及

$$\frac{dy}{dt} = k(20 - y),$$

这里 y 是时刻 t 咖啡的温度. 因为

$$y_0 - A = 100 - 20 = 80,$$

由(13.11),

$$kt = -\ln\frac{y-20}{80}.$$

当 $t=3$ 时,$y=85$.这时 $y-20=65$.因此

$$k = -\frac{1}{t}\ln\frac{y-20}{80} = -\frac{1}{3}\ln\frac{65}{80} = \frac{1}{3}\ln\frac{16}{13}.$$

当 $y=60$ 时,$y-20=40$.这时

$$t = -\frac{1}{k}\ln\frac{y-20}{80} = -\frac{3}{\ln\frac{16}{13}}\ln\frac{40}{80} = \frac{3}{\ln\frac{16}{13}}\ln 2 \approx 10(\text{分}).$$

咖啡从 100℃ 降到 85℃ 花了 3 分钟,降到 60℃ 花 10 分钟.因而从 85℃ 降到 60℃ 需花 7 分钟.

3.5 范·米格伦伪造名画案

二次世界大战期间,在比利时解放以后,荷兰保安部门开始搜捕纳粹同谋犯.在曾把大量艺术品卖给德国人的某商号的档案中,他们发现了一个银行家的名字,这个银行家曾充当把 17 世纪荷兰名画家杨·弗美尔(Jan Vermeer,1632—1675)的油画《捉奸》卖给戈林的中间人.这个银行家又泄露,他是第三流荷兰画家 H·A·范·米格伦(Van Meegeren)的代表,因此范·米格伦因通敌罪于 1945 年 5 月 29 日被捕.同年 7 月范·米格伦在牢房里宣布,他从未把《捉奸》卖给戈林,并说,这幅画和非常著名、非常美丽的《埃牟斯的门徒》以及其他四幅冒充弗美尔的油画和两幅冒充德胡斯(de Hooghs,17 世纪荷兰画家)的油画都是他自己的作品.这件事震惊了全世界.但是许多人都认为范·米格伦不过是在撒谎,以免被定为叛国罪.范·米格伦为了证实他所说的话,他在监狱里开始伪造弗美尔的油画《耶稣在医生们中间》,向怀疑者们证实,他是伪造弗美尔作品的高手.当这项工作几乎要完成的时候,范·米格伦获悉,通敌罪已改为伪造罪.因此,他拒绝最后完成这幅油画,并使它变陈,以使满怀希望的检查者们不能发现他使伪造品变陈的秘密.为了澄清这一问题,由一些卓越的化学家、物理学家和艺术史学家组成的国际专门小组受命调查这一事件.他们用 X 射线检查画布上是否曾经有过别的画.此外,他们分析了颜料,考查了画中有没有经历岁月的痕迹.

不过,范·米格伦是很晓得这些方法的.为了避免别人发觉,他从不很值钱的古画上刮去颜料而只用画布,然后设法用弗美尔使用过的颜料.范·米格伦也知道,陈年颜料是很坚硬的,而且不可能溶解.因此他很机灵地在颜料里掺了一种叫酚醛类人工树脂的化学药品,这在油画完成后在炉子上烘干时就硬化为酚醛树脂.

但是,范·米格伦的伪造工作有几点疏忽之处,使专家小组找到了现代颜料钴兰的痕迹.此外,他们在几幅画里检验出 20 世纪初才发明的酚醛类人工树脂.根据这些证据,范·米格伦于 1947 年 10 月 12 日被确认为伪造罪,判刑一年.服刑期间他因一次心脏病发作而死于 1947 年 12 月 30 日.

但是,即使知道了专家组收集的证据之后,许多人还是不肯相信《埃牟斯的门徒》是

范·米格伦伪造的. 他们的论据是, 其他所谓的伪造品以及范·米格伦最近完成的《耶稣在医生们中间》质量都是很低的, 他们肯定, 美丽的《埃牟斯的门徒》的作者不会画出质量如此之低的作品来. 事实上,《埃牟斯的门徒》曾被著名的艺术史学家 A·布雷丢斯(Bredius)鉴定为弗美尔的真迹, 并且被伦布兰特(Rembrandt)学会以 170 000 美元的高价购去. 专家小组对怀疑者的答复是, 由于范·米格伦曾因他在艺术界没有地位而十分沮丧, 他决心绘出《埃牟斯的门徒》以证明他高于第三流画家. 当创作出这样一幅杰作之后, 他的志气消退了. 而且, 当他看到《埃牟斯的门徒》多么容易卖掉以后, 在泡制后来的伪制品时就不太用心了. 这种解释不能使怀疑者们感到满意. 他们要求一个完全科学的、判定性的证明, 指出《埃牟斯的门徒》的确是伪制品. 卡内基·米伦大学的科学家们在 1967 年做到了这一点. 现在我们来叙述他们的工作.

测定油画依旧需要放射性的知识. 我们从中学化学所熟知的事实说起, 地壳中几乎所有岩石都含少量的铀. 岩石中的铀蜕变为另一种放射性元素, 而该放射性元素又蜕变为一系列其他元素(见表 13-8), 最后变为无放射性的铅. 铀的半衰期是 4.5×10^9 年, 它不断为这一系列中后面的各元素提供来源, 使得当它们蜕变后就有前面的元素予以补充.

所有的油画中都含有少量的放射性元素铅-210(Pb^{210}), 还有更少量的镭-226(Ra^{226}), 因为两千多年来画家用的颜料铅白, 即氧化铅都含有这种元素. 铅白是从金属铅冶制成的, 而金属铅又是从铅矿石中提炼出来的. 在提炼过程中, 矿石中的铅-210 随同金属铅一起被提炼出. 但是, 90%～95% 的镭以及它蜕变的后裔则随同其他废料作为矿渣而被除去. 这样, 铅-210 的绝大部分来源被切断, 它便以 22 年的半衰期非常迅速地蜕变. 这个过程一直进行到铅白中的铅-210 同所余少量的镭再度处于放射性平衡为止, 这时铅-210 的蜕变恰好被镭的蜕变所补足而得到平衡.

表 13-8 铀系元素(箭头旁注明的时间是各步的半衰期)

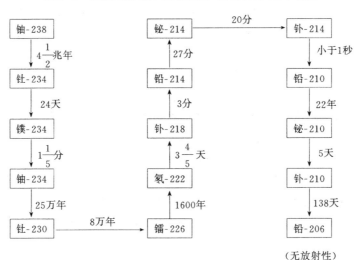

(无放射性)

现在让我们利用这一信息，根据制造铅白时的原有铅-210 的含量来计算铅-210 现在在样品中的含量。设 $y(t)$ 是在时刻 t 每克铅白所含铅-210 的数量。y_0 是制造时间 t_0 的每克铅白所含铅-210 的数量，$r(t)$ 是时刻 t 每克铅白中的镭-226 每分钟蜕变的数量。如果 λ 是铅-210 的衰变常数，则我们有下面的方程：

$$\frac{\mathrm{d}y}{\mathrm{d}t} = -\lambda y + r(t), \quad y(t_0) = y_0. \tag{13.12}$$

因为我们关心的时间至多 300 年，而镭-226 的半衰期是 1600 年，我们可以假定镭-226 保持不变，所以 $r(t)$ 是一个常数 r。这样 (13.12) 变为

$$\frac{\mathrm{d}y}{\mathrm{d}t} = -\lambda y + r, \quad y(t_0) = y_0. \tag{13.13}$$

我们现在来求解这一初值问题。将方程变形为

$$\frac{\mathrm{d}y}{-\lambda y + r} = \mathrm{d}t,$$

两边积分：
$$\int \frac{\mathrm{d}y}{-\lambda y + r} = \int \mathrm{d}t,$$

求积得：
$$-\frac{1}{\lambda}\ln|\lambda y - r| = t + C_1,$$
$$\ln|\lambda y - r| = -\lambda t - \lambda C_1,$$
$$|\lambda y - r\lambda| = \mathrm{e}^{-\lambda C_1} \cdot \mathrm{e}^{-\lambda t}.$$

令 $C = \pm \mathrm{e}^{-\lambda C_1}$，则

$$\lambda y - r = C\mathrm{e}^{-\lambda t},$$
$$y = \frac{C}{\lambda}\mathrm{e}^{-\lambda t} + \frac{r}{\lambda}. \tag{13.14}$$

下面利用条件 $y(t_0) = y_0$ 来定出常数 C：

$$y_0 = \frac{C}{\lambda}\mathrm{e}^{-\lambda t_0} + \frac{r}{\lambda},$$
$$C = (\lambda y_0 - r)\mathrm{e}^{\lambda t_0}.$$

代入 (13.14)，得

$$y = \frac{r}{\lambda}(1 - \mathrm{e}^{-\lambda(t-t_0)}) + y_0 \mathrm{e}^{-\lambda(t-t_0)}. \tag{13.15}$$

现在 $y(t)$ 和 r 可以很容易地测量出来。因此，如果我们知道了 y_0，就能利用 (13.15) 来计算 $t - t_0$，由此我们就可确定油画的年龄。但是，正如已经指出的，我们不能直接测量 y_0，克服这一困难的方法之一是利用下述事实：在用来提炼金属铅的矿石中，铅-210 的原始含量与较多的镭-226 处于放射平衡。因此，让我们取不同矿石的样品，并计算各矿石中每分钟镭-226 蜕变的原子数。对不同矿石所做的结果列在表 13-9 中。这些数在 0.18 到 140 之间变化。因此，在刚生产出来时，每克铅白中所含铅-210 每分钟蜕变的原子数在 0.18 到 140 之间变化。这意味着 y_0 也在一个很大的范围内变化，因为铅-210 蜕变的原子数同它存在的

数量成正比.这样一来,我们不能利用(13.15)得到油画年龄的精确估值,甚至也不能得到粗略的估值.

表 13-9 矿石和精选矿石样品(所有蜕变率按每克铅白计算)

矿石种类和产地	每分钟 Ra^{226} 蜕变的原子数
精选矿石(俄克拉何马—堪萨斯)	4.5
破碎的原矿石(密苏里东南部)	2.4
精选矿石(密苏里东南部)	0.7
精选矿石(爱达荷)	2.2
精选矿石(爱达荷)	0.18
精选矿石(华盛顿)	140.0
精选矿石(不列颠哥伦比亚)	1.9
精选矿石(不列颠哥伦比亚)	0.4
精选矿石(玻利维亚)	1.6
精选矿石(澳大利亚)	1.1

但是,我们仍然能够利用(13.15)来区别 17 世纪的油画和现代的赝品.这是根据下述的简单事实:如果颜料的年头比起铅的半衰期 22 年老得多,那么颜料中铅-210 的放射量几乎等于颜料中镭的放射量.另一方面,如果油画是现代作品,譬如是 20 年上下的作品,那么铅-210 的放射量就比镭的放射量大得多.

我们把这一论点作如下的精确分析.假定所考察的油画或者是很新的,或者有 300 年之久.在(13.15)中令 $t-t_0=300$(年),我们有,

$$y(t) = \frac{r}{\lambda}(1 - e^{-300\lambda}) + y_0 e^{-300\lambda},$$

$$\lambda y(t) = r(1 - e^{-300\lambda}) + \lambda y_0 e^{-300\lambda}.$$

于是

$$\lambda y_0 = \lambda y(t) e^{300\lambda} - r(e^{300\lambda} - 1). \tag{13.16}$$

如果这帧油画的确是现代的伪造品,那么 λy_0 就会大得出奇.为了确定怎样才算大得出奇,我们注意到,如果在当初制造颜料时,每克铅白中所含铅-210 每分钟的蜕变数是 100 个原子,那么提炼出它的那种矿石大约含 0.014% 的铀.这个铀的浓度是相当高的,因为地壳岩石中铀的平均含量约为 2.7×10^{-6}.另一方面,在西半球有些极罕见的矿石中含铀量达 2%~3%.为保险起见,如果每克铅白中所含铅-210 的蜕变率超过每分钟 30 000 个,那么这样的蜕变率就肯定是大得出奇.

要计算 λy_0,必须计算此刻铅-210 的蜕变率 $\lambda y(t)$,镭-226 的蜕变率 r 和 $e^{300\lambda}$.因为钋-210(Po^{210})的蜕变率等于铅-210 若干年后的蜕变率,而钋-210 的蜕变率较容易测量,所以我们用钋-210 的蜕变率代替铅-210 的蜕变率.由(13.7),$\lambda = \dfrac{\ln 2}{22}$,因此,

$$e^{300\lambda} = e^{300\ln 2/22} = 2^{150/11}.$$

对于油画《埃牟斯的门徒》和其他几帧疑为伪制品的画,测量出钋-210 和镭-226 的蜕变

率，列在表 13-10 中．

表 13-10　作者有疑问的油画（所有蜕变率按每克铅白每分钟计算）

油画名称	Po^{210} 蜕变的原子数	Ra^{226} 蜕变的原子数
埃牟斯的门徒	8.5	0.8
濯足	12.6	0.26
看乐谱的女人	10.3	0.3
演奏曼陀林的女人	8.2	0.17
花边织工	1.5	1.4
笑女	5.2	6.0

现在，如果我们对于油画《埃牟斯的门徒》中的铅白，由 (13.16) 算出 λy_0 之值，就得到
$$\lambda y_0 = 8.5 \times 2^{150/11} - 0.8(2^{150/11} - 1) = 98\,050.$$
这个数大得难以置信．因此，这幅画一定是现代的伪制品．类似地分析无可争辩的证明了，油画《濯足》《看乐谱的女人》《演奏曼陀林的女人》都不是弗美尔的作品．另一方面，《花边织工》和《笑女》都不可能是现代的伪制品，因为在这两幅画中，钋-210 和镭-226 都非常接近放射性平衡．

3.6　再论人口模型

在人口数量不很大的时候，方程 (13.1) 还是很精确地反映了人口增长的实际情况．但是当人口数量变得很大时，这一方程的精确程度就降低了．因为这时将受到环境因素的很大影响．如像自然资源、食物、居住条件等．这样一来，我们的方程里应该有一项反映这一环境因素．统计结果告诉我们，在方程中应当加一项 $-by^2$，这里 b 是一个常数．因此，我们考虑修改后的方程
$$\frac{\mathrm{d}y}{\mathrm{d}t} = ky - by^2. \tag{13.17}$$
这个方程叫人口增长率．k, b 叫做**生命系数**．它是 1837 年首先由荷兰的数学-生物学家弗尔哈斯特 (Verhulst) 引进的．常数 b 相对于 k 而言是一个很小的数，所以当 y 不很大的时候，$-by^2$ 这一项与 ky 相比可以忽略．但是当 y 很大时，$-by^2$ 这一项就不容忽略了，它降低了人口增长的速度．不必说，工业化程度越高的国家，生存空间就越大，食物就越丰富，常数 b 就越小．

现在我们应用这一方程去预测人口的增长．设 t_0 时的人口是 y_0，时刻 t 的人口是 $y(t)$．于是我们有初值问题
$$\begin{cases} \dfrac{\mathrm{d}y}{\mathrm{d}t} = ky - by^2, \\ y(t_0) = y_0. \end{cases} \tag{13.18}$$
为了求出它的解，将方程变形为

$$\frac{\mathrm{d}y}{ky - by^2} = \mathrm{d}t.$$

两边对 t 积分，可得

$$\int_{y_0}^{y} \frac{\mathrm{d}y}{ky - by^2} = \int_{t_0}^{t} \mathrm{d}t = t - t_0. \tag{13.19}$$

为了求出左边的积分，需要把被积函数分解为更简单的函数. 为此设

$$\frac{1}{ky - by^2} = \frac{1}{y(k - by)} = \frac{A}{y} + \frac{B}{k - by}, \tag{13.20}$$

其中 A, B 是待定常数，只要求出 A, B 的值，分解式就得到了. 上式两边乘 y，得

$$\frac{1}{k - by} = A + \frac{By}{k - by}.$$

令 $y = 0$，得出 $A = \frac{1}{k}$. 再用 $(k - by)$ 乘 (13.20) 两边，得

$$\frac{1}{y} = \frac{A}{y}(k - by) + B.$$

令 $y = k/b$，可得 $B = b/k$. 这样 A, B 都已定出. 由此我们有

$$\int_{y_0}^{y} \frac{\mathrm{d}y}{y(k - by)} = \frac{1}{k}\int_{y_0}^{y}\frac{1}{y}\mathrm{d}y + \frac{b}{k}\int_{y_0}^{y}\frac{1}{k-by}\mathrm{d}y = \frac{1}{k}\ln\frac{y}{y_0} + \frac{1}{k}\ln\left|\frac{k - by_0}{k - by}\right|$$

$$= \frac{1}{k}\ln\frac{y}{y_0}\left|\frac{k - by_0}{k - by}\right|.$$

回到 (13.19)，我们得出

$$k(t - t_0) = \ln\frac{y}{y_0}\left|\frac{k - by_0}{k - by}\right|.$$

当 $t > t_0$ 时，上式左边为正，所以 $k - by_0 \neq 0$. 由此可知当 $t_0 < t < +\infty$ 时，$k - by(t)$ 无零点（分母不会为 0）. 这样一来 $k - by(t)$ 不会改变符号，即 $\frac{k - by_0}{k - by} > 0$. 因此

$$k(t - t_0) = \ln\frac{y}{y_0}\frac{k - by_0}{k - by}.$$

两边取指数，可得

$$\mathrm{e}^{k(t - t_0)} = \frac{y(k - by_0)}{y_0(k - by)},$$

或

$$y_0(k - by)\mathrm{e}^{k(t - t_0)} = y(k - by_0),$$

把含 y 的项移在左边，我们有 $[k - by_0 + by_0\mathrm{e}^{k(t - t_0)}]y(t) = ky_0\mathrm{e}^{k(t - t_0)}$. 因此

$$y(t) = \frac{ky_0}{by_0 + (k - by_0)\mathrm{e}^{-k(t - t_0)}}. \tag{13.21}$$

现在我们对 (13.21) 作一考查，看看它对人口发展作了一种什么样的预测. 当 $t \to \infty$ 时，我们观察到

$$y(t) \to \frac{k}{b}.$$

这样一来,不管人口的初始值是什么,它总是趋向于一个极限值 $\frac{k}{b}$.其次从(13.21)我们看到,当 $0 < y_0 < \frac{k}{b}$ 时,$y(t)$ 是时间 t 的单调递增函数.

再者,方程 $\frac{dy}{dt} = ky - by^2$ 两边对 t 求导,得

$$\frac{d^2y}{dt^2} = k\frac{dy}{dt} - 2by\frac{dy}{dt} = (k - 2by)\frac{dy}{dt} = (k - 2by)(k - by)y.$$

由此可见,当 $k - 2by > 0$,即 $y < k/2b$ 时,$\frac{d^2y}{dt^2} > 0$,因而 $\frac{dy}{dt}$ 是递增的;当 $k - 2by < 0$,即 $y > k/2b$ 时,$\frac{d^2y}{dt^2} < 0$,因而 $\frac{dy}{dt}$ 是递降的.因此,如果 $y_0 < k/2b$,则曲线 $y(t)$ 的形状如图 13-2 所示.这条曲线叫做 **S 形曲线** 或人口数量增长曲线.从图形我们可以得到这样的结论,在人口达到其极限值的一半之前,是加速增长时期.过了这一点,人口的增长率就减低,最后趋于 0,这是降低增长的时期.

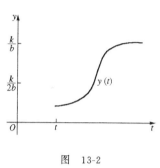

图 13-2

为了利用我们的结果去预测地球上人类未来的人口,我们必须估计方程中的生命系数 k 和 b.某些生态学家估计 k 的自然值是 0.029.我们已经知道,当人口总数为 3.34×10^9 时,人口的增长率是 2%.因为 $\frac{1}{y}\frac{dy}{dt} = k - by$,所以有

$$0.02 = k - b(3.34)10^9.$$

因此,$b = 2.695 \times 10^{-12}$.这样一来,按照人口增长,地球上的总人数将趋于极限值

$$\frac{k}{b} = \frac{0.029}{2.695 \times 10^{-12}} = 107.6 \text{ 亿}.$$

根据这一预测,世界人口仍处在加速增长时期.

现在让我们利用公式(13.21)来预测地球上到 2010 年将会有多少人口.令 $k = 0.029$,$b = 2.695 \times 10^{-12}$,$y_0 = 3.34 \times 10^9$,$t_0 = 1965$,$t = 2010$.我们有

$$y(2010) = \frac{0.029 \times 3.34 \times 10^9}{0.009 + 0.02 e^{-0.029 \times 45}} = \frac{29 \times 3.34}{9 + 20 e^{-1.305}} \times 10^9 = 67.2 \text{ 亿}.$$

有兴趣的读者,到 2010 年与真实人口作一比较,看看这一预测的准确率有多高.

3.7 新产品销售模型

一种新产品面世,厂家和商家总要采取各种措施,包括大做广告等,促进销售.他们都希望对产品的销售速度与销售数量做到心中有数,以便用于组织生产,安排进货.

我们的目的是安排一个数学模型来描述产品推销速度,并由此分析出有用结果,以指导生产与销售.

我们讨论耐用商品,这种商品可以长期使用,价格较高,一般不会废弃和重复购置,价格

一般也相对稳定.这一类型的新产品,例如微波炉、电饭煲等,刚进入市场时,人们对其功能尚不熟悉,所以销售速度较慢.随着销售数量的增加,人们对于它的熟悉程度就会增加,销售速度也增加,但当这类商品销售到一定数量时,因为人们不会重复购置,而使销售速度减慢.假设需求量有一个上界 M,用 $x(t)$ 表示时间 t 已售出的产品数量,则尚未购置的人数大约为 $M-x(t)$. 销售速度 $\dfrac{\mathrm{d}x}{\mathrm{d}t}$ 与销售量 $x(t)$ 和 $M-x(t)$ 的乘积成正比,比例系数记为 k,则

$$\frac{\mathrm{d}x}{\mathrm{d}t} = kx(M-x). \tag{13.22}$$

这个方程实质上与方程(13.17)一样,只是系数稍有不同.用同样的方法可解得

$$x(t) = \frac{M}{1+C\mathrm{e}^{-kMt}}, \tag{13.23}$$

其中 C 是任意常数.

对(13.22)求导,得

$$\frac{\mathrm{d}^2 x}{\mathrm{d}t^2} = k\frac{\mathrm{d}x}{\mathrm{d}t}(M-x) - kx\frac{\mathrm{d}x}{\mathrm{d}t} = k\frac{\mathrm{d}x}{\mathrm{d}t}(M-2x). \tag{13.24}$$

当 $x=M/2$ 时,$\dfrac{\mathrm{d}^2 x}{\mathrm{d}t^2}=0$. 从(13.23)可求出 t_0,使 $x(t_0)=M/2$.

由此可做如下分析:

(1) 当 $t<t_0$ 时, $x''(t)>0$, 因此 $x'(t)$ 单调上升;

(2) 当 $t>t_0$ 时, $x''(t)<0$, 因此 $x'(t)$ 单调下降.

这样一来, $x'(t)$ 在 $t=t_0$ 时达到最大值.这表明,在销售量小于最大销售量的一半时,销售速度是不断增大的,销售量达到最大销售量的一半时,产品最为畅销,其后销售速度开始下降.销售函数的曲线与人口模型的曲线一样.

习 题

1. 铀-238 经过一系列过程蜕变为铅-206,不再具有放射性.铀-238 的半衰期是 4.5×10^9 年.现在有一块岩石,经分析含有铀-238,也含有铅-206.铀的含量是铅的含量的二倍.问这块岩石有多老?

2. 镭的半衰期是 1622 年,问蜕变出 25% 需要多长时间?

3. 流行病的传染速度问题.考虑这种情况:一个人一旦被感染,与他直接接触的人也立刻被感染.如果人口作正常的流动,那么我们可以假定,流行病传染的速率正比于被感染的人口数(他们是传播细菌者),同时也正比于未被感染的人口数.

如果被感染的人数在全体人口总数中所占的比例由 1/2 增加到 2/3 需要一个月的时间.试再过一个月,病人占多大比例?

第十四章　数学的地位和作用

§1　数　学　教　育

1.1　关于素质教育

素质教育应包含两个方面：科学素养与艺术素养；两者要结合起来.科学的目的在于，认识世界、改造世界，即，探索宇宙的规律，掌握宇宙的奥秘，为人类服务，对近代中国而言就是富国强民.艺术的目的在于追求真善美，追求社会、人生与心灵的和谐.

科学的基本态度是：实事求是.

科学的基本方法是：观察、实验和推理.

科学的基本精神是：理性精神，怀疑和批判，探索与创新.

教育应当是"科学"的教育，即贯穿上述精神的教育.事实上，现在教育在表面繁荣的背后隐藏着某种危机，走着与理性探索相违背的道路.现代社会中浮现着人人都看得到的某些浮华潮流.有些学生和教师在追求学问的物化.考研、提职称的背后是地位和金钱.心不在"理"而在"技".这种心态应该改变.

正确的教育在于培养有道德有智慧的人，具有献身精神和探索精神.我们来看看著名科学家是如何看待素质教育的.

爱因斯坦说："用专业知识教育人是不够的.通过专业教育，他可以成为一种有用的机器，但不能成为一个和谐发展的人.使学生对价值（即社会伦理准则）有新理解并产生强烈的感情，那是最基本的."爱因斯坦晚年曾说过他为什么选择物理.他说："在数学领域里，我的直觉不够，我不能辨认哪些是真正重要的研究，哪些只是不重要的题目.而在物理领域里，我很快学到怎样找到基本问题来下工夫."这与杨振宁回答青年朋友应该研究物理还是研究数学时一样.杨振宁说："这要看你对哪个领域里的美和妙有更高的判断力和更大的喜爱."

"美"和"妙"这就不是物理和数学的概念了，而属于文化艺术范畴的审美观念了，它取决于一个人的文化品格和素养.可见文化素质对于一个科学家研究方向的取舍、直觉判断能力和创造性思维有多大影响了.

1.2　数学素养

数学不仅仅是一种工具，它更是一个人必备的素养.它会影响一个人的言行、思维方式等各个方面.一个人，如果他不是以数学为终生职业，那么他的数学素养并不只表现在他能解多难的题，解题有多快，数学能考多少分，关键在于他是否真正领会了数学的思想，数学的精神,是否将这些思想融会到他的日常生活和言行中去.

数学还有另外的作用.数学家狄尔曼说:"数学能集中、强化人们的注意力,能够给人以发明创造的精细和谨慎的谦虚精神,能够激发人们追求真理的勇气和信心,……数学更能锻炼和发挥人们独立工作精神."

N. M. Butler 说:"现代数学,这个最令人惊叹的智力创造,已经使人类心灵的目光穿过无限的时间,使人类心灵的手延伸到了无边无际的空间."数学已成为现代人的基本素养.

1.3 数学是思维的工具

首先,数学的抽象性帮助我们抓住事物的共性和本质.例如,建立数学模型的过程就是一个科学抽象的过程.这就要求人们善于把问题中的次要因素、次要关系、次要过程先撇在一边,抽出主要因素、主要关系和主要过程,而后化为一个数学问题.这种方法可以用于数学以外.

其次,数学赋予知识以逻辑的严密性和结论的可靠性.爱因斯坦说:"为什么数学比其他一切科学受到特殊的尊重?一个理由是,它的命题是绝对可靠的和无可争辩的,而其他一切科学的命题在某种程度上都是可争辩的,并且经常处于被新发现的事物推翻的危险之中.……数学之所以有高声誉,还有一个理由,那就是数学给精密自然科学以某种程度的可靠性,没有数学,这些科学是达不到这种可靠性的."

第三,数学是思维的体操.进行数学推导和演算是锻炼思维的智力操.这种锻炼能够增强思维本领,提高抽象能力、逻辑推理能力和辨证思维能力.

1.4 数学与美

从古希腊起,人们就把数学看成一门艺术——思维的艺术和抽象的艺术.经过思维净化,她展现了一切艺术的共性与本质.但是,数学之美是看不见的,它隐藏在大众的视线之后,所以常常受到忽视.数学的美是深刻的,它已融化到所有的艺术之中.

为什么把美看得这么重要?因为首先,评判科学的价值有两条标准:实用标准与审美标准.长期以来,人们只注意实用原则,而忽视美学原则.使数学变得枯燥无味.人们学数学是因为考试,而不是因为有趣.这与素质教育是背道而驰的.所以应该强调一下,引起注意.事实上,这在日常生活中也是一样.装修房屋,一是图实用,一是图美观,没有别的.女人买衣服也是这两条.

其次,科学研究的任务有两条,就是庄子说的:"判天地之美,析万物之理".这是一句非常深刻的话.判天地之美,就是发现与鉴赏宇宙的和谐与韵律;析万物之理,就是探索宇宙的规律.这样,我们才能做到人与宇宙的和谐共处.日本物理学家,诺贝尔奖得主汤川秀树把这两句话印在他的书的扉页上,作为现代物理的指导思想及最高美学原则.这句话也是我们学习数学的指导思想.

最后,美和真是相伴的,有美的地方就有真,有真的地方就有美.判美是为了求真.但自从分工日益精细之后,美和真就分了家.把真划归了科学,把美划归了艺术.这是片面的、病态的.希腊箴言说,美是真理的光辉.因而追求美就是追求真.英国诗人济慈写道:

> 美就是真,
> 　　真就是美——这就是
> 你所知道的,
> 　　和你应该知道的.

法国数学家阿达玛说:"数学家的美感犹如一个筛子,没有它的人永远成不了数学家".可见,数学美感和审美能力是进行一切数学研究和创造的基础之一.

那么,什么是美呢?美有两条标准:一、一切绝妙的美都显示出奇异的均衡关系(培根);二、"美是各部分之间以及各部分与整体之间固有的和谐."(海森伯).这是科学和艺术共同追求的东西.

数学的美表现在什么地方呢?表现在简单、对称、完备、统一、和谐与奇异.

让我们心中怀着美来探索数学的奥秘吧.

1.5　数学提供了有特色的思考方式

抽象化:选出为许多不同的现象所共有的性质来进行专门研究.

符号化:数学语言与通常的语言有重大的区别,它把自然语言扩充,深化,而变为紧凑、简明的符号语言.这种语言是国际性的.它的功能超过了普通语言,具有表达与计算两种功能.数学家赫兹说:"我们无法避开一种感觉,即这些数学公式自有其独立的存在,自有其本身的智慧;它们比我们还要聪明,甚至比发明它们的人还要聪明;我们从它们得到的实比原来装进去的多."总之,数学语言具有单义性、准确性和演算性.

公理化:从前提,从数据,从图形,从不完全和不一致的原始资料进行推理.归纳与演绎并用.公理化的方法也深刻地影响着其他学科.

最优化:考察所有的可能性,从中寻求最优解.

建立模型:对现实现象进行分析.从中找出数量关系,并化为数学问题.

应用这些思考方式的经验构成数学能力.这是当今信息时代越来越重要的一种智力.它使人们能批判地阅读,辨别谬误,摆脱偏见,估计风险.数学能使我们更好地了解我们生活于其中的充满信息的世界.

1.6　培养四种本领

1. 以简驭繁

先讲一讲笛卡儿的研究方法.笛卡儿(1596—1650)在《方法谈》一书中列举的四条研究方法是最先完整表达的近代科学思想的方法.其大意是:

(1) 只承认完全明晰清楚,不容怀疑的事物为真实;

(2) 分析困难对象到足够求解的小单位;
(3) 从最简单、最易懂的对象开始,依照先后次序,一步一步地达到更为复杂的对象;
(4) 列举一切可能,一个不能漏过.

这四大原则对研究任何一门学科都有不容忽视的指导作用.因为我们所面临的研究对象都是层层包裹的复杂事物,而一般人碰到极其复杂的事物往往表现出手足无措,不知如何从这团乱麻中理出个头绪来.笛卡儿一针见血地指出:"不可以从庞大暧昧的事物中,只可以从最容易碰见的容易事物中演绎出最隐秘的真知本身."他指责世人的通病是"看起来越困难的事物就越觉得美妙;而某事物的原因一目了然,人们就会认为自己没有获知什么,反而哲学家探索的某些高深道理,即使是论据不足,他们也赞不绝口,当然他们也就跟疯子似的,硬说黑暗比光明还要明亮."他还说:"当我们运用心灵的目光的时候,正是把它同眼睛加以比较的,因为想一眼尽收多个对象的人是什么也看不清楚的,同样,谁要是习惯用一次思维行动同时注意多个事物,其心灵也是混乱的."所以当我们进行一项科学研究时,必须首先明确我们的目标,然后把研究对象分成若干环环相扣的简单事物,在理性之光的指引下,找到这些细分小单位的由简至繁的顺序,最后从最直观,最简单的对象入手,依照一条条理清晰的道路直捣真理之本蒂.总之,笛卡儿给出一条由简入繁的路,告诉我们如何以简驭繁.用老子的话总结,就是"天下之难作于易,天下之大作于细".

2. 审同辨异

审同辨异即同中观异,异中观同.这是发明创造的开始.异中观同就是抓住本质,抓住共性.领域不管相隔多远,外表有多大不同,实质可能是一样的.实质认得越清楚,作出新发明的可能就越大.例如,庞加莱做 Fuchs 群的研究,做了半个月只得到一点结果,基本上是失败的.他放弃了这项研究,到乡间去旅行.他写道:"这时我离开了居住的锡安城,参加矿冶学院主持的一次地质考察.这次外出旅行好几天,使我完全忘记了我正在进行的数学研究.到了康旦城,我们正要搭车出门,就在我一只脚踩上车门的那一瞬间,灵感在我的脑海中冒了出来.我突然领悟到,我定义 Fuchs 函数的变换方法同非欧几何的变换方法是一样的."正是因为抓住了不同领域间的共性使庞加莱完成了他的研究.类似的经历在他身上出现过三次.

高斯也写过关于他求证数年而未成功的一个问题."终于在两天前我成功了.……像闪电一样,谜一下子解开了.我自己也说不清楚是什么导线把我原先的知识和使我成功的东西接连起来了."

最近的例子是,1998 年 8 月号的《科学的美国人》刊登了阿德尔曼的一篇文章《让 DNA 作计算》.他写道:"我正躺着叹服于这个令人惊奇的酶,并且突然为它们与图灵发明的机器之相似而大为震动".想到这一点使他"彻夜难眠,想办法让 DNA 作计算."这就是 DNA 计算机的起源.

现在讲同中观异.恩格斯说:"从不同观点观察同一对象,……,殆已成为马克思的习惯."法国雕塑家罗丹说:"所谓大师就是这样的人,他们用自己的眼睛去看别人见过的东西,在别人司空见惯的东西上能够发现出美来."所以必须训练自己的观察力和对事物的敏感度,否则你只能停留在常人水平.同中观异似乎更难.举个例子.大家知道,李白是才气很大的.他站在黄鹤楼上,有感于眼前美景,准备写诗.抬头一看,崔颢的"黄鹤楼"在上面.写得非常之好.他无法超越,于是提笔写道"眼前有景道不得,崔颢提诗在上头".

另一个例子是杜甫.王勃是初唐的四杰之一,他的"滕王阁序"非常有名.文章用一首诗结尾,这首诗也很出名.杜甫经过仔细研究,认为还有发挥不尽之处,以他卓越之才,高超之见,又写了一首"越王楼歌"成为千古名篇.

3. **善于析理**

著名数学家波利亚有一句名言:"数学就是解决问题的艺术."与其他科学不同的是,数学家有一个专门的名词来表达他们对于某问题的解决,那就是定理.在某种意义上讲,数学就是关于定理的学问.任何一个数学分支都是一个演绎体系,任何演绎体系都是通过证明组织起来的.可见,证明成为每一门数学课的中心内容是不奇怪的.通过证明我们可以清楚地了解定理在理论中的地位.因而讲析理不可能不讲证明.数学证明在数学理论中具有重要的地位.

但是我们也必须看到,证明是论证的手段,而不是发明的手段.一个数学课忽视后一点将是一个巨大的损失.那些伟大的数学家在逻辑证明尚未给出以前,就知道某个定理肯定是正确的.事实上,费马关于数论的大量工作以及牛顿关于三次曲线的工作都没有给出证明,甚至没有暗示证明存在.数学的前进主要是靠具有超长直觉的人们推动的,而不是靠那些长于作出严格证明的人们推动的.实验、猜测、归纳和类比在数学的发现中具有重要的作用,所以,在学习数学时,应当给以相当的关注.

为此,我们提出五个怎样:怎样发现定理;怎样证明定理;怎样应用定理;怎样推广定理;怎样理解定理.

4. **鉴赏力**

鉴别真与假,好与坏,美与丑,重要与不重要,基本与非基本等,非常重要.有鉴别力的学生会区分主次,自然学得好.鉴赏力可以通过自我培养和通过与他人讨论而得到提高.如何培养?学一点数学史.历史有什么用?至少有两点:具有美学价值,可以引起兴趣;其次,具有以古知今的作用.它会给出正确的价值观.以古人之巧思,发今人之智慧.而且,历史上留下来的问题都是大浪淘沙的结果,是"淘尽污泥始见金".

培养鉴赏力的另一个手段是,经常作比较,可能的话,与最好的作比较.

与哲学相结合.哲学的思考可以提供观察问题的方法和角度,引人深入.没有哲学无法看清数学的深度.以简驭繁、反璞归真都是哲学思考.具有鉴赏力的学生能够抓住事物的本质.

1.7 数学与就业

二次世界大战以后,数学与社会的关系发生了根本性的变化.数学已经深入到从自然科学到社会科学的各个领域.著名数学家 A. Kaplan 说:"由于最近 20 年的进步,社会科学的许多领域已经发展到不懂数学的人望尘莫及的阶段."A. N. Rao 更指出,一个国家的科学的进步可以用它消耗的数学来度量. 20 世纪 70 年代末,美国国家研究委员会正式提出,美国的扫盲任务已转变为扫数学盲.并指出,数学成为美国社会的分水岭.

我们知道,语言的读写能力是非常重要的.一个文盲是没有读写能力的,或者只会写自己的名字.他很难在社会上找到重要的工作.现在数学的读写能力,也就是量的读写能力正在提到我们的眼前.现代社会的许多信息是用量的方式提供的,因而作为一个现代人,用量的方式去思维,去推理和判断成为一种基本能力. 1999 年美国出版了一本教材名叫《理解数学》.在书的第三页,列出了一张就业表,其中包含两种能力:英语与数学.

表 14-1 技术水平

能力要求 等级	语言水平	数学水平
4	写报告、总结、摘要,参加辩论	熟练使用初等数学,熟悉公理化几何
5	读科技杂志、经济报告、法律文件,写社论、评论文	懂微积分与统计,能处理经济问题
6	比 5 更高级	使用高等微积分,近世代数和统计

表 14-2 职业要求

职业 \ 技术水平	语言水平	数学水平
生物化学师	6	6
心理学家	6	5
律师	6	4
经济分析师	4	5
会计	5	5
公司董事	4	5
计算机推销员	4	4
税务代理人	6	4
私人经纪人	5	5

注:表中只选取了部分职业.

1.8 当前科学发展的主要趋势

1. 综合与新分支

数学与自然科学、社会科学和哲学的相互联系的加深与加广,而且互相依赖,互相促进,正在形成一个综合的知识集合体,从不可见的粒子一直扩展到宇宙间的黑洞.这使得各门科学都获得了新的视野,新的分支不断涌现,同时,也促使数学获得根本性的进步.

2. 数学化与形式化

从上世纪开始,几乎社会科学的所有领域都不同程度地表现出一种重要特征,即这些学科的理论与方法正在朝着日益数学化和形式化的方向演变,并实现从定性描述到定量描述的转化.

3. 计算机的作用

计算机的诞生使上述两种趋势加深、加快和加广. 信息处理的速度大大加快,信息传输与交流正在全球化,学术界对新事物、新学科的反映更加敏感.

这三种趋势将形成一个大的潮流,把数学、自然科学与人文科学冲刷到一起,让他们联合作战. 这三种趋势中起中心作用的是数学. 当然,不是说所有重要的发展都是数学单独引起的,但数学起了关键的作用,它一直是主角. 下面将从历史的角度阐明这一事实.

§2 自然数是万物之母

2.1 数学的重要性

古人讲,欲穷千里目,更上一层楼. 要理解数学的重要性,需要在文化这一更为广阔的背景下,讨论数学的发展,数学的作用以及数学的价值. 整个人类文明的历史就像长江的波浪一样,一浪高过一浪,滚滚向前. 科学巨人们站在时代的潮头,他们的勇气、智慧和勤奋把人类的文明从一个高潮推向另一个高潮.

数学在人类文明中一直是一种主要的文化力量. 数学不仅在科学推理中具有重要的价值,在科学研究中起着核心的作用,在工程设计中必不可少. 而且,数学决定了大部分哲学思想的内容和研究方法,摧毁和构造了诸多宗教教义,为政治学和经济学提供了依据,塑造了众多流派的绘画、音乐、建筑和文学风格,创立了逻辑学. 作为理性的化身,数学已经渗透到以前由权威、习惯、风俗所统治的领域,并成为它们的思想和行动的指南.

人类历史上和自然科学中的每一个重大事件的背后都有数学的身影:日月星辰的运行规律,无线电波的发现,三权分立的政治结构,一夫一妻的婚姻制度,牛顿的万有引力定律,爱因斯坦的相对论,孟德尔的遗传学,巴贝奇的计算机,马尔萨斯的人口论,达尔文的进化论,达·芬奇的绘画,巴赫的12平均率等都与数学思想有密切联系.

但是,要说清楚数学的中心作用,必须从根谈起,必须从古希腊谈起.

2.2 古希腊的数学

古希腊人最了不起的贡献是,他们认识到,数学在人类文明中的基础作用. 这可以用毕达哥拉斯的一句话来概括:自然数是万物之母.

毕达哥拉斯学派研究数学的目的是企图通过揭示数的奥秘来探索宇宙的永恒真理. 他们对周围世界作了周密的观察,发现了数与几何图形的关系,数与音乐的和谐,他们还发现数与天体的运行都有密切关系. 他们把整个学习过程分成四大部分:

(1) 数的绝对理论——算术;

(2) 静止的量——几何;

(3) 运动的量——天文;

　　(4) 数的应用——音乐.

合起来称为四艺.

　　以音乐为例,从毕达哥拉斯时代开始,人们就认为,对音乐的研究本质上是数学的,音乐与数学密不可分.他们作过这样的试验:将两条质料相同的弦水平放置,使它们绷紧,并保持相同的张力,但长度不同.使两条弦同时发音,他们发现,如果弦长的比是两个小整数的比,如 1:2,2:3,3:4 等,听起来就和谐、悦耳.正是基于这种认识,毕达哥拉斯学派定出了音律.这是毕达哥拉斯作出的第一个发现,对哲学和数学的未来方向具有决定性的意义.其意义不是这一发现本身,而是对这一发现的解释.四大文明古国:中国、印度、巴比伦和埃及都发现了这一事实,并由此制定了音律,但没有深思一步.而毕达哥拉斯由此得出结论:如果你想认识周围的世界,就必须找出事物中的数.一旦数的结构被抓住,你就能控制整个世界.毕达哥拉斯学派有一句原话:"数是人类思想的向导和主人,没有它的力量,万物就处于昏暗与混乱之中."事实上,我们并不生活在一个真理的世界中,而是生活在蒙昧与错觉中.在数中,而且只有在数中,我们才发现一个可理解的宇宙.这是一个最为重要的思想.

　　对数学的这种信仰深深地影响了西方的哲学与神学.自从毕达哥拉斯之后,特别是柏拉图之后,理性主义的宗教一直被数学和数学方法支配着.柏拉图相信有两个世界:

　　一个可看得见的世界,一个感觉的世界,一个"见解"的世界;

　　一个智慧的世界,一个感觉之外的世界,一个"真知"的世界.

　　柏拉图在他的《蒂迈欧》一书中对创世的解释——通过复制理想的数学模型造出我们的宇宙.由此引出了早期基督思想中的创世说.在犹太教义和伊斯兰教义中也可以找到受柏拉图影响的高度数学化的宇宙论.柏拉图的观点还被犹太教、基督教和伊斯兰教的哲学家们用来探明神明和灵魂如何与物质世界相互作用.

　　古希腊对数学的主要贡献在什么地方?

　　首先是演绎推理的作用.希腊人认识到,演绎推理异乎寻常的作用是数学惊人力量的源泉,并且是数学与其他科学的分水岭.科学需要利用实验和归纳得出结论,但科学中的结论经常需要纠正,甚至会全盘否定.而数学结论数千年都成立.商高定理已有两千年的历史,它有一点陈旧感吗?没有.

　　希腊人对数学的第二个卓越贡献是,他们将数和形抽象化.他们为什么这样做呢?显然,思考抽象事物比思考具体事物要困难得多,但有一个最大的优点——获得了一般性.一个抽象的三角形定理,适用于建筑,也适用于大地测量.抽象概念是永恒的、完美的和普适的,而物质实体却是短暂的、不完善的和个别的.

　　坚持数学中的演绎法和抽象方法,希腊人创造了我们今天所看到的这门学科.

　　古希腊数学家强调严密的推理以及由此得出的结论.他们所关心的并不是这些成果的实用性,而是教育人们去进行抽象推理,激发人们对理想与美的追求.因此,这个时代产生了后世很难超越的优美文学,极端理性化的哲学,以及理想化的建筑与雕刻.那位断臂美人

——米洛的维纳斯(公元前 4 世纪)是那个时代最好的代表,是至善至美象征.正是由于数学文化的发展,使得希腊社会具有现代社会的一切胚胎.

但是,令人痛惜的是,罗马士兵一刀杀死了阿基米德这个科学巨人.这就宣布了一个光辉时代的结束.怀特海对此评论道:"阿基米德死于罗马士兵之手是世界巨变的象征.务实的罗马人取代了爱好理论的希腊人,领导了欧洲.……罗马人是一个伟大的民族.但是受到了这样的批评:讲求实效,而无建树.他们没有改进祖先的知识,他们的进步只限于工程上的技术细节.他们没有梦想,得不出新观点,因而不能对自然的力量得到新的控制."

此后是千余年的停滞.

§3 数学与自然科学

3.1 宇宙的和谐

欧洲在千余年的沉寂后,迎来了伟大的文艺复兴.这是一个需要巨人,而且也产生了巨人的时代.奇怪的是,在历史上天才的萌发常常是丛生的;要么不出现,要么出现一批.1564年,伽利略诞生了,不独有偶,同年莎士比亚也诞生了.历史上向前一步的进展,往往伴随着向后一步的推本溯源.文艺复兴运动为人们带来了希腊的理性精神,其核心是数学思想的复苏.

随着数学思想的复苏,伟大的科学革命便开始了.在创立科学方面有四个不同凡响的伟人:哥白尼、开普勒、伽里略和牛顿.从哥白尼到牛顿的时代是观念巨变和科学突进的伟大时代.

哥白尼第一个重新提出了日心说.这是具有革命性意义的伟大事件.任何科学上的大革命都有两个特点.一是反叛,摧毁已被承认的科学体系;二是引入新的科学体系.哥白尼的科学体系正符合这两个特点.

首先,它违反常识."东方红,太阳升"是历代世人的俗念,但现在要作根本的修正.人们都认为自己在一个不动的稳定的地球上悠悠卒岁,现在却发现自己生活在一个高速旋转的球体上,而这个球体以惊人的速度绕太阳飞速运动.粗糙地说,一个站在赤道上的人,以每小时 1500 千米的速度绕地轴旋转,以每小时 97200 千米的速度绕太阳运行.这真是"石破天惊"之论!更严重的是它与《圣经》冲突,因而哥白尼遭到天主教徒的强烈仇恨.《圣经》中说

主掌权为王,以威严为袍,……,他奠定了尘寰,大地就不得动摇.

当路德获悉这件事时,极为震愤.他说:"这蠢才想要把天文学这门科学全部弄颠倒;但是圣经里告诉我们,约书亚命令太阳静止下来,没有命令大地."

哥白尼的学说使人类感到屈辱.地球从宇宙的中心一下子降为一个小小的行星,而人类不过是小小行星上的一种小小的动物.这是人们,特别是教会难以接受的.甚至到了现在,仍有人批判哥白尼.若干年前,神学家汉斯·康在《做一个基督徒》一书中写道:"在经过一系

列羞辱,人的幻觉破灭之后,文艺复兴留下的是什么?第一个羞辱来自哥白尼证明人的地球并非宇宙的中心;……第三个来自达尔文描述了人起源于低级动物……".

其次,哥白尼引入了一个真正的宇宙体系,为数学化宇宙找到了坐标原点. 哥白尼在他的《天体运行论》中写道:

> 在所有天体的中心,太阳巍然不动. 在这所最美丽的殿堂中,要把所有的天体都照亮,哪有比这更好的地方?有人称它是世界之光,有人称它是世界的灵魂,有人称它是世界的统治者. 诚然,这些都不能说不恰当. ……所以太阳就像坐在帝王的宝座上,统治着环绕它的星星家族.

哥白尼的思想终于成了全人类的共识,成为人类文化中的不可缺少的一部分. 即使是基督教的信徒,佛教的僧侣也都承认,地球绕着太阳转.

新天文学除了对人们关于宇宙的想像产生革命性的影响以外,还有两点伟大的价值:第一,承认自古以来便相信的东西也可能是错误的;第二,发现科学真理就是耐心收集事实与大胆猜测相结合. 这两点在他的后继者那里得到了更充分的发挥.

接着,在第谷·布拉埃观察的基础上开普勒提出了天体运动三定律:

(1) 行星在椭圆轨道上绕太阳运动,太阳在此椭圆的一个焦点上.

(2) 从太阳到行星的向径在相等的时间内扫过相同的面积.

(3) 行星绕太阳公转的周期的平方与椭圆轨道的半长轴的立方成正比.

这三定律出色地证明了毕达哥拉斯主义核心的数学原理. 的确是,现象的数字结构提供了理解现象的钥匙.

近代科学起源于定量化. 可能除了牛顿以外,伽里略(1546—1642)要算是近代科学的最伟大的奠基者了. 一种关于科学的哲学是由他开创的. 与亚里士多德不同,伽里略认为,科学必须寻求数学描述,而不是物理解释. 这一方法开创了科学的新纪元,扭转了科学研究的方向,加深与加强了数学的作用. 他的工作成为牛顿伟大工作的开端. 他确定了落体运动定律,并指出,所有落体都遵循同一公式:

$$s = \frac{1}{2}gt^2.$$

由此可见,同高度的两个不同重量的物体将同时落地. 为了让大众信服,他作了著名的比萨斜塔的实验,彻底推翻了延续两千多年的亚里士多德的错误观念. 他还研究了抛物体的运动,得到抛物体运动的轨迹是抛物线. 2000年前希腊人关于圆锥曲线的发现到他和开普勒手里才得到第一次应用.

到1650年,在科学家头脑中占据最主要地位的问题是,能否在伽里略的地上物体运动定律和开普勒的天体运动定律之间建立一种联系?可见的复杂现象后面,应该有不可见的简单规律. 这种想法可能过于自信和不凡,但在17世纪的科学家的头脑中确实产生了. 他们确信,上帝数学化地设计了世界.

牛顿在伽里略和开普勒的基础上,发现了万有引力定律.大家都知道牛顿和苹果的故事.那是一个动人的故事,但并不真实.万有引力定律是牛顿和他同时代科学家共同奋斗的结果.牛顿熟悉伽里略的运动定律,知道行星受一个被吸往太阳的力.如果没有这个力,按照运动第一定律,行星将作直线运动.这个想法许多人都有过.哥白尼、开普勒、胡克、哈雷及其他一些人在牛顿之前就开始了探索工作.并且有人猜想,太阳对较远的行星的引力一定比较小,而且随着距离的增大,力成反比地减小.但他们的工作仅限于观察和猜测.

牛顿在他们猜想的基础上借助微积分的帮助,给出了万有引力公式:

$$F = k\frac{m_1 m_2}{r^2},$$

其中,k 是常数,m_1, m_2 分别表示两个物体的质量,r 是两物体间的距离.从运动三定律和万有引力公式很容易推出地球上的物体运动定律.对天体运动来说,牛顿的真正成就在于,他从万有引力定律出发证明了开普勒的三定律.这为万有引力定律的正确性提供了强有力的证据.

牛顿的功绩在于,他为宇宙奠定了新秩序,以最确凿的证据证明了自然界是以数学设计的.

牛顿是人类历史上最伟大的数学家之一.像莱布尼茨这样作出了杰出贡献的人也评价道:"在从世界开始到牛顿生活的年代的全部数学中,牛顿的工作超过一半."拉格朗日称他是历史上最有才能的人,也是最幸运的人,因为宇宙体系只能被发现一次.英国著名诗人波普(Pope)是这样来描述这位伟大科学家的:

<blockquote>
自然和自然的规律
　　沉浸在一片混沌之中,
上帝说,生出牛顿,
　　一切都变得明朗.
</blockquote>

这个发现深深地激励了人类征服宇宙的决心,空前地提高了人类的自信心.由于掌握了事物中的数字结构,人便有了征服环境的新力量.在某种意义上讲,它使得人更像上帝.毕达哥拉斯把上帝看做至高无上的数学家.要是人能够在某种程度上运用并提高自己的数学才能,那他就更接近于神的地位.听听莎士比亚在《哈姆雷特》里的描述吧:

<blockquote>
人是何等了不起的杰作!
理性多么高贵!才能多么广大!
仪表和走动多么特殊,让人赞叹!
举止多么像天使!理解力多么像上帝!
世界的美妙精华,芸芸万物之灵!
</blockquote>

数学对天文学的另一个著名应用是海王星的发现. 这个太阳系的最远的行星之一, 是在 1846 年在数学计算的基础上发现的. 天文学家阿达姆斯和勒未累分析了天王星的运动的不规律性, 得出结论: 这种不规律性是由其他行星的引力而发生的. 勒未累根据力学法则计算出这个行星应该位于何处, 他把这个结果告诉了观察员, 而观察员果然在望远镜中在勒未累指出的位置看到了这颗行星. 这个发现是数学计算的胜利.

3.2 物理学

18 世纪的数学家们, 同时也是科学家们继承了牛顿的想法继续前进. 例如拉格朗日的《分析力学》可作为牛顿数学方法的典范, 他对力学作了完全数学化的处理. 这种方法也用到了流体力学、弹性力学和电磁学. 定量的数学化方法构成了科学的本质, 真理大多存在于数学中. 数学支配一切, 18 世纪最伟大的智者们对此深信不疑. 狄德罗是《法国大百科全书》的主要编辑之一, 他说: "世界的真正体系已被确认、发展和完善了." 自然法则就是数学法则.

19 世纪是科学高速前进的世纪, 科学家们不断开辟新的研究领域. 英国物理学家麦克斯韦概括了由实验建立起来的电磁现象定律, 把这些定律表示为方程的形式, 用纯数学的方法断言, 存在电磁波, 并且这些电磁波应该以光速传播. 麦克斯韦的结论推动人们去寻找纯电起源的电磁波. 这样的电磁波果然为赫兹所发现, 接着波波夫找到了电磁振荡的激发、发送和接受的办法. 现在是信息时代, 无线电技术对人类的重要性是人人皆知的. 但是, 可不要忘了数学的作用哟!

20 世纪的爱因斯坦的相对论是宇宙观的另一次伟大革命, 其核心内容是时空观的改变. 牛顿力学的时空观认为时间与空间不相干. 爱因斯坦的时空观却认为时间和空间是相互联系的. 促使爱因斯坦作出这一伟大贡献的仍是数学的思维方式. 爱因斯坦的空间概念是 50 年前德国数学家黎曼为他准备好的概念.

3.3 生物学

爱因斯坦说: "我不相信上帝与世界掷骰子." 这话是什么意思呢? 可以理解为, 复杂事物的背后有规律性可寻. 我们在第十二章里讲了孟德尔是如何发现遗传定律的. 1865 年他发表一篇文章, 通过植物杂交实验提出了 "遗传因子" 的概念, 对遗传提供了科学的解释, 并发现了生物遗传的分离定律和自由组合定律. 从概率论的角度去看, 这是一个非常简单的实验, 但却产生了一个非常了不起的理论. 这个理论揭示了在人类活动中, 简单机会模型的巨大力量, 并且在人类对生命的认识上引发了一场革命. 这是概率论在生物学上第一个卓有成效的应用. 一个源于赌博的学科居然产生了这样的伟大成果, 真是出人意料. 孟德尔因此被称为遗传学之父. 他的伟大在于, 他的大胆, 他的深刻的洞察力和他敏锐的概率论头脑.

孟德尔的原理在所有的生命形式中都起作用, 从植物到动物, 从苍蝇到大象. 一粒豌豆种子总是长出豌豆, 不会长出鲸鱼. 这就是我们在本段开头引用的爱因斯坦的话: "我不相信上帝与世界掷骰子."

数学在生物学中的应用使生物学从经验科学上升为理论科学,由定性科学转变为定量科学.数学与生物学的结合与相互促进必将产生许多新的奇妙结果.我们再介绍一些数学对生物学的新应用.

数学对生物学最有影响的分支是生命科学.目前拓扑学和形态发生学,纽结理论和DNA重组机理受到很大重视.美国数学家琼斯在纽结理论方面的工作使他获得1990年的菲尔兹奖.生物学家很快地把这项成果用到了DNA上,对弄清DNA结构产生重大影响.国际上一个权威性的杂志《科学》(Science)发表了一篇文章名为"数学打开了双螺旋的疑结".

其次是生理学.人们已建立了心脏、肾、胰腺、耳朵等许多器官的计算模型.此外,生命系统在不同层次上呈现出无序与有序的复杂行为,如何描述它们的运作体制对数学和生物学都构成挑战.

第三是脑科学.目前网络学的研究对人的神经网络研究极关重要.

为了让数学发挥作用,最重要的是对现有生物学研究方法进行改革.如果生物学仍满足于从某一实验中得出一个很局限的结论,那么生物学就会变成生命现象的记录,将失去理性的光辉,更无法去揭开自然之谜.

§4 数学与人文科学

最值得研究的是人.

Alexander Pope

在所有科学中,最有用但最不成熟的是关于人的科学.

卢梭

4.1 数学与西方政治

自然界的规律和秩序井然有序,一年四季往复循环,行星按照确定的轨道周期运行,不出半点偏差.自然界具有理性、规律性和可预见性.即使有些规律目前还不掌握,科学家仍然相信,经过努力,他们总能发现藏在事物背后的规律.造物主数学化地设计了宇宙.

人类不也是自然界的一部分吗?人的肉体属于物质世界,而唯物主义告诉我们,意识起源于物质.在自然界存在普遍规律,可以用数学公式来刻画,人类社会同样也应当存在自然规律,也可以用数学公式来刻画.一旦发现了这些规律,人类社会将变得更加美好,腐败和罪恶更加容易根除,社会将更加稳定而公正.因此需要有这样一门人文科学,去探索人类社会的自然规律.

在自然科学成功的鼓舞下,社会科学家们开始以空前的热情投入了这项研究.卢梭指出,这门科学不能通过实验来研究.我们可以找出主要的原理,用演绎的方法推导出真理.康德也同意有必要设立一门社会科学,他还说,发现人类文明的定律应该有开普勒和牛顿才行.社会科学家们希望,在这一领域内数学取得在其他纯科学领域内同样辉煌的成就.于是,金钱、美女、轻歌、妙舞都成了数学的研究对象.

假定存在社会规律,社会科学家们如何发现它们呢？欧几里得几何为他们树立了榜样.首先,他们必须发现一些基本公理,然后通过严密的数学推导,从这些公理中得出人类行为的定理.公理如何产生呢？借助经验和思考,其自身应该有足够的证据说明它们合乎人性,这样人们才会接受.一时出现了一股狂热的势头,社会科学家们纷纷探索人类行为科学的公理.18～19世纪这方面的著作有洛克的《人类理智论》,贝克莱的《人类知识原理》,休谟的《人性论》和《人类理解研究》,边沁的《道德与立法原理引论》以及穆勒的《人性分析》等.

在这些著作中,有些关于人类行为的公理很值得重视.这些公理的一部分已融合于人类的社会意识中,并成为推动社会前进的力量.例如,边沁提出如下的公理：

(1) 人生而平等；
(2) 知识和信仰来自感觉经验；
(3) 人人都趋利避害；
(4) 人人都根据个人利益行动.

当然这些公理并不都为当时的人们所接受,但却十分流行.

趋利避害需要做解释.一个特殊的行为可能对一些人有利,而对另一些人有害,所以边沁又加上一条："最大多数人的最大利益是衡量是非的标准."

这样,以边沁为代表的社会科学家们勇敢地把理性的旗帜插到了以前由风俗和权威统治的领域.他们还为伦理学体系寻求理性主义观点.这种伦理学不是建立在宗教教义上,而是建立在人文科学的基础上.以边沁为代表的伦理学家们成功地完成了他们的计划.他们利用人性的规律和人与人之间相互关系的公理,创建了富于逻辑性的伦理学体系.

政治学家们也开始仿效他们.休谟满怀信心地说："政治可以简化为一门科学."于是他们就寻求自己学科的公理.在各种政治学理论中,至少有两种学说至今仍有非常重要的意义.它们分别是由洛克和边沁提出的.

洛克对政府的起源和政府存在的理由及目的进行了探讨,他试图寻求政府存在的逻辑基础.我们知道,关于政府的起源主要有两类理论.一类理论是君权神受的理论.差不多在一切初期的文明各国中,为王的都是神圣人物,例如在中国皇帝被称为真龙天子.国王们自然把它看成绝妙的好理论.这个理论强调世袭制.但是当资本主义兴起的时候,这个理论就受到商人们的质疑.另一类理论主要以洛克为代表,洛克的理论是社会契约论.他在1689～1690年写出的《政府两论》中阐述了这一理论.在第一篇论文中他驳斥了君权神受的理论,在第二篇中他提出了自己的理论.洛克的理论获得了巨大的成功.正像牛顿的物理学永远废除了亚里士多德的权威一样,洛克也否定了君权神受的理论.这个理论对此后的各国的政府形式产生重大影响,特别是新独立的国家.

奇怪的是,关于政治权力,人们摒弃了世袭主义,在经济权力方面却承认世袭主义.政治朝代消灭了,经济朝代却活下去.

洛克的理论是从认识论出发的.他认为,所有的人在生下来时头脑是一片空白,人的知识和性格都是后天形成的.既然人与人的区别是环境所致,所以人生来都是平等的.所有的人都拥有天生的、不可剥夺的权利,如自由等,这就是著名的"天赋人权论". 另一方面,为了获得生命、自由和财产的保障,人们制定"社会契约"赋予政府对犯罪行为予以惩罚. 一旦接受这一契约,人们就同意按照大多数人的意愿行事,而政府就应该照章行事. 同时,如果统治者背叛了选民,那么选民的反叛就是理所当然的了. 对政府本质所作的上述探讨回答了下面的问题:为什么政府存在?它从哪里获得了权力?它在什么时候超出了这一权力?如何对待暴政?

美国的"独立宣言"是一个著名的例子. 独立宣言是为了证明反抗大英帝国的完全合理性而撰写的. 美国第三任总统杰弗逊(1743—1826)是这个宣言的主要起草人,他引用了不少洛克的话. 他试图借助欧几里得的模型使人们对宣言的公正性和合理性深信不疑. "我们认为这些真理是不证自明的……"不仅所有的直角都相等,而且"所有的人生来都平等". 这些自明的真理包括,如果任何一届政府不服从这些先决条件,那么"人民就有权更换或废除它". 宣言主要部分的开头讲,英国国王乔治的政府没有满足上述条件. "因此,……我们宣布,这些联合起来的殖民地是,而且按正当权力应该是,自由的和独立的国家."我们顺便指出,杰弗逊爱好文学、数学、自然科学和建筑艺术.

比《独立宣言》的数学形式更为重要的是,它所表现出来的政治哲学. 这篇重要文献的开头说:

> 在人类历史事件的进程中,当一个民族必须解除它与另一个民族之间迄今所存在的政治联系,并在世界列国中取得"自然法则"和"自然神明"所规定给他们的独立与平等的地位时,就有一种真诚的尊重人类公意的心理,要求他们一定要把那些他们不得已而独立的原因宣布出来.

这里的关键词是"自然法则". 它清晰地表明了 18～19 世纪人们的信念:整个物质世界,包括人类,都受自然规律的支配. 自不待言,这一信念是建立在由牛顿时期的数学家和科学家们发现的有关世界结构的证据之上的. 这些规律给人类的理想、行为和风俗习惯带来决定性的影响. 因此,政府的有效法律必须符合自然规律. 真正促成美国革命的是这一被广泛接受的政治哲学. 实际上,美国革命和法国革命都被普遍认为是自然和理性战胜了谬误.

理论家们在对政府的研究中取得了成就,并对人类社会产生深刻影响. 边沁的为绝大多数人的最大幸福和洛克的天赋人权伦,以及社会契约论共同铸造了美国的民主制. 此外,在欧氏几何有一个著名的定理:三角形的任意两边之和大于第三边. 这个定理构成了美国的三权分立中权利分配的理论基础.

当然,数学在人文科学中的成就决不能与数学在宇宙学中取得的成就比美. 这是因为社会现象要复杂得多.

顺便讲一个爱情悲剧. 边沁将数学方法应用于人文科学取得了巨大成功,但当他把同一方法应用于个人生活时,却令人遗憾地失败了. 他过了 57 年的独居生活后,想到要结婚. 经过仔细而严密的逻辑推理,他给一位 16 年没有见过面的女友写了一封求婚信,但被拒绝了.不过他没有灰心.又回过头来,对信作了更加仔细的推敲,以便使他的女友认识到他求婚的逻辑是何等有力,6 年之后,他又把信发了出去.可惜,那位女士重情,不重理,他又一次被拒绝了.这封信如果保存下来,肯定是历史上逻辑性最强、最理性、数学味最浓的情书.

4.2 人口论

马尔萨斯的《人口论》在方法上是欧几里得式的,他从公理出发研究了人口发展的规律.他在该书的开篇写道:

> 我认为可以提出两个假设.(照例论证以公理作为出发点)第一,食物是人类生存所必须的;第二,性爱也是人类生存所必须的,并且它将保持现存的状况……如果我的假设能够被接受,那么我断定,人口指数要比提供给人类生存必需品的土地能力的指数大得多.

马尔萨斯声称,人口以几何级数增长,生活资料以算术级数增长.这样必将导致严重的社会问题.马尔萨斯实际上意识到,人口不是以几何级数增长.战争、瘟疫、犯罪、饥饿这些因素都抑制人口的增长.从长远角度看,这些恶事是有利的,它们是自然法则的一部分.

令人惊讶的是,马尔萨斯的人口论引出了达尔文的生存竞争理论:物竞天择,适者生存.《物种起源》(1859)一书指出,有机体按照几何级数增长,斗争随之而来.达尔文说:"具有多种效力的马尔萨斯学说适用于动植物王国.因为在这种情况下,既不可能有人为的粮食增长,也不会在婚姻上保持小心的克制."在自由竞争中,胜利属于最能适应环境的有机体.

顺便指出,达尔文是一位幸运者.一般讲,在历史上最早提出新见解的人,远远走在时代的前面,以致人人都认为他无知.结果他一直默默无闻.后来世人逐渐有了接受新见解的心理准备.在此幸运时期发表它的人便独揽全功.达尔文就是如此.他的前辈孟伯寰爵士成为可怜的笑柄.

4.3 统计方法

目前统计方法已深入到社会科学的一切领域,这里只谈早期影响.

1. 政治算术

在研究社会问题时,统计方法常常是有效的.对人口作统计起源很早,无论在中国还是在西方从公元前已开始,那时的目的在于征税和征兵.用统计方法研究社会科学问题开始于 17 世纪.当时苏格兰的一位杂货商人格兰特,作为消遣,研究了英国城市的死亡记录.他注意到,事故、自杀、各种疾病的死亡百分比固定不变.一时之趣却揭示了一种惊人的规律性.他还注意到,男孩与女孩出生比例差不多,而男孩稍多.在这个统计的基础上,他得出这样的结论,由于男人受到战争和职业的危害,因此适婚男人的数量大约等于适婚女人的数量.所以一夫一妻制符合自然规律.这是一夫一妻制的最早理论说明.这件看来很简单,却对全世界的婚姻制度带来重大影响.例如,中国古代的婚姻制不是一夫一妻制,皇帝、高官和富人是一夫多妻.中国真正实行一夫一妻制是 1949 年以后,还不到 60 年.

格兰特的工作得到了他的朋友佩蒂爵士的支持,他是一位解剖学、音乐教授,后来成了一名军医.他虽未做过像格兰特那样的观察,但思想深刻.他认为,社会科学必须像物理科学一样定量化.他给统计学这门刚起步的科学命名为"政治算术".

2. 正态曲线

大约在 1833 年,比利时统计学家凯特勒打算用正态曲线来研究人的特征和能力的分布.在上千次的测量之后,他发现,人类几乎所有的精神和物理特征都呈正态分布.身高、体重、腿长、脑的重量、智力等,所有这些特征在一个"民族"之内,总是呈正态分布.这件事具有重大意义.所有的人就像面包一样,都是从同一个模子里制造出来的.不同之处仅仅在于在创造过程中发生了某些意外的变化.由此可见,美人难得,因为要把身体的各个部位安排得恰到好处,概率极小.

3. 回归效应

我们来介绍优生学的奠基人英国的高尔顿,他是达尔文的表弟.他研究的问题是,异常的身高是否有遗传性.我们来看看高尔顿的学生皮尔逊(Karl Pearson 1857—1936)所做的研究.他选取了 1078 个父亲,记录下他们的身高.然后测量他们的已是成人的儿子的身高.一般规律是,父亲高,儿子也高,就是"有其父必有其子".皮尔逊对他的数据做了仔细分析.其中一组数据是

$$父亲平均身高 \approx 68 英寸;儿子平均身高 69 英寸.$$

儿子平均比父亲高 1 英寸.由此,很自然地会猜测,72 英寸高的父亲会有 73 英寸高的儿子.但事实如何呢?皮尔逊的另一组的数据是

$$父亲平均身高 72 英寸;儿子平均身高 71 英寸.$$

这两组数据说明什么问题呢?高尔顿发现,父亲的身高与儿子的身高有一种确定的正相关.一般说来,高个父亲有高个儿子.高尔顿还发现,儿子与中等个的偏差比父亲的小,也就是儿子的身高向中等个退化.高尔顿在智力遗传的研究中也发现了类似的结果:天才的孩子们比较平庸,而智力水平一般的父亲可能有智力超常的孩子.这项研究对智力平庸的父母是一个好消息,因为他们的孩子可能智力突出.

高尔顿由此得出结论,人的生理结构是稳定的,所有有机组织都趋于标准状态.这种效应叫回归效应.

§5 数学与艺术

5.1 傅里叶的功绩

元旦之夜,我们可以坐在家里欣赏维也纳的新年音乐会.这背后也有数学呀,你知道吗?

从毕达哥拉斯时代起,音乐在本质上就被认为是数学性的.这种研究两千年来没有间断.从数学上看,其最高成就属于法国数学家傅里叶.他证明了,所有的声音,不管是复杂的还是简单的,都可以用数学公式进行全面描述.即,美妙的音乐乐句也能表示成数学形式.简单地说,傅里叶得到了一个这样的定理:

定理1 任何周期性声音(乐音)都可表示为形如 $a\sin bx$ 的简单正弦函数之和.

图 14-1 表示小提琴奏出的声乐,它的数学公式是

$$y = 0.06\sin 180000t + 0.02\sin 360000t + 0.01\sin 540000t.$$

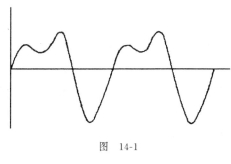

图 14-1

音乐声音的数学分析具有重大的实际意义.在再现声音的仪器中,如电话、无线电收音机、电影、扬声器系统的设计方面,起决定作用的是数学.

傅里叶的工作还有哲学意义.艺术中最抽象的领域——音乐,可以转化为最抽象的科学——数学.最富有理性的学问和最富有感情的艺术有着密切的联系.

傅里叶在音乐上的功绩不在贝多芬之下.

5.2 数学与绘画

在整个绘画史上,绘画的体系大致分为两大类:观念体系与光学体系.观念体系就是按照某种观念或原则去画画.例如,埃及的绘画和浮雕作品大都遵从观念体系.人物的大小不是依照写实的原则,而是依据人物的政治地位或宗教地位来决定.法老经常是最重要的人物,他的尺寸最大,他的妻子比他小一些,仆人就小得可怜.光学透视体系则试图将图形本身在眼睛中的映像表达出来.它是从西方绘画艺术中发展起来的.早在希腊和罗马时期,光学体系已经有了发展.但是到了中世纪,基督教神秘主义的影响使艺术家们回到了观念体系.画家们所画的背景和主题倾向于表现宗教题材,目的在于引导宗教感情,而不是表现现实世界中的真人真事.从中世纪末到文艺复兴时期,绘画艺术发生了质的变化.其典型特征是,艺术家朝写实方向前进.在13世纪末,数学也进入了艺术领域.

到了13世纪的时候,通过翻译阿拉伯和希腊的著作,使亚里士多德的著作广泛为人们所知晓.西方的画家们开始意识到,中世纪的绘画是脱离现实和脱离生活的,这种倾向应当纠正.实际上,从中世纪转向文艺复兴,首先是人性的觉醒.在中世纪,艺术只是为了"训导人"成为一个好的信徒.到了文艺复兴时期,艺术则更多的是为了"丰富人"和"愉悦人".

在中世纪严格的思想控制下,希腊、罗马艺术中美丽的维纳斯竟被看做是"异教的女妖",而遭到毁弃.到了文艺复兴时期,向往古典文化的意大利人却觉得这个从海里升起来的女神是新时代的信使,她把美带到了人间(彩图1).佛罗伦萨的画家波提切利(Botticelli 1444—1510)于1484年创作了《维纳斯的诞生》,体现了一种时代感.裸体的维纳斯像一粒珍

珠一样,从贝壳站起,升上海面.翱翔在天上的风神们鼓起翅膀把她吹向岸边——据说,维纳斯最初的落脚点是东方的塞浦路斯岛——画的右方是迎接她的山林女神,她们从林中走出,展开手中的长衫以覆盖她的裸体.波提切利笔下的维纳斯具有特殊的风姿,是美术史上最优雅的裸体.

但是,足以与神学抗衡的,不是别的,而是科学.决不可低估文艺复兴时期科学成果对人类文化的巨大影响.哥伦布发现新大陆,哥白尼确立日心说,都使世界改变了面貌.科学也有效地促进了艺术的发展,因为艺术的发展固然要求人的感情从神的控制下解放出来,但也需要人能以理性的明智去正确地认识世界.

新的时代需要新的艺术.

文艺复兴时期的绘画与中世纪绘画的本质区别在于引入了第三维,也就是在绘画中处理了空间、距离、体积、质量和视觉印象.三维空间的画面只有通过光学透视体系的表达方法才能得到.这方面的成就是在 14 世纪初由杜乔(Duccio,1255—1319)和乔多(Giotto,1276—1336)取得的.在他们的作品中出现了几种方法,而这些方法成为一种数学体系发展过程中的一个重要阶段.

杜乔和乔托把欧几里得几何带回美术界,扁平的平面一下子得到了深度这个第三维度.

画面上的景物有一定的质量和体积,而且彼此相关,构成了一个整体,平面被缩小了,光线和阴影也用来暗示体积.杜乔和乔托都注意到,在构图上应把视点放在一个静止不动的点上,并由此引出一条水平轴线和一条竖直轴线.

技巧和观念上的进步则应归功于洛伦采蒂(Ambrogio Lorenzetti,1323—1348).他所选取的题材具有现实性.他的线条充满生机,画面健康活泼,富有人情味.在《圣母领报图》(图 14-2)中,景物所占据的地面给人以明确的现实感,而且与后墙明显地分开了.地面既作为对物体大小的度量,又暗示出空间向后延伸,直到后墙;其次,从观察者角度看,楼板线条都向后收缩并交于一点.最后,房屋伸向远处时逐渐缩小了,以致最后消失在背景中.

图 14-2

到 15 世纪,西方画家们终于认识到,必须从科学上对光学透视体系进行研究.绘画科学是由布鲁内莱斯基(Brunelleschi)创立的,他建立了一个透视体系.第一个将透视画法系统化的是阿尔贝蒂(Alberti leon Battista,1404—1472).他的《绘画》一书于 1435 年出版.在这本论著中他指出,做一个合格的画家首先要精通几何学.他认为,借助数学的帮助,自然界将变得更加迷人.阿尔贝蒂抓住了透视学的关键,即"没影点"(艺术上称为"消失点")的存在.他大量地使用

了欧几里得几何的定理,以帮助其他艺术家掌握这一新技术.关于没影点发现的意义,鲁塞尔这样评论:

透视原理把只有唯一一个视点作为第一要素,这便使视觉体验建立在一个稳定的基础上.于是在混沌中建立了秩序,使相互参照实现了精密化和系统化.

下一个重要的透视学家碰巧也是15世纪最重要的数学家之一,他是弗朗西斯卡(Piero della Francesca).在《绘画透视论》一书中,他极大地丰富了阿尔贝蒂的学说.在他后半生的20年内写了三篇论文,试图证明,利用透视学和立体几何原理,从数学中可以推出可见的现实世界.这门新科学得到了广泛的普及和应用.

对透视学作出最大贡献的是艺术家列奥纳多·达·芬奇(Leonardo da Vinci,1452—1519).他是意大利文艺复兴时期著名的画家、雕塑家、建筑家和工程师.他认为视觉是人类最高级的感觉器官,它直接而准确地表达了感觉经验.他指出,人观察到的每一种自然现象都是知识的对象.他用艺术家的眼光去观察和接近自然,用科学家孜孜不倦的精神去探索和研究自然.他深邃的哲理和严密的逻辑使他在艺术和科学上都达到了顶峰.

毫无疑问,达·芬奇是15至16世纪的一位艺术大师和科学巨匠.文艺复兴时期的传记作家瓦萨里曾这样赞美他:"上天有时候将美丽、优雅、才能赋予一人之身,他之所为无不超群绝寰,显示出他的天才来自上苍而非人间之力,达·芬奇正是如此.他的优雅与伟美无与伦比,他才智之高超使一切难题无不迎刃而解."他通过广泛而深入地研究解剖学、透视学、几何学、物理学和化学,为从事绘画作好了充分的准备.他对待透视学的态度可以在他的艺术哲学中看出来.他用一句话概括了他的《艺术专论》的思想:"欣赏我的作品的人,没有一个不是数学家."

达·芬奇坚持认为,绘画的目的是再现自然界,而绘画的价值就在于精确地再现.因此,绘画是一门科学,和其他科学一样,其基础是数学.他指出,"任何人类的探究活动也不能成为科学,除非这种活动通过数学表达方式和经过数学证明为自己开辟道路".

透视学的诞生和使用是艺术史上的一个革命性的里程碑.艺术家从一个静止点出发去作画,便能把几何学上的三维空间以适当的比例安排在画面上.这就使二维画面成为开向三维空间的窗口.

达·芬奇创作了许多精美的透视学作品.这位真正富有科学思想和绝伦技术的天才,对每幅作品他都进行过大量的精密研究.他最优秀的杰作都是透视学的最好典范.《最后的晚餐》(彩图2)描绘出了真情实感,一眼看去,与真实生活一样.观众似乎觉得达·芬奇就在画中的房子里.墙、楼板和天花板上后退的光线不仅清晰地衬托出了景深,而且经仔细选择的光线集中在基督头上,从而使人们将注意力集中于基督.12个门徒分成3组,每组4人,对称地分布在基督的两边.基督本人被画成一个等边三角形,这样的描绘目的在于,表达基督的情感和思考,并且身体处于一种平衡状态.图14-3中给出了原画及它的数学结构图.

拉斐尔的《雅典学院》也是一幅水平极高的透视画(彩图4).读者试从画中找出主没影点的位置.

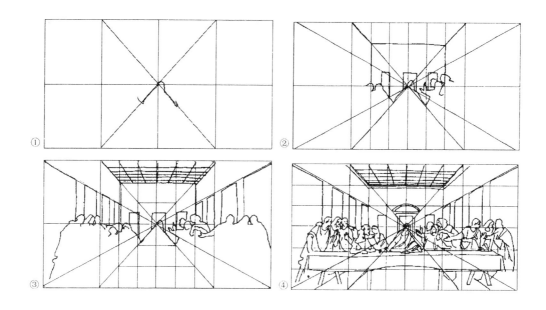

图 14-3

《最后的晚餐》结构说明：

《最后的晚餐》采取严格的几何形构图．耶稣的头部位于画面的正中央，透视线从他面部向四周辐射①．

一系列的垂直线剖分画面，在中央构成一个大方格，为桁条状的天花板厘定了界限②．

水平线构成了大方格的小方格．耶稣位于正中央，众门徒位于对角线造成的两个部分中③．

从最后的略图上可以看出，构图是以类似栅状的线条为基础演化而来④．

但达·芬奇的作品绘成后，呈现出的美和匀称掩盖了设计上的过分拘泥和严谨．

数学透视体系的基本定理和规则是什么呢？假定画布处于通常的垂直位置．从眼睛到画布的所有垂线，或者到画布延长部分的垂线都相交于画布的一点上，这一点称为主没影点．主没影点所在的水平线称为地平线；如果观察者通过画布看外面的空间，那么这条地平线将对应于真正的地平线．

对数学透视体系表达最清楚的是荷兰著名风景画家霍贝玛(1638—1709)的《林荫道》(彩图 3)．在彩图 3 中我们标出了主没影点和地平线．这是一幅平凡中见奇崛的作品，构图极具匠心．在一条不宽的乡村大道上，有两排尚未成荫的幼树，主没影点正好在两行树的中间，近大远小的透视变化十分明显．但这种画法难于画得正确，又很容易流于呆板．霍贝玛把林荫路的位置略为左移，并使幼树的间隔疏密不同，弯曲摇曳的姿态各异，使一个本来非常匀齐的画面，变得生动多姿．

图 14-4 是这些概念的直观化，表示观察者所看到的大厅过道．观察者眼睛的位置处于与画面垂直且通过 P 点的垂线上．P 点是主没影点，D_1PD_2 就是地平线．

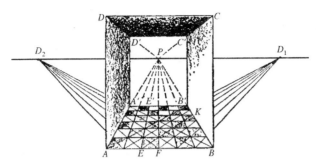

图 14-4 按照聚焦透视体系所画出的过道

定理 2 景物中所有与画布所在平面垂直的水平线在画布上画出时,必须相交于主没影点.

例如,AA',EE',DD' 和其他类似的直线都在 P 点相交,也就是所有实际上平行的线都应该画成相交.这与我们的日常经验符合吗?符合.大家知道,两条铁轨是相互平行的,但是在人眼看来,它们相交于无穷远处.这就是为什么把 P 点叫作没影点.但在现实的景物中没有一个点与之相应.

一幅画应该是投影线的一个截景.从这条原理出发可以导出另一个定理.

定理 3 任何与画布所在平面不垂直的平行线束,画出来时与垂直的平行线相交成一定的角度,且它们都相交于地平线上的一点

在水平平行线中有两条非常重要.在图 14-4 中,AB' 和 EK 在现实世界中它们是平行的,并且与画布所在的平面成 $45°$ 角.AB' 和 EK 相交于 D_1,这个点称为**对角没影点**.类似地,水平平行线 BA' 和 FL 在现实世界中与画布成 $135°$ 角,画出来时,必须相交于第二个对角没影点 D_2.

定理 4 景物中与画布所在平面平行的平行水平线,画出来是水平平行的.

这一定理似乎与视觉印象不协调.

对于真正从事创作的艺术家来说,要达到写实主义的理想境地还有许多其他定理可供使用.但进一步追求这些特殊的结果将使我们离题太远.

5.3 从艺术中诞生的科学

数学对绘画艺术作出了贡献,绘画艺术也给了数学以丰厚的回报.画家们在发展聚焦透视体系的过程中引入了新的几何思想,并促进了数学一个全新方向的发展,这就是射影几何.

在透视学的研究中产生的第一个思想是,人用手摸到的世界和用眼睛看到的世界并不是一回事.因而,相应地应该有两种几何,一种是触觉几何,一种是视觉几何.欧氏几何是触觉几何,它与我们的触觉一致,但与我们的视觉并不总是一致.例如,欧几里得的平行线只有用手摸才存在,用眼睛看它并不存在.这样,欧氏几何就为视觉几何留下了广阔的研究领域.

现在讨论在透视学的研究中提出的第二个重要思想.画家们搞出来的聚焦透视体系其

基本思想是投影和截面取景原理. 人眼被看做一个点, 由此出发来观察景物. 从景物上的每一点出发通过人眼的光线形成一个投影锥. 根据这一体系, 画面本身必须含有投射锥的一个截景. 从数学上看, 这截景就是一张平面与投影锥相截的一部分截面.

设人眼在 O 处 (图 14-5), 今从 O 点观察平面上的一个矩形 $ABCD$. 从 O 到矩形的四个边上各点的连线形成一个投射棱锥, 其中 OA, OB, OC 及 OD 是四根棱线. 现在在人眼和矩形之间插入一平面, 并在其上画出截景四边形 $A'B'C'D'$. 由于截景对人眼产生的视觉印象与原矩形一样, 所以人们自然要问: 截景与原矩形有什么共同的性质? 要知道截景与原矩形既不重合, 也不相似, 它们也没有相同的面积, 甚至截景连矩形也不是.

把问题提得更一般一些: 设有两个不同平面以任意角度与这个投射锥相截, 得到两个不同的截景, 那么, 这两个截景有什么共同性质呢?

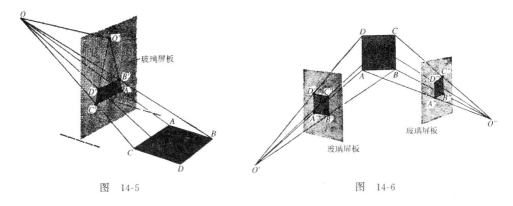

图 14-5   图 14-6

这个问题还可以进一步推广. 设有矩形 $ABCD$ (图 14-6), 今从两个不同的点 O' 和 O'' 来观察它. 这时会出现两个不同的投射锥. 在每个锥里各取一个截景, 由于每个截景都应与原矩形有某些共同的几何性质, 因此, 这两个矩形间也应有某些共同的几何性质.

17 世纪的数学家们开始寻找这些问题的答案. 他们把所得到的方法和结果都看成欧氏几何的一部分. 诚然, 这些方法和结果大大丰富了欧几里得几何的内容, 但其本身却是几何学的一个新的分支, 到了 19 世纪, 人们把几何学的这一分支叫做射影几何学.

射影几何集中表现了投影和截影的思想, 论述了同一物体的相同射影或不同射影的截景所形成的几何图形的共同性质. 这门"诞生于艺术的科学", 今天成了最美的数学分支之一.

§6 笛卡儿的方法论及其影响

笛卡儿是近代思想的开山祖师, 他还发明了解析几何. 他在著名的《方法谈》的开头两章说明了他的思想历程和他在 23 岁时所达到和开始应用的方法. 他所处的时代正是近代科学革命的开始, 是一个涉及到方法的伟大时期. 在这个时代, 人们认为, 发展知识的原理和程序比智慧和洞察力更重要. 方法容易使人掌握, 而且一旦掌握了方法, 任何人都可以作出发现或找到新的真理.这样,真理的发现不再属于具有特殊才能或超常智慧的人们.笛卡儿在介绍他的方法时说:"我从来不相信我的脑子在任何方面比普通人更完善."

笛卡儿一直在思考,一个人如何才能获得真理.慢慢地,获得真理的一种方案在他的脑海中浮现了.他从抛弃那些到当时为止所获得的所有观点、偏见和所谓的知识开始入手.除此之外,他摒弃所有建立在权威基础上的知识.这样,他放弃了所有的先入之见.错误观念的摈除,并不能自动地出现真理.接着他给自己提出的任务是,找出确定真理的方法.他说,在一次梦中他得到了答案:"几何学家惯于在最困难的证明中,利用一长串简单而容易的推理来得出最后的结论."这使他坚信"所有人们能够了解和知道的东西,也同样是互相联系着的……"然后,他断定,一个坚实的哲学体系只有利用几何学家的方法才能推导出来,因为只有他们使用的清晰的、无可怀疑的推理,才能得出无可怀疑的真理.他认为,"数学是一种知识工具,比任何其他的工具更有威力",他希望从中发展出一些基本原理,使之能为所有领域得到精确知识提供方法,或者,如笛卡儿说的,成为一种"万能数学".也就是,他打算普及和推广数学家们使用的方法,以便使这些方法应用于所有的研究领域之中.这种方法将对所有的思想建立一个合理的、演绎的结构.经过精心的构思,他列出四条原则,就是§1中"以简驭繁"中提到的四条.

笛卡儿确信,仿效数学发现中的成功方法,将会引出其他领域的成功发现.

马克思在《资本论》的第一卷第二版的《跋》中写了他写《资本论》的指导思想:1)排除不可靠的说法;2)将资本分解到最简单的单位——商品,再剖析其中的价值和劳动;3)从此开始一步步引向最复杂的资本主义的社会结构及其运转;4)任何一点也不漏过.

笛卡儿的方法符合希腊的原子论.原子论在17世纪又重新复活:一切物质都是原子构成的;整体可以分解为部分之和.通过"分析法"来研究某一事物的概念在17,18世记的思想界极为流行.亚当·斯密([英]经济学家)在1776年写出《国富论》,其中借助劳动分工概念分析了经济系统的竞争的结果.各个分离要素规定了生产过程的全部结果.类似地,整个经济活动中的每一个个体,尽管力求增加他的个人利益,还是"好像被一只无形的手牵着去促成那并不符合他最初动机的结果"——也就是社会整体的繁荣.

笛卡儿的分析法还用到了社会分工.例如法国大革命时期,法国数学家兼工程师普隆尼(Prony)接受了政府一项任务:计算对数表和三角函数表.据他自己讲,他是使用亚当·斯密关于社会分工的思想来做这项工作的.他将工作分为三个层次:少数数学家决定计算什么函数,工程师们将有关函数转化为加减运算,最后,大多数低水平的人力"计算器"做加减运算.这一思想到19世纪被计算机的先驱巴贝奇用来设计计算机.巴贝奇的思想脉络可以在他的书《机械系统》中的"论脑力劳动分工"一章中找到.他把普隆尼的方法融入到计算机的设计中.笛卡儿的"分割-求解"的方法引出了计算机的设计以及以后的程序设计,这是始料所不及的.

最后,需要指出,数学与人类文明的联系是多方面、多层次的.上面的介绍只涉及其中的一部分.数学与哲学、文学、建筑、音乐也都有深刻的联系.计算机诞生后,数学与其他文化的联系更加深入和广泛. 可以毫无愧言地说,信息时代就是数学时代. 联合国教科文组织在 1992 年发表了《里约热内卢宣言》,将 2000 年定为数学年,并指出,"纯粹数学与应用数学是理解世界及其发展的一把主要钥匙."不管你将来从事自然科学还是社会科学,请记住这句话. 并用你们的胆力、智慧和勤奋把人类文明推向新的高峰.

附表 标准正态分布表

x	$\Phi(x)$	x	$\Phi(x)$	x	$\Phi(x)$
0.00	0.5000	1.40	0.9192	2.30	0.9893
0.05	0.5199	1.42	0.9222	2.33	0.9901
0.10	0.5398	1.45	0.9265	2.35	0.9906
0.15	0.5596	1.48	0.9306	2.38	0.9913
0.20	0.5793	1.50	0.9332	2.40	0.9918
0.25	0.5987	1.55	0.9394	2.42	0.9922
0.30	0.6179	1.58	0.9429	2.45	0.9929
0.35	0.6368	1.60	0.9452	2.50	0.9938
0.40	0.6554	1.65	0.9505	2.55	0.9946
0.45	0.6736	1.68	0.9535	2.58	0.9951
0.50	0.6915	1.70	0.9554	2.60	0.9953
0.55	0.7088	1.75	0.9599	2.62	0.9956
0.60	0.7257	1.78	0.9625	2.65	0.9960
0.65	0.7422	1.80	0.9641	2.68	0.9963
0.70	0.7580	1.85	0.9678	2.70	0.9965
0.75	0.7734	1.88	0.9699	2.72	0.9967
0.80	0.7881	1.90	0.9713	2.75	0.9970
0.85	0.8023	1.95	0.9744	2.78	0.9973
0.90	0.8159	1.96	0.9750	2.80	0.9974
0.95	0.8289	2.00	0.9772	2.82	0.9976
1.00	0.8413	2.02	0.9783	2.85	0.9978
1.05	0.8531	2.05	0.9798	2.88	0.9980
1.10	0.8643	2.08	0.9812	2.90	0.9981
1.15	0.8749	2.10	0.9821	2.92	0.9982
1.20	0.8849	2.12	0.9830	2.95	0.9984
1.25	0.8944	2.15	0.9842	2.98	0.9986
1.28	0.8997	2.18	0.9854	3.00	0.9987
1.30	0.9032	2.20	0.9861	3.50	0.9998
1.32	0.9066	2.22	0.9868	4.00	0.99997
1.35	0.9115	2.25	0.9878	5.00	0.9999997
1.38	0.9162	2.28	0.9887	6.00	$0.\underbrace{99\cdots9}_{9\text{个}9}$

注 表中 $\Phi(x) = \int_{-\infty}^{x} \frac{1}{\sqrt{2\pi}} e^{-\frac{t^2}{2}} dt$.

附录　习题答案与提示

第 一 章

提示：本章习题都用反证法.

1. 设 $\sqrt{3} = p/q$, p,q 为自然数,不能同时被 3 除尽.
2. (1) 利用二次方程求根公式,研究两根相等的条件；
   (2) 若方程有两个整数根,则必有两根之和为奇数,两根之积也是奇数.
3. 若素数只有有限个,不妨设是 $p_1, p_2, \cdots, p_n$,则 $p_1 p_2 \cdots p_n + 1$ 不为 $p_1, p_2, \cdots, p_n$ 中任一个除尽.

第 二 章

1. $3 + \dfrac{1}{1} + \dfrac{1}{11}$； $1 + \dfrac{1}{2} + \dfrac{1}{2} + \dfrac{1}{2} + \dfrac{1}{1} + \dfrac{1}{1} + \dfrac{1}{2}$； $1 + \dfrac{1}{4} + \dfrac{1}{1} + \dfrac{1}{4}$.

2. 前三个渐近分数是 $1, \dfrac{5}{4}, \dfrac{6}{5}$. $\dfrac{29}{24} = 1.208\dot{3}, \dfrac{29}{24} - 1 = 0.208\dot{3}$,

$$\left| \dfrac{24}{29} - \dfrac{5}{4} \right| \approx 0.0417, \quad \left| \dfrac{29}{24} - \dfrac{6}{5} \right| \approx 0.0083.$$

3. 行星 B 绕恒星 A 一周是 $432\dfrac{8115}{86400}$ 天.

$$\dfrac{8115}{86400} = \dfrac{1}{10} + \dfrac{1}{1} + \dfrac{1}{1} + \dfrac{1}{1} + \dfrac{1}{4} + \dfrac{1}{1} + \dfrac{1}{31}.$$

它的前三个渐近分数为 $\dfrac{1}{10}, \dfrac{1}{11}, \dfrac{2}{21}$.

置闰规则是 10 年一闰,或 11 年一闰.更精确地是 21 年二闰.

第 五 章

§2

1. $x=1, y=2, z=3$.　　2. $x=3, y=2, z=-1$.　　3. $x=5/2, y=3/2, z=0$.　　4. $x=-2, y=1, z=3$.

§3

1. (1) 45,　　(2) $-\dfrac{92}{9}$；　　(3) 0.

4. 提示：第 1,2,3 列分别乘 1000,100,10 加到第 4 列上去.

§4

1. (1) $x=1, y=-2, z=3$；　　(2) 无解；　　(3) $x=0, y=-1, z=1, t=-1$.

2. (1) $x=3y+5, y$ 是任意实数；　　(2) $x=-3, y=1, z=2$；　　(3) $x=1, y=2, z=-19, t=12$.

§5

1. $\begin{bmatrix} 3 & 1 \\ 5 & -3 \end{bmatrix}$. 　2. 不可以. 　3. $\begin{bmatrix} 1 & -2 & 3 \\ \frac{3}{2} & \frac{5}{2} & \frac{7}{2} \end{bmatrix}$.

5. (1) 11; 　(2) $\begin{bmatrix} -13 & -15 \\ 19 & 5 \end{bmatrix}$; 　(3) $\begin{bmatrix} 4 & -3 & 43 \\ 0 & -5 & 9 \\ 10 & 24 & 4 \end{bmatrix}$; 　(4) $\begin{bmatrix} 0 & 3 & 6 \\ 4 & 2 & 0 \\ 1 & 8 & 15 \\ -14 & 2 & 18 \end{bmatrix}$.

8. (1) $A^{-1} = \begin{bmatrix} \frac{3}{5} & -\frac{2}{5} \\ \frac{1}{5} & \frac{1}{5} \end{bmatrix}$; 　(2) $A^{-1} = \begin{bmatrix} \frac{4}{15} & -\frac{1}{6} & \frac{1}{10} \\ \frac{7}{15} & \frac{1}{3} & -\frac{1}{5} \\ -\frac{1}{15} & \frac{1}{6} & \frac{1}{10} \end{bmatrix}$.

9. (1) $\begin{bmatrix} x \\ y \end{bmatrix} = \begin{bmatrix} \frac{1}{10} & \frac{1}{10} \\ -\frac{4}{5} & \frac{1}{5} \end{bmatrix} \begin{bmatrix} 4 \\ 1 \end{bmatrix} = \begin{bmatrix} \frac{1}{2} \\ -3 \end{bmatrix}$; 　(2) $\begin{bmatrix} x \\ y \\ z \end{bmatrix} = \begin{bmatrix} -\frac{8}{3} & -\frac{1}{3} & \frac{5}{3} \\ \frac{2}{3} & 0 & -\frac{1}{3} \\ 5 & 1 & -3 \end{bmatrix} \begin{bmatrix} 0 \\ 2 \\ 1 \end{bmatrix} = \begin{bmatrix} 1 \\ -\frac{1}{3} \\ -1 \end{bmatrix}$.

第 六 章

§1

1. (1) 在 x 轴正向; 　(2) 在 y 轴负向; 　(3) 在 yz 平面上; 　(4) 在 xz 平面上.
2. 在 xy 平面上,垂足为 $(x,y,0)$; 　　在 yz 平面上,垂足为 $(0,y,z)$;
   在 xz 平面上,垂足 $(x,0,z)$; 　　在 x 轴上,垂足为 $(x,0,0)$;
   在 y 轴上,垂足为 $(0,y,0)$; 　　在 z 轴上,垂足为 $(0,0,z)$.

§2

1. $\overrightarrow{AB} = \{1,3,0\}$, 　$\overrightarrow{BA} = \{-1,-3,0\}$, 　$\overrightarrow{BC} = \{-5,0,0\}$, 　$\overrightarrow{CB} = \{5,0,0\}$,
   $\overrightarrow{AC} = \{-4,3,0\}$, 　$\overrightarrow{CA} = \{4,-3,0\}$. 　　$\overrightarrow{AB}$ 与 $\overrightarrow{BA}$ 的模相当,方向相反.
2. $|\overrightarrow{AB}| = \sqrt{10}$, $|\overrightarrow{BC}| = 5$, $|\overrightarrow{AC}| = 5$.
3. $|\boldsymbol{a}| = \sqrt{6}$; $|\boldsymbol{b}| = 2\sqrt{6}$; $|\boldsymbol{c}| = 3\sqrt{6}$; $|\boldsymbol{d}| = \sqrt{6}$. 各向量的单位向量分别为
   $$\boldsymbol{a}_0 = \boldsymbol{b}_0 = \boldsymbol{c}_0 = \left\{\frac{2}{\sqrt{6}}, -\frac{1}{\sqrt{6}}, \frac{1}{\sqrt{6}}\right\}, \quad \boldsymbol{d}_0 = \left\{-\frac{2}{\sqrt{6}}, \frac{1}{\sqrt{6}}, -\frac{1}{\sqrt{6}}\right\}.$$
4. (1) 与 x 轴垂直,或与 yz 平面平行; 　(2) 与 y 轴平行,或与 xz 平面垂直;
   (3) 与 z 轴平行,或与 xy 平面垂直.
5. $\cos\alpha = \cos\beta = \frac{\sqrt{2}}{2}, \cos\gamma = 0$,这时向量与 z 轴垂直,与 x 轴、y 轴夹角均为 $45°$;或 $\cos\alpha = \cos\beta = 0, \cos\gamma = -1$,这时向量与 xy 平面垂直,与 z 轴反向.
6. (1) 还有一种情况: $\boldsymbol{a} \perp \boldsymbol{b}$;(2) 不成立;(3) 除 $\boldsymbol{a} /\!/ \boldsymbol{b}$ 的情况外,不成立.

7. (1) -16; (2) -96; (3) -2; (4) 1;
   (5) $-\dfrac{16}{\sqrt{714}} \approx -0.599$; (6) $-\dfrac{16}{\sqrt{51}} \approx -2.2406$; (7) $-\dfrac{16}{\sqrt{14}} \approx -4.2758$.

8. $|A| = \sqrt{14}$, $\cos\langle A, a\rangle = \dfrac{1}{\sqrt{14}}$, $\cos\langle A, b\rangle = \dfrac{2}{\sqrt{14}}$, $\cos\langle A, c\rangle = \dfrac{3}{\sqrt{14}}$. 9. $\sqrt{76}$.

10. $i+j-2k$ 与 $2i+2j-4k$ 互相平行；$i+j+k$ 与其他三个向量都垂直；$i-j$ 与其他三个向量都垂直.

11. (1) $\overrightarrow{AB} \cdot \overrightarrow{OC} = 0$; (2) $\sqrt{481}$. 12. 1. 14. (1) $\{8, -16, 0\}$; (2) 2; (3) $\{2, 1, 21\}$.

§3

1. (1) 平行于 z 轴，即垂直于 xy 平面； (2) 平行于 yz 平面，即垂直于 x 轴；
   (3) 通过坐标原点且平行于 x 轴； (4) 通过坐标原点且与向量 $\{1,1,1\}$ 垂直.

3. $2x-y-z=2$ 和 $x-y+z=6$. 4. $2y+z+3=0$. 5. $y-2z=0$.

6. $2x-y-z=0$. 7. $24x+25y-4z=59$. 8. $\dfrac{x}{6}+\dfrac{y}{3}+\dfrac{z}{-2}=1$. 9. $x+y+z=3$.

§4

1. AB: $\begin{cases} x=4t, \\ y=0, \\ z=3t+2, \end{cases}$ $\dfrac{x}{4}=\dfrac{y}{0}=\dfrac{z-2}{3}$; AC: $\begin{cases} x=5t, \\ y=3t, \\ z=-2t+2, \end{cases}$ $\dfrac{x}{5}=\dfrac{y}{3}=\dfrac{z-2}{-2}$;

   AD: $\begin{cases} x=-t, \\ y=4t, \\ z=-4t+2, \end{cases}$ $\dfrac{x}{-1}=\dfrac{y}{4}=\dfrac{z-2}{-4}$; BC: $\begin{cases} x=t+4, \\ y=3t, \\ z=-5t+5, \end{cases}$ $\dfrac{x-4}{1}=\dfrac{y}{3}=\dfrac{z-5}{-5}$;

   BD: $\begin{cases} x=-5t+4, \\ y=4t, \\ z=-7t+5, \end{cases}$ $\dfrac{x-4}{-5}=\dfrac{y}{4}=\dfrac{z-5}{-7}$; CD: $\begin{cases} x=-6t+3, \\ y=t+3, \\ z=-2t, \end{cases}$ $\dfrac{x-3}{-6}=\dfrac{y-3}{1}=\dfrac{z}{-2}$.

2. 提示：只要证明由 $(3,0,1)$ 和 $(0,2,4)$ 两点组成的向量与由 $(3,0,1)$ 和 $(1,4/3,3)$ 两点组成的向量平行.

3. 垂直于 xy 平面的直线为 $\begin{cases} x=2, \\ y=-1, \\ z=3+t; \end{cases}$ 垂直于 yz 平面的直线为 $\begin{cases} x=2+t, \\ y=-1, \\ z=3; \end{cases}$ 垂直于 xz 平面的直线为

   $\begin{cases} x=2, \\ y=-1+t, \\ z=3. \end{cases}$

4. $\dfrac{x-2}{4}=\dfrac{y+5}{-6}=\dfrac{z-3}{9}$. 5. $\dfrac{x-2}{1}=\dfrac{y-4}{1}=\dfrac{z+1}{1}$.

7. (1) 直线平行于平面，但不落在此平面上； (2) 直线垂直于平面； (3) 直线落在平面上.

§5

1. (1) $(6,-2,3), R=7$; (2) $(1,-2,3), R=6$; (3) $(-4,0,0), R=4$.

2. (1) $(x-1)^2+\left(y-\dfrac{5}{2}\right)^2+(z-3)^2=\dfrac{65}{4}$;
   (2) $(x-3)^2+(y-3)^2+(z-3)^2=9$ 或 $(x-5)^2+(y-5)^2+(z-5)^2=25$.

3. (1) 椭球面；(2) 双曲柱面；(3) 椭圆抛物面；(4) 旋转抛物面；(5) 单叶双曲面；(6) 圆锥面；

(7) 椭圆柱面；(8) 抛物柱面.

第 七 章

§3

2. (1) 3; (2) 1; (3) 5; (4) -3; (5) 1; (6) 0.　　**3.** (1) 6; (2) 4.　　**4.** (1) 3; (2) 1,3/2.
5. 1.　**6.** 2.　**7.** 1.　**8.** 1/2.　**9.** e^{-1}.　**10.** e^2.

第 八 章

§2

1. (1) $\Delta y=-6$, $\dfrac{\Delta y}{\Delta x}=-3$;　(2) $\Delta y=4$, $\dfrac{\Delta y}{\Delta x}=1$.

2. $\sqrt{6}-\sqrt{5}$; $\sqrt{5}-2$; $10(\sqrt{5.1}-\sqrt{5})$; $10(\sqrt{5}-\sqrt{4.9})$.

3. (1) 正;　　(2) 正.　　**4.** (1) 小于零;　　(2) 小于零.

§4

1. (1) $k+\dfrac{l}{2}x^{-1/2}-3mx^{-4}$;　　(2) $-4x^{-3}+\dfrac{3}{2}x^{-5/2}-3x^{-2}$;

　　(3) $\dfrac{4x}{(1-x^2)^2}$;　　(4) $\dfrac{ad-bc}{(cx+d)^2}$;　　(5) $3x^2-12x+11$;　　(6) $\dfrac{1}{\sqrt{x}(1-\sqrt{x})^2}$.

3. (1) $10x(x^2+1)^4$;　　(2) $4\left(x+\dfrac{1}{x}\right)^3\left(1-\dfrac{1}{x^2}\right)$;

　　(3) $3(x+\sqrt{x})^2\left(1+\dfrac{1}{2\sqrt{x}}\right)$;　　(4) $\left(x^2-\dfrac{1}{x^2}\right)^{-1/2}\left(x+\dfrac{1}{x^3}\right)$.

4. (1) $y=(x^2+1)^4$;　(2) $y=(1+\sqrt{x})^2$.　　**5.** (1) $-\dfrac{1}{4}x^{-3/2}$;　(2) $\dfrac{3}{4}x^{-5/2}$.

§5

2. (1) $-2\cos x\sin x$;　　(2) $-a\sin(ax+b)$;　　(3) $-4\sin x\cos x$;　　(4) $2x\cos(x^2)$;

　　(5) $-2\cot x\csc^2 x$;　　(6) $\dfrac{\sec^2 x}{2\sqrt{\tan x}}$.

3. $\dfrac{1}{2}(\sin x-\cos x)+C$.

§7

1. (1) $\dfrac{2x}{x^2+3}$;　　(2) $\dfrac{2}{x}$;　　(3) $-2ax e^{-ax^2}$;　　(4) $e^{-x}(2x-x^2)$;

　　(5) $\dfrac{1}{|x|\sqrt{x^2-1}}$;　　(6) $2x5^{x^2}\ln 5$;　　(7) $\dfrac{4x}{4+x^4}$;　　(8) $e^{ax}(a\sin bx+b\cos bx)$.

2. 0,3.

§9

1. $\dfrac{3}{20}$.　　**2.** $\dfrac{20}{3}$ m^2/s.

§11

1. (1) 上升； (2) 当$|x|>1$时函数下降，当$|x|<1$时函数上升.

2. (1) 极小值是2,极大值是-2； (2) 极小值是$-\frac{1}{2}\mathrm{e}^{-1}$； (3) 极小值是2； (4) 无极值.

3. $x=\frac{1}{3}$m.　　4. $h:r=1:\sqrt{2}$.　　5. $\sqrt{2/3}\times 360°\approx 294°$.

第　九　章

2. (1) 1.004； (2) 1.035； (3) 0.002； (4) -0.01； (5) 1.0349.

第　十　章

§4

1. $-2\cos\frac{x}{2}+C$.　　2. $\frac{2}{9}(2+3x)^{3/2}+C$.　　3. $\frac{1}{10}(2x+5)^5+C$.

4. $-\frac{1}{2}\mathrm{e}^{-x^2}+C$.　　5. $\ln|1+\sin x|+C$.　　6. $-\frac{1}{3}\cos^3 x+C$.

§5

1. $-2\cos\sqrt{x}+C$.　　2. $-x+\frac{2}{3}(1+x)^{3/2}+C$.

3. $\frac{1}{2}\ln|2x+1+\sqrt{4x^2+4x-3}|+C$.　　4. $\frac{1}{4}\ln|4x+1+\sqrt{16x^2+8x+5}|+C$.

§6

1. $\frac{1}{2}x^2\ln x-\frac{x^2}{4}+C$.　　2. $x\ln(1+x^2)-2x+2\arctan x+C$.

3. $-x\cos x+\sin x+C$.　　4. $\frac{x}{3}\sin 3x+\frac{1}{9}\cos 3x+C$.

5. $x\arcsin x+\sqrt{1-x^2}+C$.　　6. $x\arctan x-\frac{1}{2}\ln(1+x^2)+C$.

7. $-(x+2)^2\mathrm{e}^{-x}+C$.　　8. $x(\ln^2 x-2\ln x+2)+C$.

第　十　一　章

§3

1. (1) $4(\sqrt{2}-1)$； (2) $\frac{1}{2}(\mathrm{e}^{2b}-\mathrm{e}^{2a})$； (3) 2； (4) $\frac{1}{3}$； (5) $\frac{\pi}{6}$； (6) $\frac{2}{5}\pi^{5/2}$；

2. (1) $\sin x$； (2) $\sqrt{x^2+1}$； (3) $\frac{1}{x+1}$； (4) $\frac{x}{x^2+1}$；

　　(5) 0； (6) $-x^2$； (7) $2|x|x$； (8) $(2x-1)\tan(x^2-x)-\tan x$.

§4

1. $2\ln 2-1$.　　2. $\frac{\pi}{4}-\frac{1}{2}$.　　3. $\frac{1}{4}(\mathrm{e}^2+1)$.　　4. 2.　　5. $\frac{1}{4}(\mathrm{e}^2-1)$.　　6. $\frac{\pi^2}{2}-4$.

§5

1. $\dfrac{9}{2}$. 2. $\dfrac{3}{2}-\ln 2$. 3. $\dfrac{8}{3}$. 4. $S_1=2\pi+\dfrac{4}{3}$, $S_2=6\pi-\dfrac{4}{3}$.

5. (1) $\dfrac{2187}{7}\pi$; (2) 64π; (3) $\dfrac{64}{3}\pi$. 6. 6. 7. 0. 8. 0. 9. $\dfrac{2}{\pi}$. 10. 0.

第 十 二 章

§2

1. (1) $A\cap\overline{B}\cap\overline{C}$; (2) $A\cap B\cap C$; (3) $\overline{A}\cap\overline{B}\cap\overline{C}$; (4) $\overline{A\cap B\cap C}$;
   (5) $\overline{A}\cap(B\cup C)$; (6) $\overline{AB}\cup\overline{AC}\cup\overline{BC}$; (7) $AB\cup AC\cup BC$.

2. (1) $A\cup B=\Omega$; (2) $AB=\varnothing$; (3) $\overline{C}=\{$球的号码大于等于$5\}$;
   (4) $A\cup C=\{$除去$6,8,10$外的号码$\}$;
   (5) $AC=\{$号码$1,3\}$; (6) $\overline{AC}=\{$除去$1,3$外的号码$\}$;
   (7) $\overline{B\cup C}=\{$号码$5,7,9\}$; (8) $\overline{BC}=\{$除去$2,4$外的号码$\}$.

§3

1. $13^4/C_{52}^4$. 2. $C_{18}^9 \cdot C_2^1 / C_{20}^{10}$. 3. (1) C_{37}^5/C_{40}^5; (2) $C_{37}^3 \cdot C_3^2 / C_{40}^5$.

4. $1-12\times 11\times 10\times 9/12^4\approx 0.43$. 5. $C_{N-80}^{96} \cdot C_{80}^4 / C_N^{100}$. 6. $1/C_5^2$. 7. 0.9. 8. 0.5.

9. 0.0345. 10. (1) 3.15%; (2) 0.24.

§4

1. $P(X=1)=\dfrac{1}{4}, P(X=2)=\dfrac{3}{4}$.

2.
X	0	1	2	3
P	$\dfrac{8}{27}$	$\dfrac{4}{9}$	$\dfrac{2}{9}$	$\dfrac{1}{27}$

3.
X	3	4	5
P	0.1	0.3	0.6

4. $E(X)=3, D(X)=2$. 5. $E(X)=1, E(Y)=0.9$. 乙床的平均次品率低,乙床好.

6. $E(X)=\dfrac{6}{5}, D(X)=\dfrac{9}{25}$. 7. 73.4%.

8. 门的高度 $h>185.98$ cm. $p=0.015$. 9. (1) 13.6%; (2) 23%.

10. (1) 50%; (2) 15.9%. 11. 138. 12. 9天;22%.

第 十 三 章

1. 2.6×10^9 年. 2. $1622\ln\dfrac{4}{3}/\ln 2\approx 673$(年). 3. 4/5.

参 考 书 目

[1] 北京大学数学力学系高等数学教材编写组.一元微积分.北京:人民教育出版社,1977.
[2] 北京大学数学力学系高等数学教材编写组.多元微积分.北京:人民教育出版社,1978.
[3] 〔美〕伊夫斯.数学史上的里程碑.欧阳绛等译.北京:北京科学技术出版社,1990.
[4] 华罗庚.从祖冲之的圆周率谈起.北京:人民教育出版社,1964.
[5] 耿素云,张立昂.概论统计.北京:北京大学出版社,1987.
[6] 徐振韬.日历漫谈.北京:科学出版社,1978.
[7] 亚历山大洛夫 А Д. 数学——它的内容、方法和意义.孙小礼等译.北京:科学普及出版社,1958.
[8] Bressoud D M. Second Year Calculus. From Celestial Mechanics to Special Relativity. New York: Springer-Verlag, 1991.
[9] Schiller J J & Warster M A. College Algebra. Glenview, ILL: Foresman and Company, 1988.
[10] Braun M. Differential Equations and Their Applications: An Introduction to Applied Mathematics. 4th ed. New York: Springer-Verlag, 1992.
[11] 〔美〕保罗·霍夫曼.阿基米德的报复.尘土等译.北京:中国对外翻译出版公司,1994.
[12] Kline M. 西方文化中的数学.张祖贵译.台北:九章出版社,1995.